光 明 城
LUMINOCITY

看见我们的未来

二十年工作回顾 1994—2014

朱剑飞 著

形式与政治
建筑研究的一种方法

Forms and Politics
An Approach to Thinking in Architecture
Collection of Essays 1994-2014
Zhu Jianfei

同济大学出版社
TONGJI UNIVERSITY PRESS

目录

CONTENTS

致谢
Acknowledgement

本书起源于张宝林 2003 年的热情约稿，当时的计划是请几位国内外华人建筑学者每人出版一本文集；由于各种阻碍，也由于我对文集构架的不确定，此事拖延了很久；到了 2014 年，于我博士毕业二十年之际，文集的构架豁然开朗：文集采用二十年回顾的思路，文章基本按时间顺序，同时又沿课题或议题排列，有很大的包容性，又有简明的时间逻辑，求得逻辑性和开放性的平衡。在 2014 年下半年，在任宏、葛明、李华、王路、单军、王群、王澍和陆文宇等各位教授的邀请下，我先后在重庆大学、四川美术学院、东南大学、清华大学、同济大学和中国美术学院作了报告，题为"形式与政治：二十年建筑研究回顾"；演讲和讨论为本书提供了重要的基础构架。2014 年年底，在与张冰和秦蕾的交流中，本书出版的方案逐步成型。本书今天可以展现在大家面前，首先要感谢上述各位老师和朋友的鼓励、支持和协助。

本书是二十年各种文稿的选集，基本代表了二十年学术思考的发展路径。二十年间，走过了许多国家和学校，也走过了一些研究课题和学术流派。一路走来，要感谢的人很多，虽不能全部列出，也要尽力囊括和鸣谢。首先要感谢的是父母，没有他们的养育和教导，我不会走上学术研究的道路。其次要感谢的是妻子，没有她多年的付出和支持，我也不能集中精力，长期专注学术工作。与学术发展直接有关的，是天津大学建筑学院和伦敦大学（大学院）建筑学院的各位老师，他们给我提供了建筑设计判断和学术研究理论方法两个层面上的重要指导，对我在教、研两方面，在对建筑的整体理解上，提供了重要基础。这里需要鸣谢的天津大学老师包括：屈浩然、王乃香、荆其敏、彭一刚、聂兰生、邹德侬、方咸孚、羌苑、黄为隽；伦敦大学老师包括：Bill Hillier、Julienne Hanson、Alan Penn、John Peponis；还有伦敦城市大学的老师 Stephan Feuchtwang。

此外，无论在读书期间还是博士毕业（1994）后的二十年，我在各地受到了各种指导、支持、建议、学术交流或技术协助；包括伦敦各院校的 Mark Cousins、Peter Cook、Christine Hawley、Murray Fraser、Jonathan Hill、Adrian Forty、Iain Borden、Sophia Psarra、Mary Wall；澳洲塔斯玛尼亚大学的 Barrie Shelton、Andras Kelly、John Webster、John Hall、Greg Nolan；澳洲墨尔本及墨尔本大学的 Kim Dovey、Jeff Turnbull、John Denton、Donald Bates、Alan Pert、Ruth Fincher、Ray Green、Philip Goad、Paul Walker、Anoma Pieris、Greg Gong、Amanda Achmadi；新加坡的林少伟（William Lim）、王才强（Heng Chye Kiang）、Wong Yunn Chii、Bobby Wong Chong Thai；香港的王维仁、薛求理、贾倍思、龙炳颐、何培斌、顾大庆、朱竞翔、朱涛、Roskam Cole、李颖春；南京的齐康、王建国、郑炘、董卫、朱光亚、陈薇、丁沃沃、赵辰、张雷、葛明、李华、诸葛净、沈旸、李海清、朱渊、汪晓茜、李百浩；上海的伍江、郑时龄、李翔宁、王骏阳、卢永毅、支文军、彭怒、李定、刘恩芳、沈禾、邱康、陈根虎；杭州的王澍、陆文宇、赵德利、张敏敏；天津的王其亨、徐苏斌、梁雪、周恺、张颀、张玉坤、荆子洋、刘军、张铮；北京的郭黛姮、左川、崔恺、李兴钢、文兵、欧阳东、张永和、鲁力佳、史建、王明贤、王路、单军、张杰、王辉、马岩松、朱小地、金卫钧、卜一秋、徐冉、王莉慧；深圳的孟建民；成都的刘家琨、李纯；重庆的任宏、李秉奇、李雄伟、丁素红、杨宇振；加拿大的 George Baird、Adrian Blackwell；美国的 Peter G Rowe、Michael Speaks、Nader Tehrani、李世桥、赖德霖、Rahul Mehrotra、Eve Blau、Christopher Lee、Jennifer Sigler、Jeff Johnson 和 Meghan Sandberg。我希望在此对各位的各种指导、协助、交流和支持，表示由衷的感谢。

墨尔本大学建筑学院为我提供了研究、教学、写作的平台；研究生课程包括近年"建筑与政治"课程的开设，也构成了学术发展的重要"工场"；今年获得的"出版支持经费"的协助，对本书最终出版也起到了积极作用；在此表示感谢。在此我也要感谢南京东南大学各位老师的支持，让我有机会和学生分享新理论和新思考。多位老师尤其是陈微、葛明、李华、沈旸对此做出了努力，在此再次表示感谢。

本书所收录的文字，原文基本是英文，翻译成为一项不小的工作。这里出版的文字，由译者翻译，再由我校对定稿。每篇的译者，细列在下文。我希望在此对各位译者表示感谢。

在硕士、博士论文辅导中，我和研究生的讨论，也构成一个流动的思考的实验室；他们是：徐佳、吴名、周庆华、Wahyu Dewanto、李峰、丁庆、Bryan Teu、张璐、张彦静、陈逢逢、宋科、凌洁、张文宇。在此表示感谢。

作为二十年回顾的这本文集，思路没有单一主线，最后也没有结语；议题的开放和结论的开放，是为了继续探讨、继续前进。

朱剑飞

2015 年 10 月 16 日

墨尔本

译者鸣谢

List of Translators

感谢以下译者对本书的翻译工作，每篇文章译者姓名排列如下：

1 邢锡芳：《天朝沙场：清代紫禁城的政治空间构架》；Jian Fei Zhu, 'A Celestial Battlefield: the Forbidden City and Beijing in Late Imperial China', *AA Files*, 1994(28): 48-60.

3 卢婷：《福柯：机构与微观空间》；2012—2014 年英文讲稿。

4 王一婧：《希利尔：空间句法与空间分析》；2012—2014 年英文讲稿。

5 吉宏亮：《埃文斯与马库斯：作为机构的建筑》；2012—2014 年英文讲稿。

6 诸葛净：《明清北京：城市空间体验的美学构架》；Jianfei Zhu, *Chinese Spatial Strategies: Imperil Beijing, 1420-1911* (London: Routledge Curzon, 2004), 222-244 (Chapter 9, Formal Composition).

7 孔亦明、邵星宇：《雍正七年：线性透视，近代化的一个起点》；Jianfei Zhu, *Architecture of Modern China: A Historical Critique* (London: Routledge, 2009), 11-40 (Chapter 2, Perspective as Symbolic Form: Beijing, 1729-1735).

8 吴名、周觅、吴明友：《民族形式：政权、史学、图像》；Jianfei Zhu, 2009, 75-104 (Chapter 4, A Spatial Revolution: Beijing, 1949-59) 及 2014 年的最新英文稿（尚未发表）。

9 戴文诗：《埃文斯在 1978 年：在社会空间和视觉投影之间》；Jianfei Zhu, 'Robin Evans in 1978: between social space and visual projection', *Journal of Architecture*, 2011,16(2): 267-290.

10 薛志毅、陈易骞、赵姗姗：《批判与后批判：中国与西方》；Jianfei Zhu, 'Criticality in Between China and the West', *Journal of Architecture*, 2005,10(5): 479-498 及第二稿 Jianfei Zhu, 2009, 129-146 (Chapter 6, Criticality in Between China and the West, 1996-2004)。

11 李峰：《作为全球工地的中国：批判、后批判和新伦理》；Jianfei Zhu, 2009, 169-198 (Chapter 7, A Global Site and a Different Criticality).

12 胡志超：《二十片高地：建筑风格流变扫描》；Jianfei Zhu, 2009, 231-237 (Chapter 10, Twenty Plateaus, 1910s-2010s).

15 单文、李艺丹：《理性批判与马克思主义文化批评：从康德到塔夫里》；2014 年英文讲稿。

16 诸葛净：《明清北京研究三结论：社会地理，政治建筑，象征构图》；Jianfei Zhu,2004, 91-93, 189-193, 245-247 (Concluding Notes to Part I, II and III).

17 刘筱丹、张亚宣：《万物：大而多元的构架》；Jianfei Zhu: 'Ten Thousand Things: Notes on a Construct of Largeness, Multiplicity, and Moral Statehood', in Christopher C. M. Lee (ed.) *Common Frameworks: Rethinking the Developmental City in China, Part 1: Xiamen: The Megaplot* (Cambridge, Mass.: Harvard University Graduate School of Design, 2013), 27-41.

18 阮若辰：《中国城市：政治与认识的大尺度》；Jianfei Zhu, 'Political and Epistemological Scales in Chinese Urbanism', *Harvard Design Magazine*, 2014(37): 74-79.

19 张鹤：《帝国的符号帝国：中华文化中的大尺度与国家伦理》；Jianfei Zhu, 'Empire of Signs of Empire: Scale and Statehood in Chinese Culture', *Harvard Design Magazine*, 2014(38): 132-142.

20 杨路遥、郭一鸣：《本雅明与郎西埃：艺术与政治》；2014 年英文讲稿。

导言
Introduction

形式与政治：
建筑研究的一种方法

Forms and Politics:
Investigating Architecture

先来看两个例子。漫步于苏州古典园林，我们或许会被戏剧性的空间变幻和富于联想的文字题词所折服，感叹其审美体验的丰富、文化意境的深远；但是，当我们阅读到园林宅院当时主人在官场上的处境和跌宕，以及在精英社会中的来来往往，我们会被园林建筑的社会政治背景所吸引，认识到背后社会现实的一面。走进辉煌的紫禁城，我们会被这组恢宏建筑群的色彩、轮廓、尺度、节奏、空间韵律、严格而富有变化的格局形态所折服，感叹设计的审美把握、精神气概和庄严神圣；但是，当我们被提醒，这是一座皇帝的居所，是宫廷最高权力的运行场所，其运行涵盖复杂的对宫廷、政府、国家、疆土的管理时，同样，我们也开始注意到这个富有美学价值和符号体系的建筑群体的政治问题。

在此我们面对的，或许是文化与政治、艺术与政治的关系问题；但是，为了更好体现建筑或人造环境独特的物质性和普遍理论意义，我希望将其定义为"形式"和"政治"的关系问题。这里，形式指建筑（或人造环境）的空间存在的一切，它包括物的以及空间的格局和形态，也包括它所包容的人的一切活动，尤其是感性的、经验的、具体的、日常的"文化"活动；它包括审美、文化、宗教、符号体系、日常生活，也必然包括社会或政治活动。它以物的和空间的存在为主，但又延伸到文化审美、生活世界，也继续延伸到其他领域：它是横向的、综合

的、具体的。政治在此指庞大又细微的权力的关系、组织和运行，及其在国家政府、社会机构和广大社会各等级和各集团之中和之间展开的方方面面。

本书收集的二十篇文章，希望从不同方面研究考察形式和政治的关系。作为一个整体，本书希望在理论和方法上，提出建筑领域中形式和政治的关系的重要性，以及两者在研究视野上或方法上的等同重要性。为什么要提"形式"和"政治"？为什么要提两者关系的重要性和两者的等同重要性？这些关系为何在建筑和相关领域的研究中如此重要？为了回答这些问题，我们有必要简短回顾政治社会学和建筑学的有关研究。

政治社会学：文化进入政治

形式如果包括空间形态和由空间承载的审美、艺术、文化、生活的各种内容和形态，那么形式问题是埋伏在广义的文化问题中而进入政治社会学领域的。如果纵观政治社会学理论的发展，我们会发现，其整体发展和近几十年新发展的趋势，是文化逐步进入政治社会学领域，以结构主义、后结构主义和各种批判理论的兴起为明显标志。文化进入政治社会理论的过程，可以大致分为三类或三种状态：早期思想，近几十年的体系的发展，和个别理论家的独特发展。在早期，也即 19 世纪后期的社会

学理论的古典时期，与马克思主义平行发展的是韦伯（Max Weber）的理论体系。[1] 如果说马克思强调了阶级的唯一定义和政治经济结构中的决定性力量（表现在关于阶级、经济基础等的理解中），那么韦伯则是采用了阶级的多维定义、阶级之外的其他群体范畴（如种族、性别、文化背景等），以及文化和价值传统对政治经济发展的重要性。韦伯研究了宗教和文化传统，认为新教的教义为资本主义发展提供了精神力量。在古典的社会理论家中，韦伯是强调文化和社会多样性的主要旗手。他的论述将继续为我们提供有益的参考。

但是，尽管有韦伯的论述，政治社会学理论对文化视野的大规模接受，到20世纪六七十年代才出现。[2] 具有哲学思考和人文关怀的结构主义和批判理论，是这一转变的主要推动力。如果我们聚焦于论及文化和政治关系的理论家，那么列维-斯特劳斯、福柯、阿尔都塞（Louis Pierre Althusser）、阿多诺（Theodor W. Adorno）、哈贝马斯、列斐伏尔是主要人物。在结构主义和后结构主义的线索上，列维-斯特劳斯（Claude Levi-Strauss）的人类学研究了神话、宗族、部落社会中的"结构"，把空间、习俗文化、微观社会政治视为结构关系的各种表现；而福柯（Michel Foucault）的研究则在历史变化和经验观察多样性上，打破了结构主义的稳定和禁锢；福柯在不同研究中关注了微观的、机构的、生活的、性的、人体的、知识的问题，提出了诸如空间政治、视线权力、生理权力（bio-power）、微观权力物理学（micro physics of power）、知识与权力的关系，等等观念，把具体文化形式和宏观政治社会之间关系的研究，向前推进了一步。在结构主义和马克思主义的交叉融合中，阿尔都塞发展了意识形态理论，把早期简单的理解（意识形态作为欺骗的思想）转化成复杂的结构性观念（意识形态作为群体思维的框架），提出意识形态的文化性和"意识形态的国家机器"（ideological state apparatus，包括家庭、教育机构、宗教组织、文化体系等）等观念，使文化和政治的关系进一步加强。在批判理论（法兰克福学派和其他人文批判）的发展线索中，马克思的资本主

义批判发展成或转化成广泛的文化社会批判和现代工具理性批判。在本雅明的文化批判影响下，阿多诺（Theodor W. Adorno）提出了音乐社会学，探讨音乐、美学和社会政治的关系。作为法兰克福学派第二代旗手，哈贝马斯（Jürgen Habermas）在理论构架上更加完整；他关注社会的"生活世界"，批判资本和国家，把生活中的人际对话交流看成是分析的原型和进步的理想；不过其研究目前是理论的，而非具体的文化考察（除了早期的公共领域研究之外）。列斐伏尔（Henri Lefebvre）的论述，关注日常生活和城市体验，在微观日常世界中观察批判权威和资本，及其各种表现，如商品化、技术理性、官僚理性，等等；研究主要是直觉观察和思考论述，而非系统的经验的分析研究；但是其论述依然具有重要意义。

在文化进入政治社会研究的过程中，有一些比较独立的理论家，无法简单归于任何体系或学派（尽管有复杂关系），其理论工作却很重要。就直接涉及文化和政治的关系而言，本雅明、布尔迪厄、朗西埃应该是最主要的人物。本雅明（Walter Benjamin）是受到马克思主义理论影响的从事文化研究和哲学思考的理论家，他的写作集中在20世纪二三十年代；其研究早期涉及文学戏剧理论，而在后期则更加关注具体的大众文化、城市空间和日常社会生活；其后期最主要的论述包括《巴黎拱廊》和《机械复制时代的艺术品》，在日常大众文化和微观生活世界中批判资本主义和工业现代理性；其大量而碎片化的论述，对二战以后关注文化的理论家有深远影响；尽管缺乏体系，其论述对于我们今天的思考依然有重大意义。[3] 布尔迪厄（Pierre Bourdieu）是20世纪后期的社会理论家，其理论背景兼有马克思和韦伯的影响，但以韦伯的文化社会学为主；他的主要贡献是提出在各社会场域中（如教育、艺术、学术），人或集团或阶级对于"资本"的追逐，包括社会资本、文化资本、象征资本等等；他指出在文化艺术场域中，所谓的艺术品味，所谓的杰出或优秀，其实是占统治地位的保守集团所界定的品味、杰出或优秀；该理论认为，文化、价值、艺术体系是一种维持现实社会不平等关系（也就是贵族或

精英地位）的意识形态。这里，文化和政治也是紧密联系在一起的，但却显得消极，把文化艺术全部归划在政治关系之下。[4] 雅克·朗西埃（Jacques Rancière）是更加近期的理论家，其背景有马克思的渊源，但是其写作涉及面广泛，在理论思考上强调横向的、跨越的关系；他的主要贡献之一是在艺术和政治的关系中，提出审美和社会政治同构，两者属于同一个先验认识构架的理论；比如，现代审美要求打破古典精英构架，强调平等包容，使日常、民俗、平面性、材质性、本体性都可以进入艺术表现中，与现代政治对平等开放的要求是同构的。[5]该理论把艺术（作为文化形式的一部分）和政治更加紧密地联系在一起，同时将两者放在一个横向的平台上，在方法上采用了等同重要性原则，具有重要意义。

如果政治社会学的发展趋势是文化的进入，即具体的物的艺术文化和社会生活的进入，那么上述这些学者尤其是本雅明、阿尔都塞、福柯、列斐伏尔和朗西埃的论述，应该是重要的，早期的韦伯和马克思的理论当然也是重要的背景。如果政治社会学要进一步发展，如果其观察要进一步物化、微观化、空间化、日常化、人文化，那么文化的进入应该继续推动下去。另外，如果政治社会学是有创意的，具有哲学思考和人文关怀，那么其思考的最终焦点应该是人而非政治，其判断就应该去除政治终极论或政治决定论，把"政治"打开，在方法和思考构架上把文化和政治放在一个平台上，视两者在方法上同等重要，即不预设任何（形式或政治）的决定论，以此探讨两者之间各种可能的关系。

建筑理论历史研究：政治进入文化

在建筑学的思考和研究中，也存在文化形式和政治权力的关系问题。这里，我们继续使用广义的文化和形式的定义。由于建筑学本身的特点，其学科内的学术话语，大量与物的和空间的纯粹形态（及其技术、功能、审美问题）紧密关联。这些话语在形式与政治、文化与政治的关系上，基本上是形式主义的或形式至上的，在涉及建筑的人文社会使用功能时，基本话语也是艺术和人文的，而非社会的更不是政治的。尽管如此，依然有一小部分的建筑学术研究，在最近的二十年，切入了政治和社会的领域中；但是这些研究又倾向于另一极端。这些进入政治社会领域的建筑研究，可以分成多个类别，而每个类别又基本对应着政治社会学理论中的某一家或某一组论述。

首先有两组建筑学论述，不属于一般意义的"研究"：一个是建筑史学的方法论讨论，另一个是关于建筑设计的带有主观价值观判断的讨论，比如关于如何从事"批判建筑设计"的讨论。[6] 建筑史学方法的研讨，最近的趋势是推动建筑史学研究从早期的基于艺术史的方法，走向开放的多学科交叉的社会史、政治史、批判史的方法；推动或反映这一趋势的主要声音是：伯弗瑞奥斯（Demetri Porphyrios）的论述，柏顿和润德尔（Iain Borden，Jane Rendell）的文集，和斯迪伯（Nancy Stieber）在美国《建筑史家学会期刊》（Journal of the Society of Architectural Historians 简称 JSAH）2005年组织的一场"向跨学科方法学习"的讨论；[7] 其对应的理论背景有历史学内部的讨论，有马克思主义的意识形态批判，也有社会人文科学近几十年走向文化和空间大趋势下的各种理论。关于"批判建筑"实践的价值观讨论，近期最早的应该是 20 世纪 80 年代的批判地域主义的提出，此后的重要发展是 1990 年代至 2000 年代之间的关于批判建筑和后批判建筑的讨论；此外也有单独成书的关于反思的或政治的建筑实践的论述，包括阿格莱斯特（Diana Agrest）的"从外部思考建筑"和欧莱利（Pier Vittorio Aureli）的"自主独立的建筑计划"，这些思考所对应的政治社会理论比较多样，如阿格莱斯特采用的是意识形态批判、功能主义批判和文化批判的综合，而欧莱利则运用了意大利 1960 年代的马克思主义的政治和建筑的思想传统。[8]

在"研究"范围内，介入到政治社会领域的建筑学术论述，包括三个主要类型，九个专题或议题性的研究类别，以及一些列有明确具体的国家或地区界定的案例研究的组团。三个主要类型是：建筑机构空间的福柯式的政治分析；建筑实践（和建筑形式）的马克思主义批判和文化批判；对建筑的社会历史的一般性的（不采用某个理论的）分析研究。

第一类研究，综合采用福柯理论、空间分析（包括空间句法）、建筑类型／建筑机构分析，或这些方法的一部分，对建筑的复杂社会功能做微观具体的剖析；主要作者包括希利尔（Bill Hillier）和韩森（Julienne Hanson）、托马斯·马库斯（Thomas A. Markus）、韩森、金·多维（Kim Dovey）和普萨拉（Sophia Psarra）；我的明清北京分析也属于此类。此类研究也应该包括早期的没有采用福柯理论或空间分析法，但已具有类似视野即关注具体微观空间的社会政治运行的建筑研究，包括吉拉德（Mark Girouard）的"英国乡间别墅的生活"和埃文斯（Robin Evans）的"英国监狱建筑研究"。[9]

第二类研究，主要以马克思的资本主义批判或新马克思主义的文化领域的意识形态批判为基础，对建筑实践、建筑形态、建筑思潮进行批判或质疑，其中"建筑师"（个人或职业集体）及其"设计"是一个关注对象。此类论述很多，但成书的著作，主要是塔夫里（Manfredo Tafuri）的《建筑与乌托邦——设计与资本主义发展》，奥克曼（Joan Ockman）主编的读本《建筑、批判、意识形态》，和戴安娜·吉拉朵（Diane Y. Ghirardo）主编的文集《建筑的社会批判》。[10]

第三类研究，建筑的历史和社会的研究中不具体采用某个理论或某个理论议题；它包括有一定社会学概念的建筑研究（如用"国家"等概念来讨论建筑），以及不采用任何社会学概念或理论，但又涉及社会问题的一般性建筑历史研究，如住宅建筑史、宫殿建筑史、法院建筑史，等等。

以上三种类型，都试图整体处理或面对建筑的政治社会问题。此外，是九组专题性的，选择或聚焦某个理论议题的建筑政治研究。在此有必要简单归纳如下：

第一，围绕殖民地历史和后殖民地发展的建筑研究。其理论基础是批判殖民文化及其各种影响的"后殖民地理论"，理论家包括萨伊德（Edward Said）、巴坝（Homi K. Bhabha）等；在建筑领域，早期的研究以安东尼·金（Anthony D. King）为代表，近期的有阿尔萨伊德（Nezar AlSayyad）的《统治的形态》、纳班拓谷鲁（Gülsüm Baydar Nalbantoğlu）和王章大（Wong Chong Thai）主编的文集《后殖民地空间》；而在城市地理领域，较有影响的是杰克布斯（Jane M. Jacobs）的《帝国的边缘》。[11]

第二，围绕民族国家这一课题。建筑研究主要聚焦首都建设，早期研究包括维尔（Lawrence Vale）的《建筑、权威和民族身份》，而近期的有理论基础的研究包括明肯伯格（Michael Minkenberg）的《权威与建筑：首都建设与空间政治》；近期的个案研究包括伯斯道亘（Sibel Bozdogan）的《现代主义与国家建设：早期共和国的土耳其建筑文化》；[12]此类研究一个经常被引用的理论是安德森（Benedict Anderson）的"民族国家是近代（欧洲）开启的想象群体"的说法，尽管这个论述有欧洲中心论倾向。

第三，围绕"杰出""优秀"（distinction）、"明星建筑师"（star architects）问题的讨论。在此有影响的论述包括斯迪文斯（Garry Stevens）的《受宠的圈子：建筑优秀的社会基础》和最近的马克尼尔（Donald McNeil）的《全球建筑师：公司、名望和城市形态》；此组研究的主要基础是布尔迪厄（Pierre Bourdieu）的"象征资本"理论和他的著作《杰出：品味判断的社会批判》。[13]

第四，围绕"奇观"问题的一组研究：面对奇异建筑的出现以及背后品牌追求和经济利益的问题，出现了一组有批判倾向的论述，包括尚德斯（William Saunders）主编的《建筑的商品化和奇观现象：哈佛设计杂志读本》

和维德勒（Anthony Vidler）主编的《在奇观和功用之间的建筑》；此类论述背后的理论基础主要是德波（Guy Debord）的《奇观社会》，即他对商品文化及其高度视觉化的马克思主义批判。[14]

第五，围绕暴力、暴恐和战争的课题。近年就此问题的地理学研究正在涌现，在建筑学上也有表现；有影响的研究包括格莱格瑞（Derek Gregory）和普莱德（Allan Pred）主编的《暴力地理：恐惧、暴恐和政治暴力》，以及维兹曼（Eyal Weizman）的《空洞的土地：以色列的占领建筑》；此类研究采用各种理论论述，但没有一个明确具体的理论背景或归属。[15]

第六，围绕女权主义和性别问题的研究。此类研究的发展非常壮观，有大量文献已出版。早期的研究聚焦妇女建筑师在男性主导的职业和社会中的状态，其立场是女权主义的，如伯克利（Ellen Perry Berkeley）主编的《建筑业：妇女的位置》，克曼（Debra Coleman）等人主编的《建筑与女权主义》，以及阿格莱斯特（Diana Agrest）等人主编的《建筑的性问题》；[16] 后期的研究注重职业问题以外的，和性及性别有关的各种问题的多维度的研究，主要理论读本是考拉弥娜（Beatriz Colomina）主编的《性与空间》，以及润德尔（Jane Rendell）等人主编的《性别、空间、建筑：跨学科导论》；[17] 此类研究还有一支，关注同性恋和奇特趣味人群及其可能具有的挑战性和一般意义，统称为"酷儿理论"（queer theory）；建筑上的论述包括：贝兹奇（Aaron Betsky）的《奇异空间：建筑与同性欲望》和波尼弗尔（Katerina Bonnevier）的《布帘背后：走向建筑的酷儿女性主义理论》。[18]

第七，与此相关但可以另立一组的研究，是关于"家庭空间"（domesticity）的论述，主要的研究是：赫德·海能（Hilde Heynen）与贝达（Gülsüm Baydar）主编的《琢磨家居问题：现代建筑中性别的空间生产》。[19] 这两组的理论背景，是社会学理论中对女权问题的前沿思考，

代表人物包括伊瑞卡丽（Luce Irigaray）和玛舍伊（Doreen Massey）等。

第八，围绕"人体"或"身体"问题展开的，是又一组重要的论述和研究。受到人文社会理论的影响，尤其是弗洛伊德（Sigmund Freud）、拉康（Jacques Lacan）、福柯（Michel Foucault）、德勒兹（Gilles Deleuze）在心理分析、人体政治分析、微观生活和宏观政治关系分析、人体／生理动力与历史发展关系等方面研究的影响，空间和建筑领域也产生了相应的研究；成书的论述包括：派尔（Steve Pile）的《人体与城市》，以及霍普特曼（Deborah Hauptmann）主编的文集《建筑中的人体》。[20]

第九，与此相关的另一个课题是日常生活批判。受到政治社会学的人文化、微观化、物体化的大趋势的影响，又特别受到列斐伏尔（Henri Lefebvre）、福柯、德瑟拓（Michel de Certeau）等人的具体研究或论述的推动，建筑学术界也出现了对日常生活世界的关注和以此为依据的对各种大体系（建筑理论、精英主义、规划政策等）的批判；主要的论述是两本文集：《日常都市研究》和《日常生活建筑学》，收录了麦克丽奥德（Mary McLeod）、贝柯（Deborah Berke）、奥克曼（Joan Ockman）、克拉弗德（Margaret Crawford）等人的文章。[21]

在建筑的政治社会问题研究中，除了上述三大类别和九组专题的理论类别外，还有针对具体历史地点的个案研究的一些组团。除了关于明清北京政治空间和近现代建筑政治研究（民国中山陵、20 世纪 50 年代的北京、新中国成立后的城市形态、长安大街的演变等）之外，有以下一些重要的组团，以国家或地区及其相关问题来划分：法国及法国殖民地现代性；德国和第三帝国；意大利和法西斯主义；俄罗斯、苏联和斯大林；东欧和社会主义建筑；中东的建筑与政治（殖民历史与国家建设）；印度、殖民统治和柯布西耶批判；

东南亚（尤其是新加坡和印度尼西亚）及其殖民统治、后殖民发展和现代化；非洲及其艺术、建筑和后殖民地发展。这些研究和上述各层理论也有各种关系。一个重要的例子是关于法国和法国殖民地的建筑研究；该领域的重要代表，是拉毕诺（Paul Rabinow）的《法兰西现代：社会环境中的规范与形式》和莱特（Gwendolyn Wright）的《法国殖民地都市建设中的设计政治》；两者都受到福柯个人和他注重微观、空间、物质形态、文化形式、现代理性问题的研究的直接影响。[22]

形式与政治：横向的开放研究

建筑设计学科的整体话语，倾向于形式至上或形式主义。尽管如此，依然有一批研究进入了政治社会领域中。在这些建筑政治问题的探讨中，有个别研究，思考了"形式"（文化、艺术、风格、空间等）与"政治"（权力关系）的关系，并自觉强调两者在方法论上的平等，即不先验地决定文化形式和政治社会现实之间的某一方的主导，由此打开政治研究的领域，使其开放灵活。在福柯的影响下，拉毕诺和莱特就是这样进入研究的，其论述强调两者的平等，注重"形式"，及由此带来的潜在的创造性、文化性、微观性和物体性。[23] 但是，就整体而言，上述建筑政治问题的研究基本上是政治至上或政治决定论的。比如，很有影响的塔夫里的马克思主义的现代主义建筑批判，就是政治（政治经济）决定论的，形式和设计完全被置于资本主义政治经济体系之中和之下；又比如，比较有影响的关于"奇观"建筑的研究，也把设计或形式问题置于或者归划在政治经济动力之下，其结论封闭、压抑、无望，抹去了创造的开放性，以及文化与政治、形式与政治关系的不确定性。关于"明星建筑师"的讨论，也是如此。在德波（Guy Debord）和布尔迪厄（Pierre Bourdieu）的理论影响下，文化、艺术、形式，完全成为意识形态，成为政治经济力量的工具；这种判断或许大致正确，但不完全正确，不能完全反应人类生活整体的多维性、开放性和不确定性。

在政治社会学领域中，在文化进入的大趋势下，目前的研究也需要继续推进，采用文化形式和政治社会等同重要的方法或视野，使政治社会学进一步贴近微观世界和人文生活世界，接近对"人"的整体理解。

基于这些考虑，本书希望提出一种新的视野，把形式和政治，也就是文化和政治，放在同一个平台上，做一个水平的、横向的、开放的、没有先验设定的、没有任何决定论的考察和研究。这里的文化形式，包括空间形态以及审美、文化和生活的形态，具有开放创造性、物质性和微观性。这样的构架，也就是把形式纳入到核心位置的政治研究，可以促使我们：①接受整体世界中的文化形式，尤其是艺术和设计所带来的创造性和开放性；②为政治社会学的研究提供一个具体而又抽象的空间组织形式，使其同时触及具象世界和抽象结构；③为政治社会学的研究提供物的、空间的、微观的活生生的细节和内涵；④打破政治（和政治经济）决定论，认识到文化、传统、价值体系对政治和政治经济体系的引导作用（也就是韦伯理论的启用和发展）。这样的视野和构架，可以为政治社会学带来某种具有激进走向的文化改造，也可以为建筑学研究带来重新平衡和处理形式与政治关系的一种可能，使之同时放弃形式主义和政治决定论，在认识到政治经济现实重要性的同时，也认识到建筑自身作为物的具体性和结构性，以及作为创作实践的开放性和建设性。

在本书的范围内，这个平等的关系，被理解为"形式"和"政治"的关系。在此有必要对这两个概念做进一步界定。本书以建筑为主要观察对象，"形式"首先指一个三维的空间存在或空间设置或环境，它包括人对此的视觉体验以及由此展开的与视觉文化（绘画、摄影、电影等）的各种关系，也包括这个三维空间的物的形态及各种与此相关的物质形态问题如风格、样式、设计理论等，也包括此三维空间体系中水平展开的空间布局及其中的各种关系，以及布局中所承载的审美体验、文化活动、日常生活和社会政治组织及其运行。由于人的使用和参与，这个空间形式必然包涵了人的活动的一切，尤其是经验的、具体的、日常的、"文化"的、社会的和政治活动的内容，以及这些活动的物质的和抽象的形式。"政治"首先在此指含有强迫和威力的任何一种权力关系的体系及其组织和运行；它包括世界、国家、机构、阶级、群体的内外关系、组织结构、运行状态和意识形态体系；这种权力组织和运行体系及其思想，与某个建筑空间体系的设计和使用的关系，可以是领导的、支持的、中立的、不支持的、对立的，也可以是模糊的、矛盾的、不确定的。本书各文章，意在探讨形式和政治的各种关系或状态。

本书构架：问题与课题

本书收集的二十篇文章，在建筑的形式与政治的关系上，探讨了五个问题。其中有些问题或局部议题是上述建筑政治研究中已经涉及到或确立的，有些则是作为新问题、新构架在此提出的；无论是已经被确立的还是新探索，这里的研究都是具体的在中国和西方、历史和理论、个案与结构、建筑与社会、文化与政治之间的前沿的拓展。第五个问题和前四个问题叠加重合；前四个问题分别作为标题，构成本书的四个部分。这五个问题是：

1）空间与权力的关系：探讨作为机构的建筑（如学校、监狱、宫殿）和城市（如严格管理的城市）空间格局中的权力关系的组织和运行，属于上述建筑政治研究的第一大类；此类问题的研究也涉及渗透到具体的九个专题的如暴力、身体等问题（第五、第八专题）；本书就此提供了明清北京宫殿的政治空间的分析，以及福柯理论体系、空间分析方法和机构建筑空间研究的研讨。

2）权威、形态和视觉文化的关系：探讨建筑（或城市）的物质形态及其视觉、观念、艺术、风格等与政治权威的互动关系；在理论上应属于民族国家建设、艺术－政治关系，历史研究的视图方法、日常生活中人－物关系等领域；但是目前已有的建筑研究，只停留在首

都建设和政府建筑与民族国家的关系的范围内（上述第二专题）；本书在物体、形态、视野上探讨新的方向；在此收录的文章关注明清北京城市的体验空间、清初西洋透视法的到来、1950 年代民族形式中的透视法问题，和埃文斯在社会空间和视觉形式之间的跳跃和联系。

3）设计批评与设计政治：关注和聚焦设计实践及其伦理的和理性的批评，其理论基础基本上是马克思主义的和批判理论的（包括但不限于法兰克福学派），范畴上属于上述建筑政治研究的第二大类；在质疑政治决定论又充分考虑设计的政治属性的基础上，本书在此收集的研究，关注现代中国建筑设计立场和形式的流变、设计院制度的独特意义、新一代建筑师的出场、中外建筑交流与"批判性"的关系、以及西方自身的批判思想传统的脉络。

4）国家的文化形式：研究国家理论和国家建设背后的历史文化因素和价值体系，即国家的伦理基础，及此伦理基础在欧洲和中国的不同，包括在文化、符号、技术、建筑等方面的表现；此问题与上述九项专题中的第二项（民族国家）有关，但视野比其关注的近现代意义上（源自欧洲）的国家更加深远，在思路上质疑以欧洲和东南亚为基础的近现代民族国家理论（以安德森 Benedict Anderson 为代表）；在此收录的文章聚焦多个课题：明清帝都北京的几种状态；"万物"的思想构架；古代中国城市的国家地理尺度；大而多元的思维构架在文化技术各方面的表现；文化、艺术、政治的结构共享的理论研究。

5）中国特性和中西文化比较：探讨建筑、城市及相关领域中文化和文化差异作为重要概念的意义，考察文化价值体系制约或引领政治构架的可能性，消解政治决定论，建立文化形式和政治构架在方法和思考上的横向关系；中西比较是中国学界悠久的话题，但在西方主导的世界的政治社会学理论和建筑学理论研究中，依然是新

话题；如果是强调文化政治横向关系的研究，就更有挑战意义；此问题与上述四项问题正交重叠，贯穿上述每个问题之下的一些文章中；如第一部分中边沁与韩非的比较，第二部分的关于透视法的比较，第三部分关于批判与包容的比较，第四部分中内部逻辑和外部逻辑的比较，都是就此问题的探讨。

研究概述

二十篇文章按其涉及的主要问题，收集在四个部分中；每部分的文章，其关系互相独立又互相关联，从不同角度回答或讨论有关主要问题。每个部分，都有关注中国的研究和聚焦西方理论的论述；两者的关系是水平的、横向的、平等的，两者互相比照、互相辩论；它们不构成垂直的"应用"或"推理"关系。

探讨权力与空间关系的第一部分，包括两篇明清北京的研究和三篇理论方法的论述。第一篇（1）"天朝沙场"研究了宫殿内部的权力关系及其空间构成，涉及常规和暴力政治，以及世俗礼仪和神圣祭祀等方面；第二篇（2），"边沁、福柯、韩非"，同时考虑了内部和外部的权力关系，即内向的三角权力关系和外向的不对称关系，也比较了欧洲和中国国家权力理性化路径的不同。后三篇（3、4、5）论述，介绍并分析关于机构中的空间政治和政治空间的理论。福柯研究一文，介绍这位有重大影响的法国理论家的整体思路和关于机构空间政治的具体研究，包括"全视监狱"和"他空间"以及权力、身体、空间、视线、知识等概念，也讨论了这些工作、思路和观念对于建筑研究的意义；空间句法研究一文，介绍分析了（希利尔 Bill Hillier 等人的）"空间的社会逻辑"的理论体系，描述了空间句法的理论和方法，探讨了这些理论和方法在建筑内部和城市环境研究的各种运用；机构和类型建筑研究一文，介绍了埃文斯（Robin Evans）和托马斯·马库斯（Thomas A. Markus）及其他学者关于社会机构和建筑类型的聚焦在社会政治空间问题上的研究，也探讨了这一思路从国家机器到微观建筑机构的各层次的研究运用的可能性。

探讨权威、形态、视野互动关系的第二部分，包括三篇历史研究和一篇理论研讨。第一篇（6）讨论明清北京城市形态中政治要求和审美体验的叠合，及此中的审美体验和空间设计形式。第二篇（7）研究清朝早中期在特定政治背景下西洋线性透视法的引入和由此带来的"视觉飞跃"，描述分析相关的一系列象征的文化形式如绘画和建筑，探讨这些发展如何在文化形式上成为近代化的起点，及对于文化现代化的深远影响。第三篇（8）研究共和国第一个十年的首都建筑和城市设计；文章围绕"民族形式"和"社会主义新风格"，描写剖析这十年在符号设计、风格定位、城市建设的话语和实践，探讨背后的国家权威、建筑历史研究、图像绘制方法之间的关系，确认透视法和理性视野对文化思想现代化的重要意义。第四篇（9）的理论研讨，聚焦建筑理论家、史学家埃文斯研究生涯的中间环节（1978年），这一中间点在早期社会空间研究和后期视觉形态研究之间的跳跃和联系，以及此环节在横跨两类领域时所展现的独特方法。

第三部分，关注设计实践和设计批评。这里的六篇文章研究中国现当代建筑设计生产的机制和思想，涉及中外交流、中西比较和对于批判和实践的态度的异同，也论述西方自身的批判思想的历史脉络。第一、二篇（10、11），关注新一代中国建筑师的出场；其中第一篇考察中国和西方在"批判／后批判"问题上的互动交换，并在西方观念建筑进入中国和亚洲实践主义进入西方的对流中，界定中国新一代建筑师（以及对东方实践主义有兴趣的西方建筑师或理论家）的位置；第二篇关注中国在21世纪初成为世界工地的现象，中国和海外建筑师在其中的位置和角色，各自在中国实践和西方学界媒体上的互动，及未来的趋势。此后的一篇（12），"二十片高地"，对整个20世纪中国建筑设计的各形式语言和设计立场的定位和转变，做了一个图像化的梳理。此后的两篇（13、14），聚焦建筑设计院；其中第一篇是参展的图像研究中的文字"中国设计院宣言"，第二篇是对此"宣言"的展开，讨论设计院作为一种独特政治构架和文化传统背景下的设计实践的组织形式的意义，讨论最后聚焦"国家"在欧洲和中国传统政治伦理话语中的不同及由此产生的深远影响，其内容和第四部分交叉重叠。第三部分最后一篇（15），梳理论述西方自身的批判传统，重点介绍从康德到马克思再到批判理论的思想路径，以及批判理论在文化和建筑中的运用，包括意大利建筑理论家史学家塔夫里针对现代主义建筑及此后各流派的马克思主义批判。

第四部分，关注聚焦国家的伦理和文化形式。这里的五篇文章中，第二、三、四篇（17、18、19），阐述中华文化中的国家伦理与包罗万象的内向逻辑文化的关系，而第一篇和第五篇（16、20），则分别讨论更具体和更理论的问题：明清帝都北京城的各种状态，以及文化、艺术、政治的结构共享的理论基础。最后一篇（20）的理论论述，探索政治、审美和认识的内在关系，文章介绍本雅明（Walter Benjamin）和雅克·朗西埃（Jacques Rancière）关于艺术和政治的关系的研究，挖掘朗西埃对于本雅明的挑战，研读朗西埃更深入的理解、现代审美构架和现代政治理想的同构、"现代主义"的世俗性和平等包容性、由此推出的关于现代主义的认识，以及最重要的文化政治同构的基本认识。文化政治同构的最具体表现，是这里第一篇（16）所展现的明清北京城市形态在政治组织、象征构图、社会生活、空间体验等多方面的重合；而文化政治同构的重要表现，是中间三篇文章（17、18、19）所阐述的中华文化中的包容的内向逻辑在文化形式和国家政治上的各种体现。这里的第二篇（17）比较抽象系统地解释了中国传统思想中的大而多元的"万物"构架、它的政治产物（伦理国家），它在国家与社会关系上的反映，以及在文化符号、汉字体系、视觉文化形式和建筑城市技术等方面的表现；第三篇（18）介绍这个大而多元的思维体系在地理尺度上的城市与国家的关系的表现，提出"大"的多层含义

（地理的、政治的、认识论的）；第四篇（19）从符号集合（符号帝国）和国家政治（帝国符号）的关系的问题上，再一次切入"万物"体系，在挑战巴特（Roland Barthes）和德勒兹（Gilles Deleuze）的同时，以"天下国家"等思路为基础，阐述大尺度思维和全面国家伦理思想的关联性，即全面思考和全面政体的对应，并由此提出不基于欧洲传统的另一种现代构架的可能性。

研究历程

作为二十年工作的回顾，本书收集的文字不仅体现了上述四个议题的理论逻辑，还反映了在此之下或之外的另一种个人研究路径的历史逻辑。沿此个人研究的历史发展脉络，这二十篇文章在时间的序列上，纪录了思考工作的四大阶段和十二个研究课题。第一阶段，以伦敦大学博士论文（1993年）为基础，以十年后的英文著作（《中国空间策略：帝都北京》，2004年）为标志，关注明清北京，包含三个课题：①紫禁城中空间与政治的关系，②明清北京整体的三个状态（地理社会、政治建筑、象征构图），③作为空间体验的明清北京的城市形态；第一课题的研究记录在两篇文章中（第1、第2篇，完稿于1994年和2003年），第二和第三课题的研究分别表现在第16篇和第6篇两篇论述中（都完稿于2004年）。

第二阶段，从1990年代中期在 *2G* 和 *AA Files* 发表论述开始，以2009年出版的英文著作《现代中国建筑：一种历史批评》和主编的中文文集《中国建筑60年：历史理论研究》为标志，关注近代、现代和当代中国建筑中的一些关键节点和这些节点上的形式和政治的问题，具体涉及四项课题：④清朝初年西洋线性透视法和相关思想文化的到来及其对近现代中国的意义，⑤ 1950年代北京的关于民族形式的论述和建设，⑥ 1990年代后期新一代中国建筑师的出场及其和西方思潮的互动，⑦中国设计院作为一种实践组织形式的独特意义。关于清初透视法和北京民族形式的问题，分别表现于本文集的

第 7 篇、第 8 篇（都完成于 2009 年）；关于新一代建筑师的研究，记载于第 10、11 篇（2005 年、2009 年）；关于设计院的研讨，在第 13、14 篇中展开（2013 年、2014 年）；作为背景的铺垫，关于中国建筑设计思潮发展的大格局，也表现在"二十片高地"这个 2005 年的展板和 2009 年的文字描述中（第 12 篇）。

第三阶段，以在墨尔本和南京开设的研究生理论课程"建筑与政治"和"形式与政治"为基础，以讲稿和会议论文为形式，关注了理论和方法的问题，涵盖四个课题：⑧埃文斯的介于社会和形式的独特研究方法（表现在第 9 篇，2011 年），⑨社会机构中的空间、权力、知识、身体等关系，即管控的建筑和城市中的政治空间和空间政治（表现在第 3、第 4、第 5 篇，2012 年），⑩以马克思主义文化批评为突出代表的西方批判学派和背后更悠久的批判思想脉络（表现在第 15 篇，2014 年），以及⑪文化、意识和政治的紧密关系（记载于第 20 篇，2014 年）。

第四阶段，以多次会议和演讲稿为基础，以近几年在哈佛设计学院连续出版的三篇为标志，关注了"大尺度"的文化内涵，包括的课题是：⑫中华文化中的全局思维和全面国家政体（和国家伦理）的呼应，以及由此推出关于现代性的新思考；具体研究表现在第 17、18、19 篇（2013—2014 年）的论述中。

二十年的工作，以 1994 年的"天朝沙场"（*AA Files*, no. 28）和 2014 年"帝国的符号帝国"（*Harvard Design Magazine*, no. 38）为起点和终点，纪录了一条实际上是复杂交错的、不连续的、有矛盾的、充满了重复和再启动的、又有一些新开拓新思路的线索。在此展现的，是回顾中的思考的再现。在诸多文论中挑选和组织在此的二十篇，在个人研究的历史逻辑和学科的理论逻辑的纵横交织中，汇成了关于中国建筑的形式问题和政治问题的多维度研究的一套文集。它应该是新研究的起点。

1 可以参考：Alexander Hicks, Thomas Janoski & Mildred A. Schwartz, 'Political Sociology in the New Millennium', 以及 Axel van den Berg & Thomas Janoski, 'Conflict Theories in Political Sociology', in Thomas Janoski, Robert Alford, Alexander Hicks & Mildred A. Schwartz (eds) *The Handbook of Political Sociology* (Cambridge: Cambridge University Press, 2005) 1-30 especially 7-11 以及 72-95 especially 73, 85-86.

2 参考：Hicks, Janoski and Schwartz, 'Political Sociology', 7-11; Berg and Janoski 'Conflict Theories', 72-95. 也请参考：James M. Jasper, 'Culture, Politics, Knowledge', in Janoski, Alford, Hicks and Schwartz (eds), *The Handbook*, 115-134 especially 120-122.

3 Walter Benjamin, *Illuminations: Essays and Reflections*, ed. Hannah Arendt, trans. Harry Zohn (New York: Schocken Books, 2007), Walter Benjamin, *The Arcades Project*, trans. Howard Eiland and Kevin McLaughlin (Cambridge, Mass.: Harvard University Press, 1999).

4 Berg and Janoski, 'Conflict Theories', 91-93; Jasper, 'Culture, Politics, Knowledge', 123.

5 Jacques Rancière, *The Politics of Aesthetics*, ed. & trans. Gabriel Rockhill (London: Bloomsbury, 2004).

6 这两种论述，即史学方法论讨论和主观的关于建筑实践的讨论，当然在广义上讲也是研究；但是因为一个是方法论问题，一个是实践的主观立场问题，都不是一般意义上的客观考察一个外部世界的探索（比如我们对建筑历史某一阶段或某一类型建筑的研究），所以不属于一般意义上的研究。史学方法和设计立场，当然是很重要的；它们和"研究"也可以交叉组合，比如一个设计立场的宣告或主观定位，往往需要对现实世界的客观认识。

7 Demetri Porphyrios, 'On Critical History' in Joan Ockman (ed.), *Architecture, Criticism, Ideology* (Princeton, NJ.: Princeton Architectural Press, 1985), 16-21; Iain Borden & Jane Rendell (eds), *InterSections: Architectural History and Critical Theory* (London: Routledge, 2000); Nancy Stieber, 'Learning from Interdisciplinarity' (a collection of essays), *JSAH: Journal of the Society of Architectural Historians*, vol 64, no. 4 (December 2005): 419-440.

8 Diana Agrest, *Architecture from Without: Theoretical Framings for a Critical Practice* (Cambridge, MA.: MIT, 1993); Pier Vittorio Aureli, *The Project of Autonomy: Politics and Architecture within and against Capitalism* (NY: Princeton Architectural Press, 2008).

9 Bill Hillier & Julienne Hanson, *The Social Logic of Space* (Cambridge: Cambridge University Press, 1984); Thomas A. Markus, *Buildings and Power: Freedom and Control in the Origin of Modern Building Types* (London: Routledge, 1993); Julienne Hanson, *Decoding Homes and Houses* (Cambridge: Cambridge University Press); Kim Dovey, *Framing Places: Mediating Power in Built Form* (London: Routledge, 1999); Sophia Psarra, *Architecture and Narrative: the Formation of Space and Cultural Meaning* (London: Routledge, 2009); Mark Girouard, *Life in the English Country House: A Social and Architectural History* (London: Yale University Press, 1978); Robin Evans, *The Fabrication of Virtue: English Prison Architecture, 1750-1840* (Cambridge: Cambridge University Press, 1982).

10 Manfredo Tafuri, *Architecture and Utopia: Design and Capitalist Development* (Cambridge, Mass.: MIT Press, 1976); Joan Ockman (ed.), *Architecture, Criticism, Ideology* (Princeton, NJ.: Princeton Architectural Press, 1985); Diane Y. Ghirardo (ed), *Out of Site: A Social Criticism of Architecture* (Seattle: Bay Press, 1991).

11 Anthony D. King, *Colonial Urban Development: Culture, Social Power and Environment* (London: Routledge & Kegan Paul, 1976); Nezar AlSayyad, *Forms of Dominance: On the Architecture and Urbanism of the Colonial Enterprise* (London: Avebury, 1992); Gülsüm Baydar Nalbantoğlu and Wong Chong Thai (eds) *Postcolonial Space(s)* (New York: Princeton Architecture Press, 1997); Jane M. Jacobs, *Edge of Empire: Postcolonialism and the City* (New York: Routledge, 1996).

12 Lawrence Vale, *Architecture, Power and National Identity* (New Haven: Yale University Press, 1992); Michael Minkenberg, *Power and Architecture: the construction of capitals and the politics of space* (New York: Berghahn Books, 2014); Sibel Bozdogan, *Modernism and Nation Building: Turkish Architectural Culture in the Early Republic* (Seattle: University of Washington Press, 2001).

13 Pierre Bourdieu, *Distinction: A Social Critique of the Judgment of Taste*, trans. Richard Nice (Cambridge, Mass.: Harvard University Press, 1984); Garry Stevens, *The Favored Circle: The Social Foundations of Architectural Distinction* (Cambridge, Mass.:

Harvard University Press, 1998); Donald McNeil, *The Global Architect: Firms, Fame and Urban Form* (New York: Routledge, 2009).

14 Guy Debord, *The Society of Spectacle*, trans. David Nicholson Smith (Cambridge, Mass.: MIT Press, 1994); William Saunders (ed.) *Commodification and Spectacle in Architecture: A Harvard Design Magazine Reader* (Minneapolis: University of Minnesota Press, 2005); Anthony Vidler (ed.), *Architecture between Spectacle and Use* (New Haven: Yale University Press, 2008).

15 Derek Gregory and Allan Pred, *Violent Geographies: Fear, Terror and Political Violence* (London: Routledge, 2007); Eyal Weizman, *Hollow Land: Israel's Architecture of Occupation* (London: Verso, 2007).

16 Ellen Perry Berkeley (ed.) *Architecture: A Place for Women* (Washington: Smithsonian Institution Press, 1989); Debra Coleman, Elizabeth Danze & Carol Henderson (eds) *Architecture and Feminism* (New York: Princeton Architectural Press, 1996); Diana Agrest, Patricia Conway & Leslie Kanes Weisman (eds), *The Sex of Architecture* (New York: Abrams, 1996).

17 Beatriz Colomina (ed.), *Sexuality and Space* (New York: Princeton Architectural Press, 1992); Jane Rendell, Barbara Penner and Iain Borden (eds) *Gender Space Architecture: An Interdisciplinary Introduction* (London: Routledge, 1999).

18 Aaron Betsky, *Queer Space: Architecture and Same-Sex Desire* (New York: William Morrow, 1997); Katerina Bonnevier, *Behind Straight Curtains: Towards a Queer Feminist Theory of Architecture* (Stockholm: Axl Books, 2007).

19 Hilde Heynen & Gülsüm Baydar (eds), *Negotiating Domesticity: Spatial Productions of Gender in Modern Architecture* (London: Routledge, 2005).

20 Steve Pile, *The Body and the City: Psychoanalysis, Subjectivity and Space* (London: Routledge, 1996); Deborah Hauptmann (ed.), *The Body in Architecture* (Rotterdam: 010 Press, 2006).

21 Steven Harris & Deborah Berke (eds), *Architecture of the Everyday* (New York: Princeton Architectural Press, 1997); John Chase, Margaret Crawford & John Kaliski (eds), *Everyday Urbanism* (New York: Monacelli, 1999).

22 Paul Rabinow, *French Modern: Norms and Forms of the Social Environment* (Cambridge, Mass.: MIT, 1989); Gwendolyn Wright, *The Politics of Design in French Colonial Urbanism* (Chicago: University of Chicago Press, 1991).

23 Rabinow, *French Modern*, pp. 7-13; Wright, *Politics of Design*, pp. 7-10.

一

空间与权力
Space and Power

1

天朝沙场：
清代紫禁城的政治空间构架

A Celestial Battlefield:
the Forbidden City in Late Imperial China

封建都城北京和紫禁城的建筑，多年来一直是个热门题目，它的研究不仅限于中国建筑史的领域，同时也存在于如人类学和汉学等领域。[1] 这些研究，在表面的区别之下有一些共同的特点。在建筑史的领域，焦点几乎无一例外地集中在紫禁城和北京的形式及美学方面，而在人类学和汉学的领域，重点则总是放在建筑的象征意义上。[2] 这些研究是一致的：即潜在地强调静止的观察、固定的视点和对物体的感性透视；同时有一种倾向，即忽视了北京和紫禁城的运作和社会各方面。

在对中国文化和其社会活动普遍缺乏了解的前提下，这种忽略的后果之一就是有可能促成神秘的、甚至是完全错误的解读。作为改善这种状况的尝试，本文将检验封建朝廷的社会运作，并就运作和形式之间的关系勾勒一个可能的框架。由于研究所涉及的是封建中国朝廷的中心，社会活动也是朝廷和政府的活动，在这种情况下，它难免是政治性的活动。

历史和布局

北京作为东亚政治地理版图上的要塞已不下两千年了。自战国时期（公元前 403—公元前 221）以来，各朝就在此筑城。在中国都城普遍的东迁倾向中，这个关键的地区成了中国历史上最后三朝的都城所在地。起源于蒙古的元朝

（1279—1368），依据中国古典规划原则，在今天的北京城址以北修建了其都城，即元大都。[3] 后来，由汉人形成的明朝，征服了元王朝，并把大都改造成一座新的城市，命名为北京；到 1420 年，这座都城的中心——紫禁城建成，朝廷正式迁入北京和紫禁城。

当时的北京由三座同心的城组成：由内向外是紫禁城（宫城）、皇城和都城。一个世纪以后，第四座城——外城，加建在都城以南，以适应当地增长的人口和商业。1644 年，清王朝（1644—1911）取代明朝。这些新的统治者是满族人，而他们接受了汉族的文化，尤其是政府的形式，并且保持了都城的原貌。所以北京一直保持稳定，在五个世纪两个朝代中没有重大的变化，直到 1911 年清王朝瓦解。

构成北京的这四座城有着内在的联系，其中三座以同心的形式部分重合，而第四座连接在都城的南墙外（图 1）。它们共有一个长 7.5 km 的南北轴线，形状规整，顺应四个主要方位，布局上大体对称。其中最内围的是紫禁城，是供皇帝、亲近的皇室成员、仆人以及少数官员居住的宫殿群。它的中心是紫禁城最大的院落，一些最重要的朝廷仪式在那里举行（图 14）。由里而外，下一座是皇城，它包括皇家园林、祖庙、社稷坛、官署、住宅、工场和仓库。祖庙和社稷坛对称布置在皇城的南部。其次包围着皇城的是都城（也称内城），也即京城本身。它建有南北向的街和东

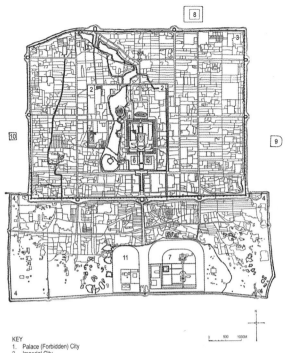

KEY
1. Palace (Forbidden) City
2. Imperial City
3. Capital City
4. Outer City
5. Temple of Ancestors
6. Altar of Land and Grain
7. Altar of Heaven
8. Altar of the Earth
9. Altar of the Sun
10. Altar of the Moon
11. Altar of Agriculture

图 1
清代早期中期北京城市平面（1750 年）。源自：刘敦桢，
《中国古代建筑史》（北京：中国建筑工业出版社，
1980 年），图 153-2，280 页。

西向的巷，三个主要的集市，一片官署区，庙宇、商肆和大面积的成块的院落式住宅。官署区位于正南和东南部，紧靠在皇城墙外。这三座同心的城外有一系列皇家祭坛，依据主要方位而布局：天坛、地坛、日坛和月坛对称地坐落于都城的南、北、东、西。天坛的西侧是先农坛，对称布置于中心轴线的另一侧。都城以南是第四座城，即所谓的外城，它主要是一个商业性的城。与其他三座不同的是它没有严格规划，而是逐渐发展起来的。外城墙比其他三座的城墙晚建很久，刚好把两座皇家祭坛也包围在其中，但由于中轴线贯穿外城直抵最南端的城门，它实际上加强了北京城强烈的几何形式。这条轴线从视觉上统一了整个北京城（图 1、图 19）。

在这里要指出的是，朝廷和政府直接控制下的领域穿越了这四座城的空间划分。这些领域和群体包括紫禁城（尤其是中心院落和内宫，下文将有叙述），都城中的官署区，皇城中的坛庙以及都城外郊的祭祀坛（图 1），它们充当了君王及朝廷政治生活的"战场"和"舞台"。我们将在这些领域中观察层层展开的宫廷生活剧幕。

空间，权力，话语

当心中有了北京城的大致图像以后，我们就不难理解为什么说习惯的或传统的研究把大量的注意力放在了它的几何形式上——北京城的整体性设计，它的中轴线，轴线在紫禁城中心所达之高潮，从单体建筑到整个北京城的对称。传统建筑史领域的研究也指出城市及其建筑的对称形式所反映出的权力的象征性。[4] 在人类学和汉学领域，象征性的问题得到了更深的揭示和分析。但在这些领域中，社会政治运作和建造形式之间的惟一关联仍然是象征性（以及象征性的行为，如祭祀）。[5]

如前文所指，这里潜在的成见是强调对物体的凝视和透视观察，及这种感性观察的静止性。在北京城中，城市和建筑是如此严格地对称，这就更促使了对形式和象征性的兴趣。然而这些研究因没有把建筑与社会政治运作联系起来考虑，因而不能根植于社会环境之中。在这里被忽略的不仅仅是社会运作，还有一些更基本的方面：空间、行动及朝廷生活的动态变化。在人类学和汉学的领域中，北京社会政治运作的揭示只限制在象征性的、仪典性的行为以及建造形式等领域内。然而似乎还有其他的运作方式在起着关键作用，如权力斗争或军事战争等。它们是实在性运作，在性质上不属于象征性、语言（学）性范畴。这些"其他的方式"要求它们自己空间的和实体的建筑形式，因此这些方式不容忽视。

带着这样一些考虑，本研究采取了不同的方法和角度，目的是揭示建造形式与皇帝和朝廷的社会政治运作之间的关系。这里的"形式"不再是关于固定的物体和透视，而更多的是指空间和社会实践的动态变化。"空间"是中心概念。"运作"指的是社会实践，它不仅具有象征性的功能，同时也属于实在性的权力关系的领域。朝廷之中和周围的复杂运作难免是政治性的，而朝廷生活也被权力追逐所主宰。换言之，这里的中心问题可以这样来确定：空间和权力的关系是什么？

这里"空间"不仅指建造空间，同时也指行动空间——人的行动的区域、点和轨迹。"权力"可以被定义为行动的或影响他人的能力，但在这里，按照米歇尔·福柯的看法，它将进一步用来表明一系列关系、技巧和战略的运作。[6] 如果采用这样的研究方法，微观空间配置和微观行为将被证实为朝廷政治文化的重要组成部分。

既然建造和行动空间与社会活动关系密切，那么穿越空间的和联系各点之间的运动就很重要了，各空间和各点之间的关系也一样。这在此项研究中，就不可避免地导向对边界和入口的强调，尤其是其关闭和开放的状态。在这里，"空间的连续性/连续体"和与之相反的"空间片断，或连续性/体的破坏"等概念很关键。当更多的入口被打开，也就是当边界被削弱时，连续体就获得了地位和强化；当更多的入口被关闭，也就是当边界被加强时，连续体就被减弱和打破。然而，这里重要的并不是空间本身的物理状态，而是它内在的社会政治属性。正如此项研究要提出的，通过封闭达到的片段性，在本质上与人体、其个人生活、其在暴力冲突中的生存，以及一般性的保守倾向的社会活动相关。而通过开放达到的空间的连续体与思想、机构、颠覆以及创新、革命性的社会活动相关。

一个相关的概念是皇帝的"体"即其人体或身体。本文将考察这个"体"的几个状态：作为私密的个人体，作为与理性心智相对的（感性）肉体，作为防御和颠覆战争中的焦点的生命体，以及作为象征性物品与祭祀焦点的君主圣体。这里所说的"体"的各种状态，都既是空间的又是政治的，因此"体"在这里将充当空间和政治运作之间的概念上的桥梁。

非象征性的（实质的和工具的）和象征性的运作都将在这项研究中得以检验。在象征性的运作中关于语意（学）的和意识形态的问题都很突出。这里仍然按照福柯的观点，研究的重点将不是意识形态的内在语意和观念，而是它通过非语言非思想（或在其之上）的方式所产生的外在形式。这种外在形式被称之为"话语实践"。于是建造空间、行动空间、人体、其表演、其在仪典场所的角色等，都将被看作是陈述的"话语的"物体、关系和活动。这样对于处在封建制中国文脉（context）中关于"帝王"的意识形态的研究，就成了对其"话语的"或"理论的实践形成"的研究。[7]

这项考察，力图把叙事性民俗学方法和结构性分析学方法结合起来。在后一方法中，我的工作一部分是基于空间整合度的统计性考察，这是比尔·希利尔和朱利安·韩森创造的方法，被称为"空间句法"。[8] 在这里要提出三个要点：首先是整合度最高的空间，指在一特定的空间系统中，从纯空间的角度讲，那些联系最密切、从概率上讲最易进入的空间；第二，都城东/东南区，包括官署所在地，在北京内城范围内，处于最为整合的空间之中；第三，紫禁城中的那个剩余空间，在紫禁城范围内，是整合度最高的"都市"（Urban）空间。为方便起见，该空间在下文简称"U空间"（图3）。[9]

故宫和北京的布局以及朝廷的政治运作在两个朝代中大体保持不变，历经五个世纪。这个研究将集中在早期和中期的清朝（从17世纪中期到19世纪中期）。选择这段时期的决定性因素，是详细而可靠的、尤其是都城平面地图的资料来源。[10] 因此我的考察只限于这段时期。只在理论性讨论的层面上，该研究才向外拓展到中国朝廷政治文化和中国空间构成的普遍性的非史学性的问题。

在努力综合大量的历史性资料过程中，有两个概念是关键的："工具性的政治"运作和"象征性意识形态的"运作。第一个指的是政治性的运作，实际上的政治对立冲突，或者是功利性的或者是工具性的，对于朝廷的生存必不可少，它们主要在紫禁城的内部与外围发生和展开。第二个指的是象征性活动中陈述性的话语运作，它构成了朝廷的意识形态语言。它们主要在从故宫中心到皇城的两个坛庙再到都城外的各坛的一系列仪典场所中发生和展开。

政治空间框架的形成

1. "常规"政治实践

紫禁城（图2）既是帝国首都的心脏又是皇帝的宫城，它被矩形的墙所封闭，四面各有一个门，面对四个基本方位。北京城的中轴线穿过宫城，把建筑群组织成对称的形式。宫城被分作两半：南半部称作外朝而北半部为内寝。外朝中最重要的部分是轴线上的三大殿，南边的最大，称作太和殿，用来安放皇帝的宝座。紧临这座殿的南面是紫禁城中最大的场院。它们一起构成了宫城中举行仪式的中心，一些朝廷生活中最重要的仪典在那里举行。三大殿的后面是内寝，这里坐落于轴线上的中宫，是皇帝和皇后的住处。它包括三座建筑，南北两座分别是皇帝和皇后的住所，中间一座则是保存皇家印章的地方。皇帝的寝宫乾清宫，也是皇帝设朝堂召见大臣官员并与他们商议政务的地方（有时包括它的前门即乾清门）。中宫的东边和西边是东宫和西宫，各自包括六个院供皇帝的妃嫔们居住。西宫的南面（与中宫的西南门相连）是皇帝的第二个住所，也充当召见大臣和官员们的内朝堂。[11] 只有少数政府机构设在紫禁城内，而它们在朝廷政治事务上的地位与与皇帝的关系至关重要。这些机构是紫禁城东南角的内阁总部，以及内阁的一部分——军机处，[12] 紧贴着内宫门（乾清门）外的西墙。其在紫禁城中正是U空间，联系着所有局部的区域：一旦进入城门，必须在进入宫殿之前先穿过U空间。因此它扮演了外部世界和内宫之间的关键联系（见图3）。

同皇帝关系密切的主要有三类人：男仆（宦官）、后妃（皇后、妃、嫔）和官员（大臣和其他高级官员）。宦官在宫内的工作包括安排皇帝的所有起居以及保持每天的整洁有序。他们被安置在紫禁城中几乎每一座建筑内，并且建筑离中宫皇帝的主殿越近人数越多，其中以主殿为最（图4）。[13] 宦官也会被

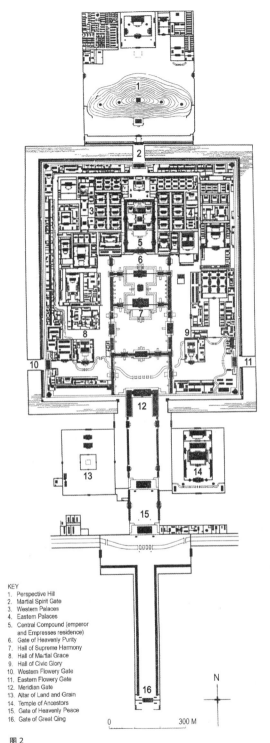

KEY
1. Perspective Hill
2. Martial Spirit Gate
3. Western Palaces
4. Eastern Palaces
5. Central Compound (emperor and Empresses residence)
6. Gate of Heavenly Purity
7. Hall of Supreme Harmony
8. Hall of Martial Grace
9. Hall of Civic Glory
10. Western Flowery Gate
11. Eastern Flowery Gate
12. Meridian Gate
13. Altar of Land and Grain
14. Temple of Ancestors
15. Gate of Heavenly Peace
16. Gate of Great Qing

N

0   300 M

图2
清代紫禁城及其周边平面图。源自：刘敦桢，《中国古代建筑史》（北京：中国建筑工业出版社，1980年），图153-5，282-283 页。

安派到指定的门。实际上所有的门都有宦官和侍卫直接或间接地监管，而在少数关键几个门长驻的宦官，则进一步加强了内外之间主要入口的控制。

女侍不仅要侍候皇室的女性成员，她们自己也是皇帝的待选妻室。[14] 皇后住在中宫，而妃嫔们有各自的寝宫——东六宫和西六宫（图5）。她们提供给皇帝的服务包括起居的、个人的和肉体的，而她们的空间模式和宦官一样，是毗邻和不可见的包围。事实上，宦官和后妃们在与皇帝的关系上，有着同样的社会空间布局。他们都服务于君王的个人和君王的体。他们都显示了同一种空间模式：靠近、包围并内化中宫和皇帝——实际上就是把君王的躯体包裹起来。

朝臣们具有不同的模式。概括地说，清朝廷政府的组织包括三个阶层：君王、内阁和政府各部机构。[15] 在空间上它们是分开的：皇帝在紫禁城内的中宫，内阁的主要机构在紫禁城的东南角，政府各部和其他机构被集中在都城的正南和东南方向（图6）。内阁作为中心枢纽，负责在君王和政府之间传递信息和旨意，它距皇帝的位置比政府各部和机构近得多。事实上这三个阶层的布置都与它们各自的地位和功能相对应。分别属于第二、第三阶层的高级官员和大臣，在几天的周期内，反反复复通过重重宫门，穿越道道边界，经过一段距离，进入中宫与皇帝会晤（图7）。清雍正在位期间（1723—1735），内阁的一部分——军机处，从内阁主要机构中独立出来重新设置，距离中央更近，也就是距离皇帝更近，位于中宫门（乾清门）外西侧（即养心殿外南部广场西侧，图6中22号空间）。它实际上是阁中阁，具有仅次于君王的最高权力。这个机构的大臣们每天同皇帝会晤数次。

正如我们所见，不同级别的各部，有各自的区，彼此相距很远，被门和边界划定了范围。皇帝和大臣之间的牢固关系，

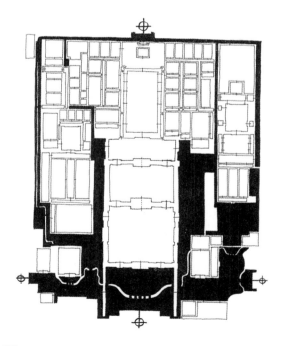

图3
清代紫禁城中整合度最高的"都市"空间：U 空间（1856 年）。

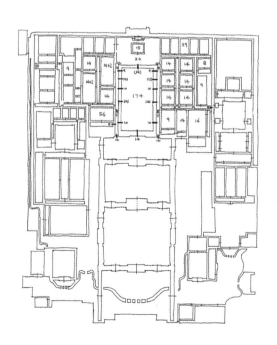

图4
清代紫禁城内庭中央宦官工作地点的布局（1806 年）：
一个向中心靠近和包围的模式。

通过大臣和官员们在觐见君王的反复的行程中得到再融合
和再创造。这种再造过程需要大臣和官员们在无数次行程
中穿越（尤其是 U 空间的）空间距离、门槛和边界。在长
期的发展中，军机处被逐步地（在空间上和机构上）迁移
到距皇帝更近的位置。在克服边界移向朝廷中心的过程中，
军机处完成了另一个不可见的行程。

宦官和后妃们给予皇帝的服务是个人的和肉体的，而大臣
和官员们提供的服务则是机构的和脑力的。前者的特点对
于皇帝来说必然是感性的和肉欲的，容易而有诱惑力；后
者则是抽象、困难和严格的。在空间上，前者需要接近和
封闭（加强边界），后者则是距离和开放（克服边界）。
从空间上来说，前者通过加强边界来达到空间的片段性，
后者则通过克服边界达到空间的再融合和连续性。[16] 在这
样的运作逻辑下，连同历史资料的证明，我们会发现一个
基本的、既是政治的又是空间的矛盾存在：前者把君王包

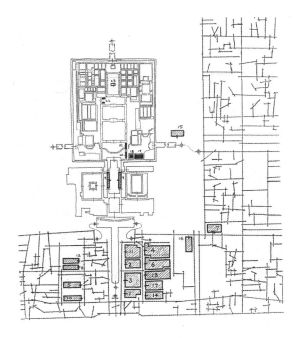

图 6
清朝中央政府三层次组织的布局。君主、内阁和各部
机关分别以白、黑、灰三色代表。一个离散的、有间
距的和开放的空间模式。

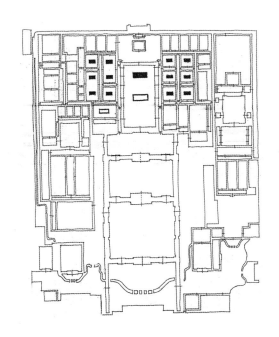

图 5
清代紫禁城皇后及嫔妃寝宫的布局：一个潜在的向中
心靠近和包围的空间模式。

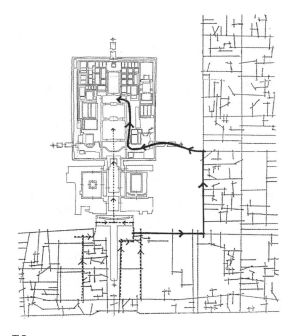

图 7
清代大臣及各级官员从官署区到内宫觐见皇上的行程
路线（连续线代表此路线，间断线代表另一条参加庆
典仪式的进宫路线）。一种开放的空间实践。

围在一个感性的内部世界，阻碍他和大臣官员们的稳固关系；后者则致力于瓦解这些边界（日常的或在长期发展中的），使君王尽力于国事，加强与大臣官员们的稳固关系，阻碍他和宦官后妃们的亲密关系。前者倾向于把君王降为肉体，后者则使之上升为心智。

包括晚期封建朝代在内的中国各代历史告诉我们，当一个朝廷走向衰败，总是伴随着宦官后妃（皇后、皇太后，或嫔妃，或他／她们之间的某种组合）权力的上升和大臣官员们权力的衰退。这个阶段的皇帝变得越来越软弱，容易受到宦官和后妃们的影响，而他和大臣官员们的稳固关系则相应减弱。当朝廷政治关系（实际上就是皇帝周围的对立冲突关系）达到这一程度时，朝廷的崩溃将接踵而至。皇帝们和史官们都意识到了这个问题，许多皇帝在位初期都极力加强与大臣官员们的关系，并且督察限制宦官和后妃的权力发展。但是历史告诉我们，所有这些都没能阻止衰败的循环往复。问题似乎比皇帝和史官们意识到的更为深刻。这种注定的循环，不可避免地与君王的"肉体"和"心智"之间的内在的逻辑上的、政治上的和空间上的矛盾有关。[17]这个矛盾促成了永久性的权力斗争，在本性上需要封闭（以及空间的片段性）的皇帝的肉体，与开放（及空间连续性）的理性心智对立。这种对立似一枚定时炸弹，促成了（君主政体的）机构的腐败和循环往复的衰败模式的形成。

在这个框架中，紫禁城实际上可以被描述成一个"肉体"之城。作为君王必需的起居领域，它不可避免地培养了皇帝、宦官和后妃们肉体、情感和精神上的密切关系，[18]这种关系不可避免地被宦官和女人们所利用。官员们的入宫觐见和少数长驻在那里的机构（值得注意的是军机处），代表了对封闭和肉体作永久性抗争的"心智"、理性和开放的轨迹。

2. "暴力"政治实践

政治运作经常包含生与死的斗争。像"常规"运作一样，"暴力"运作包括两个基本力量：防御和颠覆。这种运作实践往往是在全国范围内进行的。"常规"运作不可避免地集中在朝廷，而"暴力"冲突则不见得如此。此处研究仅限于朝廷范围内。

紫禁城由三"旗"精选卫队守卫和防御。每旗包括两个卫队，各有不到七百名侍卫。六个卫队轮流守卫紫禁城。如果我们把整个紫禁城的戍卫队列的布置打印出来的话，就会出现一个清晰的空间布局格式（图8）。[19]成队的卫士被布置在集中的点或区域中，这些点或区域有三种类型：哨卡、驻军所和防区。第一个控制了重要入口的进出；第二个是小型的"军营"，守卫建筑物和院落，在特别区域也提供后备队；第三个形成自由流动的"岛"对周围的区域保持警戒。在作为整体的紫禁城里，它们的功能之一就是（或用或不用门和哨卡）控制流动，尤其是内部和外部之间的流动。这种布局的潜在理想是对空间关系、尤其是内外之间的关系实行打断。在夜间，当所有的门都关闭的时候，卫士绕着皇宫巡逻，这种潜在理想得到了充分实现。巡逻沿着内环和外环两条路线，内环环绕着内宫的中心部分（图9），外环在宫城城墙外，沿着一条完全与矩形城墙重合的路径。这两条巡逻路线于是强化了U空间的两个边界——也就是紫禁城的主要边界。于是我们可以得出这样的结论：保安和防御的空间模式是封闭的、围合的、片段化的以及对空间连续体的压制。

不管这些物质的和由人组成的墙建造得多么坚固，在明清两朝的多次事件中都被打破过。事实上，有些时候这些事件和其他因素一起导致了统治王朝的瓦解，或者标志着它衰败的转折点。其中三件对于揭示起义和颠覆的空间模式有益：按规模由弱到强依次是陈德于1803年进行的暗杀，1813年由林清领导的武装入侵，以及由李自成领导的全国农民起义，结果在1644年覆灭了明王朝。

在上面提到的第一次事件中（图10），陈德先伪装潜入东南向的城门（东华门），穿过内部的开敞空间——U空间——走向北边的城门（宣武门），并躲藏于城门内西侧。当皇帝及其仪仗队伍进入城门，即将移向内宫的时候，他便冲出来企图行刺皇帝。在一阵慌乱之后陈德被卫士打败并俘

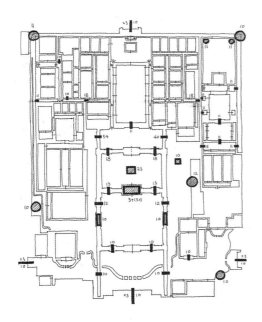

图 8
清代紫禁城三旗亲军戍卫的兵力布局（1806）。一
种封闭的空间实践。

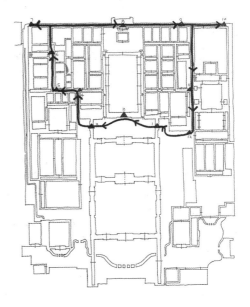

图 9
清代紫禁城内戍卫亲军的巡逻路线，另一条巡逻路线
紧贴宫城城墙外围（构成一个闭合的圈）。两条路线
强化了 U 空间的内外边界的阻隔效果。一种封闭的空
间实践。

获。在第二次事件中（图 11），由林清领导的一个地下宗
教组织趁皇帝和大部分戍卫军队不在城中之际，发起了一
次对紫禁城的进攻。林清的两队士兵起先是伪装的，于
正午同时进攻东华门和西华门。他们攻破城门后朝北杀去，
在 U 空间中，奔向两个通往内部空间的宫门（景运门和隆
宗门）。在那里他们受到阻击而最终战败。第三次事件中
（图 12），由李自成领导的军队已经发展壮大到同皇家军
队相抗衡的规模。在打败了皇家的两个营之后，他们包围
了北京城，依次攻克了外城、都城和皇城；然后经南门（午
门）进入紫禁城。当崇祯皇帝在宫城后的景山上自缢时，
李自成举行了加冕仪式。抛开这些事件中许多具体的背景、
战略和进攻上的差异不谈，这些事件都有一个普遍的特点：
每一次都是向帝位挑战，企图以暴力颠覆并毁灭王权。它
们都克服了边界从而使被打断的空间得以再融合，以恢复
空间的、尤其是宫城内外的关系和连续体。

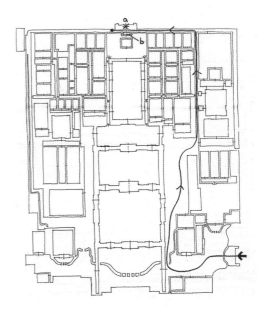

图 10
陈德 1803 年进宫行刺皇帝的轨迹（线、点和星号分
别代表了他的路径、隐藏之处和行刺地点）。一种开
放的空间实践。

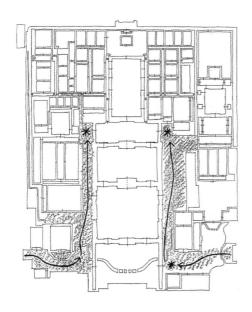

图 11
林清及其天理教队伍 1813 年攻打紫禁城的轨迹（线、灰色区域及星号分别代表进攻路线、交战区域及遇到宫城亲军激烈抵抗之处）。一种开放的空间实践。

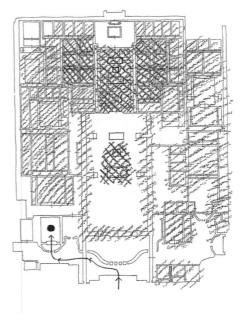

图 12
李自成及其军队 1644 年胜利进入紫禁城的轨迹（线、点、斜线区域及交叉线区域，分别代表进宫路线、加冕仪式地点、被破坏区域及被焚毁的中央宫殿群）。一种开放的空间实践。

这些激烈冲突的模式现在已经清楚了。防御作战是为了君王体的生存及其机构地位的生存和延续，而进攻者是为了毁坏这种地位，甚至在可能情况下也包括君王体本身。从空间上，前者要求封闭、隔绝和片段性；后者要求开敞、联系和再融合。前者强调边界并压制连续性；后者克服边界并恢复连续性。空间连续性于是显示出其关键特征：（从朝廷的角度看）它是不期望的和不可测的，同时具有发生性、颠覆性和潜在的暴力性。空间连续性是对朝廷的永久的威胁。

在朝廷的政治文化中，"常规"和"暴力"两个层次上的政治运作都彼此融合、彼此重叠。这两者合成起来的图式可以做如下描述：前者是"肉体"（封闭）和"心智"（开放）的对立，后者是生存（封闭）和破坏（开放）的对立。一种假说开始形成了。皇权的增加、维护和生存（在逻辑上是一致的）需要在前一层次上加强心智（皇帝与官员的关系）和开放，而在第二层次上加强戍卫、防御和封闭。反过来讲，皇权的衰退和灭亡，则必然在前一层次上有了

肉体（皇帝与宦宫和后宫的关系）和封闭的加强，而在第二层次上出现了颠覆和开放。对于皇帝和朝廷来说，最大的危险存在于君王之体与空间之连续性，存在于能征服心智和开放/连续空间的肉体，同时又存在于能颠覆和消灭圣体的开放/连续空间。一旦这两种运作纳入到朝廷的结构中去——"皇帝"的机构中，斗争和衰败就不可避免。也就是说，各朝代循环往复的兴起衰落将会无休止地重复下去。[20]

我们可以把这个图式称为在空间环境中朝廷政治实践的构成。因为这里所描述的是非语义非表述的，是非象征性的、实际的和功利的，所以它们属于"工具性的政治实践"。

3. "世俗"话语实践

现在让我们转向画面的另一侧观察一下朝廷的象征性的、表述性的和意识形态的运作。这个考察的焦点是广义的朝廷仪典。仪典在本文里被分为两类，一类是"世俗"的仪典；

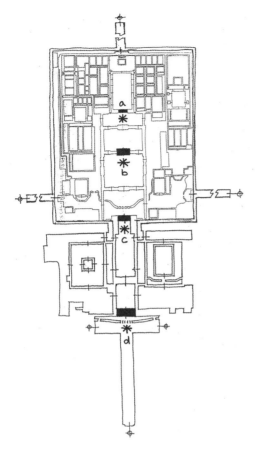

另一类是有宗教和宇宙论意义的"神圣"的仪典。这里将强调朝廷仪典中的几个重点方面：参加者在仪典场所的角色——"居有者"和"造访者"；[21] 这两个角色在北京城中各空间布局模式上的反映；这些角色的局部性布局如不同朝向的使用等；以及作为典礼的关键组成的君王圣体的使用，等等。正如这个研究将要揭示的，这些角色、其空间模式以及圣体的状态，一起构成了朝廷语义的和意识形态的理论（话语），并且最终构成"皇帝"的身份和内涵。

世俗的仪典是那些直接和皇帝、朝廷、国家事务相关的，其中主要包括登基、大朝、皇帝寿辰、宣读圣旨以及冬至日庆典，这些都在紫禁城中，也就是在北京城的中心举行。事实上，如果我们仔细阅读历史记载中关于这些仪典的描述，[22] 并把每次的举行地点打印出来，就会发现有四个会聚点被反复使用，并且在一些仪典中作为事件的中心。所有四点都在中轴线上（图 13）。每一点包括一座北边的建筑（门或殿）和一个南边的场院，它们一起形成了一个"区域"，仪典就在其中一个或几个区域进行，其过程就是对这些区域成队列地进入和造访。这四个区域最重要的是北起第二个，即太和殿中心场院区域。最重要、最神圣的世俗的仪典在这里举行（图 14）。

图 13
清代紫禁城沿轴线展开的四个"世俗"仪典的焦点。

图 14
太和殿及其前部场院的正面景象。源自：Laurence Liu, *Chinese Architecture* (London: Academy Editions, 1989), p. 249。

图 15
太和殿内之御座；皇帝在此坐北朝南，接受朝拜，
检阅宫廷盛大仪典。源自：Liu Guanhua, *Beijing*
(Singapore: Graham Brash, 1982)。

这些仪典的参加者们可以分作两部分：一边是君王，一边是他的臣民。君王是紫禁城的居有者，而由达官贵族所代表的臣民们，是来自宫城以外的造访者。在整个北京城的环境中，正是这些造访者，执行了漫长的、由外到内的行程，到达北京城的中心，历经距离，穿越道道边界和重重门槛而更新了空间关系和连续性。从布局来说，两边都遵循了既定的规则：在所有情况下和所有区域内，最显著的要数太和殿，居有者总是位于北面面朝正南，处于门／殿之中（在太和殿中，坐在王位上，图15），而造访者在南边，面北，位于开敞的场院里。按照中国的习俗，当两个角色相遇，北边（朝南）和南边（朝北）总是代表和担当上等和下等的地位。其他的局部空间配置，如水平高度的变化，或者外部之于内部，都类似地指派为或归属于居有者和造访者。这样的等级制度在建筑中设立，并使之凝固为永恒：北边总是一座殿／门，占主导地位且立面突出，"俯视"着南方，而南边总是一处开敞的场院，"仰视"着北方（见图14）。

帝王的圣体是整个仪式中至关重要和必不可缺的元素。作为场景的视觉焦点（虽然不总是直接可见的）和最高权力的体现，它必须以一种规定好的样式出现，服饰、姿态、行动、言语等，都受严格限制。在太和殿中，皇帝坐在宝座上面南（见图15），向着平台上和广场上朝拜的官员及贵族们，他的每一个动作和细节，都由极其细致微妙的规则所限定。 在"另一边"，官员和显贵们则必须遵从更加繁复的规则，并且付出更多的体力，经历漫长的距离到达宫城，并且行至院中广场上给每人安排好的位置，在那里站成对称的队列。朝拜皇帝的仪式包括最重要的也是整个剧目中给人印象最深的时刻——行磕头礼，跪向君王（也就是向着北方），前额触地九次。这种用以表达敬畏和尊崇的艰辛体力行为，表现了会面双方的等级关系。这种加于双方的物质和肉体的折磨——虽然是按等级分派的——是仪式中必须的一部分。

在居有者君主与造访者臣子之间的形式上的和能指上的不对称或不平等所产生的含义，只能是所指上的意识形态上的不对称或不平等。这两个角色之间明显的不平等，臣子们所经历的漫长行程，他们的低等位置和方位，以及磕头的行为，都指向并肯定了一个中心思想，即所有的臣子都屈从于皇帝，皇帝是世俗世界的最高领袖。在这个广义的仪典实践中，一种理论于是形成了。这种形成不仅是靠语言和思想，还要靠躯体、行动、空间与建筑。正是这些在实践中有表述性话语性的事物、行为和关系，构成了封建朝廷意识形态的理论。[23]

4."神圣"话语实践

"神圣"仪典指那些供奉上界的祭祀活动。对象包括天、地、日、月、农耕、社稷、谷物诸神祇，以及少数的圣人，如历代先帝和先师孔子。[24] 这类祭祀受到了严格的时间表控制。中国阴历中最重要的日子即冬至日，被用于祭天。皇家坛庙等祭祀场所，从北京城的中心向外扩散：祖庙和社稷坛对称位于皇城之内，而天坛、地坛、日坛、月坛位于都城之外的南、北、东、西四郊（图16，另见图1）。[25]

惟一被认为有资格祭祀上界的是皇帝，官员和贵族们只能跟随其后，代表其臣民。但在这里，皇帝的位置被颠倒了，他成为进入祭址的"造访者"，而"居有者"是住在祭址的神圣庙坛领域中的上界神灵。在这里皇帝本人必须离开

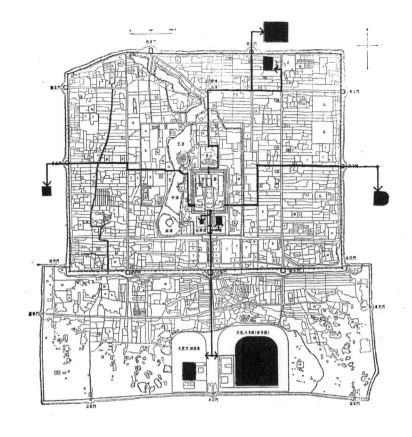

图 16
清代北京主要的"神圣"仪典场所,一个从皇城出发
向外围扩散之格局;及皇帝祭祀队伍自里向外达至祭
坛的路径。

紫禁城,完成到达祭址的由内而外(或由中央到外围)的
行程,并在穿越距离、边界和门的过程中完成空间关系和
空间连续性的再融合(图16),皇帝所处的位置也完全倒置,
显示出他相对于神的卑微地位。这一点在对众神祇中最神
圣的昊天上帝的祭祀中得到了最佳表现。

天坛是一个祭祀群,这里实际上祭祀了几个不同的神,而
天是其中最重要的。中心轴线的南部是一个大的圆形露天
平台即天坛之圜丘(图17)。皇帝在祭祀活动中所处的方
位与在紫禁城中恰恰相反:他从南方而来,在南面进行祭祀,
"仰望"北方,代表昊天上帝的牌位位于圜丘坛顶中心偏
北的神龛中,面向南方。

与前面情况相同,皇帝圣体的表演成为祭典和意义之产生
的关键组成部分。祭典之前皇帝要斋戒三天。在冬至凌晨
三点,皇帝及随行进入由百盏灯笼照明的微亮的天坛圜丘。
前面所述的空间布局先行决定了皇帝在整体布置中的位置,
而他的行动则进一步构成可以说是整个封建朝廷中最动
人、最壮观的祭典话语和陈述。从第二阶开始,他慢慢地
登上第三阶,即圜丘坛顶。在焚香,供奉祭器食物和祈祷
的过程中,皇帝按照要求至少要跪下25次,向天叩拜50
多次。在这个朝廷最神圣的祭祀仪典中,尘世间最威严的
圣体也必须匍匐于地行叩头礼,以此证实他对上天的尊崇,
与上天之接近而又卑微的关系。这种身体的折磨产生出精
神上的净化、狂热的迷信和对神灵深深的尊拜,并继而产
生并肯定一个所指、一个观念、一个理论。于是人的躯体
及其行动,尤其是叩头之表演,构成了实践中的理论性物
体和理论性活动。

图 17
天坛沿轴线之鸟瞰。前部三级圆形露台为天坛寰丘；皇帝冬至日在此向北屈驾、祭祀上天。源自：Nelson Wu, *Chinese and Indian Architecture* (London: Prentice-Hall, 1963), fig. 145.

中低等的造访者的皇帝，是惟一站在天人两个世界之间的沟通媒介。同时作为昊天之子和世俗臣民之王，他"授命于天"，这一层次填补并完成了"皇帝"的全部意义。[27]

需要指明的是，理论和话语的形成，存在于包含有物体与实践的外部的社会领域中，而不是语言和思想的内部领域。这种存在于两千年历史文本中的理论／话语，如果没有循环往复上演的仪典的话语实践是无法支撑的。另外，这种对话语、身份和意识形态的反复上演和再造，对于皇帝和朝廷来说是至高无上的。任何对于受命于天的疑问或重新解释，都可能给王朝的生存以致命的一击。从这个意义上讲，这种象征性的意识形态领域的话语实践，虽然不包含实际的武装，也是观念领域和仪典实践中的一种征战。

中国空间的几个方面

在使用经验材料的基础上，我在这里试图发展一个框架，以期能够阐释中国朝廷中空间和权力的关系。非象征性的、实在的和工具性的运作，以及语言（学）的、象征性的和意识形态的运作是两种根本上不同的方式。[28] "工具性政治"运作，包括"常规"和"暴力"两个层次的冲突对抗。后者"象征性意识形态"的运作，包括"世俗"和"神圣"两个层次上的理论（话语）的实践形成。作为假设，我们可以提出，这两种运作和方式，代表了中国朝廷政治文化的空间构成中的基本二元对立。[29] 随之而来的几个后果，可能会显示出中国式的营造空间和形式的一些基本方面。

在中国的政治文化中，都城的中心（紫禁城以及连接的官署区）所担当的角色显示出一个一贯的特征。工具性政治运作集中在中央，而象征性意识形态的运作从中央扩散到外围——也就是，世俗的仪典大都在城中心举行，而神圣的仪典多在城外举行。这种强调工具性的、政治的和尘世的北京城的中心，反映出中国思想、文化和空间中本质的世俗性倾向，与印度和欧洲的城市大相径庭，那里最具象征性的和宗教的（也就是神学的和意识形态的）场所和机构（庙宇和教堂）多被置于城市的中心。[30]

角色间的差异、空间各布局模式、身体及其各种行动等都构成并产生了一个明确无误的理论：在天下的世俗世界的人类中，皇帝是惟一一个同天有着直接亲密关系的天的传人。在中国语言和文化的背景下，"天子"是必然在此产生的概念。在这个文脉环境中，它表明了"皇帝"的含义的一个重要部分。

然而理论的另一个层次需要被整合进来以完成这个画面。既然世俗的和神圣的祭典都由朝廷来进行，特别是由皇帝亲自进行，那么这两者的合成就是在所难免的。在这个合成中，[26] 皇帝，也仅仅是皇帝，在祭祀空间角色中得以完全的反转。在这个合成中，一个关于君主身份的理论话语的整个系统出现了：作为世俗仪典中的高等居有者和神圣祭祀在作为象征性形式和仪式性空间的建筑构成中，我们发现不论是世俗的还是神圣的仪典中的形式、空间、展示和表演，都包含在层层的边界中。这意味着即使在对理论（话语）的陈述和象征时，这里的布局模式也无意将此向外部空间和一般社会展示。这再一次显示出古典欧洲空间和中国空间的对比和反差：前者强调浅度（正面性）、开敞、展示和理论（话语）的传播；后者强调深度、围合和理论（话语）的制约（图18、图19）。[31]

这种对于空间深度和围合的强调，超出了理论（话语）陈述和表达的范围，因为封闭对于象征性意识形态和工具性政治来说，都很重要。在这个更大的画面中——关于它的阐述需要更多的研究——我们发现中国空间同古典欧洲空间相比，强调的不仅仅是深度和围合，还有对理论话语和意识形态的否定，而且同时强调实用政治和世俗道德规范。

强调围合在这项研究中可以由朝廷的微观政治生活得到最好的例证。它与边界问题和人体问题的困境相关。如果边界得以强调，皇帝的"体"会变得过于强大，而否定了"心智"；如果边界被削弱，就会限制非理性的"体"而助长理性的"心智"，但却培养了有颠覆性的开敞和连续空间。以这个困境为参考背景，中国方式的空间构成看起来实际上是促进了对边界的强化，以此来控制混乱的连续性性空间，即征服原始空间，并且这种征服达到了惊人的程度。在封建朝廷中，这种征服的获得是以由"体"产生的对朝廷的永久性威胁为代价的。历史反复看到"体"不可避免地上升和朝廷衰败的开始。

First published as follows: Jian Fei Zhu, 'A Celestial Battlefield: The Forbidden City and Beijing in Late Imperial China', *AA Files*, 1994（28）: 48-60.
原英文如上；中文：邢锡芳翻译，朱剑飞校对，以"天朝沙场——清故宫及北京的政治空间构成纲要"为题，发表于《建筑师》，总74期（1997年），101-112页。1997年的译文，插图顺序和注释与原文略有差异，此次出版恢复了原文插图顺序和注释全部内容；正文个别文字作了修改，关键词延续了1997年的译法。

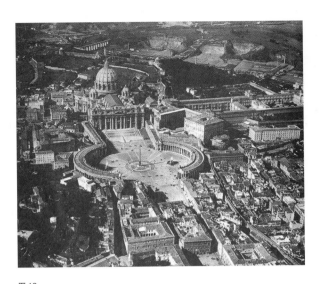

图18
罗马圣彼得教堂。一种浅度的、开放的、立面的、"发表"话语的空间格局。请注意，立面前部之广场向公众开放并与城市空间联通。源自：John Musgrove, ed., *Sir Banister Fletcher's A History of Architecture* (London: Butterworths, 1987), Figure C, p. 902.

图19
清代北京中心。一种深度的、非立面的、围合的、制约（并否定）话语的空间格局。请注意，殿堂和大门前部的场院，不对民众开放，也不与城市空间联通，构成经典欧洲空间处理方法的反面。源自：Nelson Wu, *Chinese and Indian Architecture* (London: Prentice-Hall, 1963), fig. 137.

1 参见：Andrew Body, *Chinese Architecture and Town Planning, 1500 BC – AD 1911* (London: A. Tiranti, 1962)；刘敦桢，《中国古代建筑史》（北京：中国建筑工业出版社，1980 年）；Laurence Liu, *Chinese Architecture* (London: Academy Editions, 1989); Jeffrey Meyer, *The Dragons of Tiananmen: Beijing as a Sacred City* (Columbia, South Carolina: University of South Carolina Press, 1991); Nelson Wu, *Chinese and Indian Architecture* (London: Prentice-Hall, 1963); Paul Wheatley, *The Pivot of the Four Quarters* (Edinburgh: Edinburgh University Press, 1971); Paul Wheatley, 'The Ancient Chinese City as a Cosmological Symbol', *Ekistics*, no. 232 (1975): 147-160；以及 Arthur Wright, 'The Cosmology of the Chinese City', in G. W. Skinner, ed., *The City in Late Imperial China* (Stanford, Calif.: Stanford University Press, 1977), 33-73.

2 建筑学领域的最佳代表是：Boyd, *Chinese*；刘，《中国》；而在人类学领域，最佳代表是：Wheatley, *The Pivot*；Wheatley, 'The Ancient'；Meyer, *The Dragons*.

3 元大都实际上是这些规划原则最忠实的表现。原则发现于《周礼·考记记》，该文本被认为源于战国时期（403—211 BC）。文本对围合都城的理想模式的规定是：方形、每边三门、左祖右社、前朝后市。Cheng Siang Chen, 'The Growth of Peiching', *Ekistics*, no. 253 (1976): 377-387；陈正祥，《中国文化地理》（香港：三联书店，1981 年）；及注释 1。但是，这个理想模型对我们研究中国都市空间与形式的重要性，以及我们应该如何去阅读和分析其中的形态及几何的描写，有待于进一步讨论。本文希望提出中国的空间与形式中，更深的、无法用形态几何来描写或包括的许多特征。

4 参见注释 2.

5 参见注释 2。此类研究中最近的一个例子是 Meyer, *The Dragons*.

6 参见 福柯 著作：Michel Foucault, *Discipline and Punish: The Birth of the Prison*, trans. Alan Sheridan (London: Allen Lane, 977), 26-27. 也 可 参 考 基 登 斯 著 作：Anthony Giddens, *The Constitution of Society: Outline of the Theory of Structuration* (Cambridge: Polity Press, 1984)。尽管基登斯的权与力的概念中有物质与资源的成分，基登斯与福柯都强调了权力的（道德）中性及其在关系中和运作中的存在。本研究采用这种观点。

7 参见 Michel Foucault: *The Archaeology of Knowledge*, trans. A. M. Sheridan Smith (London: Tavistock Publication, 1972) 及其中的 "Introduction", "The Unities of Discourse", "Discursive Formations", "Rarity, Exteriority, Accumulation" 及 "The Historical A Priori and the Archive" (pp. 3-17, 21-39, 118-131)。关于福柯的 "话语实践" 或 "理论实践形成"（Discourse）的观念及其与建筑的关系，参见：Paul Hirst, "Foucault and Architecture", *AA Files*, no. 26 (1993): 52-60。该文是在这方面解释得最清楚的。本文的研究中将指出：理论的实践（形成）及表现陈述，不仅是在物体及其相互的关系（对称、比例、朝向等等）中形成，同时也是在物体之间与周围活动着的人及人体的行动中形成。

8 受篇幅所限，本文无法对这种理论及其方法作完整介绍，请参看：Bill Hillier and Julienne Hanson, *The Social Logic of Space* (Cambridge: Cambridge University Press, 1984)。Hillier 和 Hanson 的 "超空间"（Transpace）是另一个重要概念。在这里 "超空间"（Transpace）与 "空间"（Space）相对立，前者指跨越局部地方的任何社会活动，后者指在局部的和地方上的任何社会活动（比如，一般而言，一所大学院系是一个 "空间" 组织，而一个国际学术团体是一个 "超空间" 组织）。本文把 "超空间" 概念发展为空间关系及空间连续体，并认为它们与以下种种活动密切相关：一种是社会机构的理性运作；一种是无序的、有活力的、发生的而又有颠覆性的活动。

9 紫禁城给我们提出了一个难题：它的城市性与建筑（群体）性相互交叉而难以明确辨认。本文在研究中所发现的 U 空间，给紫禁城的城市性程序提出了一个线索。该空间像一个背景场地，把所有的组群关系连接起来。它是故宫中惟一的有街道—广场特征的开放空间，用 "空间句法" 来测验，它也被发现为整个紫禁城内整合度最高的空间。因此我将它看作紫禁城中最城市化的空间。

10 该研究以在 1750 年完成的北京实测地图（《乾隆京城全图》，比例 1：650，16m×13m）为基础，它是北京城最早的实测精确地图，在乾隆宫廷督察下完成。

11 在中轴线对称的另一边，是皇太子居所和祖庙。再往外走，东西两侧各有太上皇和皇太后的皇宫。在南部太和殿院之外的两侧，是东边的文华殿和西边的武英殿。这些建筑更多是对称的形式布局，在宫庭实际政治事务中，意义相对较小。

12 内阁（Cabinet）和军机处（Military Office）在专业学术英语中也分别称为 Grand Secretariat 和 Grand Council。本文（英文）采用了中文原词的直译。

13 这里的主要资料是《清宫史续编》（1806 年）第 8 册，卷 72-74，"官制" 1-3；及于敏中所修《国朝官史》（1743 年）卷 20-21，"官制" 1-2，第 769-782 页，第 783-836 页。据资料推算，1806 年清宫廷的 2000 多名宦官中有 1339 位在紫禁城内。

14 参见《国朝富史》，卷 8，"宫规"，第 241-262 页。

15 参见：杨树藩《清代中央政治制度》（台北：台湾商务印书馆，1978 年）。

16 在这个特定的意义和场合下，本文提出空间连续体与思想、理性与社会机构密切相关（与此相反，空间的断裂同围合与个人和肉体密切相关）。

17 王思福博士（Stephen Feuchtwang）对我的 "身" 与 "心" 的二元对立的应用提出了积极的批评，在此表示感谢。

18 紫禁城是一个服侍、供奉皇帝人体的地方。在皇上、男性宦官、女性后宫之关系上，可以看出皇帝在性上的绝对占领。这是故宫作为（君王）身体之城的一个重要方面。

19 主要资料源于《清宫史续编》，第 5 册，卷 48，"宫制" 4，"典礼" 42；周家楣、缪荃孙《光绪顺天府志》（北京：北京古籍出版社，1987 年），卷 1，京师志 8，兵志，"侍卫"，第 213-225 页。

20 如果这个结果成立，那么这里所得到的不仅是一个宫廷生活在政治工具运作方面的结构性模型，同时也是对中国朝廷循环往复、盛衰更迭的一个分析解释。对建筑学、都市学和地理学来讲，这个结果的意义在于，其结构与分析在深层意义上讲是空间的。我们发现，空间不是一个附加上去的财产或物质，而是一个存在与权力的内在的构成要素。

21 "居有者" 与 "造访者" 的区分，作为对社会事件 / 碰面的场所具有不同关系的两种角色，来源于 Hillier and Hanson 的工作。本文在进一步发展中，使之包括了 "居于" 庙坛中的神灵。本文同时也提出：两个角色的外部各方面（对场所之关系、朝向、身体之位置及其表演，等等）都构成了这个典礼性事件的内部意义，是话语实践的典型例证。

22 参见：《清宫史续编》第 4-5 册，卷 31-48，"典礼" 25-42，（ "勤政" 1-6，"宫规" 1-4）；赵尔巽《清史稿》（北京：中华书局，1977 年版）第 10 册，卷 82-93，"礼" 1-12，第 2483-2711 页。

23 这个结果接近福柯（Foucault, *The Archaeology*）的论点：理论与陈述，不在观念与文字的内部领域中，而在事物与实践的外部领域中形成。这里建筑不再是一个设计意向问题，而是一个理论与陈述的实践形成（ "话语实践" ）问题。无论是否有主观意向，建筑的物质状态（空间与形式）本身也是一个观念和一种话语，同时也是这个观念及理论的实践形成要素。Hirst 为此概念提供了清楚的解释：Hirst, *Foucault*, 52-60.

24 见注释 22.

25 这个极有规则的几何性布局源于明朝嘉靖皇帝（1521—1566 在位）。其布局实际上是在皇帝本人的安排督察下完成的。

26 这在冬至日得到了最有代表性和戏剧性的表达。在冬至日皇帝必须在天坛完成对上天的祭祀（ "神圣" 仪式）之后回到紫禁城中心面对臣子举行庆典（ "世俗" 仪式）。在一年中最重要的冬至这天，举行一次完整的仪式的综合，看来是很合适的。

27 关于中国思想中的人与天，世俗与神圣世界的平行关系，以及皇帝在两个世界之间的位置，请参看：Fung Yu-Lan（冯友兰），*A History of Chinese Philosophy*, trans. Derk Bodde, vol. II: "The Period of Classical Learning", especially Chapter 2, "Tung Chungshu and the New Text School" (London: George Allen & Unwin, 1953), pp. 7-87。这里把政治道德世界与宇宙世界（在半宗教、半自然主义的 "天" 的概念下），儒家把政治道德世界与宇宙世界综合起来的理论，被称之为今文学派。它在汉代早期由董仲舒全面地、官方地建立了起来。

28 当今的建筑理论强调了象征的表达方式而忽略了实在的方式。无论是 "语言学" 的、"后现代" 的，还是某些表现主义的、"解构" 的流派，都属于前者和后者。本研究在这里强调的是，建筑既是一种表现又是一种构成。所以北京的空间和形式，既是舞台 / 剧场，又是游戏场 / 战场；（对事件与观念来讲）既是象征表达又是营造构成。

29 如注释 27 所指，"世俗" 与 "神圣" 层面的仪式及理论与董仲舒合成理论中的儒家思想和阴阳宇宙观相对应。有两点必须解释清楚，一是在一个更大的视野中，"世俗" 层面应包括仪式与非仪式的实践（而非仪式实践包括 "常规" 与 "暴力" 两方面）。二是在这个大视野中，"神圣" "世俗" "常规" "暴力" 四个方面在同一个梯度顺序下，与以下思想及实践活动相对应：阴阳宇宙观、儒家的 "礼"（思想）、儒家的行为准则（实践）、儒家的下意识的行为准则（如对有潜在政治危险的后宫与女性的限制），以及纯粹的权力斗争，包括建立在一般逻辑和本能基础上的，甚至是暴力的斗争。

30 与一般看法相反，传统中国文化，至少在其精英的层次上，是有特有的世俗性的。无论是通俗史学家如罗伯特（J. M. Roberts）还是深度理论家德里达（Jacques Derrida）对此都有论述。罗伯特说："儒家是很务实的。与犹太教、基督教和伊斯兰教的道德圣人不同，中国的圣人先师关注此在，关心入世和世俗人伦问题，而不是神学和形而上学"，见：J. M. Roberts, *The Penguin History of the World* (Harmondsworth: Penguin Books, 1990), 152。在更理论的语境里，在语音文字和非语音文字与理性（神学的、形而上学的）中心论和非理性中心论对应起来时，德里达认为："中文或日文中的非语音文字……在结构上被图像符号或代数体系主宰，这样我们就有了一个在所有理性中心论之外的文明强有力的发展的证明……一个从地中海盆地到印度世界的所有重要古典文明中都见证的对演讲的升华过程，在中国却没有发生，这确实是很奇特的"；见：Jacques Derrida, *Of Grammatology*, trans. Gayatri Chakravorty (Baltimore: John Hopkins University Ptess, 1976), 90-91。今天，东方与"后现代"西方的同时兴起，不是一个偶然。中国及东亚文化中世俗的、人伦的、非理性中心论的特征，对当今世界有直接的和深远的意义。

31 现代的人民共和国，把皇城前部廊院拆解清理拓展，转变成天安门广场，实质是引入了欧洲式的意识形态景观（European-style ideological landscape），使话语的立面（discourse facades）直接面对开放的都市广场。这样，在皇家中线上开启的大广场，就有了自由开放空间和皇家对称轴线的矛盾对立，或许也折射出现代中国的内在矛盾、问题和冲突。

2

边沁，福柯，韩非：
明清北京政治空间的跨文化讨论

Bentham, Foucault, Hanfei:
a Cross-Cultural Dialogue on Imperial Beijing

本文试图在韩非（公元前约280—公元前233）与边沁（Jeremy Bentham，1748—1832）之间，在中国历代皇权建设与欧洲近代权力中央化的理论实践之间，寻找跨文化对话。关于中国，我们将以明清北京为例，探求法家的传统及其空间实践，和一系列具体、精确、解析的权力空间的存在。关于欧洲，我们将以福柯（Michel Foucault）和于连（François Jullien）的研究为基础来考察。在两组线索之间，沿着连的思路，我们将探讨中国皇权政治空间和西方近现代"规训"空间（a "disciplinary" space）的对应和可比。两者的差异，两大文化的殊途，也将在最后论及。

—

众所周知，福柯的研究关注近代欧洲各种机构的形成，包括医院、诊所、疯人院、监狱。在这些规训的领域内，有关知识、权力、空间和人体等问题交织在一起。作为凝视对象的客体的人身，在此受到囚禁、观察、研究和处置；而理性的有关"人"的知识，在限制人体的有明确权力关系的空间里产生、发展。从18到19世纪欧洲监狱的形成中，福柯找到了一个精确而解析的权力空间：它物化建构了一个规训的权力关系，并由此普及为一个广泛的现代规训社会（a disciplinary society），受到国家机器的管理和地方化的微观的监视。边沁在18世纪末提出的理想监狱设计，一个全视的模式（the Panopticon），被看成是这一空间的

结晶，是这一历史发展的重大突破（图1）。[1]

于连进一步指出，边沁的全视监狱模式与韩非为君王提供的法家理论相近而可比。于连在《物之势》（The Propensity of Things, 1995）一书中提出从"势"字入手，阅读传统中国文化的各领域，包括兵法、君权建设、诗词、书法、山水画构图，和朝代更迭史的理论评价，等等。[2]于连在这些领域的阅读中，提出了中国与欧洲的各种可比之处。他认为，孙武的《孙子兵法》（公元前4世纪）与克劳塞维茨的《战争论》（Carl von Clausewitz, On War, 1832）可比，是各自文化中第一次对征战策略进行的理性分析。[3]于连也提出边沁与韩非可比，认为全视监狱的法则已经在中国有所探讨，并在更大尺度上有所运用。[4]

边沁的全视监狱，平面呈正圆形，中心是监视塔。[5]看守用的监视塔处于相对黑暗中，而囚犯则在圆形周边的序列单元囚室中，受到中庭外圈天窗和最外围墙上的窗户的照明。在此特殊的空间和照明安排下，看守在中心可以清楚地观察周边所有囚室中的每个犯人，而囚犯们则很难看清中央的看守。一个不对称的视线关系在此建立。它延伸和物化监视的效能，使中央指向囚犯身心的凝视自动而永恒。在精确的设计下，这个解析的空间，这个理性的功能的建筑，成为权力的机器。看守人存在与否，监狱长在某时某刻的存在与否，都已不重要。这部机器自动运转着。其基本的

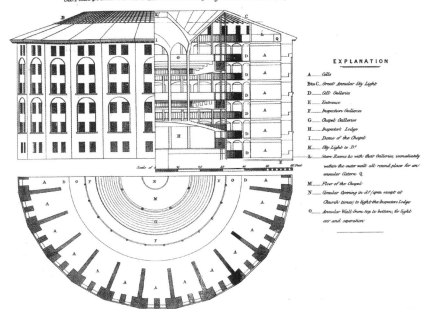

See Postscript References to Plan, Elevation & Section (being Plate referred to as N.º 2.)

EXPLANATION

A —— Cells
B to C —— Great Annular Sky Light
D —— Cell Galleries
E —— Entrance
F —— Inspection Galleries
G —— Chapel Galleries
H —— Inspector Lodge
I —— Dome of the Chapel
K —— Sky Light to D.º
L —— Store Rooms to w.th their Galleries, immediately within the outer wall all round place for an annular Cistern Q
M —— Floor of the Chapel
N —— Circular Opening in d.º open except at Church times, to light the Inspectors Lodge
O —— Annular Wall from top to bottom, for light air and separation

图 1
边沁设计的全视监狱的平、立、剖面。源自：John Bowring, ed., *The Works of Jeremy Bentham*, Vol 4 (Edinburgh: William Tait, 1843).

工作机制，是物化为自然的、不对称的视线关系，及由此产生的单向的权力之眼，从中心指向外围（图 2 ）。

二

让我们来观察明清北京。学术界普遍认为，汉代以来中国朝廷的统治是儒法互补，即道德理想与实用政治，或者说"天子"的宇宙伦理思想与中央集权的功利实践，互相结合。但是当我们去考察有关中国城市和都城如北京的学术文献时，我们看到的描写，是城市的形式和象征的布局，及它们对至高无上的天子权威的表达，而不是一个承载和建构皇权及其运作的真实空间。一方面，动态的实践和承载它

图 2
全视监狱的单元囚室中，面对中央监视塔下跪祈祷的囚徒。源自：N. Harou-Romain, *Plan for a Penitentiary* (1840).

的空间也就是空间实践的领域，没有被明确提出；另一方面，法家的实用主义传统，没有受到重视。对古典文献如《考工记》的内向的、语义的、理想的阅读，肯定了象征的布局和儒家的理想主义传统，也限制了另一线索的开拓。该文本描写了理想都城的平面：一个对称、同心、方形的格局。天子居中，位于天地四方之极的理想也有明确表达。在实际的一些都城如北京，我们能够找到这些思想和构图的反映。北京象征着神圣天子的宏大轴线，对称、同心、方形的格局，被一再重复描写。但是，如果中国朝廷确实是儒法互补，那么明清北京的法家传统在哪里？韩非的法家思想，提出"势""法""术"三大要素。按法家的思想，皇权确立必须有崇高的势位，严明的法规，和考察探访的技术和方法。这些思想如何在明清北京得到运用和实现（图3）？

明清北京有多层的空间实践。它们组合在一起，构成一个实用的、功能主义的权力关系的领域。北京有惊人的空间深度。墙的多重阻隔，距离的大量深化，断了内部与外围的直接联系，造成内与外、中心与边陲极度的不平等。在中轴线上，从皇城前的大清门到宫城内庭的乾清门，需要步行1750米，跨过七道门墙；若要到最深处的内宫，则要步行2000米，跨越14道围合的宫墙防线。内廷与外朝有明确的区分：一方面宦官与后宫在内廷侍奉皇帝，另一方面大臣和各级官僚在外朝辅佐皇帝管理国家。内廷与外朝，分别服务皇帝的身体和心智。它们的对峙，有时转变成对立和冲突。皇位作为机构，在此呈现一个三角的结构：位于顶峰的皇帝，一方面与宦官后宫、另一方面与大臣官僚相联系，而内廷外朝两组人员之间也发生着（允许或不允许的）联系。三角形的每条线，都是一组复杂的权力关系。三组关系共同构成朝廷内部的政治空间和空间政治。[6]

就统治国家而言，皇帝与大臣的联系是最重要的。他们之间历来有着紧张的关系：皇帝一方面需要大臣和官僚机构的辅佐，另一方面又要限制他们的权力。在历史的发展中，大臣和官僚机构的权力逐步下降，他们的空间位置逐步外移；同时，新设的小型的秘书机构逐步移入宫内。到

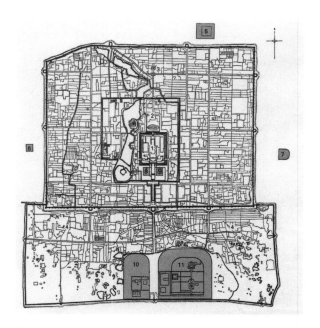

图3
明清北京平面图（1553—1750）。

明清时期，朱元璋于1380年废除了宰相制，进一步限制了政府机构的权力，使自己成为中国封建史上最独裁的皇帝。宫廷和都城于永乐年间迁入北京。永乐末年（1421—1424），内阁在宫城内东南角，即东华门内东南城墙下设立。雍正年间（1723—1735），军机处在更深的与内廷寝宫更贴近的位置，即养心殿外西北角设立。这些变动显示正式官僚机构的相对外化，和小型机构的靠近皇帝的内向迁移。与这些历史发展平行的是日常的交流制度。日复一日，大臣和各级官员从皇城和宫城的东门进入，沿东南到西北的对角方向，步行到乾清门前，叩见在此听政的皇帝。大臣们需步行1260米，跨过四道门墙到达乾清门；或者1600米和11道门墙，到达乾清门内西北角宫苑区域的最深处（图4）。

整个朝廷的三角结构建筑起以皇帝为顶峰的权力关系的金字塔。越高的权位放在越内部的空间位置上。内与外的空间分布，对应并支持着高与低的政治地位的排列。以此对应关系为基础，用墙和距离拓开的空间深度，和外推官僚

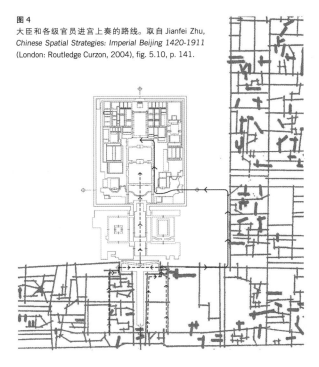

图 4
大臣和各级官员进宫上奏的路线。取自 Jianfei Zhu,
Chinese Spatial Strategies: Imperial Beijing 1420-1911
(London: Routledge Curzon, 2004), fig. 5.10, p. 141.

机构的种种努力，都提升了皇位的高度。在金字塔的各关系中，皇帝与大臣的联络至关重要。在此事关国家政治的生命线上，除官员进宫上奏皇帝外，还有他们之间频繁的文件交流，即奏疏的内递和朱批的外传。一个严密的等级制度在康熙和雍正年间（1662—1735）逐步形成。普通的"本章"通过内阁传给皇帝，而重要的紧急的"奏折"则直接送到军机处，皇帝可以迅速阅读并给予批复，再通过军机处，绕过内阁和政府机构，直接传到全国任何地方或战事前线的某官员手中。"马上飞递"的速度为每天300至600里。抽象地观察，这种严密的不对称交流，这种奏疏的内聚和朱批的外传，产生的是单向的皇帝的监视，一位君主的权力之眼，由内而外，从金字塔的顶点辐射整个国家。

韩非关于"势""法""术"的理论，在这种权力关系的空间里得到表现。韩非反对儒家关于君主本人应是圣贤的理论，提倡以抽象的、机构的势位治国。他说："贤人而诎于不肖者，权轻位卑也；不肖而能服于贤者，权

重位尊也"；"势位之足持，而贤智之不足慕也"；"贤智未足以服众，而势位足以屈贤者也。"[7] 在明清北京，金字塔的权力关系建立了高大的势位。对物理空间和机构位置的深度的极端拓展，都提升了皇位的高度。韩非的第二要点是"法"的确立。它在空间上的反映，是城市整体也是具体的墙和距离对空间行为的限制，及由此形成的空间规训和戒律，为不平等的势位建构提供基础。韩非的第三要点是"术"，要求皇帝有考察政府和国家事务的技术和方法。它体现在奏疏内聚和朱批下传外递的反向而分层的流通制度之中，以确保君主视权的建立和运转。韩非的三个要点实际上是互相关联的。它们从不同方面建立起同一个权力构造，一个中央集权的金字塔构造。

这里的研究并不否认儒家理想在明清北京的体现和象征形式的存在。本研究的结果应该是认识到北京的双重特征。它由儒法两方面组成：一方面是表现神圣天子的形式和象征的布局；另一方面是隐藏的、实用的、功利的空间，它物化并支持着皇帝对官僚和国家的统治（图 5）。

三

于连已经提出了法家理论与全视监狱模式的可比。两者的实际可比之处，应该是发生在中国与欧洲的权力实践的理性化的历史过程。杰纳特（Jacques Gernet）指出，理性化过程在中国更早出现，始于秦汉。[8] 一个理性化的官僚体制在宋朝已经完善。到了明初（1368—1420），理性的官僚体制已经趋向沉重繁琐，过于机构化了。在欧洲，按于连的看法，理性化过程始于文艺复兴。马基雅弗利的《君主论》（Niccolo Machiavelli, *The Prince*, 1513）开始考虑政治事务中的"有效真理"和"利益冲突"。一个关于国家权力绝对中央化的理论在霍布斯的《利维坦》（Thmoas Hobbes, *Leviathan*, 1651）中出现。洛克的《政府论》（John Locke, *Treatises on Government*, 1689）提出立法、执法、司法三权分立，以抗衡中央化的国家权力。18 世纪末，边沁提出的全视监狱，以严密的工具理性，把权力中央化思想带到具体的机构中，反映在建筑的墙和窗户的精密设

图 5
清末北京城中心：自北向南鸟瞰。源自：Wulf Diether
Graf zu Castell, *Chinaflug* (Berlin: Atlantis-Verlag,
1938), p27.

计中。用边沁自己的话讲，该设计是"一个新的、伟大的统治工具，一个规模上史无前例的、建立以心治心的权力的新方法"（a great and new instrument of government, ...a new mode of obtaining power of mind over mind in a quantity hitherto without example）。[9] 此后，19 世纪形成的现代规训社会，按福柯的看法，很大程度是全视监狱模式的普及的后果。[10]

如果说北京积累了自秦汉以来法家的政治实践并使其逐步完善，那么全视监狱模式是权力中央化在地方微观机构中的突破，成为 19 和 20 世纪西方社会规训空间的一般模式。

前者是统帅大帝国的都城，后者是微观权力机构的理想设计，并抽象地实现和扩散在整体社会地貌的各处。两者的历史背景和尺度不同。但是，两者都找到了一个"现代的"、理性的、严格的权力中央化的空间构造。就此意义讲，两者是可比的。它们都是工具主义或功能主义的。它们都是机构化的、空间的权力机器。它们都淡化了人的意义，尤其是处于中心的人的素质和状态的重要性。它们都有一个金字塔结构，其空间的深度对应着政治的高度。它们都有权力机器的最关键要素：一双隐蔽的权力之眼，一种无形而无处不在的视权，从中心射向四面八方。

在此之外的发展，引人思考。一方面，现代西方继续发展，形成完全开放的、实证的、工具理性主义的体制；另一方面，中华帝国保留着工具主义和象征主义的结合。它开放而又封闭，有理性的官僚制又有绝对的君主制，有法家的工具理性又有儒家的对天赋权威的崇敬。一些学者考虑过这种奇特结合的基础。李泽厚认为儒法两家都有一种"实用理性"。于连认为，两家都设想了一个"有效运作的秩序"（a functioning order），它是宇宙和自然的，也是社会和政治的。[11] 这种特殊状态，依我看，是反映了"人"的存在，体现出中国传统的人本主义对过度理性化的抵抗。在 21 世纪，当现代化、理性化、西化发展到一定程度，这种力量或许会重新显露。

本文第一稿《边沁、福柯、韩非、明清北京》（中英文），发表于《时代建筑》第二期（2003 年），104-109 页；第二稿《边沁、福柯、韩非：关于明清北京政治空间的跨文化讨论》（中文），发表于，卢永毅主编《建筑理论的多维视野》（北京：中国建筑工业出版社，2009 年），73-82 页。

1　Michel Foucault, *Discipline and Punish: the Birth of the Prison*, trans. Alan Sheridan (London: Penguin Books, 1977),195-228.

2　Francois Jullien, *The Propensity of Things: Towards a History of Efficacy in China*, trans. Janet Lloyd (New York: Zone Books, 1995).

3　Jullian, *The Propensity*, 25-38.

4　Jullian, *The Propensity*, 39-57.

5　Jeremy Bentham, *The Panopticon Writings*, ed. Miran Bozovic (London: Verso, 1995),31-34.

6　参考：Jian Fei Zhu, 'A Celestial Battlefield: the Forbidden City and Beijing in late imperial China', *AA files*,1994(28): 28 (Autumn 1994): 48-60；或者邢锡芳的中译文：朱剑飞．天朝沙场．建筑师，1997(74)：101-112 页；转载于《文化研究》，2000(1)：284-305.

7　韩非子校注组编《韩非子校注》（南京：江苏人民出版社，1982 年），570-571、38、297-298 和 589 页。

8　Jacques Gernet, 'Introduction', in *Foundation and Limits of State Power in China*, ed. S. R. Schram (London: School of Oriental and African Studies and the Chinese University Press, 1987), xv-xxvii.

9　Bentham, *The Panopticon*, 39.

10　Foucault, *Discipline*, 205-216.

11　Jullien, *The Propensity*, 66-69；以及：李泽厚著《中国古代思想史论》（北京：北京人民出版社，1986 年），103-105 页。

3

福柯：
机构与微观空间

Foucault:
Institutions and Micro Spatial Politics

福柯（Michel Foucault，1926—1984）是法国哲学家、社会学理论家和思想史学家；他自 1970 年起任教于法兰西学院，头衔是"思想体系历史学"席位教授。

福柯的研究，首先关注的是"权力"；研究关注权力是什么，它怎样工作，它如何运行而成为一种动态的关系。他研究的第二个关注点是"知识"，在此领域，他探求某些知识门类或体系如何在特定历史时刻和背景下出现。当他研究权力和知识时，他关注的是"权力／知识的关系"，也就是，两者是如何互相促进、互相催生的。福柯研究的第三个重点是场所，或者说是社会机构场所，也就是权力／知识互动关系发生的场地。福柯在此关心的是真实的落实在某地的机构，是物的空间场所，其内部是空间化的、落地的、内部有详细分布格局的；在这些场所里，在一组权力关系下，一些人被安置和控制，受到观察，为了达到某种"正常化"和劳动生产的目的；福柯关心的，是 17—19 世纪欧洲近代史上，在一些具体的历史时刻，那些为了知识的生产而开展的监管观察活动的特定的机构场所。著名案例包括疯人院、诊所、医院和监狱。围绕这第三重点即场所的研究，是一系列的福柯所关注的概念或问题的展开：空间，人体，凝视和视觉设计，凝视中获取的知识，权力关系，凝视中的权力之眼，机构场所出现的历史时刻，以及这些场所共同构成的地理分布。

福柯在知识和认识论范围里，还探讨了近代欧洲历史背景中另一些关键的议题。他关心的不是以内部逻辑或理性为基础的知识的"进步""成长"，而是一个杂乱的演化过程，如一个家族"系谱"，甚至是一个散开的地景分布，需要"考古学"式的研究整理；他关注的是一个陈述和话语的散布，这种散布包含着知识体系的历史的出现和消失，其间处处是不连续性和突然的断裂和突破。这里的关键概念是：系谱，考古（作为一种描述此类不连续性的激进方法），认识范式（在某历史时间里占主导的认识框架），和需要在考古研究中分析描述的话语（陈述、事件、物体等）。

大背景下的福柯

在外围大环境下观察，可以发现福柯研究的几个方面：

一、现代性批判。尽管福柯的研究倾向于分析和实证，其最后的取向还是批判的，对象是作为现代性关键概念的人的解放。他的研究显示，在启蒙和现代化以后，人并没有得到解放，而是处在无穷的权力网络的包围中。在他的研究中，"知识"并不是中性纯洁的，给人带来自由的，而是与权力或管制体制互相勾结的；反过来，"权力"也不一定压抑限制知识，而是可以在权力／知识互相推动下对其协助、催生。所以，在科技、知识和社会"进步"中人可以得到"解放"的这些观念，看起来是幼稚的。在此意义上讲，福柯对现代性是持批判态度的。

二、 对常规（马克思的）权力观念的批判。在一般的理解中，如在马克思和左派的各种论述中，权力具有以下特征：道德属性（正义的、邪恶的）；物质性（可以在革命中摧毁或夺取）；居高临下的政府性（处在等级的上端）；宏大性（存在于国家政府的体制中）。在福柯的理论和研究中，这些权力观念得到了颠覆。在他的体系里，权力可以是：中性的（没有简单的善恶）；关系的流动的（存在于人之间和群体部门之间）；局部的微观的（权力关系的演绎存在于落地的具体背景下的日常运行之中）。所以，福柯的权力观念超越了常规，是激进的。[1]

三、微观空间（福柯与列斐伏尔的比较）。在 1970 年代的法国，列斐伏尔（Henri Lefebvre，1901—1991）与福柯都在他们的研究中探讨着社会空间。但是，列斐伏尔的体系（他的名言是"社会空间在社会中生成"，social space is socially produced）依然是宏观的、马克思主义的、一般化的，并带有社会活动的特点，[2] 而福柯的工作却开辟了一条新途径：微观，非马克思主义，经验研究丰富，历史解读具体，方法上也重严格剖析。今天，两位对空间社会学理论都有深刻影响。尤其是，从列斐伏尔到哈维（David Harvey，1935—），有一条学术传统，对地理学和城市规划政策研究中的宏观空间研究影响很大。但是，就具体空间设施的严格研究而言，列斐伏尔 / 哈维的线索没有多少可资借用，而福柯却远远超出，给具体微观深入的空间研究提供了精彩榜样。

四、特殊的结构主义。在 1960 年代—1970 年代的法国思想氛围中，福柯的研究属于结构主义的一派（非存在主义，非现象学的）；具体讲，他关注的是不以个人意志为转移的大构架中的"结构"的社会历史实践。但是，结构主义有自己的问题，即不善于解释历史的断裂和转变，至少是历史的变化。在这方面，福柯与一种僵化的结构主义保持了距离。观察他的最佳视角，是把他理解成最初是一位结构主义者，然后发展了一条原创的独特的研究道路；其方向，

非结构主义也非存在主义，却是历史的、具体的、批判的。

五、从阿尔都塞到德勒兹。福柯曾经是法国"结构主义的马克思主义者"阿尔都塞（Louis Pierre Althusser，1918—1990）的学生，并在其影响下，于 1950 年代初期短暂加入过法国共产党。尽管福柯后来远离了正统的马克思主义体系，但他对阿尔都塞的理论立场依然同情支持。另外，德勒兹（Gilles Deleuze，1925—1995）是福柯的学生，并一直保留着福柯的影响。如果我们把他们联系起来，在阿尔都塞 / 福柯 / 德勒兹的发展线索中，我们可以看到一个趋势：思考正走向微观的分析、生理（人体）唯物主义，和非意识形态的批判（批判继续进行，但革命理想不再具有意义）。

福柯的著作

按时间顺序排列，福柯的主要著作包括：《疯癫与文明：理性时代疯癫史》（*Madness and Civilization: A History of Insanity in the Age of Reason*，1961/1965），[3]《诊所的诞生：医疗观察考古》（*The Birth of the Clinic: An Archaeology of Medical Perception*，1963/1973），[4]《物的秩序：人文科学考古》（*The Order of Things: An Archaeology of the Human Sciences*，1966/1970），[5]《他空间：杂、异托邦则例》（*Other Spaces: the principles of heterotopias*，1968/1985—1986），[6]《知识考古学》（*The Archaeology of Knowledge*，1969/1972），[7]《规训与惩罚：监狱的诞生》（*Discipline and Punish: The Birth of the Prison*，1975/1977），[8]《性欲史》（*The History of Sexuality*）之第一册《导言》（*Introduction*，1976/1978），第二册《快乐的使用》（*The Use of Pleasure*，1984/1985）和第三册《自我的关怀》（*The Care of the Self*，1984/1986）。[9]

《疯癫与文明》，《诊所的诞生》和《规训与惩罚》，这三本著作关注的是机构场所（疯人院、诊所、医院、监狱）。研究聚焦在欧洲 17—19 世纪这些场所中两个发展线索的纠缠整合，一是现代科学理性知识（医学、精神病学、刑

法学等）和一般现代理性观念的诞生和发展，一是在这些建筑或场域中对人的严格安置和对其身心的封锁、规训和正常化的管制过程。研究指出，理性科学知识是在这些场所中，在作用于人心和人身的权力的运行中诞生的。另外，福柯的《他空间：异托邦则例》，尽管只是一个讲稿，也是他的空间研究中的重要一篇（1967 年法语演讲，1968 法语局部发表，1985—1986 年英译全文出版）。

《物的秩序》和《知识考古学》直接关注了知识和人文学科（关于语言、历史、经济、交换的学科）的成型。第一本比较经验具体，勾画从"古典"的到"现代"的认识范式的变化，分别以 1650 年代和 1800 年代为起点，以再现和追寻内在逻辑为各自的研究认识规范。第二本注重理论和方法，勾画研究知识史的"考古"方法，此方法要求去除意义或观念的单元（字、词、概念的）捆绑，打开一个广大的杂乱的"散布"的包括陈述、事件和物件在内的历史的"话语"领域。[10]

最后一本，包括三册，研究近代欧洲（主要是维多利亚的英国）和古代希腊罗马时期关于性欲的实践和话语。其中一个重点是关怀自我及其身体的技术和相关的伦理政治问题。福柯于 1984 年因艾滋病去世，当时第四册尚未完成；这本名为《肉体的自白》（*Confessions of the Flesh*）因尊重家属意见而未出版，文稿仍然完好保存着。

从专业兴趣出发，我们有必要首先关注他的关于空间的研究。就此，福柯的《他空间》（1968）和《规训与惩罚：监狱的诞生》（1975）需要认真阅读。[11]

他空间：杂托邦则例

这篇著名的文章，讨论异质的、不连续的、具有他性的空间或场所，这种地点称为"heterotopia"（异类和杂质的乌托邦）和"other spaces"（他空间）。[12] 用福柯的语言，这些场所是"乌托邦"的，又是"异托邦"的，它们很"理想"但又和其他地方保持着尴尬的困难的关系。它们"……

构成一种反安排，是实现了的乌托邦，在里面所有现实的关系、现实的安排，同时得到再现、挑战、颠覆；这是一种存在于所有场所之外的东西，但又是存在的落地的……这些对于其表现和表达的所有安排具有完全他性的空间场所，可以被描述成异托邦"。[13]

福柯在文章中列举了六种异托邦实例。①寄宿学校（对于男孩而言），蜜月旅行的车厢（对于女孩而言），监狱，精神病症所，老人院：在这里，人们经历了相对于日常生活而言的某种"危机"；②墓地：对于常规城市而言，这是一座"他城"（other city），在欧洲近代史上，由于现代观念的对污染的恐惧，它从社区中心（教堂边上）逐步迁移到了郊外；③戏院、电影院、动物园：在那里，另一个世界奇迹般地展现在我们面前；④ 博物馆、图书馆、集市、节日狂欢、度假村：此时此地，另一个时代/时间出现或得到累加；⑤兵营、监狱、美国汽车旅馆（作为偷情地点）、巴西农场（客人进入后被监视）：有"进入"危机的场所（进入包含着某种生活危机）；⑥ 殖民地、风月场所、海船：是乌托邦又是异托邦，是"最典型的异托邦"。[14]

福柯在此为我们提供了一个富有想象力的又是高度现实的对于这些地点场所的阅读。但是文章更像是一幅精彩的速写，绚丽而缺乏可以深入下去的体系和严密。在《规训与惩罚》一书中，严密性和体系性明显提高。

规训与惩罚：监狱的诞生

《规训与惩罚：监狱的诞生》一书就空间研究而言至关重要。此书描写了从 17—19 世纪欧洲（也包括北美）刑事司法实践中的从开放的惩罚体系到封闭围合的改造体系的演化过程，以及此过程所催生的现代监狱制度。在此历史演化过程中，一个关键的转折时刻，是"全视监狱模型"（Panopticon）的到来（图1）；模型是一个广义的劳教看守机构（penitentiary，可以用作看守所、疯人院、犯人工场、教养所，甚至各种学校），由英国功利主义哲学家边沁（Jeremy Bentham，1748—1832）于 1791 年构思设

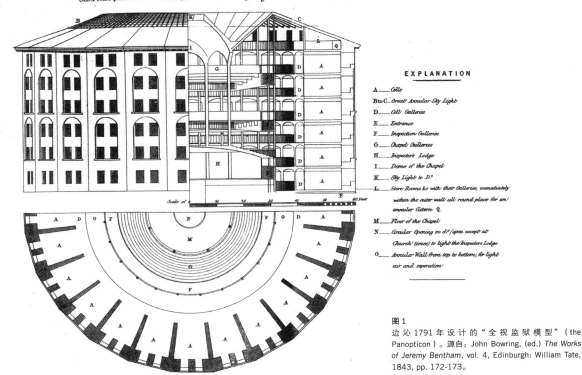

A General Idea of a PENITENTIARY PANOPTICON in an Improved, but as yet, Jan.ᵈ 23ᵈ 1791.) Unfinished State
See Postscript References to Plan, Elevation & Section (being Plate referred to as N.º 2.)

EXPLANATION

A......Cells
B to C...Great Annular Sky Light
D......Cell Galleries
E......Entrance
F......Inspection Galleries
G......Chapel Galleries
H......Inspector's Lodge
I......Dome of the Chapel
K......Sky Light to Dº
L......Store Rooms &c with their Galleries, immediately
within the outer wall all round place for an
annular Cistern Q
M......Floor of the Chapel
N......Circular Opening in dº (open except at
Church times) to light the Inspectors Lodge
O......Annular Wall from top to bottom, for light
air and separation

图 1
边沁 1791 年设计的"全视监狱模型"(the Panopticon)。源自：John Bowring, (ed.) *The Works of Jeremy Bentham*, vol. 4, Edinburgh: William Tate, 1843, pp. 172-173。

计而成。边沁认为这是一个伟大的发明。对此，我们要从几个方面来考察：

一、作为功利主义思想的一部分，设计构思的一个原则是有效地（工具地）管理大规模人群，监管、辅导、改造他们，以利于社会的总体。对福柯而言，这却暴露了现代性的黑暗面。[15]

二、全视监狱模型的构思设计，包含了一个权力／知识的循环互动。①方案是一个精确具体的建筑设计，对墙体布局、视线分布、采光照明等有具体安排，导致大量囚犯在圆形建筑的周边的明处容易被看见，而少量的看守位于中央位置，位于暗处，不宜被看见；少数几个看守可以有效透视观察所有囚室中的囚犯，而每个囚犯，互相隔离，面对中心，却无法知晓自己某时是否被监视；这样，囚犯就只能

假设这个监管的眼睛一直在注视自己，就是必须内化这个监视，约束好自己的身心，并延续至永恒。②在此过程中，权力辐射到了每个囚犯的身心之上，而关于他们的信息知识却被抽取、吸收、记录、研究；这种关系也存在于医院、学校和工厂中。③这个体系是空间的和建筑的。④这里有个视线的不对称（人／囚犯被看而无法看，权力／监狱长能看而不被看）：这种不对称，构成了一个权力之眼，或权力之凝视，它是权力的行使，又是知识发展的环节，两者同时发生。⑤这个机构的独特设置，导致凝视效果可以自行运转而一直延续下去，即管制的效力可自动延续至永恒：它成为一部自动而且永动的机器。边沁对整个设计的看法是，"这是一个伟大的新的管理工具，一个新的获取权力的方式，对人心起到控制作用，并在一个史无前例的规模上展开"。[16]福柯对此评价道："灵魂是肉身的监狱"（权力监视的内化，作用于人心）。[17]

三、全视监狱模型的具体设计，后来在19世纪的监狱建设中只获得很有限的采用。但是其构思，即权力的有效性和空间设计中权力之眼的投射，被广泛地运用到各处，包括监狱，也包括其他各类现代社会机构中（图2，图3）。所以该模型的重要性，在于它的一般化的普及。

四、在西方19世纪现代社会里，这种一般化的普及，以三种形式出现：①国家机器的设置（警察、行政管理，等等）；②规训机构场所"群岛"式的散布，这些机构场所包括医院、学校、工厂、办公部门和各种机关单位，在里面权力凝视和信息知识的吸取同时进行；③前两个过程综合起来，导致现代西方整体的"规训社会"的出现："启蒙运动发现了自由，也发明了规训"。[18]在此社会中，"监狱像工厂、学校、兵营、医院，而它们又都像监狱"。[19]

五、边沁所代表的，也是福柯所标示的，是18、19世纪欧洲现代国家成型的一个关键点，是欧洲或西方发展路径的一个环节；这就需要与中国的从秦汉开始的"现代"国

图2
19世纪某监狱设计构想（1840）。源自：N. P. Harou-Romain, *Projet de pénitencier*, 1840, p. 250.

图3
20世纪美国斯达维尔监狱内景（Penitentiary at Stateville）。源自：Michel Foucault, *Discipline and Punish: the Birth of the Prison*, trans. Alan Sheridan, London: Penguin Books, 1977, pp. 162-163.

家的成型进行比较，而关于此问题，韩非的理论和边沁的设计，可以做一比较，如于连（François Jullien）所指出的；[20] 而关于中国从秦汉到唐宋的国家构架的现代性，目前也有许多学者在讨论，如福山（Francis Fukuyama）。[21]

总结讨论

关于福柯的思想和具体研究，应该有许多值得我们借鉴学习。下面列出的，只是在本次介绍中一些最明显的我们可以吸收学习的方面：一，微观细节的重要性：微观的注意细节的空间研究往往可以引出重要信息，是有巨大潜力的。二，建筑（空间）体与社会机构单位的对应：两者或者是一个整体，或者有很密切的对应复合关系；它们是重要的社会国家领域中的节点，需要认真研究。三，有一系列互相联系的关键概念，需要在社会空间研究中考察和运用：权力（权力关系）、知识（观察到的、吸取的、发展的）、空间（社会与政治的唯一落脚场所）、人体（实践与管制的聚焦点）和凝视或视野的具体构筑（一个关键的环节）。四，欧洲国家理念的发展轨迹的国际比较：中国、印度、伊斯兰，有着自己的路径，而中国因为在公元2世纪规训的"理性的"国家机构和理念的诞生而具有独特性；这需要进一步的研究探讨。[22]

原英文：2012—2014年墨尔本大学课程讲稿；中译文：卢婷翻译，朱剑飞校对。

1　德勒兹对此有详细论述：Gilles Deleuze, *Foucault*, trans. Sean Hand, London: Continuum, 1999 (First in French 1986), pp. 21-38.

2　参看：Henri Lefebvre, *The Production of Space*, trans. Donald Nicholson-Smith, Oxford: Blackwell, 1991.

3　参看：Michel Foucault, *Madness and Civilization: A History of Insanity in the Age of Reason*, trans. Richard Howard, London: Routledge, 1967/89 (first in French 1961).

4　参看：Michel Foucault, *The Birth of the Clinic: An Archaeology of Medical Perception*, trans. A. M. Sheridan, London: Routledge, 1976/89 (first in French 1963).

5　参看：Michel Foucault, *The Order of Things: An Archaeology of the Human Sciences*, London: Routledge, 1970/89 (first in French 1966).

6　参看：Michel Foucault, "Other spaces: the principles of heterotopia", *Lotus International*, 48-49 (1985-86) 9-17 (first in French 1968).

7　参看：Michel Foucault, *The Archaeology of Knowledge*, trans. A. M. Sheridan Smith, London: Routledge, 1972/89 (First in French 1969).

8　参看：Michel Foucault, *Discipline and Punish: the Birth of the Prison*, trans. Alan Sheridan, London: Penguin Books, 1977 (First in French 1975).

9　参看：Michel Foucault, *The History of Sexuality*, vol 1: *Introduction*, vol 2: *The Use of Pleasure*, vol 3: *The Care of the Self*, trans. Robert Hurley, London: Penguin Books, 1978, 1985, 1986 (First in French 1976, 1984, 1984).

10　读者也可从这里找到对福柯比较整体的介绍：Paul Hirst, "Foucault and Architecture", *AA files*, 1993(26):52-60.

11　读者还可从这本访谈中，读到福柯关于社会空间的阐述：Michel Foucault, *Power/Knowledge: Selected Interviews and Other Writings 1972-1977*, ed. Colin Gordon, New York: Pantheon Books, 1980, 尤其是："The Eye of Power", pp. 146-165.

12　Foucault, "Other spaces" pp. 9-17.

13　同上，p. 12.

14　同上，pp. 13-17.

15　关于这五个方面的详细论述，请参见：Foucault, *Discipline and Punish*, pp. 195-228.

16　Jeremy Bentham, *The Panopticon Writings*, ed. Miran Bozovic, London: Verso, 1995, p. 39.

17　Foucault, *Discipline and Punish*, p. 3.

18　同上，p. 222.

19　同上，p. 228.

20　参看：François Jullien, *The Propensity of Things: Towards a History of Efficacy in China*, trans. Janet Lloyd, New York: Zone Books, 1995。我的研究也运用了 François Jullien 的韩非与边沁（福柯论述）可比的思路：Jianfei Zhu, *Chinese Spatial Strategies: Imperial Beijing 1644-1911*, London: Routledge Curzon, 2004.

21　参看：Francis Fukuyama, *The Origins of Political Order: From Prehuman Times to the French Revolution*, London: Profile Books, 2012.

22　参看：Zhu, 2004, pp. 170-193, 以及：朱剑飞，《边沁、福柯、韩非：关于明清北京政治空间的跨文化讨论》，卢永毅主编《建筑理论的多维视野》，北京：中国建筑工业初版社，2009, 73-82 页。

4
希利尔：
空间句法与空间分析

Hillier:
Space Syntax and Spatial Analysis

在 20 世纪 80 至 90 年代，希利尔（Bill Hillier）与其在伦敦大学院（University College London）的同事和助手（包括 Julienne Hanson，John Peponis，Alan Penn，Sophia Psarra 等）的共同努力下，提出了一套分析空间的有理论又有技术方法的"空间句法"体系。这套包括各种分析技术和理论概念的空间分析体系，基本体现在两本书里：《空间的社会逻辑》（*The Social Logic of Space*，1984）和《空间是机器》（*Space is the Machine*，1996）。[1] 这一分析体系在学界造成了很大的影响，也带来一些争议。面对这些争论，也因为体系本身在技术和理论层面的丰富，我们有必要对此研究体系做一个基本的阅读了解。这里介绍的是该体系一些最基本和比较主要的方面。

结构主义

希利尔的"空间句法"理论与方法，在 1970 年代的独特学术氛围中产生。它受结构主义影响，也可以理解为结构主义的一部分。结构主义的基本概念由瑞士语言学家索绪尔（Ferdinand de Saussure，1857—1953）在 1900 年代的教学中初创，在法国社会人类学家列维 - 斯特劳斯（Claude Lévi-Strauss，1908—2009）于 1950 年代的研究工作中建立。索绪尔的《普通语言学教程》（*Course in General Linguistics*，1916 法文，1960 英译）以及列维 - 斯特劳斯的《结构人类学》（*Structural Anthropology*，1958 法文，

1963 英译）成为结构主义的经典著作。[2] 索绪尔提出了一系列关于语言的概念，在 1950 年代后被广泛运用到关于人类活动（政治、经济、文学、传统、大众文化等）的各种研究中。

这些概念和判断包括：第一，句子包括"句法"和"语义"（句子结构和字词意义）两部分；语言是个"符号"体系；一个符号包括"能指"和"所指"两个部分。第二，"能指"与"所指"的关系是随机的，约定俗成的；符号（能指形式）之间的差异区别是重要的。第三，语言之所以可以工作，是因为符号的相互差异，包括在词汇集合和在句子结构中的差异；语言可以工作的原因是结构或差异，而非语义的与外部世界的联系。第四，有必要把语言的"深层结构"与表象的"语言表演"，也就是"语言"（language）和"言语"（speech）（法语的 langue 和 parole），区分开来。言语具体、丰富、多变，而语言（深层结构）抽象、稳定、悠久、变化较少或缓慢。语言在言语中实现自己，但又控制着言语的表现；两者有辩证的依托和互相联系的循环，以保证语言的具体实现，又保证言语的结构的稳定。

对于列维 - 斯特劳斯，这个深层结构根植于无意识中，受人类思维内在结构控制，并体现于外在行为实践中；这种现象可以在家族结构（恋爱方式、婚姻规则、社交规范），神话叙事（故事结构、隐含的象征意义），以及传统社会

的许多方面找到。结构主义从 1950 年代起影响了许多学派和领域，包括马克思主义、心理分析、文艺批评，当然也有人类学和社会学。它也影响了建筑学专业。

对于希利尔，"语言/言语"的区分很重要。与此相关的是"结构"的重要性，也就是一组关系中的差异和对立的重要性，如索绪尔和列维 - 斯特劳斯在语言行为和社会实践中所发现的那样。现在的问题是如何在空间中找到这些对应的方面，比如说，我们应当如何把具体的连续空间截成一组关系，视其为结构，如句子中的结构那样。

两种结构主义

从 1970 年代到 80 年代，建筑界出现了两条借用结构主义思想，启用"深层结构"概念的流派或线索，分别以彼得·艾森曼（Peter Eisenman，1932—）和希利尔为代表。实际上，这里有两条思考的传统：第一个是形态的，关注柱子、墙体和物质形态；第二个是空间的，关注空间关系。[3] 第一条线索，以柯林·罗（Colin Rowe，1920—1999）和艾森曼为主要代表人物，他们有传承关系，关注柱、墙、体量等实体元素以及它们的关系，视这些关系或关系后面的格局为"深层结构"；第二条线索，以亚力山大、埃文斯、斯达德曼、希利尔为主要代表，相互之间也有一定的关系，关注对象是空间以及各局部空间之间的互相联系（空间关系），即聚焦虚无的空域和其中的关系，并视此关系或背后的格局为"深层结构"。前一种从本质上讲注重艺术，从建筑师做设计（和参观者的视野）的角度考虑，比较直观易懂；后一种从本质上讲注重社会，从实际使用者的体验和行动领域角度考虑，比较抽象虚幻。此处，我们观察第二条学术线索。

空间结构研究前期

在希利尔提出"空间句法"之前，已经有一些学者，以亚力山大、埃文斯和斯达德曼为代表，在 1970 年代从事对空间结构的研究，尽管研究的方式角度不同，也没有自觉

地与结构主义理论相联系。亚力山大的研究，可以他的《模式语言》（A Pattern Language，1977）为代表。[4] 此书研究的目的，是寻找人类共享的建筑和建成环境的"语言"，而书中呈现的就是一种可能的这样的语言。这个语言体系，有 253 个单元或"模式"，这些单元以一种半网格状的金字塔结构互相联系起来，从最大的单元（城市）到最小单元（室内局部设计）。这里的要点是：①每个单元或模式都是一组关系；②所有单元模式都互相联系，构成一个大的关系网络；③单元内的关系和整体网络关系，都是拓扑学（topological）的关系：非几何的、非硬性的、可变的、弹性的、可弯曲的。但是，亚力山大并没有找到可以同时表现局部和整体的可以精确描述这种拓扑空间关系的图示方法。

埃文斯的空间关系研究，可以《人像、门洞、走道》（Figures, Doors and Passages，1978）一文为代表。[5] 埃文斯对别墅住宅进行了精彩的考察，发现了从"房间矩阵"到"走道平面"的历史演化，分别以文艺复兴的意大利和 19 世纪的英国为代表。他对平面的观察是拓扑学的：他观察人如何从一个空间走到（联系到）下一个空间再继续进入（联系到）另一个空间的格局形式：这完全是拓扑的、关系的。埃文斯注意到了他的观察与亚力山大的（关系的网络的）拓扑图示的相似。但是，埃文斯并没有进一步去试图把这种关系用图形精确表现出来，他本人也没有用"拓扑"这样的文字。

斯达德曼（Philip Steadman，1942—）的工作可以他的著作《建筑形态》（Architectural Morphology，1983）为代表。[6] 他对建筑的平面进行了几何的和拓扑的图示描写，其中运用了拓扑的图示去描写具体的单体建筑的平面。但他最后的兴趣依然是几何的，关注几何单元的各种组合。他没有把图示描述方法延续到城市和聚落的领域，也没有与社会和社会 / 空间关系等问题联系起来，更没有与当时学术思想中的结构主义相联系。

是 1980 年代初期的希利尔，在同事的合作下，打破了缺口，超越了上述各位的研究。这里的突破，即"空间句法"的

具体贡献，特指一种描述方法的建立；此方法可在同一图示中精确描述局部和整体的拓扑空间关系，可以研究单体建筑或城市聚落，并把对象看成为社会/空间关系的问题；该方法也在建造环境中的社会空间里，建立了自觉的关于深层结构的理论。

空间句法

现在让我们观察"空间句法"是如何描写空间及空间关系的。这一理论方法体系的基本出发点，是具体的位于某处的人体，他/她所能看到的视域和能够进入的空间领域，即在建筑内或聚落外部空间中某个具体的人体的"可视范围"（visibility）和"可进入范围"（permeability）。可视性和可进入性，可以分开也可以合在一起考虑。系统的描述，从此点出发，提两个问题，并进行两种描绘：1）从此点出发，在物质建筑包围下，最长的一条可视/可进入（抵达）的直线；2）从该点出发，在物质建筑限定下，最小的可视/可进入（抵达）的凸型空间。第一种和第二种，分别是一维和二维的空间（直线和范围），分别描写了此点（和位于此点某人）的最全局和最地方的空间属性。用这两个方法，可以分别画出覆盖全局的轴线图（axial map）和凸空间图（convex map）：第一种图要求用最长的线，跨越整个空间；第二种图要求用最小的凸空间，覆盖整个空间（图1、图2）。两种图，都可以用在单体建筑内部或聚落外部空间的描绘分析中。但在实际研究中，大家往往用第一种图描述聚落城市的外部空间，用第二种描写建筑内部空间。

建筑内部空间的凸空间图，可以翻译成细胞图（cell map）：如果把每个凸空间单元变成一个点（细胞），每两个靠在一起的凸空间的联系（可视/可进入）则变成一条连线。细胞图是拓扑的（可以弯曲而不改变关系），所以在研究中，经常把细胞图弯曲重画（保持关系不变的前提下），变成"纠正细胞图"（justified cell map）：入口细胞为零度，所有与之一步、两步、三步……远的细胞，依次在图示中放在第一层、第二层、第三层……，这样就可以形象地表现从零度开始的空间深度的递增（图3、图4）。

纠正细胞图可以对不同建筑做比较，可以研究某细胞图（某建筑）的深与浅，自由度和控制度，环型结构（可选路径多）和树型结构（可选路径少）等特征。

无论轴线图和细胞图，背后都是一个结构，由元素和链接组成。在轴线图里，线是元素，两线的交叉点是链接；在凸空间图（细胞图）里，空间细胞为元素，两细胞的相邻联系是链接。面对这样一个纯粹的网络结构，空间句法理论发展出了一些计算值，去测试某点（元素）在整个体系中的结构属性。其中比较重要的值是"整合度"（integration，又称为 real relative depth/asymmetry 或 RRA），测的是此点到达其他所有点的平均距离或深度，其中1就是一步（从一元素到另一元素的一步连接）。[7] 它测出的就是深度或浅度，浅度又被理解为可达性，又被称为整合度。值高（深度高）说明整合度低。在一个空间体系（比如一栋建筑或一片城市区域），所有元素（轴线或细胞）因其所处结构位置的不同而有不同的"整合度"。这样，就有一个整合度大小不同的元素的名次排列，从最低到最高（最整合到最不整合），构成一个整合度分布的结构，对揭示此空间体系内的空间质量的排布，有重大意义。比如，可以选5%或10%，或前10或15个整合度最高的元素（轴线或凸空间），把它们在轴线图或凸空间图（细胞图）上标示出来，视其为"整合内核"，因为它们构成了全局中可达性最高的一组区域（图5）。整合度的高低排列，也可用由暖及冷的色调变化来标示（图6）。

在实际研究中，城市和建筑有所不同。在城市聚落领域里，研究经常在轴线图上寻找并标示5%、10%或25%的整合内核，其中整合度最高的几条线，也会特别标出。这些线往往是一个系统里（城市、区域）最长的、把其他线在全局中联系整合起来的轴线，如伦敦的牛津街，香港的皇后大街和现代北京的长安大街。在一个小城镇里，这样的线经常是一条主马路，把主要场所（市场、教堂、市政厅等）联系起来。在聚落城市范围里，研究主要关注人的流动或走动（movement）；在一些案例中，可以找到整合度与人的出现的正比关系：整合度越高，人的活动密集度的

The analysis of settlement layouts

Fig. 26 The open space structure of G.

Fig. 27 The point y seen convexly and axially.

Fig. 28 Axial map of G.

图 1
聚落空间中某点（Y）的最长轴线和最小凸空间。源自：Bill Hillier and Julienne Hanson, *The Social Logic of Space*, Cambridge: Cambridge University Press, 1984, figs 26, 27, 28, p. 91.

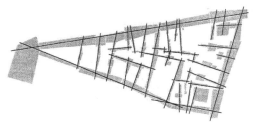

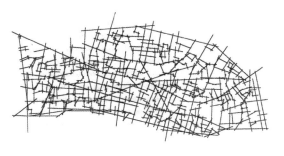

图 2
某聚落空间的轴线图和凸空间图。源自：Bill Hillier, *Space is the Machine*, Cambridge: Cambridge University Press, 1996, fig 4.3, p. 157.

空间与权力   055

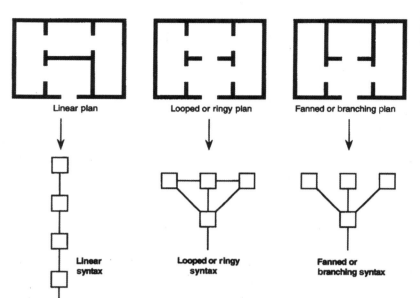

图 3
某 三 个 建 筑 的 细 胞 图。源 自：Bartlett School of
Architecture, University College London。

图 4
伦敦某建筑（Sir John Soane's Museum）的细胞分析
图。源 自：Sophia Psarra, *Architecture and Narrative*,
London: Routledge, 2009, fig 5.6, p. 121.

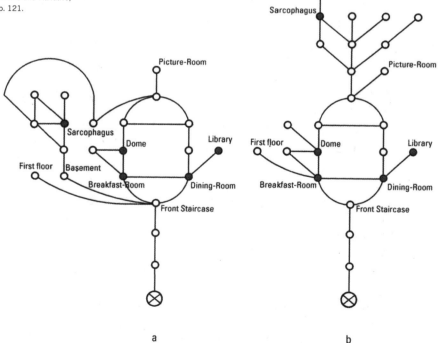

图 5
清代北京内城整合度最高的十条轴线（街道）。源
自：Jianfei Zhu, *Chinese Spatial Strategies: Imperial
Beijing 1420-1911*, London: Routledge Curzon,
2004, fig 3.9, p. 59.

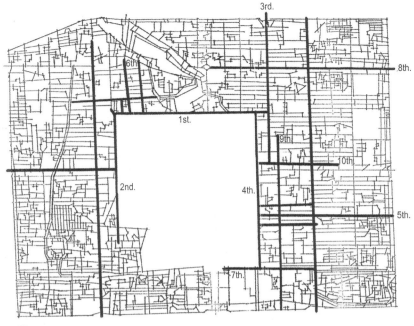

KEY
1st. Dianmen Wai Dajie
2nd. Xianmen Wai Dajie
3rd. Andingmen Nei Dajie
4th. Donganmen Wai Dajie
5th. Shaojui Hutong - Lumichang Hutong (Dengshikou)

6th. Deshengmen Nei Dajie
7th. Changan Zuomen Wai Dongjie (Changan Dong Jie)
8th. Dongzhimen Nei Dajie
9th. Bingmasi Hutong - Taijichang (Wangfujin)
10th. Longfusi Jie (Gongxuan Hutong - Toutiao Hutong)

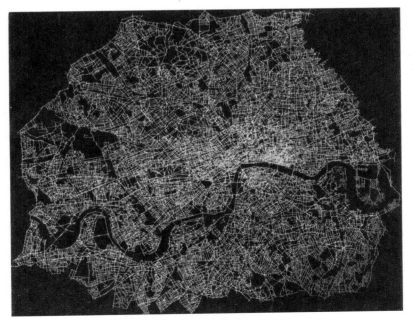

图 6
当代伦敦整合度分布，整合度高的轴线 / 街道以暖
色调标示。源自：Bill Hillier, *Space is the Machine*,
Cambridge: Cambridge University Press, 1996, Plate
2, pp. 212-213.

空间与权力

概率就越高；在核心区域，人往往比较多，包括穿越的和停留的（图7）。[8]以此为依据，空间句法经常为城市更新设计提供咨询，考察某个方案是否会提高人的可达和使用，是否延续现有的或附近某些主要的有活力的街道，是否延续了原有的或附近的空间结构，等等。

在建筑研究领域里，凸空间图和细胞图用得较多；这些体系中也有整合度的排列分布，也有整合内核，及整合度最高的空间。研究主要关注建筑里的社会机构，考察在这些细胞空间以及它们的链接之间所容纳的具体的工作或生活。比如说，在我自己对故宫的研究中（故宫在此被看成是内化的"建筑"），整合度最高的空间是故宫里联系所有院落的唯一有城市特征的空间，我称之为"U空间"（U指代urban，表示城市属性），此空间到了清朝才出现（图8）。关于建筑机构，有影响的个案研究很多，包括对英国住宅和英国法院的研究。

韩森（Julienne Hanson）关于法院的研究是重要的例子。她的文章是《伸张正义的建筑：英国法院建筑中的视觉符号与空间布局》（The Architecture of Justice: Iconography and Space Configuration in the English Law Court Building, 1996）。她在研究中采用了细胞图，计算了整合度，标示了整合度的分布，也联系了法院建筑的历史演变和当代使用。[9]研究发现：1）不同类别的人群，得到了持续而系统的割离；2）这些人群及其空间，只在很有限的流通领域里有一些联系，这几个联系空间整合度最高；3）而在法院中央的法庭上，人群是绝然分开割离的；4）这种布局，构成"深层结构"，几十年不变，尽管在表面上有许多视觉符号上的变化。

希利尔对英国住宅的研究也是重要的例子。 在《空间的社会逻辑》中，他对一批住宅在改造前后的布局进行了比较，细胞图和整合度都得到了运用。[10]研究发现：1）改造后的住宅，其内部各空间的整合度，在每个建筑中，都比改造前提高了（更整合了），相互的通达性都提高了；2）但是，起居室、厨房、客厅的（L/K/P, Living Room, Kitchen, Parlour）整合度依次递减的排序，在改造前后没有变化（图9a）；3）研究继续扩大，覆盖各时期的英国连排住宅，发现这个递减排序依然保持不变（图9b），这就流露出这些居住空间的一个"深层结构"，如语法或句法，把LKP的整合度顺序固定下来，无论设计如何变化。

对"深层结构"的关注，更多地发生在对建筑（机构）而非对城市的研究中。这是因为，社会政治体系对建筑内部往往有更大的决定性控制，而对外部聚落空间一般就没有如此决定性的管制。目前，用空间句法研究建筑机构，探讨其深层空间布局的研究在逐步增加。

几组概念

"空间句法"的理论体系中，还有一系列的概念；它们一般两两相对，构成概念组。最主要的几组，概述如下：

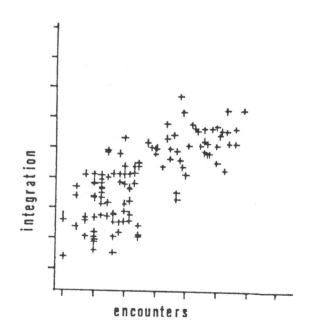

图7
伦敦某区（Islington）街道整合度与路人出现频度的正比关系。源自：Bill Hillier, Richard Burdett, John Peponis and Alan Penn, "Creating Life: Or, Does Architecture Determine Anything?", *Architecture and Behaviour*, vol.3, no. 3 (1987) 233-250, fig 5, p. 242.

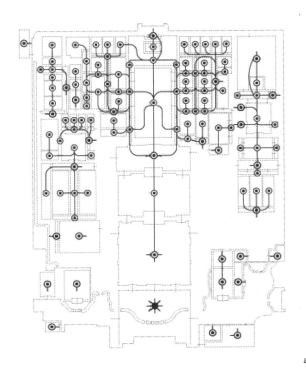
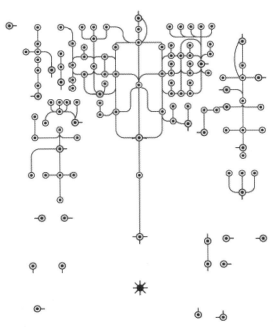

a

图 8
a，清代故宫细胞图分析；b，整合度最高细胞在原图上以黑色标示。源自：Jianfei Zhu, *Chinese Spatial Strategies: Imperial Beijing 1420-1911*, London: Routledge Curzon, 2004, figs 4.5 & 4.6, pp. 105-106.

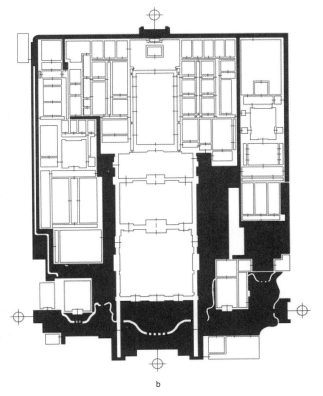

b

1. 长模型与短模型（long model，short model）：任何一种文化、社会或空间体系的结构或"限定"的长短；复杂的限制多的为"长"，简单的较自由的为"短"。

2. 表象型和基因型（phenotype, genotype）：作为语言的任何文化、社会、空间体系中的外在表现和内在稳定结构，就是"言语"和"语言"（深层结构）（speech 与 language，或 parole 与 langue）。

3. 决定的和发生的 / 可能的（deterministic，generative/probabilistic）：社会对空间或对人的限制，有的严厉绝对，属于前者，有的松散自由，属于后者。

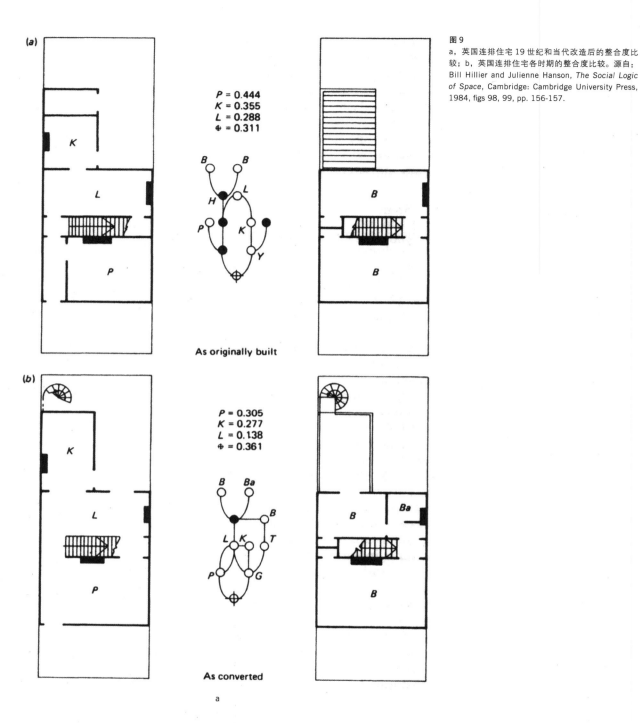

图 9
a，英国连排住宅 19 世纪和当代改造后的整合度比较；b，英国连排住宅各时期的整合度比较。源自：Bill Hillier and Julienne Hanson, *The Social Logic of Space*, Cambridge: Cambridge University Press, 1984, figs 98, 99, pp. 156-157.

(a)

$P = 0.444$
$K = 0.355$
$L = 0.288$
$\oplus = 0.311$

As originally built

(b)

$P = 0.305$
$K = 0.277$
$L = 0.138$
$\oplus = 0.361$

As converted

a

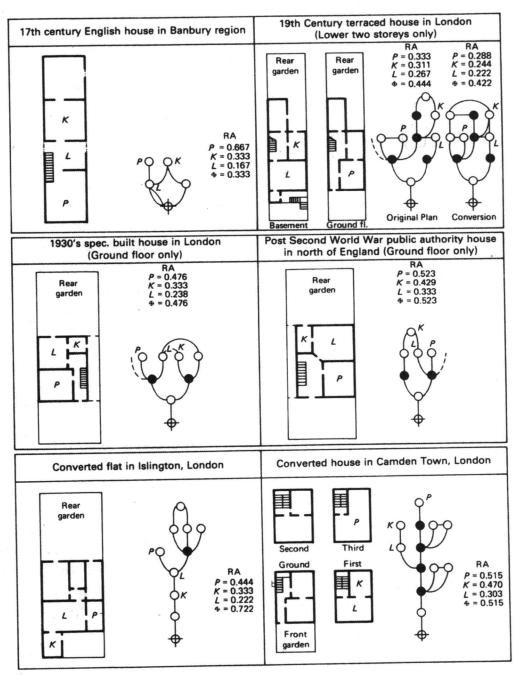

4. 信息存入和信息提取（information inscription, information retrieval）："信息"指任何文化社会空间体系中的内容或规定，"存入"为保守的注入和限定的过程，"提取"为学习、吸收、发展的过程。

5. 限制与无序（restriction, random process）：任何文化社会体系，都是对无序混沌的限制，限制有强有弱，强者为长模型，弱者为短模型。

6. 社会对空间的指令和空间对社会的反馈（social instruction to space, spatial effect back on society）：空间受社会制约，获得其指令，按社会规范构筑自己的布局；但是，空间在一些时候，也可以有未被或无法被管控的余地或自由，可以挑战社会限制或规范，引发自由或混乱或非常规现象，如犯罪、革命、动荡、战争，或日常的奇异行为或创新行为（翻墙，拿椅子当阶梯，门窗不分，空间的创造性使用或设计，等等）。

7. 内部空间与外部空间（inside, outside）：在外部空间中，我们一般会看到短模型、发生的／可能的活动、有更多的信息提取、有更多的空间自由度；而在内部空间，看到的往往相反——长模型、决定性活动、有许多信息存入、社会对空间管制更加严格。

8. 局部到整体的发展和整体到局部的发展（local-to-global process, global-to-local process）：社会政治的发展，有局部到整体的（社团或族群扩张、国土扩张），也有从整体到局部的（中央到地方的国家构架）。

9. 开放与结构（openness, structure）：类似于限制和无序；基于结构理念的空间句法，把这对矛盾，看成是最主要的矛盾，贯穿于其理论概念的方方面面。

一个政治空间模型

在《空间的社会逻辑》一书的最后，作者以内部／外部、

局部到整体／整体到局部等概念为基础，提出了一个社会政治空间的理论。[11] ①在从局部到整体的过程中（比如一个部落或城邦），社会对内部（建筑机构）赋予了绝对的信息存入，而把外部处理成可能的、发生的、信息提取的、比较自由的领域；②在一个整体到局部的过程中（比如一个国家），社会把整个国土内部化，在整个地理空间上刻画（存入）意识形态，使外部空间获得严格的绝对的信息存入，而内部空间不是最首要的，但在国家建立后也会被迅速作为机构而得到限制；③社会现实，作为这两种逻辑的叠加，出现了有趣的现象：内部获得两次的管控，而外部同时兼有不确定性和国家的管控（意识形态的刻画），兼有可能的和决定的两种属性，成为社会动荡或革命挑战的舞台。内部是社会机构的决定性刻画或存入的领地，而外部因其双重性而更自由或不稳定。

开放的结构主义

这个理论，关心社会空间或者说社会界定下的空间；其核心问题依然是"结构"，以及社会对空间限制而空间又可以反作用于社会的社会／空间关系。关于"结构"，核心问题是：结构如何与非结构和反结构的无序相联系，如何吸收它们，形成半开放的结构；第二个问题是：结构如何在社会空间中，在吸收无序因素后延续自己，再生产自己。希利尔在《空间是机器》的结尾，清晰地把社会／空间关系和结构／开放关系，联系起来，做了一个比较全面的回答。[12] 1）空间／社会的互动循环，类似于言语／语言的互动；空间承载了社会的信息，但又可以激发新的、未知的、非安排的、反限定的行为或格局，提供了发生的或可能的对社会的反馈，以推动改变甚至变革。所以建筑（建造环境）是"具有可能性的空间机器"。2）但是，在长期的历史演化中，社会倾向于延续和再生产自己的规范，而建筑也倾向于成为社会规范的基因型；建筑在言语／语言、表现型／基因型的循环中，用具体的言语表述深层的语言：建筑（建造环境）具体而又抽象，它是"深层结构的具体表现"。这个在 1996 年清晰表述的理论，维护了结构主义的言语／语言的循环稳定性，又在空间之于社会的相对独立性中，

找到了结构中的非结构和反结构的可能性，构成一种开放，为变革留下了余地。

总结讨论

空间句法是一个复杂的体系；介绍和评判的工作在此仅是一个开始。作为小结，我想在此列出空间句法最基本的几个独特之处：

一、在整体结构视野下的具体细化的观察：采用空间句法的研究者，由于空间描述的细微性及整体性，导致研究工作在观察上的高度细化和微观化，同时又保持着结构整体的全局观。

二、结构背景下对空间的拓扑学观察：在建筑平面的底下，在明显的几何关系之外，能够看到并描述拓扑的空间关系，是一个难得的认识上的飞跃和突破；在此，希利尔在拓扑学的突破上，比亚历山大更向前走了一步。

三、全局性结构：在比亚历山大更进一步的发展中，希利尔可以在同一张图示中，把局部的点与全局一次性联系起来。空间句法的提示或洞察是，许多问题的关键所在，不是某点自身的状态，而是该点在全局中的位置，即它与（包括其他各点的）全局的关系。这里的观察是动态的，考察人如何运动，如何由此及彼，走向全局。

四、关系的结构：希利尔提供了一种关系的或关联的观察建筑平面或城市聚落的方法。因为他的方法关注此点如何与其他各点联系，以及跨越全局的动态的整体格局。希利尔注重关系的空间研究方法，对应了福柯注重关系的权力研究方法，而两者都在一定程度上属于结构主义的对社会空间的关注。所以，把他们的方法联系起来运用，应该是比较有效的；我对明清北京的研究是这一方向的努力。

五、深层结构：在结构主义影响下，对建筑平面之下的结构场域中的关系进行观察，是有穿透力的，可以发现许多现象；但是其结构主义的缺陷，即无法解释结构的变化流动，应该是要避免的。

原英文：2012—2014 年墨尔本大学课程讲稿；中译文：王一婧翻译，朱剑飞校对。

1 参见：Bill Hillier and Julienne Hanson, *The Social Logic of Space*, Cambridge: Cambridge University Press, 1984 和 Bill Hillier, *The Space is the Machine: A Configurational Theory of Architecture*, Cambridge: Cambridge University Press, 1996.

2 参考：Ferdinand de Saussure, *Course in General Linguistics*, trans. Wade Baskin, London: Owen, 1960 (first in French 1916) 和 Claude Lévi-Strauss, *Structural Anthropology*, trans. Claire Jacobson and Brooke Grundfest Schoepf, 2 vols, New York: Basic Books, 1963-76 (first in French 1958).

3 可以参考：Jianfei Zhu, "Robin Evans in 1978: Between social space and visual projection", *Journal of Architecture*, 2011,16(2): 267-90, esp. 279-282.

4 参见：Christopher Alexander, *A Pattern Language: Towns, Buildings, Construction*, New York: Oxford University Press, 1977.

5 参见：Robin Evans, "Figures, doors and passages", *Architectural Design*, 1978(4):267-278.

6 参见：Philip Steadman, *Architectural Morphology: An Introduction to the Geometry of Building Plans*, London: Pion, 1983.

7 Hillier and Hanson, *Social Logic of Space*, pp. 108-113.

8 参见：Bill Hillier, Richard Burdett, John Peponis and Alan Penn, "Creating Life: Or, Does Architecture Determine Anything?", *Architecture and Behaviour*, 1987, 3(3):233-250.

9 参见：Julienne Hanson, "The architecture of justice: iconography and space configuration in the English law court building", *ARQ – Architectural Research Quarterly*, 1996(1):50-59.

10 Hillier and Hanson, *Social Logic of Space*, pp. 155-163.

11 同上，p. 260.

12 参见：Bill Hillier, *Space is the Machine: A Configurational Theory of Architecture*, Cambridge: Cambridge University Press, 1966, pp. 391-395.

5

埃文斯与马库斯：
作为机构的建筑

Evans and Markus:
Buildings as Institutions

现代建筑的一个独特问题，是 19 世纪由欧美波及世界的如医院、监狱等建筑"类型"的出现和繁衍。与此相关的，是现代"机构"的出现和增多：政府办公部门、法院机关、学校、工厂、百货大楼、银行、证券交易所，等等。类型和机构互相联系：一个类型的出现是一个新机构出现所导致的，比如监狱和法院在近代社会的成型。但是作为概念，类型强调了建筑物，而机构则强调社会组织。总之，在近现代，工业社会带来了各种类型和机构的涌现。在此，我们提出几个问题：类型和机构，作为概念哪个更基本，更有益于理解认识？如何对 19 世纪出现的大量的类型 / 机构进行分类？如何研究一个具体的类型 / 机构，考虑其中的社会和空间问题？如何将建筑师的设计思考和关于类型 / 机构的思考结合起来？我想在此介绍三种关于类型 / 机构的研究，以及两个相关的论述，以利我们的思考。

佩夫斯纳：建筑类型史

佩夫斯纳(Nikolaus Pevsner, 1902—1983)的《建筑类型史》(A History of Building Types, 1976) 可以说是每位研究类型和机构的学者都用的重要书籍。[1] 它无疑是这个领域的丰碑，也构成了近几十年本领域研究的开端。书本从第一到第十七章，每章介绍一个或一组类型，从政府公共类排列到功能使用类。具体类型依次是：国家纪念碑和天才纪念碑，12—17 世纪政府建筑，18 世纪之后的政府建筑：国

会大厦，18 世纪之后的政府建筑：部院大楼和公共办事楼，18 世纪之后的政府建筑：市政厅和法院，戏剧院，图书馆，博物馆，医院，监狱，旅馆酒店，交易所和银行，仓库与办公楼，火车站，市场、温室、展销厅，店铺与百货大楼，以及各类工厂。

这个分类很有意思。它看起来很平常，却流露出对现代社会秩序的肯定，并使之正常化、合理化，从而回避或压抑了挑战、质疑、深究的意愿。另外，从对类型和机构两种概念的启用来看，作者显然使用了"类型"，强调了建筑物，及建筑学内部的研究视野，这与他把建筑史与艺术史在方法上联系起来的背景有关。再者，本书是一个广泛的历史概述，不可能针对某个类型进行具体深入的研究；所以，书本基本没有谈及和研究空间和空间关系，更没有涉及空间布局中的社会关系等问题。

埃文斯：英国监狱建筑

相比之下，罗宾·埃文斯（ Robin Evans, 1944—1993 ）的著作，《品德的编造：英国监狱建筑》(The Fabrication of Virtue: English Prison Architecture, 1982)，提供了具体深入的针对一个类型即监狱机构的研究；其方法是分析的、空间的、探讨空间与社会关系的。[2] 在埃文斯于 1980 年代中期转向研究另一个课题（图绘与视觉投射）之前，

他关注了两种类型：住宅和监狱。在研究这两个类型时，他都采用了对平面所显示的空间关系的"拓扑"（topological）观察。他 1978 年的文章《人像、门洞和走道》，对此表现得很清楚。[3] 他在此文中找到两种居住空间组织，即"互相穿越的房间矩阵"和"走道平面布置"，分别表现在 16 世纪意大利和 19 世纪英国；文章也描述了从前者到后者的演化过程。在描写一栋意大利别墅中互相穿越的房间矩阵时，他有如下的观察（拓扑的或关系的）：

这些房间有两个门，有些有三个，另一些有四个，而这在 19 世纪以后任何类型和大小的居住建筑中都被看成是一个错误……主入口在最南面。一个半圆楼梯踏步将人带入……到达一个前天井，再经过一段楼梯，把人带入一个柱子大厅，再穿过……才进入位于中央的圆形大厅……从这个大厅出发，……有十个路径可以把人带到别墅的各个居室，每条路线都是平等的。五条直接把人带出圆厅或它的附属小厅，三条要通过华丽的敞廊，廊外是墙体围合的花园，而另外两条则要经过观景楼。[4]

在研究现代建筑的类型和机构等问题上，这本关于监狱的《品德的编造》是重要的。[5] 本书关注英国从 1750 年到 1850 年期间作为新类型的现代监狱的诞生；其过程以一百年头尾的两个监狱，即臭名昭著的纽格特监狱（Newgate Prison）和潘登威尔模范监狱（Model Prison at Pentonville，图 1）为代表。书中关于模范监狱和英国 1850 年代新监狱建筑的描述分析，包括几个方面：

一、现代监狱建筑是"道德技术" 兴起的一部分，此道德技术企图改造人（犯人），谨慎而治疗式地惩罚犯人，其中的技术使用具有精明的精确性。

图 1
潘登威尔模范监狱（伦敦，1842）平面图。源于：埃文斯，《品德的编造》，350 页（Robin Evans, *The Fabrication of Virtue: English Prison Architecture*, Cambridge: Cambridge University Press, 1982, p. 350, fig. 183）。

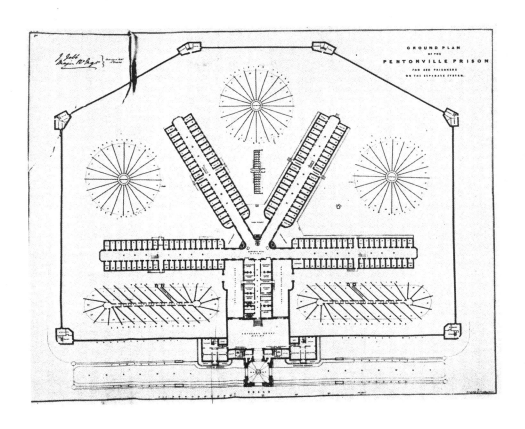

二、此技术包括：更加坚固的墙体分割和精明的房间划分；其中每个囚室是重要的监护单元：1）520个囚室地位完全平等，每间是孤独的空间，被看守密切监视；2）总平面有个放射状的长焦透视的布局，从中心射向四周，以便看守和监狱长有效管制几个长走道所联系起来的五百个囚室；3）单元惊人地重复，每个单元完全一样，每间有现代的技术设施以控制和照料囚徒；4）设计的目的是隔离，避免混杂和交流；5）设计最高原则是：孤立、卫生、平定和监禁；6）最终，这个建筑降低缩小了又在另一个意义上放大了建筑的"暴力"。

三、这个案例暴露出了建筑的"黑暗"面。建筑一般被理解为具有"防卫性"和"修饰性"，但在此，建筑却暴露出了它的"因果性"、功效性和工具性，像一部工作的机器。它可以很具体地规范人的社会行为模式。

四、这种建筑的功能性和训导力量，随后逐步扩散到其他现代建筑类型机构中，比如医院、疯人院、监狱工场，以及学校设计、住宅设计和城市规划等领域中。但是监狱还是这种可以严格管制并训导人群行为的建筑黑暗面的最佳表现。

这样看来，埃文斯的研究是空间的和关系的：他仔细观察分析了局部空间（囚室单元、房间、走道、监管中心）是如何通过空间关系和视觉关系联系起来、构成一个有效的机器般的空间整体的。埃文斯的研究也是社会的和机构的，而非建筑的形态类型本身。

马库斯：建筑与权力

托马斯·马库斯（Thomas A. Markus，1928— ）出版了一本大书《建筑与权力：现代建筑类型起源中的自由与管制》（ *Buildings and Power: Freedom and Control in the Origin of Modern Building Types*，1993）。[6]这是雄心勃勃的研究，试图覆盖几乎所有的现代建筑类型，并在它们诞生的历史环境下分析研究它们，考察它们与文本话语、建筑使用者以及建筑使用中的权力网络的关系。如果说佩夫斯纳的研究广泛而不深入（综合而非分析），埃文斯的研究深入而不广泛（分析而非综合）的话，那么马库斯的研究，其目的是希望广泛而又深入（又综合又分析）。尽管结果并非完美，研究也没有结束，本书依然很有价值，有独特思路，也有大量实例。

本书聚焦于1750年代到1850年代主要在英国的各个建筑类型的诞生。作者在研究中没有按传统做法把建筑看成为艺术或技术，而是把建筑看成"社会物品"（social object），认为建筑里面包含有各种意义的社会关系；就此意义上讲，作者实际上是把建筑作为社会机构来研究的。研究关注建筑物、建筑文献和建筑使用者，同时考察权力（关系）分布与使用者社会关系的呼应，方法上也强调文献分析和空间分析的结合；在空间分析中，"空间句法"的一种方法——细胞图，获得了运用。除了作为导言的第一部分外，第二、三、四部分是一个大规模的对现代建筑各种类型的研究，这些类型被分成三大类（三部分），又细分为九个小类别（九章），每个小类别又有多个具体类型。本书实际上提出了一种现代建筑类型的分类法，而这种分类法是社会的，把建筑当作社会机构来考虑。

这三大类分别是：关于"人"（people）的建筑，关于"知识"（knowledge）的建筑，和关于"物品"（things）的建筑。

第一类的关于"人"的建筑，又分为四小类：1）塑造人性的建筑，2）改造病态人类的建筑，3）改造、再造、净化人体的建筑，4）再造精英的建筑（精英娱乐休闲的建筑）。第一小类包括各种学校：幼儿学校、小学校、少年学校、周日学校、女孩技术学校、师范学院、监督管理学校、国立学校、幼儿和少年训练厅、"性格塑造的新机构"等。第二小类包括各种医院和监狱：医院类的包括医务室、传染病院、海军医院、陆军医院，监狱类的包括拘留所、感化院、教养所（现代监狱前身），还有疯人院和囚犯工场等。第三小类主要包括公共浴室、游泳池、洗衣房。第四小类是所谓"精英"娱乐活动场所，包括：咖啡屋、俱乐部、大学俱乐部、大会堂、旅馆等。

第二类的关于知识的建筑，又分成三小类：5）载有"可见知识"的建筑，6）载有"短暂知识"的建筑，7）载有"不可见知识"的建筑。载有"可见知识"的建筑包括：大学图书馆、城市图书馆、皇家图书馆、公共图书馆、大英博物馆阅览室、古玩收藏屋、博物馆、美术馆、伦敦动物园、其他动物园、植物园等。载有"短暂知识"的建筑是全景透视厅、西洋镜大厅、博览大厅、水晶宫。载有"不可见知识"的建筑是：人体解剖教室、学院教室、大学讲堂、大学学院、研究所等。

第三类的关于物品的建筑，分成两小类：8）关于物品生产的建筑和9）关于物品交换的建筑。其中，关于物品生产的建筑包括：工人社区、制造工场、兵工厂、码头、纺织厂、纺织纺纱企业、工人新村、欧文的乌托邦社区、都市规划的模范社区等。关于物品交换的建筑是：商人会所、市场、商场、交易大厅、证券交易所等。

马库斯在书中收入了数以百计的建筑实例。在其中的14个案例中，他用了"空间句法"的细胞图，分析微观空间布局与使用、社会关系、权力关系和文献话语的关系；这些案例，包括一所寄宿学校（1874）（图2），一家教区劳改工场（1725），一家医院（1749），一座公共浴室和洗衣房（1842）以及一家俱乐部（1819）。马库斯的方法是社会的、空间的、拓扑学的（关系的、功能的）。本书是一次大胆的尝试，总体结果似乎还不够深入和全面；有些重要的类型机构如火车站没有涉及。书中类型学分类的基本思路是社会学的，注重建筑作为社会机构的各方面；与佩夫斯纳相比，他的分类是"机构"的，尽管本书标题使用了"建筑类型"的文字。

罗西与维德勒：城市类型与设计干预

另一条关于类型的思考路线，源于建筑师和激进建筑理论家，主要代表是罗西（Aldo Rossi，1931—1997）和维德勒（Anthony Vidler，1941— ），著名论述分别是：《城市

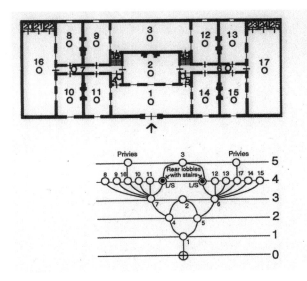

Key
1 Entrance hall
2 Workroom
3 Washyard
4 Lobby
5 Lobby
6 Corridor
7 Corridor
8 Kitchen
9 Women's dining room
10 Buttery
11 Men's dining room
12 Office and store
13 Boys' charity school
14 Steward's room
15 Girls' charity school
16 Men's work yard
17 Women's work yard

图2
教区劳改工场（伦敦，1725）分析图。源于：马库斯，《建筑与权力》，101 页（Thomas A. Markus, *Buildings and Power: Freedom and Control in the Origin of Modern Building Types*, London: Routledge, 1993, p. 101, fig. 4.5）。

建筑》（The Architecture of the City, 1966）[7] 和《第三类型学》（"The Third Typology", 1977）。[8] 罗西的《城市建筑》，研究了根植于历史的欧洲城市，关心悠久的纪念碑式的建筑和相关的历史记忆，以及它们在变化发展中的推动催化作用；研究为设计提供了理论，强调了对现有各种类型的尊重，这些类型表现在建筑物（形态的也是机构的）和城市形态（街道、广场、公园等等）中。

维德勒的《第三类型学》，可以说是以罗西为代表的欧洲历史城市理性主义群体言论中最有理论水平，至少也是最有趣最有深度的一篇。文章的推理论断是，在欧洲近几百年的建筑理念发展中，出现了三种范式（paradigm），包含三个基本类型（type）：第一范式在18世纪提出，基本类型是"自然"，建筑以此为基本模型，以洛杰艾（Marc-Antoine Laugier, 1713—1769）的论述为代表；第二范式于19—20世纪之间成形，基本类型是"机器"，建筑以现代机器原则为基础，代表人物是柯布西耶；而今天（1970年代），我们正面临第三范式的到来，其基本类型是"城市"，设计原则以城市逻辑为基础。在上下语境中看，此城市指的是欧洲历史上逐步形成的城市，及其很有特点的物的城市形态。

关于维德勒的"城市"类型，需要进一步说明：1）这里的类型，包含建筑物类型和城市形态类型，而城市形态类型主要指工业革命前以巴洛克城市为主的街道、广场、公园、沿街拱廊、街区内庭广场，等等。2）第三类型学所提倡的，是把形态设计（建筑、城市），与在历史中建立起来的各具体类型，及其社会政治内容尤其是公共、市政、大众、进步的内容，结合起来；当然，任何政治内容，无论进步与否，都应是设计思考和批评的对象。3）类型是物体的（建筑），空间的（城市类型），社会的（历史逐步形成的）和概念的（作为一个基本范式）。4）这条思路直接为设计行为服务，具有价值取向、道德判断、干预性和目的性，也以城市为基本关注对象。5）文章讨论了福柯研究过的边沁的"全视监狱模式"（the Panopticon），以及罗西在设计中对此类型的运用和颠覆；文章把现实的政治学研究（比如福柯、埃文斯、马库斯的研究）与艺术设计创作的思路联系了起来，提供了难能可贵的联系。

阿尔都塞：国家机器

关于社会"机构"的论述，应该包括阿尔都塞的"国家机器"理论；这不仅是因为机构在一般情况下的最高形式是国家，也因为国家机器在概念上也可以放大到各种社会机构形式中。阿尔都塞（Louis Pierre Althusser, 1918—1990）的著名论文《意识形态与意识形态的国家机器》（Ideology and Ideological State Apparatus, 1970），为我们提出了关于意识形态及其与场所、类型和机构的关系的有益思考。[9] 作为新马克思主义理论家，阿尔都塞修改扩大了马克思的意识形态概念。在马克思的理论中，意识形态是统治阶级在社会中占主导地位的思想，具有欺骗性（麻痹大众、美化现实秩序）；而阿尔都塞的意识形态，指任何人和社会活动背后的思想体系和认识论构架，是深层的、广义复杂的、没有简单的欺骗性或真实性。与此相关，他提出了国家机器（state apparatus）的两种形式："意识形态的国家机器"和"压迫性的国家机器"，简称为ISA和RSA（Ideological State Apparatus 和 Repressive State Apparatus）。ISA的具体形式包括：家庭、媒体、教堂（宗教）和教育系统，对社会成员赋予各种思想构架或意识形态。RSA的具体形式包括：政府机关、警察机构、法院、监狱、军队等。第一类是象征的和多元的，第二类是暴力的和统一的。这里的国家机器广泛存在，是一个光谱，从最刚性的暴力构架到最柔性的思想文化体系。这些"机器"，都是机构，都有具体的建筑类型和物质形态，或与此相对应。这有助于我们把建筑类型作为社会机器的思考，与福柯、埃文斯、希利尔和马库斯的研究相呼应。

总结讨论

根据上面的介绍，我们可以就建筑类型和社会机构的研究，提出几个观察：一、欧洲18、19世纪的近现代建筑类型的涌现和分化增殖，是社会政治经济在广大地理尺度上的发展的产物；它与这些过程紧密相关：工业革命、城市化、新生产方式和交通运输方式的到来、新型社会机构的出现、新的民族国家和国家经济的出现、对全球的殖民占有和管制。二、对这些建筑类型或社会机构的分类，是困难的，却是一个有益有趣的题目。三、有必要对一个具体的类型机构进行深入分析，考察它的出现和演化，以及内部的分布，或许还有它的"深层结构"或"基因型"；在此，福柯、希利尔、罗宾·埃文斯（Robin Evans）、马库斯的社会空间的、关系的、拓扑学的、微观的研究，有启发意义，如埃文斯的《人物、门洞、走道》和《品德的编造》，希利尔的《空间的社会逻辑》和马库斯的《建筑与权力》。四、监狱建筑具有重大意义，可以看成为一个基本的范式或模型，因为它的严密理性和权力关系分布及与知识生产的关系，可以反映在大量的现代理性社会中的各种建筑类型/社会机构中，包括医院、学校、工厂、军营、工作单位、宿舍、居住区和办公大楼，等等。五、福柯的六种"杂托邦"或"他空间"（heterotopia, other spaces）对类型机构的研究应该是有启发的："危机"（寄宿学校等），"他城市"（墓地），"另一个世界"（剧院和影院），"其他的时间"（图书馆和博物馆），"进入的危机"（军营）和"乌托邦"（殖民地和海船）。六、另一条重要思路：按照阿尔都塞的理论，机构可以理解成机器，而这些国家机器可以分成柔性的 ISA 和刚性的 RSA。七、罗西与维德勒的类型学，提供的是有取向（projective）的设计理论，是在城市环境和社会政治条件下的关于物的形态和模型的设计思考。总之，关于类型和机构的研讨，以及对相关各研究的梳理，处于发展过程中，需要进一步的深化。

原英文：2012—2014 年墨尔本大学课程讲稿；中译文：吉宏亮翻译，朱剑飞校对。

1　参看：Nikolaus Pevsner, *A History of Building Types*, Princeton: Princeton University Press, 1976.

2　参看：Robin Evans, *The Fabrication of Virtue: English Prison Architecture*, Cambridge: Cambridge University Press, 1982.

3　这是一篇著名文章，在大西洋两岸许多学校中被推为阅读材料：Robin Evans, "Figures, doors and passages", *Architectural Design*, 1978(4): 267-278.

4　Evans, "Figures, doors and passages", pp. 268-270.

5　参考：Evans, 1982, pp. 1-8, 195-235, 346-387.

6　参考：Thomas A. Markus, *Buildings and Power: Freedom and Control in the Origin of Modern Building Types*, London: Routledge, 1993.

7　参考：Aldo Rossi, *The Architecture of the City*, trans. Diane Y. Ghirardo and Joan Ockman, Cambridge, Mass.: MIT Press, 1982（意大利原版 1966）.

8　参看：Anthony Vidler, "The third typology", *Oppositions*, 1997(7).

9　参看：Louis Althusser, "Ideology and ideological state apparatus" (1970), in Louis Althusser, *On Ideology*, New York: Verso, 2008, pp. 1-60.

二

权威、形态、视野
Authority, Form and Visualization

6

明清北京：
城市空间体验的美学构架

Dynastic Beijing:
Spatial Experience as an Aesthetic Framework

导言：从政治到美学

能否从美学和纯粹形式的观点来理解北京？在同心圆平面及其象征的意识形态的表现之外，在权力关系的社会空间之外，是否存在一个北京整体的形式构图？如何将纯粹形式构图的研究，与同一个城市的社会、政治、意识形态构架的研究协调起来？为何一个城市可以既是美学的，又是社会政治的？我们发现，至少在三个情形下，形式与社会政治现实的复杂关系得到了交叉，并且，在每一种情况下，我们都可以提出关于形式构图存在的重要论点。这三个情况是：平面的总体象征含义，形式尺度与政治权力之间的关系，以及墙体的使用和相关的不可见现象。

1. 平面的总体象征含义。北京有一个象征性很强的形式平面。根据前面章节的研究，有三条发展线索对这一形式图式及其象征含义有所贡献：继承自古代的汉代儒学、明清皇帝所遵循的理学，以及北京的明清朝廷所实践的宗教礼仪祭祀制度。汉代儒学以其对古典传统的综合，提供了一种确立君主在神圣宇宙中的中心地位的哲学：即包含在宇宙道德论中的政治意识形态。据此，它也为帝国都城提供了一种规划模式。理学既强化了君主的地位，又强化了都城及其中心宫殿规划模式的理性形式。另一方面，宗教仪式制度以循环的方式强化了理论和形式布局：它依赖、强化并启动着意识形态和形式平面的布局。它们共同造就了

北京的同一个格局、同一个象征意义。这一宏伟而组织严密的格局，表示皇帝权威和支持该权威的神圣宇宙的无比重要。这一格局既象征皇帝的神圣中心性，也象征着认可这一中心性的广袤宇宙。然而，我们现在要提出的问题，要求我们进入另一条道路：是否存在着与平面格局的象征意义相平行（相关而又在其之外）的另一种形式逻辑，一种更内在的、有自身构图原则的规律或逻辑？

2. 形式尺度与政治权力的关系。北京由于其尺度宏伟的构成而被赞叹。整个城市是在 1420 年代作为一个设计来规划和建造的，以后的发展增添了局部的和较小的元素，由此丰富和强化了整体的格局。同心圆的围合、对中心的强调、严格对准的四方位、7.5 公里长贯穿北京城大部分的南北向轴线，如在前文中已详细说明的，在 15 世纪初期都界定了城市的总体构成。这一控制性结构在尽可能大的尺度中得到维持，在地理背景下涵盖了整座城市。这一控制结构也连续地在不同尺度上得以延续；从整个城市到皇城和宫城，再到中心和轴线沿线的单体建筑。学者和建筑师都惊叹于如此巨大尺度中建造如此众多建筑和空间的"宏伟"设计。许多人意识到形式构图的控制性尺度与其背后政治权力之间存在的联系。但是，由于这些写作都集中在设计中的形式和美学特征等问题上，这一关系仅仅在行文中被略加提及，而且仅仅是在表现的领域被提及（即在权威的形式象征表达，而非权威的政治建构上）。

根据本书的研究，如前几章所表明的，北京的建筑是 14 世纪末 15 世纪初朱棣皇帝的政治工程，也是明朝总体政治发展的一部分。经过几个世纪的发展，中国皇帝制度的专制程度在 1380 年，在明朝第一个皇帝废除宰相制度时，达到顶峰。朱棣在其他方面继续了这一强化皇权的过程，包括建立新的都城北京，以及对外坚持以明帝国为中心的亚洲的世界秩序。明朝北京规划是中国历史上最专制的王朝的产品。自 1380 年发展起来的权威直接监督了北京的设计和建造，由此在 1420 年产生出人类历史上最大的都市建筑综合体之一。人们在考察北京的形式构图时不应忽视这一关键的政治条件。但是，与此相关的是，我们也可以从一个新的角度提问。在形式构图中是否存在另一个层面的理性或逻辑，它支持政治的需求，也有自己的形式与美学原则？更明确地说，尺度（scale）和宏大规模的设计（largeness），如何在一方面关联着权威主义的权力实践，另一方面又关联着一个全局的形式的构图？

3. 墙的运用与不可见现象。在北京有一种常常被人们忽视的现象：墙的普遍使用，以及由此造成的北京很多地方的不可见与不可进入。漫步在北京城，到处都看得见不同种类和大小的墙，遮蔽着后面不同尺度的空间。在中心更大的尺度上，整个皇城和宫城对于外部来说都是禁区和不可见的，中心就像一个巨大的空洞。关于在东京的相似的情形，罗兰·巴特（Roland Barthes）在其《符号帝国》（Empire of Signs）中曾经作过一段著名的评论；他说道，与西方传统中城市中心是"真实"与"实在"的场所形成对比，东京是自相矛盾的："它确实拥有一个中心，但这个中心是空的……是一个禁止进入的、没有表情的场所…… 一个神圣的'无'……一个空的主体。"[1]

杰弗里·迈耶（Jeffrey Meyer）在他的《天安门之龙：作为神圣城市的北京》（Dragons of Tiananmen：Beijing as a Sacred City）中，就北京的情形进一步发展了这一主题，他认为这一现象与"东方"将世界视为空和无（nothingness and non-being）的传统密切相关，也与相应的无思与无为（non-thinking and non-action）的智慧相关。一方面，

这一传统的形而上学世界观把现实看成是以虚无为基础的（a function of nothingness）；另一方面，这一传统所提出的社会政治主张是采用无为和虚无（non-action and non-presence），以延迟或隐藏有为或实在的运用。"因为最有效的辞语是无言，所以北京的遮掩式的建筑，强化了内部的神圣存在的威严……紫禁城隐藏在门墙之后，所以更加震撼人心。"[2]

两种说法都留下了许多未解决的问题。巴特在对都市构成的形而上学特征做出结论时，忽视或绕过了许多社会政治问题；迈耶在其陈述中暗示了这一形式构成的社会政治维度，但还是从表现的角度观察，而没有探讨这一格局的工具性的运作。他们都开始于中心的问题，那么，这个中心到底是"虚无"还是"实在"？尽管从外部看它是空或虚无，但从内部看，它却是"实"的中心，它包容了皇帝及许多皇家与政府机构。它具有皇帝权威的一切物质性或"真实性"，具有象征的和政治的形式与功能。但是巴特和迈耶的观点看来也是对的：中心从外部确实不可见，所以在外看显示了一个空虚，尽管其内部是真实的实体。我们如何解释这一看似矛盾的现象：它可见又不可见，虚无又实在？

事实上，中心对外部的不可见，中心作为体验中的禁地和虚空，是墙的运用的结果，而墙的运用本身是个更广泛的现象。中心的不可见性，是墙和其他形式边界的运用这个大问题中的一部分。如同前面章节中所提到的，北京城中边界的使用，帮助架构了整个城市空间的社会政治的和制度的框架。从院落和街区的墙到街道路口的栅栏，到围绕各区的巡逻路线，到城墙和围绕中心的宫墙：它们都是划分整个城市空间的边界。它们中间有将空间切割成社会地位彼此平等的片断的"水平"划分，也有造成空间片断的社会政治等级差异的"垂直"划分。合在一起，它们共同构成一个严密的社会空间，如同一个制度性的机关单位一样。边界，尤其是一道道墙体，协助推动了北京整体空间的机关制度化（institutionalization）。

围合的中心与外部之间的垂直划分，造成了中心对外部的

不可见与不可进入的问题。在此，如同早先章节中已论证的，一个凝视的不对称关系在起着作用，它不是一个简单的在外部的不可见的现象，也不是简单的实际意义上的观和看的问题。

这是一种制度化的、内对外的可见与外对内的不可见的不对称关系，由向内的信息流和向外的控制流这样一个系统促成。皇帝可以看到你，但你却看不到皇帝。这种法家、道家式的布局，其功效与边沁的圆形全视监狱相似。刚才提到的现象，即宫廷从外看是个虚空而在内部又是一个工作的真正的政治中心，或者说它又是虚空又是实体，实际上仅仅是一个政治机制中的两个必要的方面而已。

在经验与表现的层面，迈耶所言确实是对的，他说依照道家对隐和否定的思想，在禁宫的重重围墙之后，缓慢而逐步打开的内部宫殿，显示出更大的震撼力。在形而上学的层面上观察，不可见性与"真理"和"主体"的不在场之间的联系，也显得很合理，这将在本篇的后面加以考察。现在让我们再次回到我们需要研究的主要问题上。墙的运用和不可见的现象当然是一个强大的社会政治组织的一部分，但是，与此同时，是否有一种形式的和美学的逻辑在起着作用？我们能否从形式的、构图的逻辑角度，来解释墙的使用和不可见的问题？

山水卷轴般的北京城市

带着这些疑问，让我们现在直接来考察这组问题。学者们，如王其亨、弗朗索瓦·于连（François Jullien）和安德鲁·博伊德（Andrew Boyd）已经从不同的角度探讨过这个问题。王其亨对于明清皇家建筑设计有关的风水问题进行了研究，采用了风水学说的形势布局理论来解释北京构成中的潜在原则。[3] 这一自晋以来经过几个世纪发展的理论，表述了解读自然景观和构成建筑形式的普遍方法。该理论的中心是两个关键词："形"和"势"。"形"指局部环境中可见的特定形式，而"势"指的是在这些形之中或之上展开的动态趋势，只能从远距离来观察。它教导我们"形"和"势"，

即局部的形式和全局的大轮廓，在自然景观中总是相互联系的，因此在建筑的建造中也必须将两者结合在一起。这一联系在该学说的许多说法中都得到体现："千尺为势，百尺为形。"[4] 还有："形即在势之内"，"势即在形之中"，"形乘势来"，"形以势得"，"驻远势以环形，聚巧形以展势"，"积气成天，积形成势"，等等。

王其亨将北京中心及沿轴线的构成视为这些原则的例证（图 1）。单体建筑在任何方向上的长度都限制在 30~35 米之间，而站在主要的门（午门和天安门）前看到这些单体建筑的远观视点的距离在 300~350 米。单体建筑的尺度与不同规模的群体建筑的尺度，被有意地加以区分与隔离。同时，当人们前进或后退时，从一个层次到另一个层次的尺度过渡或变换是连续的。也就是说，在任何层面、任何距离，构图都是完整的。这里，"形"和"势"相辅相成，大范围的构图框定了诸多单体的形态，而同时这些局部的形态又集中在一起揭示出一个宏大的设计。建筑群体的组织依赖于局部形态与全局宏观轮廓之间的基本的辩证关系，依赖于具体的一系列物体的排列与贯穿其间或其上的动态的大趋势之间的辩证关系。其结果，就像人们在远距离看到的，是一个宏大而整体的构图，具有动势又有内在的宏伟，表现出一派生机和容天纳地的气息。

在《事物的趋势》（Propensity of Things）中，弗朗索瓦·于连认为"势"实际上是中国人在认知与实践中普遍使用的范畴。中国人眼中的"势"，是形式或布局中的自然动态趋势，在自然界和人类世界中无处不在。中国人倡导在实践的各个领域里积极使用"势"（的格局、潜能或理论）：无论是制定一个军事和政治的策略，组织一幅画、一首诗、一篇小说，还是对朝代更迭和伦理与现实政治的理论论述，都是如此。在于连讨论的几项实践领域中，风水和卷轴画，因其都运用了"形"和"势"而相互联系在一起。[5] 中国人在自然景观中看到了涌动的形式和趋势；于是也就在长长的水平卷轴绘画中，运用并再造了形和势及其相互的关系（图 2）。在这些卷轴绘画里，包含更大的流动、活力和趋势的形态，不仅反映在山水的姿态中，也反映在游动于

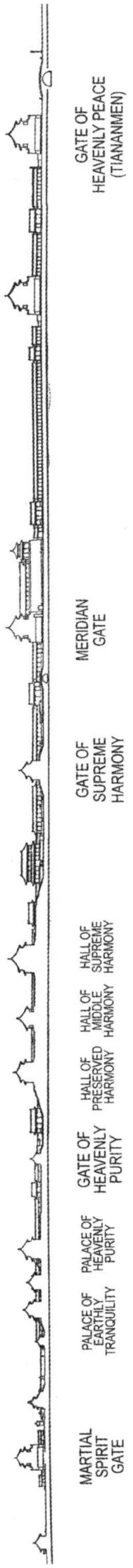

MARTIAL
SPIRIT
GATE

PALACE OF
EARTHLY
TRANQUILITY

PALACE OF
HEAVENLY
PURITY

GATE OF
HEAVENLY
PURITY

HALL OF
PRESERVED
HARMONY

HALL OF
MIDDLE
HARMONY

HALL OF
SUPREME
HARMONY

GATE OF
SUPREME
HARMONY

MERIDIAN
GATE

GATE OF
HEAVENLY PEACE
(TIANANMEN)

图 1
从南面天安门到北面神武门（从右到左）中轴线纵剖面。
源自：刘敦桢《中国古代建筑史》（北京：中国建筑工
业出版社，1980 年）图 157，293 页。

权威、形态、视野   075

画面上的空间和视点的构图之中。

实际上，王其亨和于连的观点彼此相应。联系在一起，他们实际指出，北京的皇家建筑和卷轴风景画的构图逻辑，与风水和其他运用形势原则的实践，享有共同的传统。那么，建筑和图画能否在此相互比较？安德鲁·博伊德较早对此做出了尝试。博伊德在 1960 年代早期的写作中就做了简要但具洞察力的观察。他说北京的构图，尽管沿着一条很强的轴线进行规划，但并不是围绕单一中心或一个高潮来组织的，而是有许多中心，许多视点，彼此连续相互联系，就像在观看一幅卷轴画一样。博伊德说道：

轴线并不穿越平面并打开两侧，构图也不在一个具有中央意义的要素上达到高潮 …… 整个轴线的全过程从未一次性暴露；它不展现一个透视的画面，而是一连串的变化的空间，在一个系列中渐次展开，其中每一个是闭合的但又在视线上引向下一个空间 …… 正如中国的风景画，其典型特征是构图中没有中心或焦点，它或是在某个方向上有一个长序列，或是把诸多要素均衡散布于构图各处；北京和其他群体建筑系列的中轴线，也是如此，它没有高潮，或者说没有一个高潮，却有着一系列的建筑事件，从一个目标走向另一个目标，再向远处走去。[6]

王其亨和于连在 1990 年代的工作使我们有可能进一步发展博伊德的观点。形和势的观念可以带到这里的分析中。卷轴画的理论和实践可以与北京的建筑联系在一起做进一步研究。而且，将卷轴画的构图与建筑构成联系在一起，我们可以设想有一种两者都遵循的纯粹形式化的共同的空间模式。我们也可以假设，如果确实存在通过这一模式表现出来的联系，那么这种联系应该是拓扑的而不是几何的。也就是说，这种相似性存在于一个抽象的、空间的和经验的基本构架中，它可以在不同的背景下以不同的几何形式表现出来。

在北宋，大型山水画达到鼎盛期，出现了重要的理论和作品，奠定了以后时代所遵循和继续发展的基本模式。

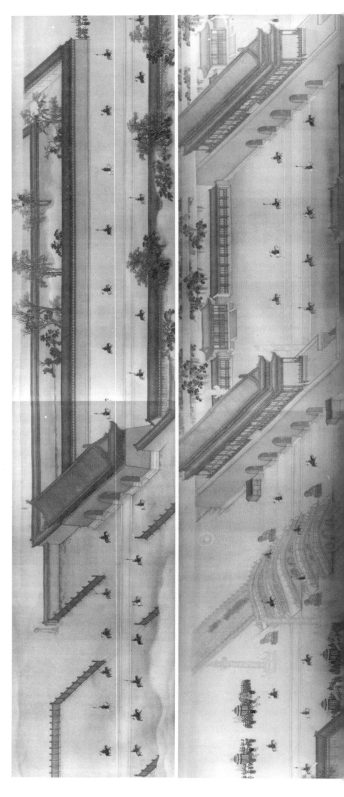

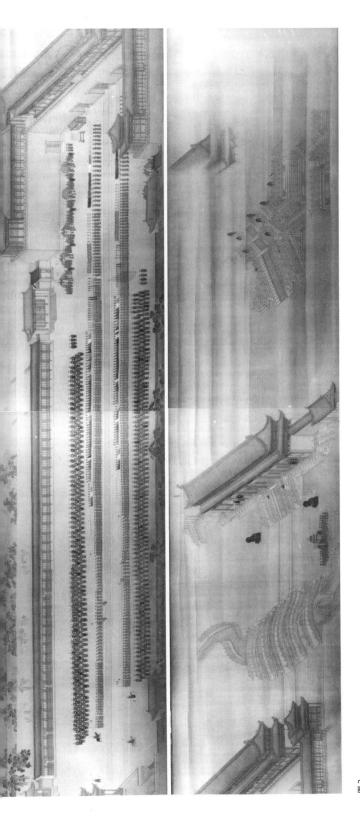

图 2

《康熙南巡图》十二卷的最后一卷，王翚（1632—1717）等。描绘了皇帝及其随行人马沿轴线上的御道从南往北（左到右）回到北京宫殿的宏大场景。来源和授权：北京故宫博物院。

郭熙的理论和王希孟的画在许多方面代表了这一模式。郭熙（活跃于 1068—1077 年）在其经典论述《林泉高致》中认为，画家必须有"林泉之心"，[7]有了这样的心胸，画家就可与景观对话和互动，并在其中体验、探讨大自然。在此过程中，画家应该在行走和变换视点时，观察到变化移动的山林的形态。他应当注意到，观察形态和动势时，距离起着重要的作用。按照郭熙的理论，山有三远，也就是"高远""深远"和"平远"。在这三远之中，我们应该分别观察到山峦高耸的姿态、山林之间的深度空间，以及大地的起伏在广阔地平线上缓缓展开。画家要仔细观察和理解不同层次上的景色，无论是极小而细微的局部，还是整体的大形态，或是更遥远的大地轮廓的起伏，最重要的是整体的大形态和它们有着勃勃生机的脉络和气势。在其中，我们可以看到宇宙的"气"息和动"势"，在大地的山水中展开，赋予形态以活力，彰显内在的生命。

王希孟的《千里江山图》（约 1096—1120）是这一时期最著名的作品之一，很好地说明了这些思想（图 3）。[8]这幅水平卷轴，约高 0.5 米、长 11 米，画面上晴空万里，波光涟漪，连绵不断的群山在天空和江河之间跌宕起伏，遥远辽阔的地平线向四处延展；包括建筑、船只、人物在内的上百处小细节，点缀在景观画面的各处。逐渐展开这一卷轴时，我们会沉浸于画面的景观中，在其间四处游走，如画家一样观赏着，感受着，跨越在开放的宇宙时空之中。画面中的山林，因其形态的多变，反映出观者视点和位置的移动。画面中的山峦起伏，捕获了内在的生命，所以它表现的不仅是形的构图，而更多的是远望之下赋形态以勃勃生机的、天地宇宙的"气"和"势"。在这里，绘画实现了与广阔天地交流的心灵体验。

这里有一个主体与世界的关系的哲学问题。这里实际上提出了一个认识论和存在主义的观点，要求把观察的主体溶化消解于世界之中。我们将在下一部分处理这个问题。现在，关于画面的空间组织问题，一个比较形式的技术的格局已经清楚了。[9]这个格局包括相互关联的四个要素。

1. 卷拢与展开。卷轴画是在从两边水平展开和卷拢（fold）的时候逐渐被看的，这一纯粹物理的行为提示了观看和空间构图的一个特定方式：在任何时刻始终存在另一个不在场的视点。不在场视点的存在，迫使人们移动，以观看另外的空间，由此否定了一切中心视点、一切中心性、一切终极真理的思想。

2. 移动和时间性。因为没有任何中心性，所以画面由许多中心或视点组成，它们在看的经验的时间流动中，被连接在一起。

3. 分散与片断。整个空间片断化为分散和局部的区域与点。由于这种片断化，出现了令人难以置信的对细部的关心，每个细节都详细深入，而它们的整体布局又极其丰富多样。这里的空间是无穷小的。

4. 大和无限。尽管整个空间是片断的，但同时也极度宏大。空间越片断化为分散的点，整个视觉世界就变得越宏大。局部形式越是有具体的细节，越是由不同的形象来构成，浮现出的整体轮廓就越是宏大而生动。而且，画面水平向的发展本身，呼应了天地间最广阔的地平线，为画面构图的生机和宏大增加了宇宙的气势。

北京的皇家建筑的构图，以其独特的方式，遵循相似的格局（见图 1、图 2、图 3）。这一构成本身有其特殊的为明清北京所用的，象征的、意识形态的和社会政治的功能，但是同时，它又有以看和运用形和势的一般文化为基础的自己的形式逻辑。

1. 北京的卷拢与展开。任何时候，北京总有一部分对于一部分人是禁止进入的和不可见的，北京总是部分可见、部分不可见。在任何时候，总是存在着图框以外的另一个视点。水平和垂直的划分，以及中心与外部之间的垂直划分，提供了将空间片断化的基本图式。在城市社会空间的制度化过程中，它们无疑是社会政治和圆形监视机制的一部分，同时，它们也是构图的形式方法的一部分。各种边界，尤

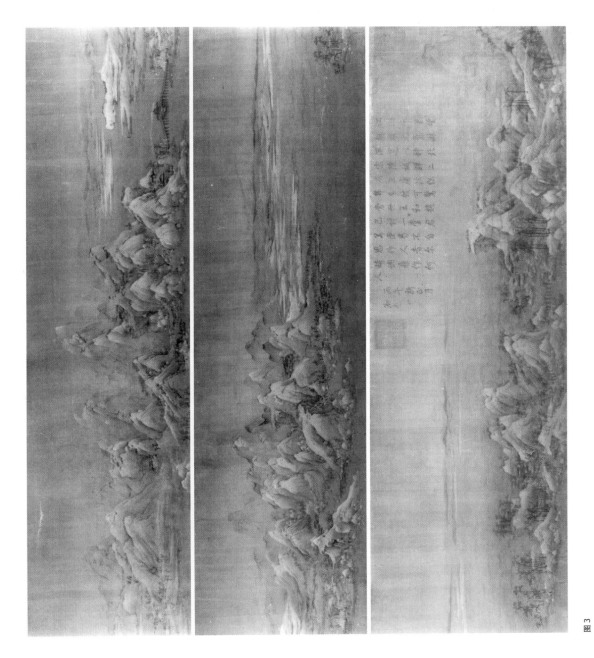

图 3
卷轴画《千里江山图》局部，王希孟（活跃于 1096—1120 年）。来源和授权：北京故宫博物院。

其是墙体和其上的出入口,起到了卷拢与展开空间的作用,由此造成了一个实体与空虚、在场与不在场、可见与不可见并存的城市。

2. 北京通过随时间展开的空间序列否定了简单的中心观念。安德鲁·博伊德已经说过,这里不存在单一的中心,而是有许多中心或视觉焦点,这些视点连续相贯,从一点联到下一点,再到更远的那点。"在北京,太和殿尽管可能是一个主要的事件,也还是伸向远处的长序列中的一个事件。"[10] 穿越空间的移动的眼睛,否定了只有一个终极或绝对中心的设计。在北京的中心区域,有动态的非中心化的分散,也有建立于宝座和太和殿之上的几何的中心性。宫城是中心化的,又是非中心化的。它们(宫城的建筑群体格局)发展出一套复杂的中心化组织,可以由此否定围绕大殿的关于"真实"的简单而最终的展现。在经验和拓扑的层面上,宫城的几何中心性,可以在自由的、有机的视点和空间的游动中化解,就像在水平卷轴中的那样。

3. 北京被片断化为许多微小世界。边界与划分协助了整个城市社会的制度化。在城市的中央区域,墙的运用和制度化的程度都大大提高并得到强化。在任何地方,尤其在中心区域,我们可以看到空间极度片断化,成为一系列微观世界,成为院落和内部再划分的空间,其自身深奥而细微,在总体上又纷繁而布局多样化。尽管这是社会政治制度化的空间格局,但它也反映了采用深入而细密空间的形式和美学构图的传统。北京的空间被极端地局部化和层层划分,它是无穷小的。

4. 北京获得具有宇宙尺度的宏大。上述所有的微观世界都通过轴线被组织起来,而这些轴线又被一条南北向的中轴线组织在一起。这些高度分裂的小空间又被严格地组织在一起,以构造一个在一定距离下能够捕捉到的整体的"形"的构图,以及在此之上的在更大的城市和地理背景下的充满生机的动态之"势"。这个雄心勃勃、充满想象的构思设计,在1380年发展起来的最权威主义的政权的支持下,

得以实现并获得一个水平的大尺度构架,在天地间展现了它映照宇宙的宏伟气象。它当然象征了神圣的帝王权威和授权于他的上天的神灵,然而同时,它也反映了关于"形"和"势"的"林泉高志"和关于"千里江山"的美学构图的原则。

与"笛卡尔透视法"的比较:
两种观看的方式

当安德鲁·博伊德把北京与中国卷轴山水画联系起来分析时,他实际上已经在中国和欧洲的城市规划方法之间作了比较。根据博伊德的观点,北京这座中国城市规划的突出例证,与欧洲的实践传统形成四种对比:

1. 中国规划的范围与尺度比欧洲专制主义时期所能够达到的规模更大。

2. 中国的体系遵循最初规定的几条原则而缓慢发展起来,整个城市保持高度的和谐与统一。

3. 中国的纪念碑式的宏伟(monumentality)不表现在单体建筑上,而是表现在全城的整体和各中央院落的一系列整体上。它"反映了与文艺复兴欧洲在社会和美学等方面的不同的强调,体现了不太显眼的,不那么炫耀做作的表达政府和君主的威望的方法"。

4. "中国构图中的轴线以及沿轴线展开的整体建造,与欧洲的对应者之间有着极大的不同。(中国的)轴线并不贯穿平面……而构图也并不只在单一的重要中心达到高潮……它提供的并非单一的透视景象,而是连续的不同空间的序列……。"博伊德继续说道,"把凡尔赛的平面与北京(或者仅仅宫城)的平面作一比较是具有启发性的。人们也许能够看到建筑与其他艺术共享的中国设计的独特性格。就像中国的山水画没有中心或焦点一样……北京的中轴线和其他许多建筑群也是如此,没有高潮,或者说没有单一的高潮,而是一系列建筑事件的串联组合。"[11]

根据博伊德的看法，李约瑟（Joseph Needham）在《中国科学技术史》（Science and Civilization in China）中，进一步发展出以下的观点：

（中国建筑）与文艺复兴宫殿的对比和反差是惊人的，如在凡尔赛宫，开放的透视景象集中投射在单个的中心建筑上，而宫殿建筑也是与城镇脱离的。而中国的观念要宏伟和复杂得多，比如在一个设计中包含数百座建筑，而宫殿本身只是由墙和大街构成的整个城市的更大有机体中的一部分。尽管有如此强大的中轴线，这里却没有一个占统治地位的中心或高潮，而是一系列的建筑的体验……中国的观念也表现出更多的微妙和变化，它容纳吸引许多分散的关注点。整个轴线并非一次性被揭示，而是一连串透视景观的序列，其中没有一个有压倒性的尺度……（它）用对大自然的沉思和谦卑，结合诗意的宏伟，创造了任何其他文化都无法超越的一个有机的格局。[12]

其他学者如李允鉌和埃德蒙·培根（Edmund N. Bacon）对这一比较又做了进一步的论述。李允鉌和培根都注意到文艺复兴的设计将体量（mass）集中在中心点，而中国的设计将体量分散或片断化到一个巨大的空间领域中。[13] 事实上，这一观点与博伊德和李约瑟的观点是相联系的。体量被打碎成小块或片断，散布在巨大的空间中，是视点沿轴线序列散布的同一构图的另一方面。这种布局与文艺复兴的构图相反，在那里，体量和视觉安排围绕一个中心组织并展开。但是，人们会在此发问：什么是"文艺复兴的"构图？

"文艺复兴"构图这个概念也许听上去太宽泛：我们当然应该运用涉及时间地点的、有差异的具体范畴来讨论。但是，在本研究的语境中，在一个如上述各位学者已经开拓的关于欧洲和中国的跨文化比较中，对这个一般化概念的相关性的讨论也许是有意义的。也许站在遥远的中国的立场来看，欧洲 1400 年以来的许多具体和特定的方法中，的确可以发现一种普遍的方法，一种占统治地位的（hegemonic）模式或范例；类似的，从欧洲的立场来看，一种普遍的"中国"的模式大概也会变得更加清晰。

如果转向关于欧洲建筑的研究领域，我们确实会发现，研究者们已经对文艺复兴和其后的欧洲普遍和占统治地位的模式作出重要的研究，这些研究倾向于把形式设计和构图的问题，与视觉和表现技巧及其潜在的、自 1400 年发展起来的观察认识世界的方式方法等问题联系在一起。15 世纪初意大利线性透视的发明，被视为关键的事件，它协助建构了一个现代的世界观，以及艺术和建筑中一种新的观看和空间组织的方法。潘诺夫斯基（Erwin Panofsky）的《作为象征形式的透视》（Perspective as Symbolic Form）一书初版于 1927 年，是开创性的著作，书中建立了一套有关这一问题的基本论点。他认为，线性透视是观看世界的一个特别的、理性主义的方法，在其后的几个世纪中，成为现代欧洲科学和哲学的认识论基础的一个关键方面。[14] 在 1980 年代和 1990 年代，帕赫兹 - 高梅兹（Alberto Perez-Gomez）、路易斯·皮里特（Louise Pelletier）、罗宾·埃文斯（Robin Evans）、里斯·贝克（Lise Bek）和彼得·艾森曼（Peter Eisenman）都研究过透视法的认识论对建筑，对其表现方法，以及一定程度上对构造起来的空间构图的种种影响。[15]

以菲利波·伯鲁乃列斯基（Filippo Brunelleschi）在 1410 年代的实验和阿尔伯蒂（Leon Battista Alberti）在 1435 年、1436 年的理论工作作为基础，线性透视法提供了在绘画平面上描绘空间的一种方法。[16] 这一方法假设画面是一扇窗，有一个固定的眼睛或视点，有一个视线的金字塔从眼睛（水平地）射向世界，而作为窗户的画面是（垂直）切割视线金字塔而形成的切面（图 4）。用来创建这种表现的几何技术体系，包括一个用无限延伸的三维格网对世界系统的描写和测绘。作为一种观看的方法，它向世界投出一张理性、同质、无穷开放的空间网络地图。而且，在看的一刹那，它构造了一个固定的中心化的视点和一个高度聚焦的科学的凝视。

该方法的直接后果就是 1400 年以后近 500 年中，线性透视在欧洲油画中的运用。第二个相关的后果，如许多人都已提出过的，是 1400 年后在建筑、城市和景观设计中，运用了脱胎于线性透视的视觉构成方法及其空间描绘或建构的技术。无论是在技术还是观念层面上，线性透视法都

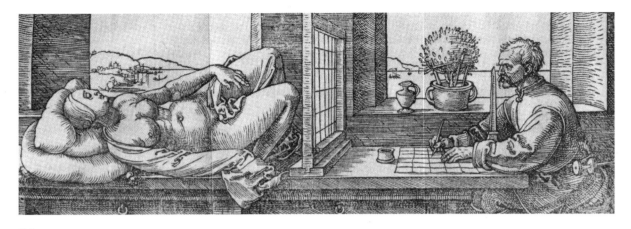

图 4
关于透视的辅助绘制的图解说明，阿尔布雷希特·丢勒，1527 年。源自：Albrecht Dürer, *Underweysung der Messung*, 2nd edn, 1538。

在文艺复兴及其后欧洲的建筑形态中找到并发展了一种新的构图，一种新的空间范式。我们可以在各种尺度上找到著名的例证。长直的（林荫）大道，长焦的透视通道，投向高大立面的中轴线，立面前开阔的广场，长焦透视大道尽端的立面和大体量建筑等，都是 1400 年以来许多欧洲城市中新构图的关键要素。

奥斯曼（Baron Haussmann）1850 年代的巴黎改造，当然是这一方法最典型的代表和最大规模的实现。大型建筑群和景观的设计，以 1660 年代以来的凡尔赛宫为代表，也常常被作为经典实例加以引证。这里，长直的轴线冲撞，而后又通过位于中央位置的建筑群体，由此控制并秩序化了一个理性的、几何的和开放空间。在较小的尺度上，许多别墅，比如玛达玛别墅（Villa Madama，罗马，1521 年）和圆厅别墅（Villa Rotonda，维琴察，1566 年），也常常作为著名的实例被大家引用。同样，轴线冲撞并穿过位于中央位置的建筑体量，由此组织一个几何的内部世界和无穷开放的外部空间。

帕赫兹 - 高梅兹（Alberto Perez-Gomez）、路易斯·皮里特（Louise Pelletier）、里斯·贝克（Lise Bek）和罗宾·埃文斯（Robin Evans）都对以轴线为中心的组织给予了密切的关注。[17]（他们提出的）这种组织的许多特征，如对称、

立面、开放广场、长焦透视走廊、室内外的几何空间，实际上都依附于轴线或与轴线密切相关。轴线是重要的、起组织作用的要素。但是彼得·艾森曼又增加了一个不为许多人所注重的新要素："客体化"（objecthood），或者说将建筑作为客体来建造的倾向（the making of the building as an object）。[18]

实际上在文艺复兴之后的欧洲，始终有在构图中心位置上培养体量的倾向。这一历史始终包含了开放的倾向，它首先打开前面（作为立面），然后是两侧，最后，是建筑体的四周。于是，一个独立的、英雄的、纪念碑式的纯粹的单体在此逐步显出，逐步清晰。在许多较早期的实例中，比如圆厅别墅，这一倾向已经非常明显。18 世纪末期，在新古典主义建筑中，尤其在伊托尼 - 路易·布雷（Étienne-Louis Boullée，1728—1799）的牛顿纪念碑（1784 年）的想象设计中，历史见证了这一发展的一个极端的表现（图 5）。

我们认为，轴线与客体都是这一新构图中反复出现的、本质的要素。[19] 对《理想城市之图景》（*View of an Ideal City*，皮亚诺·德拉·弗朗西斯卡画派，Piero della Francesca，1470 年代）这幅画的仔细观察，就可以说明这一点（图 6）。轴线和客体实际上与线性透视中的观看行为密切相关。轴线是从眼睛射向客体的中心视线，也是

图 5
伊萨克·牛顿爵士纪念碑设计，布雷，1784 年。来源
和授权：法国国家图书馆。

图 6
《理想城市一景》（*View of an Ideal City*），Piero
della Francesca 派画家绘制，1470 年代。来源和授
权：Art Resource Inc. and Scala Group S.p.A. Photo
SCALA, Florence, Ministero Beni e Att. Culturali,
1990.

在这两点之间传递的连线。另一方面，客体是被凝视的实体，并且在透视法的理性的、数学的空间中被确立、被定位。以这样的理解，我们可以发现在此场合中的两个新的要素：光线和开放。[20] 光线的映照和开敞的空间，它们互相依存，构成这一构图中的观看行为的自然基础，以及潜在的求知的推动力。它们允许又鼓动眼睛去观看客体，以及客体在眼睛之前的展现。因此，我们在此提出，轴线、客体、光线和开放，是组织这一新的基本构图、新的视觉空间范式的关键的、互相关联的要素。它们组合在一起，构成了根本性的视觉的、光的和开放的轴线，而中央的独立客体，屹立于开放空间中，沐浴在强烈的阳光照射下。

我们可以在这样的构图中发现一个哲学命题。根据许多人的看法，透视法的认识论本质上是笛卡尔式的认识论。根据他们的看法，线性透视，最终导致笛卡尔、牛顿和康德理论中现代理性世界观的兴起。潘诺夫斯基说："文艺复兴以数学方式成功地将空间的形象完全理性化了……这一甚至还带着神秘色彩的空间观点，与后来被笛卡尔主义者理性化和康德主义者规范化了的观点是相同的。"[21] 雅克·拉康（Jacques Lacan）也认为："在关于透视的研究中聚集着对视觉领域的独特兴趣，而在此我们必须注意到视觉领域与笛卡尔主体及其制度的关系，而这种主体本身也是一个几何点、一个透视点。"[22] 马丁·杰伊（Martin Jay）将两者联系得更为密切。他用了一个词来表示这一整体范式，"笛卡尔透视主义"（Cartesian perspectivalism）。他认为"这是一个主导的、甚至是占统治地位的现代的视觉模式，它与文艺复兴艺术中的透视的观念，同时又与笛卡尔哲学中的主体理性的观念相互联系。"[23]

笛卡尔主义建立了人的思维的重要地位，把它看成是跨越距离的，观察、知晓、控制物质世界的，独立而位于中心地位的主体。[24] 笛卡尔主义包含了现代世界观兴起中一个关键的步骤，就是心物、主客之间，也就是人的主体与物的世界之间的断裂和距离的展开。以"我思故我在"作为不可挑战的终极真理，笛卡尔提出一切理性的追问都必须从"我思"（Cogito）开始或以此为依据，而不是任何其他

的物质世界中的事物。根据这一思路，一个外在于客体世界的中心主体被建立了起来。笛卡尔的心与物、主体与客体的二元论，最终在 1637 年（随着《方法论》<Discourse on Methods> 的出版）得以完成，使近现代欧洲科学，如牛顿的物理学的兴起，成为可能。

文艺复兴之后欧洲的透视构图和笛卡尔的主体理论，可以看成是相似而又相互支持的、在两个层面上发展的线索。[25] 其中一个是具体的、光照的、视觉的，另一个是概念的、推理的、文论的。它们都属于 15 世纪出现、17 世纪上升的一个普遍的占统治地位的文化。在两种情况下，都存在眼睛与世界、主体与客体之间的这种分离和距离。在两种情况下，随着距离的展开，主体的眼睛观察着、知晓着、控制着客体的世界，而整体的背景是理性的光照和无限开放的数学空间。

这里也有一个反转的情况。在认识的探询（比如科学研究）以及构图的创作（比如艺术和建筑）中，客体反映了主体的在场。[26] 在建筑构图的创作中，这种反转会更戏剧化。在极端的案例中，比如伊托尼 - 路易·布雷（Étienne-Louis Boullée，1728—1799）的牛顿纪念碑，人们看到的不仅是一定距离之外的客体，而且也是思想的、设计的主体。客体越是以终极的、绝对的姿态被客体化，它就越表现出主体的理想主义倾向。在纪念碑中，我们当然看到了一个客体，但在另一个层面，我们更清楚地看到了建筑师的宏图和梦想，看到了主体的主体性。

这里的物品，不仅仅反映了笛卡尔主义的两个相对的元素（主体与客体），而且还反映了康德关于"美"（the beautiful）以及某些情况下关于"崇高"（the sublime）的观念。[27] 伊曼纽尔·康德（Immanuel Kant）关于美学判断的理论（1790 年），基本上是以一个世纪以前笛卡尔建立的二元论框架为基础的思考发展。[28] 一方面，康德关于先验美学判断中的"无利益关系的判断"（disinterestedness）可以看成是主客体的分裂和距离的发展，由此要求（在美学判断中）对客体的完全孤立和远离。另一方面，康德的美的

观念包含了一个"形式的终极"，这也要求了物件或作品形态的一个极端的纯净。更进一步，康德关于崇高的观念超越了美的限制，它涉及"在一个想象领域里的……生机、活力和雄伟"，这也反映在 18 世纪晚期新古典主义建筑的一些最激进的形态中，这里还是以布雷的想象的设计为最佳代表。位于中心的古典的客体纯净而独立，表现了美的形式，而且通过它惊人的、雄伟的超越（excess），获得了崇高的想象。革命时代的岁月里，有一种更强烈的动势，要求激进的开放，以揭示全部和终极的真理。如同贝多芬（Ludwig van Beethoven）的交响乐和克劳塞维茨（Carl von Clausewitz）的战争理论一样，布雷的牛顿纪念碑，似一场全面的战争，一次最后的厮杀，富有悲壮和英雄主义气息，使建筑物件达到美的极限，而且在此基础上，进入崇高宏伟的领域。

自 1660 年代逐渐发展起来的凡尔赛建筑群，也许可以看作是以特定方式表现了这一普遍构图的杰出案例之一（图7）。很明显，它有一条贯穿平面的长长的轴线，它撞向位于中心的一群体量，穿过该体量，然后伸向无限的远方。除了穿越中心物体之外，轴线存在于开放空间之中，引导许多不同方向的视线；换句话说，轴线是光的和视觉的。建筑成组紧靠在一起成为一个体量，集中而对称。它们聚集在一起，成为独立的单一形态，充分暴露在光照和视线之下，也落在一个用几何方法描绘并且伸向无限远方的空间里。这里，有眼睛和建筑物体量之间距离的打开。这里，有中心客体的终极化和纯净化，表现出潜在的关于形式和美的观念，而且，因为有皇家权威的辉煌展现，或许还有雄伟崇高的一些要素。整个构图表达出一个观看的、位于

图 7
凡尔赛宫（从 1660 年起建造和扩建）鸟瞰。来源：
Spiro Kostof, *A History of Architecture* (Oxford: Oxford University Press, 1995), 图 21.27, 534 页；授权：Caisse Nationale des Monuments Historiques et des Sites。

中心的人的主体的欲念，他在开放和阳光普照的理性世界中，施行着对客体的绝对控制。

把凡尔赛宫与北京联系起来考虑有实际和重要的理由。从1661 年到 1789 年，凡尔赛宫是法国国王的宫殿，这是绝对君权上升和达到顶点的时期。在文艺复兴后欧洲王权的总体上升过程中，法国国王，特别是路易十四，在权力集中与皇权影响力上达到最高峰。[29] 最大的建筑物，包括凡尔赛宫殿和花园，由欧洲最专制的君主构想、建造和使用。[30] 出现于 1420 年的北京，也是中国历史上专制制度发展顶峰的君主政体的产物，这一顶峰以 1380 年宰相制的废除为标志。在一个可比的历史时期，在西欧和东亚最专制权力的统治之下，出现这两座最大的构筑群体。在这一时刻，从这一角度来看，两者是"对称的"（尽管两者在更大的历史视野下不可比，原书第七章已经指出的）。它们不仅在政治使用和权力支持上对称可比，而且在构筑物的规模尺度上，以及两个文化各自发展的构图传统的实现程度上，也是对称可比的。以这样的思考为背景，我们可以提出以下的问题。如果北京代表了与凡尔赛和其他上述实例表现出的文艺复兴构图方式不同的思考和构造空间的途径，那么两者的重要区别在哪里？如果凡尔赛宫是透视的、笛卡尔式的，那么北京是什么、属于什么构架或范式？

北京在许多方面都是不同的。北京没有文艺复兴构图中的轴线和相关的客体，正如博伊德和李约瑟曾经指出的"轴线在此并不穿越平面并向两端开放"。这里，长而有力的轴线是组织的而非光的和视觉的。它组织协调围合的空间，而不是使之向无限敞开；它将视线分割成片断；它把视线组成一系列沿轴线的视觉事件，逐渐地、连续地穿过重重墙体。这里没有巨大空间直接而戏剧化的敞开，没有透视远景让视线穿越巨大空间，撞上高大立面，去戏剧性地揭示最终的中心、终极的"真理"。这里缺乏对正面和高大立面的布景式的上演的兴趣。没有这些，就没有将建筑体量往前往上推出的倾向。最终，是客体或客体性的缺席。潜藏在这一切背后的，是普遍光线和开放空间观念的根本缺失，而这两者却出现于文艺复兴后的欧洲。没有这一切，

就没有物质和形而上学层面的眼睛和世界之间的远离。这里没有主体与客体的分裂和冲突。没有了笛卡尔式的冲突，这里也就没有物体形态的戏剧性的独立与纯净化。这里没有布雷的设计和康德的理论中作为美和崇高的基础的终极形式。一场全面的战争，一次悲壮的最后厮杀，以打开终极的形而上的真理，在这里全然没有。

在此出现的，是另一种构图：它更加谦卑而水平，而且在它特有的方式方法中，更加包容、宽泛、普遍而具有宇宙的气息。一方面，主体沉浸于景观中，在穿越时空之中观看和移动；另一方面，整个构筑，整个建筑物或客体，被消蚀和水平地散布在广阔的大地表面。在这一"沉浸—散布"（immersive-dispersive）的构图中，我们发现了一种观看、定位主体及形成空间和建筑的方式方法，它与阿尔伯蒂—笛卡尔式的方法完全不同。

观看的主体进入并体验世界。他与世界在持续展开的互动中沟通，就像郭熙的理论和王希孟的实践中的画家那样。观看是一次旅行中的体验，它揭示的不是中心的或终极的真理，而是一幅具有无尽视点的卷轴。当人们以"林泉之心"生活于自然景观中并与之交流时，笛卡尔的主体及其与世界的二元分离和对立，就可以得到融化消解。一种互为主体（inter-subjective）的观念在此被提出。[31] 它要求在沉浸与散布的过程中否定中心的主体。主体将自己沉浸于一个散布的空间中，其间蔓延的是与"他者"也就是自然和他人主体的关系的网络。我们可以在形而上学关于否定的教导中看到这种思路。这里，任何中心的存在都在宇宙不息的流变中消蚀（如佛教和道教的教诲）。我们可以在关于人与自然、人与天的和谐相处的教导中发现这一点（比如道教、阴阳宇宙论和儒家）。我们也可以在关于社会伦理关系的教导中发现这一点，这种教诲完全不鼓励自我中心的个体的独立（比如儒家）。

在空间和建筑的层面上，一个非笛卡尔的秩序展现于此（图8）。在外部，体量被消解、散布于大地的表面；在内部，空间被无穷地划分和再划分，而层层的墙体又把深奥的空

图 8
北京中心（形成于 1420 年、扩建于 1553 年）从北
面沿轴线鸟瞰。1933—1936 年，Wulf Diether Graf
zu Castell 摄。源自：Wulf Diether Graf zu Castell,
Chinaflug (Berlin; Zurich: Atlantis-verlag, 1938)。

间围合起来。"光轴线"被切成片断，被"组织轴线"所取代。一个迅即打开、强光照射的视觉大场景，被一种散光弥漫、逐步观看和阅读的延伸的经验所取代。7.5 公里长的强有力的中轴线从来不是一次性展开的，它组织了围墙和其他种种形式的边界，在建筑—城市—地理的表面上构筑了数以千计的微小的、深奥的空间。各种边界，尤其是墙体，是这一物质构造的基本元素，它们直接满足了以法家—全视监狱格局为基础的把城市社会空间制度化的社会政治的功能要求。同时，它也是一种形式的构图，采用了与卷轴画及相关文化实践相通的观看方式。它包含早先已经确定的四个要素：

1. 北京可卷拢、可展开。墙体边界和墙上的出口一起，构成了城市空间开启和闭合的关键要素，可以打断又可以延续观看阅读的体验过程。

2. 流动的观看否定了真理可以在中心最终揭示的简单的中心观念。这种流动协助建设了一个复杂的中心构造，这种构造肯定了帝王的中心地位，又把中心展开，成为一幅分散中心的有无数视点的卷轴。

3. 北京是无穷小的，包含数以千计的深奥的微小空间。

4. 所有这些微小空间都受到严格控制，以组成一个只有在一定尺度才能想象的大"形"态以及在此之外，在地理表面上，一个具有宇宙之"气"和"势"的、生机勃勃的、更加宏大的布局。

北京在天地之间水平地展开，获得了一种宇宙的胸怀和品质。在最权威主义的政治权力的支持下，北京谦卑地展开一幅蓝图，它充满雄心和想象，具有内在的和思想上的宏大辽阔。

First published as follows: Jianfei Zhu, *Chinese Spatial Strategies: Imperil Beijing, 1420-1911* (London: Routledge Curzon, 2004), 222-44 (Chapter 9: Formal Composition: Visual and Existential).

原英文如上；原中译文：诸葛净翻译，朱剑飞校对，《中国空间策略：帝都北京，1420—1911》（北京：三联书店，2017 年），311—341 页（第 9 章，"形式构图：视觉与存在"）。

1 Roland Barthes, *Empire of Signs*, trans. Richard Howard (New York: Hill and Wang, 1982), 30-32.

2 Jeffrey F. Meyer, *The Dragons of Tiananmen: Beijing as a sacred city* (Columbia, South Carolina: University of South Carolina Press), 61-62.

3 王其亨，《风水形势说和古代中国建筑外部空间设计探析》，见王其亨编《风水理论研究》（天津：天津大学出版社，1992 年），117-137 页。

4 王，《风水形势说》，《风水理论研究》，120 页。

5 François Jullien, *Propensity of Things: towards a history of efficacy in China*, trans. Janet Lloyd (New York: Zone Books; Cambridge, Mass.: MIT Press), 91-105, 151-161.

6 Andrew Boyd, *Chinese Architecture and Town Planning*, 1500 BC-AD 1911 (London: Alec Tiranti, 1962), 73.

7 郭熙、郭思，《林泉高致》，见俞剑华编《中国画论类编》（香港：中华书局，1973 年），631-650 页。亦可参见叶朗《中国美学史大纲》（上海：上海人民出版社，1985 年），277-294 页。

8 例如：Wan-go Weng and Yang Boda, *The Palace Museum, Peking: treasures of the Forbidden City* (London: Orbis Publishing, 1982), 174-175.

9 此观点首先见于我的文章：Jianfei Zhu, "Visual paradigms and architecture in post-Song China and post-Renaissance Europe", in Maryam Gusheh (ed.) *Double Frames: Proceedings of the first International Symposium of the Center for Asian Environments* (Sydney: Faculty of the Built Environment, University of New South Wales, 2000), 147-165.

10 Boyd, *Chinese Architecture*, 73-74.

11 同上，72-73.

12 Joseph Needham, *Science and Civilization in China* , vol.4, *Physics and Physical Technology, Part III: Civil Engineering and Nautics* (Cambridge: CambridgeUniversity Press, 1971, 77.

13 李允鉌，《华夏意匠：中国古典建筑设计原理分析》（香港：广角镜出版社，1984 年），129-133 页；Edmund N. Bacon, *Design of Cities* (London: Thames and Hudson, 1967/1974), 249.

14 Erwin Panofsky, *Perspective as Symbolic Form*, trans. Christopher S. Wood (New York: Zone Books, 1997).

15 Alberto Pérez-Gomez, *Architecture and the Crisis of Modern Science* (Cambridge, Mass. and London: MIT Press, 1983); Alberto Pérez-Gomez and Louise Pelletier, *Architectural Representation and the Perspective Hinge* (Cambridge, Mass. And London: MIT Press, 1997); Robin Evans, *The Projective Cast: architecture and its three geometries* (Cambridge, Mass. and London: MIT Press, 1995); Lise Bek, *Towards Paradise on Earth: modern space conception in architecture, a creation of renaissance humanism* (København: Odense University Press, 1979); 以及 Peter Eisenman, "Visions unfolding: architecture in the age of electronic media", *Domus*, 1992(734): 20-24; 再版于 Kate Nesbitt (ed.) *Theorizing a New Agenda for Architecture* (New York: Princeton Architectural Press, 1996), 556-561.

16 Leon Battista Alberti, *On Painting*, trans. John R. Spenser (London: Routledge & kegan Paul, 1956), 43-59; Panofsky, *Perspective*, 27-31; Martin Kemp, *The Science of Art: optical themes in Western art from Brunelleschi to Seurat* (New Haven and London: Yale University Press, 1990), 9-23; Samuel Y. Edgerton, *The Renaissance Rediscovery of Linear Perspective* (New York: Basic Books, 1975), 143-165.

17 Pérez-Gomez, *Architecture and the Crisis*, 174-175; Pérez-Gomez and Pelletier, *Architectural Representation*, 56, 58, 65, 74; Evans, *The Projective Cast*, 111-113, 121, 141-142; Bek, *Towards Paradise on Earth*, 157-163, 232-233; Eisenman, "Visions' unfolding", 20-24.

18　彼得·艾森曼在许多地方都表达了这一观点。例如：Peter Eisenman, "Blue line text", *Architectural Design*, 1988(7-8): 6-9; reprinted in Andreas Papadakis (ed.) *Deconstruction: omnibus volume* (New York: Rizzoli, 1989), 150-151; and "The end of the classical: the end of the beginning, the end of the end", *Perspecta: The Yale Architectural Journal*, 1984(21): 154-172; reprinted in Kate Nesbitt (ed.) *Theorizing a New Agenda for Architecture*, 212-227.

19　我曾表达过这一看法，参见：Zhu, "Visual paradigms", 147-165.

20　Zhu, "Visual paradigms", 151-152.

21　Panofsky, *Perspective*, 63-66.

22　Jacques Lacan, *The Four Fundamental Concepts of Psychoanalysis*, ed. Jacques-Alain Miller, trans. Alan Sheridan (New York: W. W. Norton & Company, 1978), 86.

23　Martin Jay, "Scopic regimes of modernity", in Hal Foster (ed.) *Vision and Visuality* (Seattle: Bay Press, 1988), 3-23。也可参见 Martin Jay, *Downcast Eyes: the denigration of vision in twentieth-century French thought* (Berkeley: University of California Press, 1993), 69-82.

24　René Descartes, *Discourse on Method and the Meditations*, trans. F.E. Sutcliffe (London: Penguin Books, 1968), 53-60; Roger Scruton, *A Short History of Modern Philosophy: From Descartes to Wittgenstein* (London and New York: Ark Paperbacks, 1981), 29-49.

25　Zhu, "Visual paradigms", 151-152。也可参见注解 13、14 和 15.

26　Zhu, "Visual paradigms", 152.

27　同上，152-153.

28　Immanuel Kant, *The Critique of Judgement*, trans. James creed Meredith (Oxford: Clarendon Press, 1952), 2-50, 75-80, 90-93.

29　J. M. Roberts, *The Penguin History of the World* (Harmondsworth: Penguin Books, 1976/1987), 531-558.

30　Robert W. Berger, *A Royal Passion: Louis XIV as patron of architecture* (Cambridge: Cambridge University Press, 1994), 53-72, 107-142; Jean-Marie Pérouse de Montclos, *Versailles*, trans. John Goodman (New York, London and Paris: Abbeville Press, 1991), 44-73; Spiro Kostof, *A History of Architecture: settings and rituals* (New York and Oxford: Oxford University Press, 1995), 534-536.

31　参见我的以下几篇文章：Zhu, 'Visual paradigms', 155, 161, 163; Jianfei Zhu, "Constructing a Chinese modernity: theoretical agenda for a new architectural practice", *Architectural Theory Review*, 1988,3(2): 69-87；以及，朱剑飞 "构造一个新现代性"，《城市与设计》，第 5-6 期（1998 年 9 月）：43-62 页。

7

雍正七年（1729）：
线性透视，近代化的一个起点

1729:
Perspective as Symbolic Form, of a Modernity in China

由于中国最近几百年来关于"现代"观念的源头是欧洲，所以"西化"和"现代化"的过程复杂地交织在一起。中国人是否曾尝试将两者分开，提炼自己之所需，重组外来影响，并把外来影响与本地传统相结合？在近代中国，这些过程在建筑、艺术和视觉文化中如何呈现？为了回答这些问题，我们需要研究欧洲近代科学文化来到中国的最早历史时刻。在 17 世纪初的北京朝廷中，通过欧洲传教士与中国士大夫的交流，科学方面的"西学"受到欢迎，而基督教思想却没有获得等同的接纳。西方的数学、天文学和大地测绘学在世纪初得到引进，并引发 17 世纪后期对这些知识有组织的运用和相关领域内中西科学知识的大汇编。此过程的一个成果，是 1730 年代出现的"视觉革命"，一个以文艺复兴线性透视法的引入为标志的突破。中国朝廷官员年希尧在 1729 年刊发了对透视法的研究，又于 1735 年出版修订本，称为《视学》。1715 年开始在朝廷供职的意大利传教士兼画家郎世宁（Giuseppe Castiglione），在此后几十年中发展出一种绘画风格，把文艺复兴写实主义绘画技法尤其是透视法和阴影法，融入到中国绘画传统中。在郎世宁和其他传教士的协助下，一组所谓"西洋楼"的宫廷建筑、喷泉、园林组群，于 1740 年至 1780 年间建成；其形式把准巴洛克风格与中国元素相结合，对此后近代建筑设计产生了影响。

从西方科学引进到视觉突破的历史事件序列中包含了几个重要案例；以这些案例为基础，我们可以探讨中国人对西方影响的取舍重组的重要理论问题。我们在此关注的，不仅仅是内化外来影响的一般过程，而更重要的是以下这些问题：文艺复兴的科学知识的具体特征，其视觉文化的基本假设，希腊欧洲几何学的"偏见"与实证理性科学"普世性"的关系，以及在科学和包括建筑及城市设计在内的视觉文化领域里中国人的反应、回应和此后的发展路径。本文试图勾画一个有关事件的简史，并聚焦 1730 年代的视觉革命。本研究的目的是建立一些基本的观察和判断，使我们可以探讨上述重大理论问题。

西学，1600—1723

曾在罗马和里斯本学习的意大利耶稣会传教士利玛窦（Matteo Ricci，1552—1610），于 1582 年抵达澳门，并于 1601 年拜访了北京皇宫紫禁城。他是成功进入皇宫、留在北京，被允许在中国自由宣教的第一位基督教传教士。[1] 利玛窦的方法是妥协的：他学习了本地语言，研究了中国经典，采用了儒家士大夫的自我认定，包括相关的礼仪和习俗。他对中国精英的吸引力，不仅在于他对儒家经典的兴趣，还包括他的科学知识以及他愿意和大家共享这些知识的态度。目前已经知道，他的科学知识传授和他对儒家礼仪和词汇的采纳只是手段，其目的是传教，让中国人皈依基督教。[2] 而在另一面，中国的学者对他所能传授的所有信息都有兴趣，而对科学知识更大的兴趣也是很明显的。在传教并收纳教众的同时，他制作了多幅世界地图呈现于中国人面前，也在中国学者的合作下翻译了欧洲数学和科学方面的书籍。其中最著名的是他与徐光启（1562—1633）合译的欧几里得 Elements 的前六册，于 1607 年刊印，书名为《几何原本》。

利玛窦对中国基督教徒使用中国当地礼仪和习俗的宽容，很快受到了天主教廷其他教派的各种批评。[3] 在 1645 年，罗马教皇英诺森十世（Pope Innocent X）公开谴责了"利玛窦传教法"，并禁止中国基督徒采用中国本地供奉祭拜等习俗。多次争论之后，在 1704 年，教皇克雷芒十一世（Pope Clement XI）签署了一项详细的法令，禁止中国基督教徒采用本地的礼仪和习俗；此法令于 1715 年被重申，并一直延续到 1939 年。在北京，对基督教传播一直持宽容态度并对西方科学抱有极大兴趣的康熙皇帝（在位 1662—1722），最终在 1721 年给予了回击，禁止了基督教在中国的传播；此措施在此后几朝皇帝的一个世纪里，得到了严格的执行。在和罗马教廷争执的期间，一些耶稣会传教士依然留在北京宫廷里，因为中国人研习西方科学的努力一直在延续中。中国人的"西学"可以简单从三个方面来介绍：天文、数学、地理。

在天文学中，中国人对于天文现象的观察历史最为悠久而连续，包括日食、月食、彗星和太阳黑子；他们提出了大地为球体、宇宙浩瀚无边的概念；采纳了一种基于赤道的坐标体系；开创了一种量化的天文学；并建造了研究天文学的装置。[4] 但是，中国的天文学苦于缺乏希腊所发展的一套几何学，以及文艺复兴后出现的量化物理学。而耶稣会教士在此刻传授给中国的，是一个可以精确解释天体运动的几何学（以及希腊几何学本身）、高等代数和其他运算方法、大地是球体的实证知识、先进科研设备尤其是望远镜以及一套描述和预测天体运动（包括日食月食）的数学方法。[5] 然而，由于罗马天主教廷对伽利略在 1616 年和 1632 年的诋毁以及对哥白尼的日心说的谴责，在中国的耶稣传教士继续信奉亚里士多德的地心说，使新知识在中国

的到来晚了几乎一个世纪（直到 1800 年以后）。[6] 但是，因为日心地心的选择，不影响从地球观察的天体运动的精确描述，所以传教士依然能够提供一个优于中国本土方法的日历计算体系。由于先进，欧洲方法于 1620 年至 1630 年间在中国朝廷中得到采纳。1635 年，朝廷刊发了一个囊括西方数学和天文学的大汇编，由传教士邓玉函（Johannes Terrentius）、汤若望（Adam Schall von Bell）、罗雅谷（James Rho）、龙华民（Nicolò Longobardo）以及徐光启、李之藻、李天经等人一起编辑而成。清朝初期（1644—1911），1645 年，此书在汤若望名下再版，称为《西洋新法历书》。同年，汤若望被任命为北京钦天监监正。从 1645 年到 1805 年的 160 年间，有 11 位欧洲耶稣会的科学家连续担任了这个职位。[7] 另一方面，中国科学家怀着认真的态度向欧洲人学习了许多。钦天监中国官员当时写下了一段话，大意如下：

己巳年（1629）开始采用西法的时候，我们对欧洲的天文学同样也有所怀疑，但读了许多明白的说明以后，怀疑已消去了一半；后来，我们又参与了星辰、日、月的位置的实际测定工作，看到他们测算得很精确，怀疑才全部消除。最近，我们奉皇帝的命令研究这门学问，每天都和欧洲人进行讨论。要寻求真理，就不应该只限于书本上的知识，还应该通过仪器来进行验证；单靠耳闻是不够的，还应该亲自进行操作。这样才能发现新的天文学是很精确的。[8]

在数学方面，中国人最早发展了代数，并传至印度、阿拉伯和欧洲。[9] 1200 年后，中国人对此逐步失去兴趣；1300 年后，进一步发展的代数又从阿拉伯世界传入中国。中国人也发展了几何学，但与希腊的很不同：希腊几何学理论关注纯粹形态的关系，而在中国，几何不是"纯粹"的而是数字的，并以具体问题来积累有关知识。[10] 根据数学史的研究，如果说中国人和印度人发展了代数，那么是希腊人发展了完全意义上的纯粹的几何学。尽管有这些早期的种种差异，从文艺复兴开始，欧洲人不断有所发展突破，在 17 世纪晚期以微积分的发明达到顶峰。从此，几何、代

数、微积分为物体和天体的运动提供了精确的描述，开启了近代科学。在中国，从 17 世纪初开始，希腊和文艺复兴的数学的方方面面被逐步翻译引进。

在此过程中，利玛窦和徐光启对欧几里德的 *Elements* 的中译是先行的，也是重要的。他们于 1607 年翻译完成的，是该书的前六册，论述平面几何（而后面的九册，论述数、立体几何、五种规则体，于 1857 年由伟烈亚力 Alexander Wylie 和李善兰译成中文）。[11] 1607 年的译文《几何原本》的影响是两方面的。一方面，它引进了希腊的几何学研究方法：注重推理、以公理为基础、强调纯粹几何或几何形态，与中国注重算法、数字、经验、问题优先的方法互补。[12] 纯粹几何学的功效在新物理学对物体和天体如此成功的解释中显现出来。另一方面，翻译工作也成为中国传统的一种重申。新知识激发了中国数学的复兴、推动了清代（1644—1911）的实证思想、强化了新儒学关于格物、理和实学的态度。[13] 翻译欧氏几何学所用的中文词汇，如"几何""求""法""量法"，也使欧氏纯几何学染上了关注数量的中国色彩。[14]

就整体而言，希腊和文艺复兴数学的引进，激发了中国对 14 世纪以后逐步淡忘的自身古代传统的再认识，以及具有国际视野的对此学科的兴趣。其结果，是康熙的西方和中国数学知识的大编纂《数理精蕴》，于 1723 年编成刊行。它标志了西方数学东渐第一阶段的完成，也开启了此后中国数学向世界学科发展合流的历史。[15]

在地理学和测绘制图学方面，中国有悠久而连续的绘制大地地图的历史，在 2、3 世纪就开始使用张衡（78—139）和裴秀（224—271）提出的有比例的方格网绘制方法。[16]描绘中国和亚洲的各种大地图在 801 年、1043 年、1100年和 1315 年绘成（图 1）。蒙古人统治的元朝于 1315 年绘制的亚洲地图，以及此后明朝 1555 年和后来的各种扩大了的地图，都包括欧洲、亚洲和非洲；这些地图以蒙古人对欧洲的接触和汉人航海到达阿拉伯和非洲东海岸的经验知识为基础。[17] 中国自汉代以来就有大地为球形的论述，

但却没有实证。中国人在 725 年也对经度线、纬度线的单位长度做了真实测量，是世界历史上首次此类的尝试。[18]在另一边，欧洲经过一段用托勒密（Ptolemy，活跃于公元前 120—公元前 70）的平行纬度线和弯曲经度线的科学制图时期之后，进入了长期的"黑暗时代"，宗教的"轮状地图"占据统治地位，直到 14 世纪，航海图和科学制图法再次出现。此后欧洲的"航海大发现"和海外扩张的历史，家喻户晓。耶稣会传教士在此刻带给中国的，也就是利玛窦于 1584、1600 和 1602 年展现给中国人的，包括这些方面：覆盖美洲、大西洋和太平洋的当时最先进的世界地图，一个实证的大地为球形的知识，许多精确的地理位置和它们在现代汉语中依然使用的中文翻译地名，以及用天象和实测确定实际经纬度的文艺复兴制图法（图 2）。[19]

在法国国王路易十四和能干的法国耶稣会科学家的支持下，康熙皇帝在 1707—1717 年间开展了一个大规模的国土测绘制图工程，用文艺复兴制图法测量 630 个地点，这些点组成大量三角形，汇成巨大网络，覆盖包括蒙古和台湾在内的二十个行省。[20] 成果是 1718 年完成的《皇舆全览图》，它"不仅是亚洲当时最好的地图，也比当时欧洲任何地图更好、更精确"。[21]

就基本的视野而言，此时在中国制图学上发生的，是两种科学传统的合流：一个是连续的，来自中国；一个是希腊和文艺复兴的，其中间有一段"宗教"的断裂。在此意义上看，中国在此时所经历的，不是一个从宗教黑暗时期走向启蒙的科学的新时代的过程，而是一个从"第一理性"走到"第二理性"或新理性的一个转换。在此过程中，源自中国古代的世俗、唯物、理性的态度，没有得到改变。实际上，如果制图折射了中国其他学科如地理、天文和数学的话，那么我们可以看到，同样的过程也发生在中国的其他技术和经验科学领域中。在本文的最后，我们将进一步谈论不同理性形式这个问题。

制图学上的 1718 年、数学中的 1723 年、以及天文和历书（日历制作）学中的 1645 年，可以看成是中国人吸收

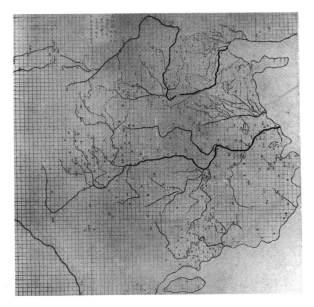

图1
《禹迹图》，1100 年绘制，1137 年石版刻制，
每方格为 100 x 100 里。源自：Joseph Needham,
Science and Civilization in China, vol. 3, Cambridge:
Cambridge University Press, 1959, plate LXXXI, pp.
548-549.

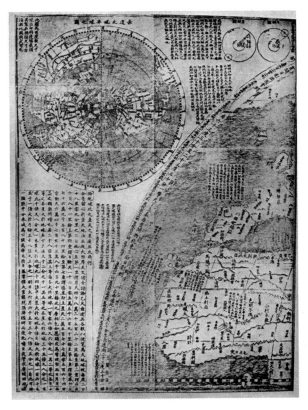

图2
利玛窦 1602 年制成的世界地图之一角（原图的
十二分之一）：《坤舆万国全图》。源自：Joseph
Needham, *Science and Civilization in China*, vol. 3,
Cambridge: Cambridge University Press, 1959, plate
XCI, pp. 582-583.

内化希腊和文艺复兴科学知识的几个关键点。在这些时间
点上，我们可以看到中国人对于欧洲影响的过滤，表现在
对理性科学知识的吸收和对基督教教义的冷落。在希腊几
何学被吸收之时，在科学研究被理解为一种新儒学的努力
之际，我们可以看到一个中国人的阅读和重组。当然，欧
洲对中国的影响是真实的：一个从传统的理性探讨走向现
代的科学探索的转变，这种现代科学包含了希腊的几何"偏
见"和文艺复兴的数学化的实证主义。关于文化"偏见"
和理性的特殊类型的问题，我们将在下面几节和文章最后
继续讨论。

视觉的突破：1700 年以后

这次西方科学引进中国的一个结果，是线性透视法的到来
和 1700 年以后视觉文化的一个重要变化。当利玛窦 1601
年在北京皇宫里献上基督教绘画时，画作中的阴影和透视
给中国人留下了深刻的印象。插图中运用这些画法的基督

教书籍在此后几十年的流传，把这种新的视觉表达传播到
更多中国人群中。1680 年代，北京宫廷绘画开始使用透视
法。1730 年代，南方民间的苏州年画，开始使用透视和阴
影法，并以此著称。

如果我们仔细观察这些发展，会发现宫廷中展开的几个
关键线索，对于这种画风的兴起和普及起到了关键的作
用。其中一个关键线索发生在钦天监成员焦秉贞（活跃
于 1660—1680 之间）和南怀仁（Ferdinandus Verbiest,
1591—1688）之间。[22]1663—1688 年间，钦天监监正南
怀仁给北京皇家观象台增添了许多新仪器，并于 1674 年
绘制了 117 幅展现这些新器材的有透视阴影的图画（图3）。
作为画家和钦天监官员的焦秉贞，向南怀仁学习了绘画技

法。焦秉贞随后把所学技法运用到自己的工作中，于 1696 年制成了著名的 46 幅木刻画《耕织图》，图中使用了线性透视法（图 4）。焦与他的学生冷枚以及其他画家陈枚、蒋廷锡等，在此后几十年发展出一种画风；此画法在中国式鸟瞰全景中融入了线性透视法。

另一个重要的联系发生在年希尧（？—1739）和郎世宁（Giuseppe Castiglione, 1688—1766）之间。在菲利波·伯鲁乃列斯基（Filippo Brunelleschi）1417 的实验和阿尔伯蒂（Leon Battista Alberti）1435 年的论述《论绘画》之后，许多数学家、建筑师和画家在透视实际画法、理论原则以及各种早期体系的统一上，作出了贡献。在此过程中，意大利建筑师兼画家伯佐（Andrea Pozzo, 1642—1709）在 1693 年和 1698 年出版了《建筑与绘画中的透视法》上下册（*Perspectiva Pictorum et Architectorum*）。来自米兰的耶稣会教士郎世宁在伯佐指导下学习绘画，之后来到里斯本，成为当地著名画家，然后于 1715 年来到澳门和北京。[23] 在北京宫廷供职、发展一种选择性的兼有欧洲和中国特征的

综合画风的同时，郎世宁也结识了年希尧，并向他展示了伯佐的著作。[24] 在此前已经花十年时间研习透视法的宫廷官员年希尧，通过这些会晤，从郎世宁那里获取了关于透视法的重要解释；就此年希尧在书中有明确说明。[25] 以此为基础，年希尧于 1729 年刊发了《视学精蕴》一书，又于 1735 年再次刊发；新版增添了内容，书名则更简单，称为《视学》。这样，年希尧就完成了中国第一本关于线性透视法的几何学原则的论著。无论用哪种标准来衡量，年氏的论述和郎氏的绘画都是此次视觉革命的高潮。年希尧、郎世宁这一关系的一个特殊的后续发展，是西洋楼，即 1740—1780 年间建成的位于北京西郊皇家行宫的一组准巴洛克宫廷园林建筑。这三个时间及其"产品"，即年希尧的书、郎世宁的画和西洋楼园林建筑，需要仔细考察。

一、年希尧与《视学》，1729—1735

今天只有第二版本保存了下来（图 5、6、7、8 和 9）。1735 年刊行的此书，包括第一版前言（第 1—2 页）、第二版前言（第 3—5 页）、绘图所用工具示意图一张（第 6 页），

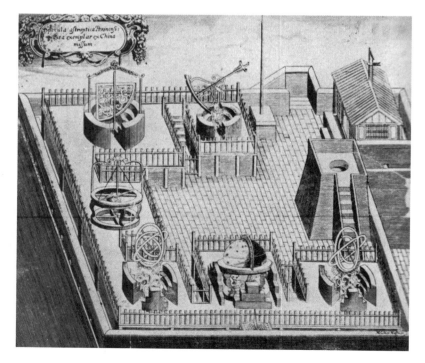

图 3
南怀仁（Ferdinandus Verbiest）重新装配后的北京天文观象台；铜版画，117 幅描绘新设备的图画中的第一幅，由南怀仁手下画家于 1674 年绘制。源自：Joseph Needham, *Science and Civilization in China*, vol. 3, Cambridge: Cambridge University Press, 1959, plate LXVI, pp. 450-451.

浸種
溪頭夜雨足門外
春水生筍籃浸淺
碧嘉穀抽新萌西
疇將有事來郊隨
晨興雙鷺幣勾芋
西畦新穀亞

图 4
《耕织图》之 46 幅图画中的第一幅，木刻，焦秉贞
1696 年绘。源自：翁连溪主编，《清代宫廷版画》，
北京：文物出版社，2001 年，41 页。

图 5
年希尧《视学》（1735）的一张插图：绘制透视图所
用工具。源自：年希尧，《视学》，北京，1735 年。

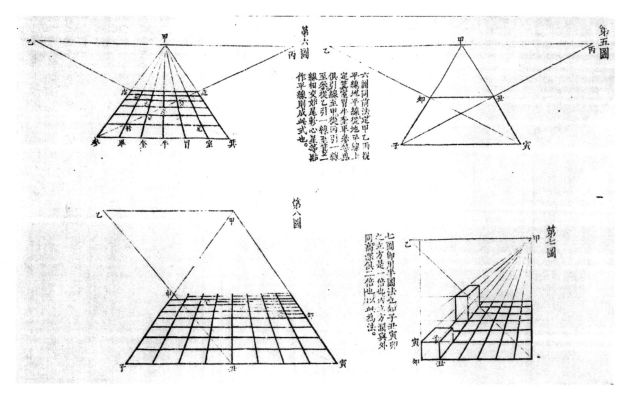

第五圖

第六圖

第七圖

第八圖

六圖同前法定甲乙丙說
平線地平線焚地平線上
定算其室甲乙套單參牛奎
俱引線至甲焚丙點於焚乙奎
至參從乙引一線焚奎室一
線相安郊尾軫心星等點
作平線則成此式也。

七圖卻用半圖法之如子丑寅卯
辰立方是一倍地內立方圖與外
同高深員二倍地成此為法。

图 6
年希尧《视学》插图：透视投影的基本概念。源自：
年希尧，《视学》，北京，1735 年。

图 7
年希尧《视学》插图：欧洲建筑部件透视图。源自：
年希尧，《视学》，北京，1735 年。

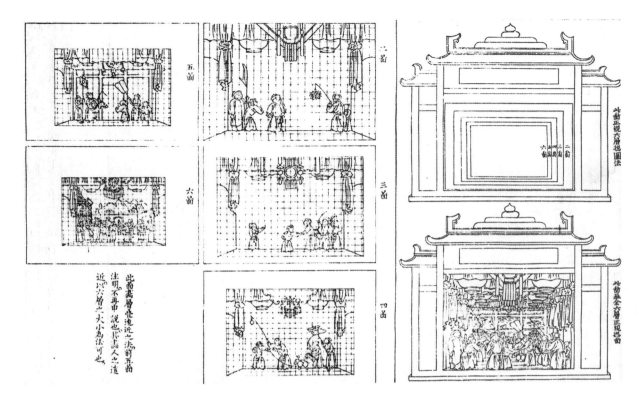

图 8
年希尧《视学》插图：单点透视图中的中国元宵灯节。
源自：年希尧，《视学》，北京，1735 年。

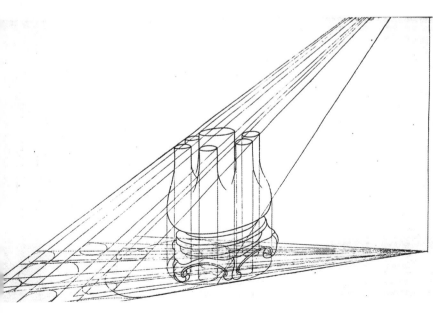

图 9
年希尧《视学》插图：中国器皿及其光线阴影的透视图。
源自：年希尧，《视学》，北京，1735 年。

及 125 页的内容，包括 60 个问题、75 个插图和 11 000 字的讲解。[26] 所涉及问题的第一类关注物件的透视画法，第二类处理物体的阴影的透视画法。问题举例中所画出的物件包括：正方块（放在水平面上）、正方体、圆柱体、其他基本几何体、希腊罗马的柱头和柱础、中国生活物品如茶壶、花瓶，还有一幅单点透视下的中国元宵灯节的场面。

需要提出的是，1607 年所译的欧几里得《几何原本》介绍了平面几何，而 1729—1735 年这本书则第一次介绍了视野的几何描述，并把这一科学的观照，投向与欧洲建筑构件物体并列的中国的物像世界。它给中国带来的不仅是希腊几何学及其形态的纯粹性，也带来了文艺复兴静态单点透视的科学方法；在此构架中，眼睛和观察人对于"世界"的关系是凝固的。由于中国传统方法让画者从移动的各视角、在人／物互动关系中，观察自然山水，所以 1729—1735 年的这本书及此后所出现的画风，在此被赋予了一个欧洲的"偏见"、一个凝固的视野、一个科学的写实主义态度。它以人天分裂、二元分离、对立距离的建立的构想，界定了"人"作为主体的位置。换言之，如果用哲学语言来表达，这是中华大地上出现的在主体视野界定问题上的一个"笛卡尔"思维的瞬间；其意义和影响要在几十年甚至几个世纪以后才会逐步显现出来（本文最后将谈及此问题）。

中国人当时对此是有争论的，表现在年氏 1729 年和 1735 年的序言中。在 1729 年的序中，年希尧说传统方法要求我们从不同角度观察，但是这不好学，也模糊不清。[27] 西方的方法清晰可循，如本书所展现的。该方法要求固定的视点，以及从这些点出发的各种规则线；一旦视点固定下来，其他所有都可以逐步推演出来，而没有任何异议或不确定性。年希尧然后说，"母徒漫语人曰，'真而不妙'；夫不真，又安所得妙哉？"[28] 在第二序言中，年希尧开始对传统画法表示更多的敬重。他说传统画法中早已知晓近大远小的透视法则；中国画法善于处理山水沟壑，构图精妙，技法自如，而无需考虑严格的长度和具体形态；但是，当我们去描绘建筑和物体时，当我们需要精确时，西法是重要而有用的。（年希尧然后说，他又向郎世宁请教了，

认真再三地研究了有关问题，并在第二版中加入五十个示意图）。可以推断，当时对西法是有批评的。而批判性的研讨主要聚焦在两个问题上：1）表现技法中，写实的"真"与动态的"妙"的关系；2）在两种方法的仔细比较中，在重新认识本土传统中，对于西法中法各自益处的具体理解。关于这些问题的辩论，尤其是"真／妙"问题的讨论，在对郎世宁绘画的评论中又继续了下去。

二、郎世宁与宫廷新画，1715—1766

在郎世宁 1715 年来到北京前，有两位耶稣会画家简短访问过皇宫，他们是格拉蒂尼（Giovanni Gherardini）和马国贤（Matteo Ripa），分别于 1700—1704 和 1710—1723 年间来访。这两位都没有留下太多的影响深远的作品。[29]

郎世宁 1766 年去世时，没有一位晚辈的耶稣会画家或中国学徒画师可以在技法和创造性综合方面与郎世宁大师相比。[30] 1770 年以后罗马北京在宗教礼仪上的争吵的加剧，导致 1810 年后不再有耶稣会画家留在中国的宫廷中。在这样一个特殊的 18 世纪，郎世宁出类拔萃，成为一群独特画师的领导，他们把文艺复兴和中国传统画法进行了具体的结合，创造出一种独特的画风。[31]

郎世宁最初的贡献是教中国学生油画和透视法，并在宫廷建筑内壁上绘制油画，基本用西洋透视法和阴影法描绘山水花鸟等中国内容。[32] 1723 年，雍正皇帝（1723—1735 在位）登基；皇帝施行了严格的机构改革，也关注郎氏绘画并予以直接点评，甚至建议郎世宁采纳中国画风并与西洋画法结合；在这样的关心和压力下，当然也因为郎世宁本人的大胆创新，一种新画法出现了。中国的材料（绸缎、毛笔、色料）、主题（吉祥的花鸟走兽）和画框形式（竖向或横向的卷轴）得到使用，同时欧洲技法，包括透视法、阴影法和表现光线、空间、体量、质感和材料物性的复杂设色法，也得到采用。定向的光线和对比明确的阴影效果，都有所弱化，以此来轻度地消融"欧洲"的物体，使之更好地潜入一个光线均匀漫射的以线条和某种装饰效果（以表现层面）为特征的"中国"的平面。郎世宁的《聚瑞图》

（1723年）、《嵩献英芝图》（1724年）和《百骏图》（1728年）是此类画作的代表（图10、图11）。从1736年开始，随着乾隆皇帝的登基（1736—1795在位），由于他们的密切关系，郎世宁开始制作"皇家头像"，并表现出非凡的技法和创造性的综合能力。他的这些绘画，一方面，阴影效果弱化了，以适应一个光线散漫的中国空间，另一方面，脸部的特征、解剖的准确、三维立体的物质感和整体的写实主义画风，得到了严格的遵守。代表作包括《乾隆皇帝朝服像》（1736）（图12）和各种皇后皇妃朝服像等。从1730年代开始，郎世宁的画作包含了盛大的场面，里面有皇帝和庞大的随从及各种背景；画作由他和他的许多学生一起绘制；著名的有《万树园赐宴图》（1755年）。在人生的最后十年，他也勾画了许多草图，表现乾隆皇帝平定边疆的丰功伟绩，最后的大画由他的学生们绘制完成。

总体而言，郎世宁的绘画道路与焦秉贞和焦的学生不同。焦的方法基本采用中国式的大景观构图，用宽大的鸟瞰去包容欧式的透视法，而郎世宁的方法基本是欧式的，采用文艺复兴写实主义的几乎所有方面，同时又加入了中国的温和而散漫的光线布局、线条和平面装饰的趣味，以及一些吉祥主题的运用。郎世宁的画也受到了宫廷里的各种评论。尽管乾隆说"写真"无人过郎世宁，但批评人士认为，郎画写实，却没有"笔力"和"笔法"，没有"气韵"和"神逸"，而这些在中国绘画中都是很重要的。[33] 这其实是关于年希尧的透视法的"真"与"妙"的问题的延续。现代批评家如杨伯达认为，郎世宁的画不乏气韵和神逸，如皇家肖像画所表现的，但他也同意郎画没有中国传统绘画中很重要的笔力和笔法，线条和流动。但是，杨同时强调，郎的画作最终既非"中国"的也非"欧洲"的，而是选择性地吸收了两个传统某些要素而发展起来的一种独特的绘画形式。[34]

在此我们得到两种观察。1）郎画展现了东西方二元性和折衷主义态度，在鉴赏和技法两方面看都是如此。由于此后19和20世纪中国艺术家和知识分子往往都夹在两种都有说服力的文化之间，面对与1730年代相似的问题，所以

图10
《聚瑞图》，郎世宁，1723年，绢本设色，173 x 86.1 cm。源自：谢凤岗主编，《郎世宁画集》，天津：天津人民出版社，1998年，19页，台北故宫博物院藏画。

图 11

《百骏图》，第二段，郎世宁，1728 年，绢本设色，94.5 x 776.2 cm。源自：谢凤岗主编，《郎世宁画集》，天津：天津人民出版社，1998 年，30-31 页；台北故宫博物院藏画。

图 12

《乾隆皇帝朝服像》，郎世宁，绢本设色，242 x 179 cm。源自：Eyelyn S. Rawski and Jessica Rawson (eds), *China: The Three Emperors 1662-1795*, London: Royal Academy of Arts, 2006, p. 81；北京故宫博物院藏画。

这种二元性和折衷主义态度是此后许多学术和艺术活动的主要特征。2）郎画的中西合璧，从另一方面讲，也是他所处环境的权力关系的产物；这里涉及两个皇帝，尤其是 1730 年代郎画成型期的比较严厉的雍正皇帝。雍正的"吸收中国主题和中国技法"的具体要求，对画家的影响是很显然的。[35] 乾隆对郎画的喜好，以及对描绘大场面的要求，对郎画风格的发展也是有明显推动作用的。有史料说明，郎世宁并不都愿意接受这些要求，[36] 但是作为结果，他的贡献是杰出的。换言之，境遇的压力和心智的创造，共同推动了这一独特的文化整合。

三、西洋楼，1747—1786

郎世宁和乾隆朝的一个奇特遗产，是 1740—1780 年间北京西北郊外皇家离宫长春园里的准巴洛克的宫廷园林建筑"西洋楼"。在清朝鼎盛时期，北京周围大兴土木建造皇家园林之际，长春园于 1745 年开始发展。1747—1751 年间，一座巴洛克风格的建筑"谐奇趣"建成。[37] 郎世宁和蒋友仁（Michel Benoist）可能分别是建筑和喷泉的设计者。此后的历史有了更加明确的记载。1752 年，宫廷购买了九组物品作为建筑内部的装饰，包括豪华吊灯、显微镜、大镜子、窗帘和一组天体仪器（天象研究装置）。1753 年。郎世宁接受任务，为建筑内墙绘制透视壁画。1756 年，郎世宁为"谐奇趣"东部空地设计了一组建筑和庭园，皇帝予以认可，并要求依此建造。这些西式的园林建筑最晚于 1783 年全部建成。运用透视和阴影描绘这些建筑庭园的二十幅铜版画于 1786 年制成。制作过程包括郎世宁的学生们在北京的绘画和超俊秀（Michael Bourgeois）在巴黎组织的实际制作；全套画于 1786 年呈献给乾隆皇帝。[38]

整个建筑体系，包括以谐奇趣为中心的沿 350 米南北轴线排布的西区，和郎世宁设计的沿 750 米东西轴线展开的较长的东区。[39] 在此第二轴线上，自西向东安排了：两座建筑（海晏堂、远瀛观）、一个中央喷泉（大水法）、几道门墙、一座小山丘、然后是向东延伸的长方形水池（方河）、和最东端的一系列"透视"墙壁（线法墙）。对于一个站在方河西端面东的观者而言，墙上放置的写实绘画，可以产生远处有村庄和山峦的透视幻觉。除了郎世宁和蒋友仁外，还有一些耶稣会传教士参加了设计，但是全过程没有专业建筑师参加。设计并非是巴洛克和洛可可的"正确"版，而是近似的模仿。施工由擅长本土木构建筑的中国工匠建造。结果是欧洲和中国各元素和方法的杂交组合。[40] 体系中有喷泉、迷宫园、修剪的几何状植物、开阔草坪，有欧洲尺度和装饰细部的石材建筑。设计中也有对透视法的自觉运用（东端和西南部），以制造景深幻觉。

大建筑立面之间的关系，尤其在中部广场空间的围合上，也显示了透视法的运用。但是，这些建筑运用了中国的瓦屋顶、构造细节，以及不少装饰细部，而中国的曲面屋顶却没有被采用。[41] 在西式喷泉的周围（东西轴上的海晏堂的西侧），中国的十二生肖动物雕塑取代了欧式的裸体雕像，因为裸体在中国无法被接受。[42] 1786 年制成的关于这些建筑的二十幅铜版画（图13—图16）清晰地表现了这种杂交组合。另外，作为此项目的重要组成部分，这些铜版画所用的透视法本身是欧式的，但其偏离标准透视法、用更加本土的鸟瞰或总揽的微妙变化，又是折衷的、组合的。[43]

从利玛窦 1582—1600 年间抵达澳门和北京到 20 世纪初，欧洲风格建筑在中国的建造，在规模上和技术上，是逐步提高的。从技术（混凝土的运用）、功能（近现代的功能类型如火车站、电影院、银行等）和风格及形式（巴黎美院的设计原则）等方面看，这些建筑看来是代表了"现代建筑"（modern architecture）在中国产生的一个预备阶段。但是，这些在中国的早期欧式建筑与中国"现代建筑"的关系，需要进一步的研究探讨。最早到达中国的欧式建筑，包括澳门 1600 年后的圣保罗大教堂（以及此后的其他教堂和防御建筑），广州在 1680 年后的"十三行"建筑（欧洲人运营的货仓和公寓），北京 1605 年（利玛窦的"南堂"）和 1655 年（"东堂"）以后用本土方法建造的教堂，以及 1700、1800 和 1900 年后逐步采用更多的西式方法重建的教堂建筑。[44] 1748—1786 年间在北京建造的西洋楼，是这一过程中的重要事件。如果北京宫廷是 1600 年后中

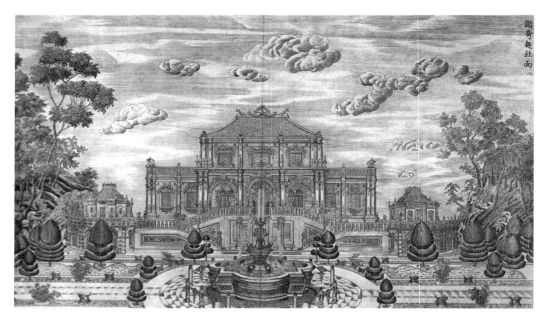

图 13
谐奇趣建筑北立面，铜版画，《圆明园西洋楼》二十
图景中之第二幅，伊兰泰等起稿，1786 年。源自：
故宫博物院汇编，《清代宫廷绘画》，北京：文物出
版社，1992 年，219 页；北京故宫博物院藏画。

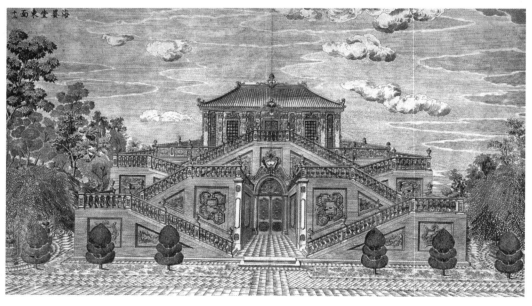

图 14
海晏堂建筑东立面，《圆明园西洋楼》二十图景中之
第十二幅。源自：故宫博物院汇编，《清代宫廷绘画》，
北京：文物出版社，1992 年，222 页；北京故宫博
物院藏画。

图 15
大水法正南面,《圆明园西洋楼》二十图景中之第
十五幅。源自:故宫博物院汇编,《清代宫廷绘画》,
北京:文物出版社,1992 年,223 页;北京故宫博
物院藏画。

图 16
沿方河中轴线所见之线法墙,《圆明园西洋楼》二十
图景中之第二十幅。源自:故宫博物院汇编,《清代
宫廷绘画》,北京:文物出版社,1992 年,225 页;
北京故宫博物院藏画。

欧交流的政治和学术中心，那么，就中央朝廷的关联性和知识精英吸收西方文化而言，西洋楼在这些早期西方建筑中具有很重要的地位（图 17）。按此思路，我们可以列出西洋楼对于此后发展的几个重要意义：

1. 西洋楼的设计是折衷的，混合使用了欧洲和本土中国的风格。"西洋"风格的使用是有意为之，而中国元素的运用也是自觉选择。从此，"风格"成为一个设计问题，并且愈加清晰地成为一个重要议题；"风格"在设计中被自觉地考虑、选择、调和混用、甚至加工并更新，以达到某种文化的或意识形态的目的。

2. 西洋楼建造中的承重砖墙和石料建筑的构造方法及其细节和装饰纹样，被纪录到《圆明园工程做法》，为此后宫廷建筑所用。[45] 在 1890 年代，它是宫廷西洋风格建筑建造的范本，在 1900 年后也构成北京的"新"风格，用在包括店铺、商场、百货楼、剧院、影院、火车站和机关建筑在内的各种建筑上。[46] 具有近现代功能和近现代建造技术的折衷的历史主义风格的建筑，从此出现。

3. 西洋楼体系中，单体建筑尺度变大，单体建筑作为独立体在空间布局中的重要性也得到提高。尽管整体布局中，作为中国传统的墙体得到运用，但是这些建筑物不再是院落围合边界的一部分，而是扮演了占领场景的独立物体的重大角色。建筑的整体立面，比本土传统的一般建筑更大，对于空间的界定也起到更加重要的作用。与此平行又强化这些效果的是以透视法为基础的视轴线的新用法。如果说中国传统的轴线是"组织"的话（把不同院落的轴线一段段组织起来，而非为直接的长焦视线所用或被其打通），那么新用法是直接的、"视线"的，构成一个长焦透视，直接打在作为舞台布景的正立面上。1890 年代和 1900 年以后，随着中国"西式"建筑体量的增长和正立面的加大，以及 1920 年以后受过良好教育的中国建筑师的回归，再加上欧美建筑师的直接参与和影响，文艺复兴以长焦透视为基础的设计手法，在中国逐渐成为一个更规范更丰富的形式语言。

从 1730 年代到 20 世纪

实际上，1730 年代视觉突破的三个事件，即年希尧的《视学》、郎世宁的宫廷新画和西洋楼的建造，对于近现代中国都有重要意义；分述如下：

1. 年希尧 1729—1735 年的《视学》刊行之后，又有两本关于此课题的著作出版：《画器图说》（关于投影制图的解说）和《透视学》（卡桑尼 Armand Cassagne 于 1884 年在巴黎出版的《艺术及工业制图透视法实用指南》的中译本）；它们分别于 1898 年和 1917 年出版。[47] 在 1902—1903 年中国近代第一部大学课程制定书（清政府颁发的《钦定学堂章程》）和 1912—1913 年第二部国立大学课程计划书（国民政府颁发）中，技术制图法是土木工程和建筑学专业必修的课程。[48] 大学土木工程专业于 1890 年代实际开设时，制图学是一门课。当建筑学系科于 1920 年代在大学设立时，"画法几何"和"透视法"是必修课程，其他课程包括"阴影法""水彩画""徒手画""建筑设计"，等等。在用科学透视法描绘中国传统建筑方面，梁思成（1901—1972）及其同事助手于 1931—1944 年间，在历史上首次，采用正投影和透视投影法系统而科学地描绘了中国古代的建筑构架和有关器物。年希尧 1730 年代的书，不仅在科学制图和透视投影法的介绍上，而且在跨文化实践中吸收科学透视法，都是历史首次。就此意义上讲，年与梁有关联性和可比性：后者建立了投向中华世界的带有欧洲文化假设（European assumptions）的文艺复兴的凝视，而年希尧首先在 1730 年代进入了这种状态。如果在梁思成的工作中我们发现一个中国知识分子对西方科学透视的运用，一个透视法对中华世界各器物的投射并企图与西方传统建立关联（关于"order"和构图）的话，那么，年希尧在 1730 年代已经做了这些，表现在柏拉图标准几何体和欧式建筑部件（柱头、柱础）绘制边上的中国器物和元宵灯节场面的透视画中。并且，如果我们在梁的工作中看到了一个作为有机体的建筑向作为独立几何体的建筑的隐形转化，以及一种从现象学阅读向写实图绘法的转变的话，那么，这些转变在年希尧的 1730 年

图 17

西洋楼残迹：谐奇趣建筑北面，欧马（Ernst Ohlmer）摄影，约 1870 年。源自：何重义、曾昭奋，《圆明园园林艺术》，北京：科学出版社，1995 年，447 页。

图 18
"中国建筑之'Order'"：梁思成及其助手于 1944 年完成的用"现代"和"科学"语言纪录描绘中国古代构筑物的绘图中的一幅。源自：梁思成，《梁思成全集》，北京：中国建筑工业出版社，2001 年，第 4 卷，10 页。

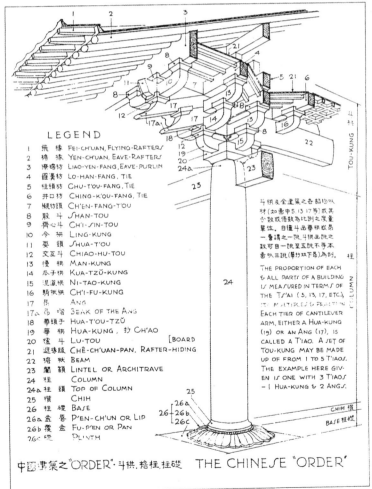

LEGEND

1 飛 椽 Fei-ch'uan, Flying-Rafters
2 檐 椽 Yen-ch'uan, Eave-Rafters
3 撩檐枋 Liao-yen-fang, Eave-Purlin
4 羅漢枋 Lo-han-fang, Tie
5 柱頭枋 Chu-t'ou-fang, Tie
6 井口枋 Ching-k'ou-fang, Tie
7 襯枋頭 Ch'en-fang-t'ou
8 散 斗 Shan-tou
9 齊心斗 Ch'i-sin-tou
10 令 拱 Ling-kung
11 耍 頭 Shua-t'ou
12 交互斗 Chiao-hu-tou
13 慢 拱 Man-kung
14 瓜子拱 Kua-tzǔ-kung
15 泥道拱 Ni-tao-kung
16 騎栿拱 Ch'i-fu-kung
17 昂 Ang
17a 昂 嘴 Beak of the Ang
18 華頭子 Hua-t'ou-tzǔ
19 華 拱 Hua-kung, 杪 Ch'ao
20 櫨 斗 Lu-tou [Board
21 遮椽版 Chê-ch'uan-pan, Rafter-hiding
22 樑 栿 Beam
23 闌 額 Lintel or Architrave
24 柱 Column
24a 柱 頭 Top of Column
25 槓 Chih
26 柱 礎 Base
26a 盆 唇 P'en-ch'un or Lip
26b 覆 盆 Fu-p'en or Pan
26c 礩 Plinth

斗拱及全建築之各部切以材（如圖中 5. 13. 17 等）或其分数或倍数為比例之度量單位，自層斗出華供叫昂一層謂之一跳，斗拱畫跳之数可自一跳至五跳不等本圖叫三跳（華栱双下昂）為时。

THE PROPORTION OF EACH & ALL PARTS OF A BUILDING IS MEASURED IN TERMS OF THE TS'AI (5, 13, 17, ETC.), ITS MULTIPLES & FRACTION. EACH TIER OF CANTILEVER ARM, EITHER A HUA-KUNG (19) OR AN ANG (17), IS CALLED A T'IAO. A SET OF TOU-KUNG MAY BE MADE UP OF FROM 1 TO 5 T'IAOS. THE EXAMPLE HERE GIVEN IS ONE WITH 3 T'IAOS — 1 HUA-KUNG & 2 ANGS.

CHIM 槓
BASE 柱礎

中国建築之"ORDER"：斗拱、楷柱、柱礎   THE CHINESE "ORDER"

第二图　中国建筑之"ORDER"

代，在"真而不妙"的议论中，在"妙"被"真"取代之时，已经发生。

2. 在美术领域，也有一个从 1715—1766 年间郎世宁的绘画到 1900 年之后的延续发展的关系。如果说郎世宁遇到了如何在欧洲写实主义和中国的线条和笔力的传统之间，也就是在"真""妙"之间，寻求一条新路的话，那么后来的画家面对了同样的问题，并且提供了新的可能和解答。这一点，在徐悲鸿开创的学院派写实主义传统中表现得尤其明显；此体系起步于 1930—1940 年代，并在毛泽东的 1950—1970 年代继续发展（当时左派政治思想进一步提倡了写实主义艺术）。[49] 徐悲鸿在 1930—1940 年代开拓的后来几十年现代中国绘画继续发展的路径，是一种新的组合，把强调结构、体积、物质、材料、光影的西方写实主义传统和注重流动线条和笔法笔力的本土传统结合起来，对 200 年前年希尧和郎世宁所面对的"真""妙"问题给予了独特的回答。如果我们比较一下郎世宁和徐悲鸿所绘的马，就可以清晰地看到这一点。[50] 徐悲鸿在保持运用阴影法表达解剖结构、体积感和物质性的同时，大胆泼墨挥毫，用有力的笔法，表达了奔马的动态，体现了中国和欧洲技

图 19
《奔马图》，徐悲鸿，纸本水墨，1940 年。源自：北京徐悲鸿博物馆、廖静文藏画。

法的新结合，具有相当的感染力（图 19）。

3. 在建筑学领域，1740—1780 年代的西洋楼体系，也提出了 19 世纪后期开始的近现代中国建筑所面临的一系列问题。这些问题可以分成两个部分来介绍。

3a 第一个是西洋楼之后的"风格"以及风格的选择和组合问题。一旦"风格"成为一个自觉的问题，它就打开了一种设计操作的自由，同时也是一个无休止的研讨和争论的话题。与此关联的，是折衷主义的兴起，以及为了某种意识形态目的而创造的民族或地方风格的人为努力的开启。就此而言，从 1890 年代到 1950 年代，情况基本相同。在 19 世纪末期，清代宫廷建造了准巴洛克式的类似于西洋楼的建筑，如 1893 年的颐和园清宴舫和 1898 年的郊外离宫畅观楼。[51] 20 世纪初期，北京的店铺开始把巴洛克和中国传统装饰纹样组合在一起，形成一种折衷的市井民俗建筑风格，如北京城南的瑞蚨祥及许多类似的建筑（图 20）。在 1890 年代的近代化（现代化）努力中，在 1906 年后君主立宪制的开启中，在 1912 年中华民国建立之初，许多近代即"现代"建筑（就功能、类型、结构而言）建造了起来，包括火车站、政府部门、银行、旅馆、影院、剧院、医院、学校、学院、监狱，等等（图 21）。政府部门和火车站倾向于用巴洛克风格，而银行和学校则倾向于用西洋古典风格。"中国风格"最初在教会机构出现，如 1919—1921 年间建成的协和医学院和医院以及 1920—1926 年间建成的燕京大学；此风格随后在中华民国的公共建筑上出现，如 1931 年建成的北平国立图书馆，以及此后 1927—1937 年间作为首都南京的许多政府或公共建筑（图 22 和图 23）。这条线索继续发展到 1950 年代；在冷战思维背景下，风格此时又成为主要话题；本土北方皇家风格，被定义为社会主义的民族风格，与资本主义的国际式相对立。

3b 西洋楼开启的另一个问题是单体和立面的重要性的兴起，和以透视为基础的设计思路的展开（图 21—图 23）。西洋楼和 19 世纪末期所用的承重墙结构体系，起

图 20
瑞蚨祥店铺立面，北京，1893、1900 年。源自：汪坦、
藤森照信主编，《中国近代建筑总览：北京篇》，北京：
中国建筑工业出版社，1992 年，60 页。

图 21
陆军部、海军部（清朝）建筑南立面，北京，1907 年。
源自：汪坦、藤森照信主编，《中国近代建筑总揽：
北京篇》，北京：中国建筑工业出版社，1992 年，52 页。

图 22
国立北平图书馆，北京，1931 年；建筑师：莫律兰（V.
Leth-Moller）。源自：朱剑飞。

图 23
中山陵墓建筑群，南京，1929 年；建筑师：吕彦直。
源自：王能伟，马伯伦，刘晓梵主编，《南京旧影》，
北京：人民美术出版社，1998 年，50 页。

到了直接的推动作用。20 世纪初期逐步采用的钢筋和混凝土，也推动了单体建筑体量尺度的增长。巴黎美院设计体系的描绘语言中所用的阴影法、透视法和正交投影法，也不可避免地推动建筑作为高大单体的概念，这种建筑具有正立面，可以在被界定的开放空间（如广场或林荫大道）里沿着长焦透视轴线观赏。既然近现代中国建筑的基本设计语言来自巴黎美院体系，既然该体系的绘图语言基于欧几里德几何和文艺复兴科学投影法包括透视法（以 1799 年蒙日 Gaspard Monge 的《画法几何》Géométrie Descriptive 为代表），[52] 既然西洋楼的设计在 1730 年代视觉革命影响下已经采用了这些元素或这些元素的基础，那么 1900 年以后的尤其是 1930 年代和 1950 年代的更加复杂而规则的单体、立面和光线透视轴的运用，就是必然而不可避免的。

有必要指出，1890 年代以后的建筑可以在技术和社会政治功能上称为"近代"（现代），但西洋楼本身，作为 18 世纪皇家休闲离宫，不具有这些方面的"近代"（现代）意义。但是，我们可以提出，在工具的和社会政治的近代化（现代化）之前，在欧洲和中国已经有一个视觉的和形态的近代化（现代化），为近代（现代）建筑的构想和到来提供了认识的、思想的基础。就此意义而言，西洋楼遭遇了一个形式的和视觉的"现代性"，其影响和意义，只能在一个长远的历史视野中、在一个观看思考基本建筑的基本层面上去理解。

中国和欧洲之间的象征形式

本文所提供的 1700 年后的视觉革命的简史，为我们带来了关于以下几个问题的重要观察：欧洲的影响、理性的不同形式，以及中国对外来影响的内化和重组。

一、欧洲的影响

视觉革命的三个产物，都和年希尧 1729—1735 年的《视学》所介绍的线性透视法的几何规则的使用有关。而年希尧的书把 1607 年徐光启、利玛窦合译的《几何原本》中的欧几里德几何原则延续到了一个世纪后的视景的图像画法中。

换言之，年希尧的书是 1600 年后中国人学习西方文艺复兴科学的延伸，此西学包括天文学和大地测绘学，而其中的欧几里德几何学是至关重要的。年书又为 1890 年代以后现代画法几何和机械制图的引进开辟了道路。如果说，1700 年以后的视觉革命的文化表现最终体现在年氏《视学》一书中，那么，这里欧洲的真正影响应该是希腊几何学、文艺复兴透视法和此后的几何制图学的引入。

这种影响，仔细看来，包含两个重要部分：柏拉图规则几何体和笛卡尔的对立二元论。徐光启、利玛窦于 1607 年合译的欧几里德《几何原本》，只涵盖了原著关于平面几何的前六册；其后的九册，涉及数量、立体几何和五种规则几何体，于 1857 年由伟烈亚力（Alexander Wylie）和李善兰译成中文。但是，就平面几何作为柏拉图规则几何体研究的基础而言，1607 年的文献是 1700 以后的各种规则单体形态出现的预备。在连续几百年的西学东渐中，有一个在平面几何基础上的希腊的（柏拉图的）几何体的涌现。在年书的透视法几何规则中，在郎世宁的欧洲写实主义绘画中，在西洋楼体系中的独立石材建筑物中，我们都可以看到一个三维的物质体、一个柏拉图式的规则几何体。

第二部分是透视构架中的笛卡尔的二元对立的思想模式。捕捉中国传统的观赏方式并将其转变成一种新视野的，是人景之间的单眼观察屏幕或画面的凝固。古代中国的教导，是要看到"三远"（平远，深远、高远），即观者在运动中、在与山水景物的互动中，观赏自然世界。而新的透视法所要求的，既非"运动"也非"互动"。它在观者与世界、主体与客体之间，确立了一个二元的对立和分裂，由此建立了现代科学的基本姿态；此姿态假设了一个理性的主体，可以观察、研究、控制物体世界，而这些物体可以在一个纯粹、数学、宇宙、无边的空间里被定位、测量和描绘。潘诺夫斯基（Erwin Panofsky）将此姿态看成是一个"象征形式"（symbolic form），预告了笛卡尔科学世界观的到来，而马丁·杰伊（Martin Jay）为此创造了一个词汇，"笛卡尔透视主义"（Cartesian perspectivalism），来描绘线性透视法构架中的笛卡尔二元论及其理性主义思想。[53] 罗宾·埃文斯（Robin Evans）和戈梅兹（Alberto Pérez-Gómez）也做了笛卡尔透视主义"瞬间"在欧洲建筑中的作用的详细研究。[54] 如果这些研究认真而有价值，那么可以推论，1730 年代是中国近代史上第一个"笛卡尔瞬间"。

二、不同的理性

这些欧洲的历史影响，当然是推动了中国此后几个世纪的走向笛卡尔式的工具主义现代性的进程。但是，如果对此变化仔细观察，我们或许会认识到，这不是一个使中国从宗教统治的黑暗走向世俗的现代理性的启蒙，而是一个从一种理性走向另一种理性的具体的转化过程。如前述，在科学和技术领域里，在大地制图学的方格网的运用中，在几何问题上的数的处理中，在对天象的经验的系统的观察中，已经有一种中国的理性。所以，1600—1723 年欧洲文艺复兴科学的进入，带来的是一种特殊的理性，这种理性以希腊形式几何、文艺复兴数学及由此来描写空间物体运动的学科为基础。同样，在 1730 年代的视觉革命之中和之后，转变也是从一种理性到另一种理性的具体的演变。这可以从绘画、技术制图、建筑营造和空间规划等方面看出。

在绘画上，中国有描绘日常世俗场景的传统，此后又发展出描写大自然景色的山水写意绘画。绘画传统中也有对深远透视的理解，强调在自然中行进的观者从不同角度对远景的观察。中国也有使用界尺引线，在平行透视中描绘建筑、构造物或城市环境的界画。在建筑营造的技术绘图上，古人使用了描写建筑构造的正投影和轴侧平行投影的线图，如 1103 年刊行的宋代（960—1279）建筑指导蓝本《营造法式》。在此历史背景下，1730 年代的视觉革命给中国带来的，是以平面和立体几何为基础的希腊形态几何学所描绘的纯粹空间关系，以此几何为基础的文艺复兴的固定单点透视的精确描绘法，以及此后发展的包括（建筑与机械）正投影和透视投影的一套几何制图法。

在建筑营造施工上，汉人地区的宫廷和宗教建筑传统中，有一个木结构营造体系，其中各精细木构件的尺寸，以重要构件的某部位的宽度（斗拱的斗口宽度）为单位计量，

而此单位长度也有一个体现社会地位高低的大小等级序列（如 1103 年的《营造法式》所描述的那样）；汉人地区的砖石建筑也存在，但不如欧洲的发达（在体量、规模、形态上）。1750—1890 年间所引入的西洋建筑，是承重的石材或砖木结构建筑，体量高大、形态丰富、风格多样，其背后的基本几何逻辑是柏拉图实体和欧几里德几何体。这种西式建筑的到来，至少在政府、公共、宗教和学院建筑领域里，促使了一种精细木构件咬合组装的理性建筑体系，转变成另一种以砖石混凝土砌筑而成，以平面、立面、三维体的希腊几何语言为基本形态的理性建筑体系。20 世纪所引入的现代建筑中的梁柱结构体系，尽管更接近中国古代木构架，但在建筑体量的迅速增长中，继续推动三维立体物的形态设计逻辑的发展。

在空间规划中，中国的传统有一个在大范围内在各级尺度上对轴线和围合的复杂细致的规则设计手法。1420 年完成的明清北京宫殿群体和城市规划设计，以及 1553 年的拓展，是最好的例证。但是，在这里，轴线是"组织"性的：轴线在此主要是一条巨大的、引领的、规范的、组织的准线，穿过整个建筑群体，甚至整个城市，而其光学的、视觉上的、体验的透视中轴线的意义，只出现在每个围合院落的内部，是相对次要的。1730 年代的视觉革命所带来的，表现在西洋楼体系中、19 世纪后期西洋建筑以及 20 世纪初近现代建筑中的，是另一种轴线，是光学的、视觉的、体验的、局部的（与明清北京的长轴线相比），在以正立面和立体建筑所构成的舞台式空间中起到关键作用。新轴线所规范的，不再是大群体体系中的围墙和院落，而是局部或地方的城市的舞台式开放空间里的大型单体建筑。作为文艺复兴或笛卡尔透视法的产物，光轴线投射和牵引下的实体、立面和视觉屏幕，构成了一个完全不同的空间逻辑。在此历史背景下，在近代中国所发生的，是一种理性的空间规划法向另一种理性的空间设计法的转变：其中的关键变化，是一个从引领围合空间（院落、街巷）的"帝国"的组织轴线，到联系碑体建筑物和开放城市空间（大道、广场）的"笛卡尔"式的光轴线的转变。

三、中国对外来影响的内化和重组

最后，让我们来思考文章开头的问题：中国吸收西方影响时，能否把文化与科学分开？西化与现代化能否区分开来？中国人如何挑选、内化和重组欧洲的影响？欧洲发展的各个部分，包括宗教、文化和科学，当然是复杂地相互联系在一起的。它们的到来，因中介是具体的人和机构，主要是耶稣会传教士，所以也是相互联系的。但是，在清朝早期到后期的重要历史阶段中，由于清政府和罗马教会的礼仪之争，基督教得到禁止，但是科学和相关文化实践包括绘画和视图知识的探索，仍然受到热切关注，其中皇帝的兴趣起到了关键的作用。这种情况说明，把具有高度意识形态内容的文化实践如基督教，与对具有功效性的经验的、客观的、实证的知识如天文和大地制图学的追求加以区分，是可能而可行的。无论如何，这种区分在清朝成功有效地得到实行。

但是，这段历史又反映了情况的另一面：宗教传播是禁止了，但是视觉和风格文化继续在文艺复兴科学的传播中被吸收。比如，当天象观察的科学仪器被吸收到皇家天文台时，需要对仪器进行绘图纪录，而这些铜版画就运用了透视法和阴影法；又比如，当"近代"（现代）建筑到来时，其新材料（玻璃、混凝土）、新设备（光、电）、新结构（砖、混凝土）和新功能（火车站、医院等），最后还是组织在以西洋楼为雏形的以巴洛克为基础的各种西洋风格之中。更重要的是，当物理、天文、大地制图等文艺复兴科学知识来到中国时，它们也带上了注重形式几何的希腊的思维"风格"，和运用文艺复兴透视法及其笛卡尔主客分离二元论的"象征形式"。我们这里面对的，不仅是社会和技术现代性中的建筑"风格"，更是科学和知识本身的"风格"和"象征形式"。在这种时刻，独特文化和普世实证科学的区分，看来是不可能的，至少在当时历史条件下是这样的。换言之，对一个非西方国家如中国而言，西化和现代化成为不可分割的过程。在本文介绍的这段历史中，几何与透视的象征形式来到了中国、得到了吸收，并且释放了关键影响，还夹杂着中国知识分子（年希尧、徐悲鸿、梁思成）用西方视野去透视中国器物世界的多重曲折。

这又把我们带到历史的另一面：尽管科学和知识的象征形式，在文化独特性和科学实证普世理性之间无法区分，它们却可以在一个新的文化与政治的语境下，得到重组和混合再造。在政治权威干预下，在学术研讨影响下，也在文化实践探索中，混合的视觉形式和风格出现了，表现在年希尧的元宵灯节的透视图中，郎世宁的物质单体潜入其中的光线散漫的以线和平面为主的画面中，西洋楼体系的各种折衷组合中，及此后尤其是20世纪的"西式""中式""现代式"的各种建筑的丰富组合中。本文所研究的这段视觉文化的转化历史的核心，是希腊几何、文艺复兴透视和现代形态描写法在中国的内化；这种内化，开启了此后一系列跨文化组合的努力，以寻找一个新的象征形式。

First published as follows: Jianfei Zhu, *Architecture of Modern China: A Historical Critique* (London: Routledge, 2009), pp. 11-40 (Chapter 2, 'Perspective as Symbolic Form: Beijing, 1729-35').

原英文如上；中译文：孔亦明、邵星宇翻译，朱剑飞校对。

---

1 关于利玛窦的描写，材料源于：何兆武、何高济，"中译本序言"，利玛窦、金尼阁著《利玛窦中国札记》，何高济，王遵仲、李申译，桂林：广西师范大学出版社，2001年，1-18页。也请参考：Jonathan D. Spence, *The Memory Palace of Matteo Ricci*, London: Faber and Faber, 1984, pp. xiii-xiv, 194-6; 以及 Matteo Ricci, *China in the Sixteenth Century: The Journals of Matthew Ricci: 1583-1610*, trans. Louis J. Gallagher, New York: Random House, 1942.

2 何兆武，"中译本序言"。

3 关于礼仪之争，参见：Kenneth Scott Latourette, *A History of Christian Missions in China*, New York: Russell & Russell, 1929, pp. 131-155.

4 这里关于天文学的描写，材料源于：Joseph Needham, *Science and Civilization in China, vol. 3, Mathematics and the Sciences of Heavens and the Earth*, Cambridge: Cambridge University Press, 1959, pp. 171-461.

5 参见：Needham, 1959, pp. 437-8.

6 同上，pp. 438, 443-4, 447.

7 同上，pp. 444-5.

8 同上，pp. 456。此段中文来源于：李约瑟，《中国科学技术史，第四卷，天学》，《中国科学技术史》翻译小组译，香港：中华书局，1978年，691-692页。

9 关于中国数学发展及其与印度、阿拉伯、欧洲数学史的关系，请参见：Needham, 1959, pp. 53, 150-156.

10 参见：Peter M. Engelfriet, *Euclid in China: The Genesis of the First Chinese Translation of Euclid's Elements Books I-VI (Jihe yuanben; Beijing, 1607) and its Receptions up to 1723*, Leiden: Brill, 1998, pp. 106-7.

11 Needham, 1959, p. 52, 106.

12 Engelfriet, 1998, pp. 106-107.

13 同上，p. 451.

14 同上，p. 139, 452.

15 Needham, *Science*, pp. 52-53.

16 同上，pp. 533-541.

17 同上，pp. 551-556.

18 卢良志，《中国地图学史》，北京：测绘出版社，1984 年，176-177 页。

19 Needham, *Science*, pp. 583-5；卢，《中国》，176-177 页。

20 Needham, *Science*, p. 585；卢，《中国》，177-185 页。

21 此为李约瑟在其著作中的言论：Needham, *Science*, p. 585.

22 吴葱，《在投影之外》，博士论文，天津大学，1998 年，103 页。

23 杨伯达，《清代院画》，北京：紫禁城出版社，1993 年，131-132 页。

24 刘逸，《〈视学〉评析》，《自然杂志》10，第 6 期（1987）447-52 页。也请参见：Michael Sullivan, *The Meeting of Eastern and Western Art*, Berkeley: University of California Press, 1989, pp. 54-5.

25 年希尧，《视学》，北京，1735.

26 参见：年，《视学》，及以下三种研究：刘汝礼，《〈视学〉——中国最早的透视学著作》，《南京艺术学院学报》，第 1 期（1979）75-78 页；沈康身，《从〈视学〉看十八世纪东西方透视学知识的交融和影响》，《自然科学史研究》4，第 3 期（1985）258-266 页；尤其是刘逸，《〈视学〉评析》，447-452 页。

27 这两个序言都刊载在 1735 年版本中。见：年，《视学》，1-5 页。

28 年，《视学》，2 页。

29 值得一提的是，马国贤（Matteo Ripa）制作了一组描绘中国山水风景的铜版画，并带到英国，于 1724 年呈现给切斯维克庄园的伯灵顿勋爵（Lord Burlington at Chiswick House），此事对"威廉姆·肯特引领的英国园林设计的革命产生了巨大的影响"（a major impact on the revolution of English garden design initiated by William Kent）。参见：Sullivan, *The Meeting of Eastern and Western Art*, pp. 76-7. 也请参看：吴，《在》，100-101 页。

30 杨，《清代》，168，174-177 页。

31 同上，173-177 页。

32 此处关于郎世宁作品的资料源于：杨，《清代》，131-77 页；王镛，《中外美术交流史》，长沙：湖南教育出版社，1998 年，176-84 页。也请参看：Sullivan, *The Meeting of Eastern and Western Art*, pp. 67-77.

33 杨，《清代》，173-174 页。

34 同上，175-177 页。

35 同上，134-138，174 页。

36 同上，174 页。

37 西洋楼和长春园的建设年鉴，源于：杨乃济，《圆明园大事记》，《圆明园》，第 4 期（1986 年 10 月）29-38 页；舒牧，《圆明园大事年表》，刊载于，舒牧、申伟、贺乃贤，《圆明园资料集》，北京：书目文献出版社，1984 年，361-389 页。

38 西洋楼建筑与园林，以及圆明园的其他中国式园林离宫，在 1860 年被英法联军掠夺并焚毁。西洋楼的焚毁遗迹保留至今。

39 童寯，《北京长春园西洋建筑》，《建筑师》，第 2 期（1980 年）156-68 页。也请参见：王世仁、张复合，《北京近代建筑概述》，刊载于：汪坦、藤森照信主编，《中国近代建筑总览：北京篇》，北京：中国建筑工业出版社，1992 年，5-6 页。

40 这些特征在以下研究中有所描述：童，《北京长春园》，165-6 页；以及王、张，《北京近代》，5-6 页。

41 童，《北京长春园》，165 页；以及王、张，"北京近代"，5 页。

42 同上，165 页。

43 同上，165-166 页。

44 王、张，《北京近代》，1-4 页。

45 同上，《北京近代》，5-6 页。

46 此风格就被称呼为"西洋楼式"或"圆明园式"。参见：王、张，《北京近代》，5-6 页。

47 刘，《〈视学〉– 中国》，77 页；吴，《在》，105 页。

48 此处土木工程和建筑学大学教育章程和课程设置情况，源于：赖德霖，《学科

的外来移植——中国近代建筑人才的出现和建筑教育的发展》，刊载于，赖德霖，《中国近代建筑史研究》，北京：清华大学出版社，2007 年，115-180 页。

49 邹跃进，《新中国美术史：1949-2000》，长沙：湖南美术出版社，2002 年，1-15，35-67 页。也请参见：Sullivan, *The Meeting of Eastern and Western Art*, pp. 171-207.

50 聂崇正，《中国巨匠美术丛书：郎世宁》，北京：文物出版社，1998 年，6-9 页。

51 王、张，"北京近代"，6-12 页。

52 蒙日（Gaspard Monge）1799 年的《画法几何》和迪朗（Jacques-Nicolas-Louis Durand）1801—1802 年的建筑历史和设计教学的文本，都在巴黎理工学院（École Polytechnique）中诞生，对 19 世纪巴黎美术学院（École des Beaux-Arts）的教学，影响重大，而在此后巴黎美院的英美版本中，在美国的大学里，中国学生在 1910 年代至 1930 年代年间学到了一套建筑设计和表现的语言体系。关于法国的从蒙日和迪朗到巴黎美院建筑设计和表现方法体系的发展过程，请参看：Alberto Pérez-Gómez, *Architecture and the Crisis of Modern Science*, Cambridge, MA: MIT Press, 1983, pp. 277-82, 288, 298-300, 304-14, 324；以及 Alberto Pérez-Gómez and Louie Pelletier, *Architectural Representation and the Perspective Hinge*, Cambridge, MA: MIT Press, 1997, pp. 71-87.

53 参看：Erwin Panofsky, *Perspective as Symbolic Form*, trans. Christopher S. Wood, New York: Zone Books, 1997, pp. 63-6；以及 Martin Jay, "Scopic regimes of modernity", in Hal Foster (ed.), *Vision and Visuality*, Seattle: Bay Press, 1988, pp. 3-23.

54 参看：Robin Evans, *The Projective Cast: Architecture and its Three Geometries*, Cambridge, MA: MIT Press, 1995, pp. xxv-xxxvii, 123-30, 351-70; Pérez-Gómez, *Architecture*, p. 174；以及 Pérez-Gómez and Pelletier, *Architectural*, pp. 19, 31, 55, 71, 82.

8

民族形式：
政权、史学、图像

The National Style:
State, Historiography and Visualization

1950 年代在中国近现代史上是一个关键的阶段。它是人民共和国第一个十年。它创立了至今还在运行的设计院和大学院系，以及尚在运用的有关历史知识。它也在早期研究的基础上，把作为"民族"传统的"中国建筑"这一体系，精确地建立了起来，使之可以迅速为设计新中国的新建筑服务。从政治、机构和学科的角度看，1950 年代具有奠基性的意义；这不仅对于 1949—1978 年间是这样，对于 1978 年之后当代中国，在更重要更潜在的意义上，也是如此。如果这样看待这十年，我们就有必要认真研究它，仔细阅读当时关于"民族"传统的有关事件、讨论和设计，并把这些与共和国的诞生和理想联系起来。

本文旨在追溯此十年间北京发生的围绕一些个人、出版物和设计项目的一些事件和一些讨论。[1] 这不是一篇历史概述，而是一次深入分析，关注的问题是 1950 年代中国首都政治环境下，历史研究和建筑设计中关于"民族"的话语。研究希望探讨三个问题：一，作为历史知识的"中国建筑"在当时如何被体系化、客体化；这个知识体系又是如何得到运用，为民族风格建筑的设计服务的？二，具有毛泽东思想和苏联影响的党和国家政府如何介入，权威和专业人员如何联系，有何种权力知识的互动关系，此关系又为何多产而有效，尽管后来有各种批评？三，民族风格背后的形式、视觉和认识论的基础是什么，它们与此前的历史研究有何种关系，它们和更早的欧洲近代及文艺复兴时期的

传统，包括其中的观察绘图方法，呈何种关系？换言之，本文在研究近现代中国这关键十年时，关注三个问题：知识、政治、形态。

在此项研究中，某些个人如梁思成、刘秀峰会得到考察。但是关于个人的尤其是梁的"浪漫"叙事，将被特意回避；今天中国学界把一些个人看成为悲剧英雄，把问题情绪化，推崇个人英雄主义，不利于研究。本研究关注的是思想和设计的社会生产，而不是个人的成败得失；个人在此仅仅是社会史中的一个节点，有时或许是比较关键的节点。福柯（Michel Foucault）的研究具有示范作用。[2] 他的研究追溯了历史演化中一些具体机构场所中逐步展开的现代知识体系的成型过程；在这些场所和这些时刻中，投向人体和物体的"科学"凝视（cast of a "scientific" gaze），如边沁设计的全视监狱中所展现的，或近代临床医院里所发生的，构成了一个关键的核心，让权力、知识、透视在此汇聚，它们互助而多产（mutually productive）。边沁（Jeremy Bentham）在此研究中，不是作为个人，而是作为观念史和机构史延展中的一个关键节点，而获得其重要性。安德森（Benedict Anderson）的"民族"观念，认为它是一个通过各种发明创造而想象出来的社区集团，对于这里的关于 20 世纪民族国家的建设的研究，也是有些启发的。[3] 但是他把欧洲启蒙运动作为民族国家起点的思路，在此需要回避，因为按照目前一些研究，中国至少在宋朝，如果不

是更早，就已经有了现代民族国家的特征。[4]

社会变革与机构变迁

人民共和国于 1949 年 10 月 1 日成立。建筑师很快"国有化"，被编入国家设计院和国立大学院系。他们需要听从党和国家政府的领导，共同建设一个新的民族国家。他们需要学习社会主义思想，并为新中国构想和设计新建筑。当时的中国，在共产党领导下刚刚获得独立和统一（大陆以内），并将进行工业化和社会主义改造。国家将进入"社会主义"体制，并在意识形态上，反对本土封建主义和西方帝国主义、资本主义及相关的资产阶级文化。

党发动了一系列社会运动，包括"土改"（1950）、"镇反"（1951—1952）、"三反五反运动"（1951—1952），以及对知识分子和专业人员的"思想改造"运动（1951—1952）。1953 年发起的消灭私有经济的"社会主义改造"，于 1956 年完成。1953 年，第一个五年计划宣布开始，计划包括 694 个工业建设项目，这是近代中国当时最具雄心的工业化部署。1954 年国务院成立，同年成立的还有全国人民代表大会及国家各部委。关于建筑师，他们于 1952 年前后被纳入国家设计院或国立大学。"中国建筑学会"于 1953 年成立，共产党员周荣鑫担任了理事长，而梁思成和杨廷宝，当时中国建筑学专业领域最受敬重的两位人物，分别担任了第一和第二副理事长。1954 年，建筑工程部成立，刘秀峰任部长，万里、周荣鑫及宋裕和任副部长。刘、万、周、宋都是党员。在此，也在其他各领域，党和专业人士之间保持了一个垂直关系。而这些 1949 年前已经完成学业的包括许多在美国读书的专业技术人员，现在需要学习毛泽东著作和共产党思想，跟随党的领导，参与一个被认为是进步的对社会的全面改造。

在建筑学专业人员中，梁思成是我们需要聚焦的第一人，因为他处于党和专业界之间极显著的位置，而且人又在北京（而杨廷宝和刘敦桢在南京）。梁于 1924—1927 年间就读于宾夕法尼亚大学；1928 年回到中国，在沈阳东北大学建立中国最早期的大学建筑系；1931 年起他加入中国"营造学社"；1931—1944 年间，他与刘敦桢、妻子林徽因和众多助手一起，对中国古建筑进行了历史上第一次"科学的"调查、记录和描绘。第二次世界大战结束后，梁于 1946 年任北京清华大学建筑系主任，又在 1946—1947 年间前往美国耶鲁和普林斯顿大学演讲，并作为国民党的中华民国的代表，参与了纽约联合国总部大楼的设计；1949 年，随着共产党领导的人民共和国的建立，作为清华建筑系主任和中国人民政治协商会议成员的梁，很快就卷入为新兴共和国建构一个新建筑体系的各种理论研讨的滚滚洪流中。从这里开始，梁在 1950 年代的活动轨迹，是我们需要聚焦观察的。从各方面讲，梁是一个关键的线索，可以帮助我们理解在为新中国设计新建筑时"中国建筑"传统的社会生产过程。

1950 年代有三个时刻，设计活动和设计话语达到高度活跃：最初几年，1953—1954 年，以及 1958—1959 年。第二和第三时刻是理论、设计和施工建设高强度的"巅峰"，而第一时刻则包括为新兴共和国设计符号标志的活动。在所有三个时间点，历史资源都得到了运用，为新形象新建筑的设计服务，这些都需要进一步考察。

第一时刻，1950：标志

由于梁的地位和影响，他介入了一些具有国家重大意义的项目，其中著名的是国徽设计、人民英雄纪念碑设计和北京城市规划。关于国徽设计，在受邀参加（与中央美院的）竞赛后，梁和林徽因代表的清华大学的设计方案胜出，获得了毛泽东和周恩来总理的认可。在深化细化之后，设计于 1950 年定稿公布。[5] 设计回答了任务书提出的三个要求：中国特征、政府特征、形式庄严富丽。其中"中国"特征主要表现于色彩的运用：红色天空上的金色五星，庄严、富丽，体现了中国的艺术传统。

关于首都中心纪念碑的设计，梁负责建筑设计（刘开渠和范文澜分别负责雕塑设计和历史叙述）。党的各级领导，以周恩来为主，深度介入了设计过程，包括碑的高度、位置和朝向的确定。设计 1952 年定稿，纪念碑 1958 年建成。设计过程中，争论的焦点之一是纪念碑的类型和尺度。大家认为，中国碑的类型比罗马柱式、埃及方尖碑更好，因为"碑文"即毛泽东题词"人民英雄永垂不朽"将镌刻于其上。然而中国的碑碣，形制矮小，高度在 2~3 米之间："郁沉"并"缺乏英雄气概"，必须"予以革新"。[6] 建成时，纪念碑高 37.94 米，矗立于巨大开放空间的中心，也就是在摧毁小尺度胡同肌理基础上新近打开的宏大的天安门广场的中央。纪念碑从 2~3 米到 38 米的飞跃，是一个激进的变化，一个最真实意义的空间革命。但是，它只是 1959 年北京更大变化中的一部分，就此我们将继续讨论。

梁思成参与了首都北京城市规划工作，但随后被边缘化，因为他将城市中心移出古城中心的方案不受欢迎。到 1953 年，中央政府采纳了一个确定的规划方案（称为"畅观楼方案"）。[7] 该方案实际在苏联专家协作下，由中共党员担当规划人员，直接参与制定而成。方案大胆自信，不仅表现在将新建筑群置于古城中心的布局中，也表现在关于未来的各种预测（人口增长、经济发展、工业化规模）以及这些预测对空间尺度要求的设定上（事后证明这个规划方案依然是保守的）。

第二时刻，1954：民族形式的理论化

在中国建筑学会 1953 年的成立大会上，作为第一副理事长的梁思成作了发言。学会的官方杂志《建筑学报》在梁思成主编指导下，于 1954 年 6 月和 12 月，刊出了第一期和第二期。作为关于新建筑的大讨论的积极参与者，梁思成是多产的，其言论和文字探讨了"民族风格"和"社会主义现实主义"等问题。但是，他的写作是不清晰的，直到 1953 年；那年初，他访问了莫斯科，亲眼见证了苏联作为"民族"和"社会主义现实主义"的古典建筑。我们可以观察到，在思想清晰、出版数量和内容覆盖面三方面，梁思成关于民族形式和社会主义现实主义的写作论述，在 1954 年达到顶峰。1954 年梁的写作的高强度，也对应了

1954—1955 年间民族形式建筑的建设高峰。在 1954 年梁的所有写作以及他主编的两期学报中，我们可以看到三元构架显现了出来。[8] 此构架包含三个领域：意识形态的理论、古代中国建筑的历史研究、设计方法论。第一领域的论述，提出了基本论点，认为需要一个社会主义现实主义的建筑，而该建筑需要运用民族传统去表达民族风格；第二领域的文字，提供了学术研究，使民族传统得以客观化和客体化；第三领域的论述，则提供了一个采用民族传统、设计社会主义现实主义的民族建筑的方法。

两期学报的内容中，我们可以看到这个三元结构。如第一期，有关于社会主义现实主义的译自俄文的理论文章；有梁思成的关于本土建筑传统的"中国建筑的特征"；也有张镈的介绍当时在建的采用传统中国建筑特征如曲线屋顶的西郊宾馆（友谊饭店）的图文。在第二期，这样的三角三元结构也有充分的体现。

在 1954 年梁自己的写作中，这样的三元结构得到了直接表达。在此我们可以找到这一年他的三篇文章，作为他当时的最佳表述，其中每篇覆盖了三个领域中的一个。第一篇是他 1953 年的讲话，发表于 1954 年的《新建设》：《建筑艺术中社会主义现实主义和民族遗产的学习与运用的问题》。[9] 第二篇是发表于《学报》第一期的《中国建筑的特征》。[10] 梁于 1954 年油印的 1944 年的书稿《中国建筑史》，也应该是此领域的重要文本。[11] 第三篇，涉及设计，是他的小册子《祖国的建筑》，其论述包括了具体的设计方法，以及民族形式建筑的两张想象图。[12]

有必要指出，1944 年完成的手稿，其内容以 1930 年代和 1940 年代初"营造学社"的研究测绘工作为基础。另外，《中国建筑的特征》一文是《中国建筑史》导言一部分的修改简写版。文章列举了中国木构建筑传统的九大特征，并认为这个传统有"文法"和"词汇"，可以"翻译"到现代建筑上去。在 1954 年出版的小册子中，梁进一步说，在翻译中，文法和词汇可以转化到新设计中，无论新建筑的尺度和高度如何；小册子最后提出的具体设计原则和草

图进一步体现了这一思想。

1954 年的《学报》还反映了当时中国建筑实践的两个特点：地缘政治上与苏联东欧的联盟，以及一种高强度的"建造主义"——民族形式建筑在设计后迅速建造起来，许多在1955 年建成（图 1）。除了建设和工业化紧迫性导致的高速建筑外，其他导致迅速的几乎是同时建造的原因，是理论与实践同时期的平行发展 —— 理论并未优先于建造。许多民族风格建筑在梁思成 1953—1954 年写作之前或之中就设计完成、投入施工了。事实上，随着 1949 年后民族自豪感的高涨，设计中的民族主义在 1950 年代早期就已开始。换言之，梁思成不是此运动的先驱，也非先锋式的旗手。以他在全国的地位来看，梁是这类建筑的主要理论家，其主要贡献在于他为民族形式的建筑设计提供了一个最全面的理论框架。

第三时刻，1959：城市空间形态的新类型

梁思成关于民族形式又称为"大屋顶"的理论工作，于1955 年在赫鲁晓夫批判斯大林的古典建筑时，遭到了批判，被认为是浪费的和唯心主义的。此后几年，中国的建筑思考逐步远离了苏联的影响，而梁的大屋顶和民族形式，在 1950 年代后期的包容各种"风格"的较大思维框架中，又得到了一定程度的认可。1958 年 9 月，为庆祝人民共和国成立十周年的国庆工程，宣布启动。该工程包括北京十大建筑的建设。全国范围的大合作迅速展开，十大建筑

图 1
友谊宾馆，北京，1956 年。建筑师：张镈。1997 年，朱剑飞摄。

的设计在几周内基本确定，施工在十个工地上快速展开。其中的两项在天安门广场的东西两侧，所以十大建筑工程实际上也包涵了首都中心广场的新扩建。十大建筑以及天安门广场，在十个月内即 1959 年 9 月底，全部竣工，为 1959 年 10 月 1 日的国庆做好了充分准备（图 2）。

1958—1959 年的建筑理论工作，与十大建筑的设计紧密相关。与几年前的首都规划相似，党直接参与了此次的建筑理论工作。党的主要领导人，尤其是周恩来、万里和刘秀峰，都就设计提出过重要指示。在专业人员中，梁在此前几轮组织安排的对民族形式的批判以后，其位置已经不再是占主导的理论家了。尽管他 1959 年加入了共产党，其位置也并未得到改变。在设计理论方面，一个党领导的更加集体的研讨出现了。这在一个邀请的会议上得到最佳表现。当设计基本确定，施工在北京工地上热火朝天地进行之时，三十多位全国著名建筑师和有关党的干部，于 1959 年 5—6 月在上海举行了"住宅建设标准和建筑艺术座谈会"。十位著名建筑师的发言，在《学报》的 6 月、7 月、8 月各期中依次得到发表，而发表的第一位是梁思成：一个表示尊重的礼貌举动。[13] 最后，建筑工程部部长刘秀峰在会议上的总结发言，发表在《学报》的 9—10 月合刊上，合刊同时也全面介绍了新建成的十大建筑和天安门广场。

刘秀峰的讲话，题为《创造中国的社会主义的建筑新风格》，是一篇关于建筑和设计的理论文章；是现代中国唯一由国家领导人写出的全面的建筑理论论述；其特征既是官方发言，又是学术论文。[14] 文章写得谨慎充实，并运用马克思的辩证法做了各种仔细的稳妥的平衡。它包含周恩来表达过、万里进一步阐发过的关于十大建筑的著名论点，也包括当时普遍接受却没有明确表述的观点。文章有两点具有特殊意义。第一，大屋顶可以在一些时候运用，而民族遗产应当批判地吸收继承。[15] 第二，我们需要探索更多的形式和风格，要吸收各种文化："古今中外，一切精华，兼包并蓄，皆为我用"。[16] 这是一个很中国的思想方法，需要另外研究。就本文研究范围来看，刘秀峰的这种提法，很好地解释了十大建筑在形式语言上的折衷和兼容：四个

采用民族形式的建筑也有大屋顶、两个采用西洋古典建筑构图（天安门广场两侧）、一个采用俄罗斯尖顶、三个采用了近似现代或"装饰艺术"的样式。如张镈（梁的学生、十大建筑中两栋建筑的设计参与者）所指出的，1959 年设计理论背后的思路，依然在梁思成翻译理论的影响之下，翻译理论把形式看成为"风格"，可以附加在现代建筑结构之上。[17]

1958—1959 年的真正突破，是 1954 年建筑的单体大尺度向 1959 年建筑的城市尺度的飞跃：突破发生在新城市尺度和城市形态新类型的确立，表现在笔直大道、巨大广场和周围宏大建筑的整体出现。[18] 最佳代表是长安大街、天安门广场和位于中心的纪念碑和两侧的国家级纪念性建筑（图 2b）。东西宽 500 米南北长 880 米伴随着巨大单体的天安门广场的出现，是一个关键的突破：这是一个伟大的空间的革命。从古代矮小的碑碣到屹立于广场中心 38 米高的纪念碑，只是 1959 年这一巨大空间革命的一部分，却也是有代表性的关键节点。另一重要突破，是北京中心区域整体形态的水平性的确立，它是对现代的英雄式单体的制衡，其巨大影响力从"俯瞰"大街和广场北方庞大的故宫建筑群体中发出。如人民大会堂和天安门广场设计者赵冬日和张镈所言，广场和东西两侧建筑的巨大水平轮廓（建筑立面高度为 40 米，构成广场横切断面高宽比是 1/12.5=40m/500m），呼应了北方宫殿建筑群体的舒张开阔的水平性，在那里，天空和水平线占据着统治地位。[19] 如赵所言，天安门广场吸纳了五世纪前建造的宏大皇家宫殿群的"优越形势"。[20]

回到 1954：意识形态、历史研究、设计方法

但是，如上文所说，除了城市尺度和多风格兼容外，1959 年的理论依然在 1954 年的理论框架之内。民族形式依然占主要地位；各种形式依然被看是可以翻译的风格；建筑方向的意识形态的界定依然是"中国的""社会主义的"和"现实主义的"。另外，刘秀峰的论述比较抽象，而梁思成的话语更有跨度、也更具体，与历史研究和设计方法

图 2
a. 民族文化宫, 北京, 1959 年。建筑师: 张镈。1996 年,
朱剑飞摄。
b. 天安门广场及十大建筑中的两座: 人民大会堂和革
命历史博物馆, 北京, 1959 年。建筑师: 赵冬日、
张镈、张开济。1977 年摄影, 毛主席纪念堂新近建成,
位于南部。源自: 路秉杰, 《天安门》(上海: 同济
大学出版社, 1999 年) 16 页, 图 1。

b

权威、形态、视野

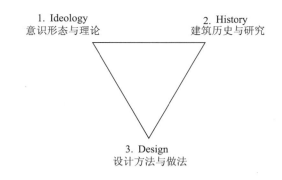

图 3
梁思成 1954 年民族形式理论论述的三元构架。
© Jianfei Zhu/ 朱剑飞（2009, 2017）。

1. Ideology
意识形态与理论

2. History
建筑历史与研究

3. Design
设计方法与做法

1. "建筑艺术中社会主义现实主义和民族遗产的学习与运用的问题"（1953 年演讲，《新建设》1954 年第二期发表文章以及 1950- 3 年间的七篇文章） 195

2. "中国建筑的特征"（《建筑学报》1954 年第一期）、《中国建筑史》（1954 年）及另一篇文章（《建筑学报》1954 年第二期）

3. 《祖国的建筑》（包含两幅草图的小册子，1954 年）

建立了明确的关系。出于这些原因，我们有必要回到 1954 年的梁思成，以获得对 1950 年代整体的更清晰的理解。

梁思成三元理论覆盖的三领域的各核心内容，需要继续挖掘和提炼（图 3）。在意识形态的理论领域里，梁跟随了毛泽东，认为艺术必须为政治服务，必须是"现实主义的"（而不是抽象的），为"社会主义"建设服务。[21] 在共产党理论指导下，这个建筑的意识形态立场是双重的：反对帝国主义的民族主义（民族的独立和解放）和反对资本主义的社会主义（人民的解放和社会的公正）。这个建筑的形式语言，应该是现实（写实）主义的，以表达民族的传统，反对帝国主义和资本主义国家的抽象的现代主义。所以，中国的建筑要采用"民族形式"，并且是"社会主义现实主义"的。无论我们今天如何看待，这个建筑具有批判性和进步性，因为它支持了民族的独立和解放，以及为公正而努力的社会主义事业。

第二个领域，关注中国建筑传统的历史研究。这里，梁的"中国建筑的特征"列举了九个特点，其中三个都和曲面屋顶有关：凹型曲线、举折、斗拱 ——而这些是宫殿或宗教建筑，而非一般民居建筑的特点。[22] 这九个特点的清单，是 1944 年书稿第一章绪论所论述的较为复杂的特征的简写版，而书稿又以梁思成、刘敦桢领导的"营造学社"在 1930—1940 年间的大量工作为基础。[23] 换言之，一个纷繁复杂的知识仓库或档案馆，在 1954 年的局势压力下，锻造而成一个精炼的九项特征的清单，使一个所谓的中国民族的传统，可以被认识、被客观化和客体化，并得到运用。在此时刻，一个可读的系统被建造了起来，一个有明显特征的传统也被创造了出来。其过程是选择性的，倚重了北方的寺庙和宫殿，包括明清北京的皇家建筑。

在第三个领域，梁遵循了毛的思想，认为传统应该批判地吸收，对于传统需要"去其封建糟粕、取其民主精华"，民主在此指人民的（各方面）。[24] 所以，譬如说，皇家宫殿具有阶级内容，应该抛弃，但它也有人民大众喜闻乐见的美丽的形态特征——轮廓、结构、比例、色彩，等等，这些应该是可以吸收和继承的。这个毛泽东的批判转化，在梁思成的解读下，"皇家"的转变成了"民族"的，从而属于了"人民"。关于设计，现在的问题是如何批判地选择性地吸收中国建筑传统。就此，梁提出两个原则：一，传统形式可以翻译到现代建筑上去，无论新建筑的大小高低；二，在翻译中，轮廓最为重要，比例其次，装饰细部再次之。梁随后拿出了两张新建筑想象图，展示了按此方法设计的新中国建筑的可能形象。其中一张描绘了三到五层高的水平建筑群体，另一张是一栋35层的高楼以及周边的裙房。想象图为铅笔淡彩，采用透视法，运用了阴影，使建筑显得坚固、厚重、如纪念碑体，强化了作为开放空间里的耸立物体的效果。

梁自己也许没有意识到，其论述中有如此清晰的三元理论构架，但是三元构架中的所有观念和关系都已于1954年陈述了出来。这应该是认识中国50年代设计思想最重要的理论构架。有了这个三角或三元构架，那年前后的许多事件和在三角构架内外的观点和联系中，都可以找到其位置，得到应有的关注和理解认识。例如，梁在1953年对莫斯科的访问，对于梁清晰理解民族风格和社会主义现实主义的实际含义至关重要（1953年和1954年的时间关系）。又如，梁在1953—1954年间的写作中所引用的毛泽东思想（在1940年代已形成）和相关的来自斯大林和苏联的观念（1930年代—1940年代），在处理政治和艺术的关系，以及传统的批判性继承等问题上，是很重要的（第一领域的问题）。再如，历史研究和设计创作的关系，也就是三角中第二和第三领域的关系，在如何将历史知识提供给设计的问题上，也是很关键的。另外，1950年代民族形式的设计，看来不仅与1930年代—1940年代的历史研究相关，也和1930年代南京的形态设计相关，因为当时在国民政府号召下，建筑师探索建造了"中国固有式"建筑，而梁思成也介入其中（1930年代与1954/1950年的关系）。

有了1954年的三角结构或三元构架，我们可以推测，1950年代民族形式的思想根源包括三个方面：一，毛泽东

《在延安文艺座谈会上的讲话》（1942）和《新民主主义论》（1940）所提出的艺术必须为政治服务以及要批判继承传统的思想；[25] 二，提供具体实例和理论话语的斯大林的古典主义建筑体系（到赫鲁晓夫1954年批判斯大林为止）；三，欧美在设计和历史研究上的影响，可以追溯到1930年代，当时中国建筑师和学者探索建造了"中国固有式建筑"也进行了建筑历史学的研究，而他们大都于1920年代在西方尤其是美国获得了学院派体系的建筑教育，而该体系的欧洲源头，在古典的法国（1789年的前与后）和更早的文艺复兴的意大利。这些思想观念的渊源，包括毛泽东、斯大林、南京1930年代的设计、美国引进的学院派体系，在今天中国建筑学术圈里，已家喻户晓。一个例外，也是一个更深层的线索，是一系列追溯到遥远过去的关系，从1950年代/1930年代的设计到1930年代的历史研究，再到古典法国和文艺复兴的意大利：一个关于观看之方法的体系，从海外引入，在1944年和1954年获得成果，然后飞跃到北京的想象新建筑的创作画面上。这条线索需要我们进一步考察。

视野与形态：物体与现代性的引入

梁思成、刘敦桢主导的"营造学社"在1931—1944年间对古建筑以"科学"方法考察、测绘、研究比较时，其工作包括对建筑系统的图像记录的重要环节。[26] 这种记录采用了源于文艺复兴以来近代欧洲的图像描写方法。各种资料表明，梁1944年的工作，以1901年弗莱彻（Banister Fletcher）的《建筑史》的图文为标准，[27] 而这本又跟随了杜兰德（J-N-L Durand）的1801—1809年"世界建筑"研究的图文。[28] 1944年手稿中所包含的图文，其视觉化的技术包括阴影法、透视法、正交投影，和普遍性比较（跨地域和时代的对平面和结构类型的比较）。实际所用图像，包括单体建筑的照片、水彩水墨渲染和正交投影单线图（平面、立面、剖面），也包括许多建筑系列，用统一比例尺的单线图绘出，进行跨越式普遍性比较。从单体建筑的描绘，到重新组合一个抽象平台进行普遍性比较考察的多建筑的排列，科学的透视在一步步地转化着对方。本土传统的营

a

b

图 4

梁思成团队（营造学社）于 1944 年完成的关于古代
本土营造构筑的图像绘制。源自：梁思成，《梁思成
全集，第四卷》(北京：中国建筑工业出版社，2001 年)
117、119、219、220 页。a. 山西大同善化寺大雄宝
殿立面图；b. 山西应县佛宫寺释迦塔立面图；c. 历代
殿堂平面及列柱位置比较图；d. 历代木构殿堂外观演
变图。

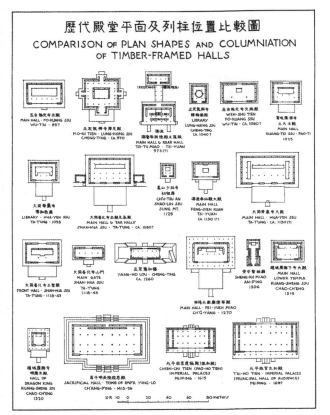

歷代殿堂平面及列柱位置比較圖
COMPARISON OF PLAN SHAPES AND COLUMNIATION OF TIMBER-FRAMED HALLS

c

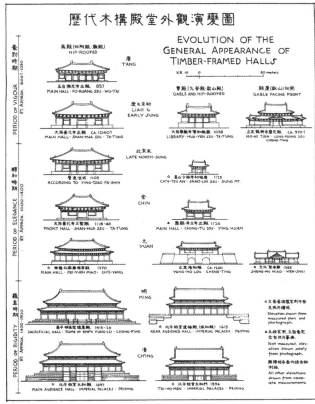

歷代木構殿堂外觀演變圖
EVOLUTION OF THE GENERAL APPEARANCE OF TIMBER-FRAMED HALLS

d

造构架和群落，被一步步地单独化、纯洁化、物体化、客体化、客观化。阴影的表现、精确的单线正交图、图版上的中文和英文注解、图版四周的单线画框，都促成了一个新视野的出现，一个新知识空间的出现（图4）。1944年完成的七十张图板，建构了一个新的视野，一个关于本土古代构架的现代知识的纯粹而抽象的空间，而这些构架在此视野中，成为单独的净化的物体。[29]

潘诺夫斯基（Erwin Panofsky）在其《作为象征形式的透视法》（*Perspective as Symbolic Form*，1997）一书中表明，线性透视法及其体系，或者说文艺复兴以来一整套理性图像法，包含的不仅是科学的看法，也有一个文化的、特殊的关于看和认识的"象征形式"。[30]这个"象征"的看法，假设了一个视线的圆锥体，从一固定的单点（单眼）出发，

通过一个画框或窗户，投向世界：这是一个凝固的单眼对于远方的事物的捕捉。它催生了一个笛卡尔式的分裂（split）或去人体化（disembodiment），把心物、身心、主客分开，使体成为物，使世界客体化、客观化。换言之，梁刘学社1930年代的历史研究，不仅仅是"科学"的，也在文化的、在认识论上是特殊的具体的，它包含了一个新的观念，也包括了其中的"偏见"：一个二元对立的、将世间事物去人体化、使世界成为纯粹物体和客体的笛卡尔现代科学世界观。学社的历史研究，是现代学者用现代思维对另一个文化体系中实践了几千年的传统的再阅读和再表现。

换言之，此次科学的历史研究（1931—1944），也是一个创造性的文化工作，因为在此工作中，新的视线投在了一个事物的领域，并就此产生了关于此领域的新观察和新

认识；在此新视野下，这些事物转变成了另一种事物 —— 普遍开放空间里的纯粹物体。当这个转变在1944年完成，并在1954年再次出现时，下一步的飞跃，在一个创造性画面上想象勾画纪念碑式的物体般的新建筑的飞跃，就很自然而顺理成章了（图5）。1930年代—1950年代，历史研究与创作设计的发展过程，紧密联系在一起：核心纽带是一种凝视，一种看法，一种把综合的人性的事物视为客观的物体的看法，也是一种将未来建筑视为高大物体或客体的看法。

在北京，作为纪念碑式的高大物体的现代建筑的崛起，当然和其他许多具体因素相关（如功能的、结构的、建造方式的现代化和大尺度化）。但是，这样一种看的范式，为英雄的物体建筑的到来，及其合法化和顺利实施，提供了一个视觉的和象征的方法。另外，建筑学中这种把营造事物视为纯物质客体的看法，应该是中国引进西方现代性整体过程一部分，这种引进发生在中国的思想、艺术、科学和工业化各领域，比如，徐悲鸿等前辈所引入和确立的现实主义美术语言，也在现代中国视觉文化的形成过程中起到了核心作用。[31]

结语：具有奠基意义的1950年代

在1950年代，有党和专业人士的互动，也有历史和设计的关联。在第一组互动中，一种垂直的关系确立了起来；具有特定意识形态的国家政府，领导了专业人士的工作；在此权力与知识的关系中，两者互相有效地"生产"了对方（"productive" of each other），如福柯在别处所理论的那样。如果没有党和政府的压力，专业人士关于传统和设计的专业话语就不会如此产生；如果没有专业人士提供的设计和学术话语，党和国家政府也不会得到如此的视觉、形态和空间上的表达和物化。这个权力和知识的互动关系，实际上横跨串联了许多领域：政府、意识形态、历史知识、设计创作、形态、图像化和认识论。

在专业人士工作中，有第二组关系，一个"水平的"历史研究和设计创作之间的关联性。这里，在政治要求压力下，也在需要迅速认定统一的传统，并创造一个新的民族建筑的紧迫压力下，庞大的历史知识库存被压缩而成精简系统。在此过程中，一个"中国建筑"的传统创立了起来。而这又推动了新的中国建筑的构想、创造和完成，这种建筑尺度远超过去，在城市环境中也成为孤立的巨大物体，但还是保持了一些古代本土建构的特色，如屋顶曲线和水平延展性。

在此过程中对传统有选择的阅读，结果北方的、高等级的古代建筑（宫殿和寺庙）被选出，去代表极广泛的多体系并存的领域。在此过程中，也有一个对高等级传统的意义的政治转化：通过毛泽东的"批判继承"，皇家建筑在重新阅读中，转化成民族的建筑，并在社会主义中国，属于了人民。在此语境里，这种新建筑也成为进步的建筑，因为它支持了民族和社会的解放。

另外，从1930年代到1950年代，在对传统研究、概括、运用的过程中，有一个将本土木构架及其群落客观化和客体化的过程，其主要催生工具是从西方借来的眼镜或视觉框架；这种新的看法马上就转换到一个创作的画面上，推动了作为物体和高大纪念碑的现代中国建筑的设计，反映在梁的想象图、50年代中期的大体量建筑，和配合长安大街和天安门广场的十大建筑的更加宏大的城市形态类型。

设计实践的模式也很特殊，表现在三方面。一，专业人士跟随了党和政府意识形态的和精神道德的领导；二，所有专业人员在国有设计院或大学院系里，以集体方式工作，可以跨越各种内外界限进行合作；三，有紧迫压力，需要迅速设计并施工建设，表现为一个"建造主义"的动力关系。尽管这些实践方式似乎是1950年代、1960年代、1970年代的特点，但是如果我们把之前和之后的阶段也包括进来，即1930年代和1990年代及2000年以后，这些实践特征在不同程度上依然存在。在1930年代，建筑师在私营事务所工作，但他们也听从政府的意识形态和精神道德的召唤，创造了新的中国建筑；在1990年或2000

a

b

图 5
新中国建筑的想象：梁思成 1954 年绘出的两张草图。
a. 三十五层高楼；b. 十字路口小广场。源自：梁思成，
《梁思成全集，第五卷》（北京：中国建筑工业出版社，
2001 年）233 页。

年后的当代中国，国家的精神领导、设计的各种合作和紧迫的"建造主义"，依然是明显特色。尽管有更浓重的政治氛围，1950 年代的实践对于此后的中国具有代表性和奠基意义。

概括起来，这是重要的十年，它为现代中国建筑专业的实践和学术，奠定了一个基础。在选择的、政治的阅读和客体化、科学化的过程中，一个关于民族传统的知识体系建立了起来，并引出了此后的发展、补充、批评和修正。一种实践模式也得到确立，其基本特征延续至今：历史与设计的相关、设计中对民族文化传统的表达、国家政府的领导、关联的合作的工作伦理和追求迅速建设的"建造主义"。

An early draft of the work was published as follows: Jianfei Zhu, *Architecture of Modern China: A Historical Critique* (London: Routledge, 2009), pp. 75-104 (Chapter 4, 'A Spatial Revolution: Beijing, 1949-59').

第一稿原文如上；中译文：吴名翻译，朱剑飞校对，发表于：朱剑飞主编《中国建筑 60 年：历史理论研究》（北京：中国建筑工业出版社，2009 年），47-71 页（第 3 章，"国家、空间、革命：北京，1949-1959"）。研究第二稿中译文（2012 年）：周觅翻译，朱剑飞校对，未发表。研究第三稿即在此发表的中译文（2014 年）：周觅、吴明友翻译，朱剑飞校对。

本研究材料收集和文献参考截至于 2008 年。

---

1 本文从先前论文发展而来：Jianfei Zhu（朱剑飞），*Architecture of Modern China: A Historical Critique* (London: Routledge, 2009), 75-104.

2 Michel Foucault, *Discipline and Punish: The Birth of the Prison*, trans. Alan Sheridan (London: Penguin, 1977), 195-228.

3 Benedict Anderson, *Imagined Communities* (London: Verso, 1983), 1-7.

4 Francis Fukuyama, *The Origins of Political Order: From Prehuman Times to the French Revolution* (London: Profile, 2012), 19-21, 128-138, 147-150, 291-295.

5 秦佑国，《梁思成，林徽因与国徽设计》，编辑委员会（编）《梁思成先生百岁诞辰纪念文集》（北京：清华大学出版社，2001 年）111-119 页。

6 梁思成，《人民英雄纪念碑设计经过》，梁思成，《梁思成全集，第五卷》（北京：中国建筑工业出版社，2001 年）462-464 页。

7 董光器，《北京规划战略思考》（北京：中国建筑工业出版社，1998 年）313—323 页。

8 我在 2009 年首次提出这一构架：Zhu, *Architecture*, 84-86.

9 梁思成，《建筑艺术中社会主义现实主义和民族遗产的学习与运用的问题》，梁，《梁思成全集，第五卷》，185-196 页。

10 梁思成，《中国建筑的特征》，《建筑学报》第 1 期（1954 年）36-39 页。

11 梁思成，《中国建筑史》，《梁思成全集，第四卷》（北京：中国建筑工业出版社，2001 年）1-222 页。

12 梁思成，《祖国的建筑》，《梁思成全集，第五卷》，197-234 页。

13 这十位建筑师是：梁思成、刘敦桢、哈雄文、陈植、赵深、吴良镛、汪坦、戴复东、金瓯卜和陈伯齐，名字顺序按出版物中出现顺序排列。

14 刘秀峰，《创造中国的社会主义的建筑新风格》，《建筑学报》第 9-10 期（1959 年）3-12 页。

15 刘，《创造》，9 页。

16 刘，《创造》，10 页；也请参考：张镈，《我的建筑创作道路》（北京：中国建筑工业出版社，1994 年）157 页。

17 张，《我的》，150-151、156-157 页。

18 Zhu, *Architecture*, 96-99.

19 张，《我的》，154、177、179 页；也请参考：赵冬日，《天安门广场》，《建筑学报》第 9-10 期（1959 年）18-22 页。

20 赵，《天安门》，21 页。

21 梁，《建筑艺术中社会主义现实主义》，185-196 页。

22 梁，《中国建筑的特征》，36-39 页。

23 梁，《中国建筑史》，1-222 页。

24 梁，《祖国的建筑》，228-229、233-234 页。

25 毛泽东，《在延安文艺座谈会上的讲话》和《新民主主义论》，刊载于毛泽东，《毛泽东选集》，第三卷、第二卷（北京：人民出版社，1970 年），804-835、623-670 页。

26 梁，《中国建筑史》，1-222 页。

27 梁思成，《梁思成的发言》，《建筑学报》第 11 期（1958 年）6—7 页；也请参考：林朱洙，《叩开鲁班的大门：中国营造学社史略》（北京：中国建筑工业出版社，1995 年）32-33 页。

28 David Watkin, *The Rise of Architectural History* (London: The Architectural Press, 1980), 23-24, 85-86.

29 包括 70 张单线图和渲染图，和更多的照片，于 1944 年结束，其图文书稿《中国建筑史》于 1955 年在小范围内出版流通，而书稿的简化版，用英文于 1984 年出版：Liang Ssu-ch'eng, *A Pictorial History of Chinese Architecture* (Cambridge, Mass.: MIT Press, 1984).

30 Erwin Panofsky, *Perspective as Symbolic Form*, trans. Christopher S. Wood (New York: Zone Books, 1997)；也请参照：Martin Jay, "Scopic Regimes of Modernity", in *Vision and Visuality*, ed. Hal Foster (Seattle: Bay Press, 1988), 3-23.

31 Zhu, *Architecture*, 34-40; 也请参阅：邹跃进，《新中国美术史（1949—2000）》（长沙：湖南美术出版社，2002 年）1-15、35-67 页。

9

埃文斯在 1978 年：
在社会空间和视觉投影之间

Robin Evans in 1978:
between Social Space and Visual Projection

综述

罗宾·埃文斯（Robin Evans, 1944—1993）的论著引起了国际建筑学界日益增长的关注。其研究的吸引力，或许来自他的分析深度，以及他关注点从社会问题（监狱和住宅中的伦理和权力关系）到形式问题（设计、创作、投影）的飞跃。本文试图描述这一整体演化过程，同时关注此过程中一个关键的转折点，即他于 1978 年发表的文章《人像、门洞和走道》。本研究通过对此文的精读来探讨埃文斯在此刻的观察方法，以及由此推出的他在此前和此后研究方法。研究关注此文的两个方面：对平面的结构分析和对不同材料类型的综合运用。本文在第一方面发现了"句法"的分析方法，也在第二方面发现了他没有解释的描述建筑形态的照片（和照片式透视图）的使用。本文提出，此文所采用的基本研究构架，并非他本人说的联系平面和叙事绘画的二元构架，而是一个联系平面、叙事绘画和摄影照片的三元结构，而第三元素恰恰是面向形态和视野的关键窗口。本研究不仅在时间更在方法上确定了埃文斯关于社会空间和视野投射的动态研究历程中的 1978 年的核心地位。

导言

世界各地（尤其在北大西洋两岸）建筑学者之间有一种悄然而普遍的对埃文斯的敬意。埃文斯的魅力或许源于他研究中的两个特点。第一是其研究工作所能达到的惊人的分析深度，无论研究课题是监狱、住宅还是设计创作。他的第二个神秘之处，是其研究生涯中研究重点的奇特而突发的转变，从很社会的课题到几乎完全是非社会的问题。在学术生涯前半段，他主要研究了监狱和住宅，及相关的社会改革、道德伦理、家庭生活和机构运行等问题；而在生涯后半段，他转向了纯粹的形式问题，包括设计和形态创作，而绘图、想象和投影构成他此时关注的核心问题。第一类工作属于建筑的社会学研究，而第二类则属于艺术史的范畴。第一类中的建筑，经常是无名氏的、社会上普遍的或有代表性的，而第二类的几乎都是著名建筑师独一无二的杰出作品。

在从 1970 年代到 1990 年代的研究转变中，一个有趣的现象是平面图的逐渐消失，以及视觉材料的逐步占据主导，尤其是描写建筑形态的摄影图像（照片和透视图等）的主导。这可以从他的两本书中得到清晰证明；两本书分别代表了他第一和第二阶段的研究：《品德的编造：英国监狱建筑 1750—1840》（The Fabrication of Virtue: English Prison Architecture 1750-1840, 1982）和《投影之模式：建筑及其三种几何学》（The Projective Cast: Architecture and its Three Geometries, 1995）。[1] 而这个从平面到照片的研究装置的改变，可以更清晰地呈现于他的几篇著名文章的横向比较。

如果我们按时间顺序列出他的文章，就可以找到两个阶段，第一段关注监狱和住房（1971—1984），第二阶段关心设计、绘图和投影（1986—1995），每阶段以一本书的出版为结束。在第一阶段的头尾和第二阶段的早期，是三篇著名文章：《边沁的全视监狱》（Bentham's Panopticon，1971）,《人像、门洞和走道》（Figures, doors and passages，1978）和《从绘图到建筑的翻译》（Translations from drawings to buildings，1986）。每篇都采用了各种类型的图示。这些图示可以按抽象程度归纳成四种。随着抽象度的递减，它们分别是：平面，剖面或立面（或剖立面），三维轴侧或透视图，写实绘画或照片。三篇文章中的这些类型的图示数量，可以收集起来进行比较（表1）。[2]按时间顺序，从第一到第三篇，各种抽象图示（平立剖面和三维视图）的数量降低了，而写实图像（绘画和摄影）的运用却在上升。

要指出的是，最主要的反差表现在最抽象和最写实的材料，即平面和绘画照片之间：平面使用降低了（17、19、3），而写实视觉材料迅速上升（0、14、13）。如果我们采用百分比做统一比较，变化就更加明显了：平面使用在减少（52%、50%、15%），而写实图像则出现并迅速攀升（0%、37%、65%）。平面数量在减缩，其他抽象图示也如此，而写实的照片和绘画则出现并很快占据主导。如果我们比较文章的内容就会发现，抽象平面消失和具象图绘上升的过程，正好伴随着整体研究对象从社会到形态的转变。转

表1　埃文斯三篇主要论文中图解类型的分布

	平面图数量	剖面和立面图数量	三维轴测和透视图数量	绘画和照片数量	总和	百分比（%）
边沁的全视监狱（1971）	17	9	7（4+3）	0	33	52：27：21：0
人像、门洞和走道（1978）	19	4	1	14（8+6）	38	50：10：3：37
绘图到建筑的翻译（1986）	3	3	1	13（7+6）	20	15：15：5：65

变是逐步的，但确是不动摇的也是戏剧性的；在两端，"另外"的议题和材料被降到最低点；1971年的第一篇文章里没有照片和绘画，而1986年的第三篇，平面的使用到达最低限。

然而，在此演变中，位于中间的文章《人像、门洞和走道》占据了难得的核心位置；在此，平面图和写实图像都得到了大量的使用（19、4、1、14或50：10：3：37）。

如果我们仔细阅读，也会发现文章的内容同时兼顾对社会和形态的关心。基于此文在埃文斯研究轨迹中的核心地位，我将对此文做深入分析。[3]分析目的是探讨在研究轨迹中点的此文，他所采用的尤其是观看和考察的方法。聚焦的重点是他的"看"法，以及他凝视物体时所用的工具或装置；研究对象是此时此文，也是整个变化着的学术发展的轨迹。

"人像、门洞和走道"

这篇文章研究了欧洲别墅和住宅从16到19世纪的演变，研究分别以意大利和英国的案例为早期和晚期设计的主要代表。[4]研究的主要发现是，在此历史发展过程中，住宅平面发生了变化，从互相串通的房间矩阵（人必须穿越几个房间到达某处，且大多数房间都不止一扇门），到"走道平面"，其大多数房间只有一扇门与中间走道联结（人可以进入任何一个房间而无须穿越其他房间）。埃文斯在描述这个历史演化时，列举了五个节点，每点配有一组实例。

第一节点的主要例子是1518—1825年间的玛达玛别墅（Villa Madama），有许多互相串通在一起的厅堂，构成丰富的房间矩阵（图1）；第二节点包含毕弗特住宅（Beaufort House 1597）、柯斯住宅（Coles House 1650—1667）和阿姆斯伯里住宅（Amesbury House 1661），一条中间走道在这些建筑中出现（但有时和部分的联通房间矩阵同时存在）；第三节点是克尔（Robert Kerr）设计的比尔伍德公馆（Bearwood Mansion，1864），在此走道平面在19世纪中期最终建立（1810年代—1830年代的约翰·索恩爵士

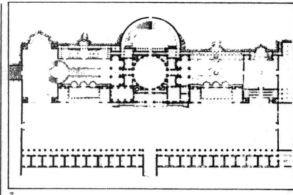

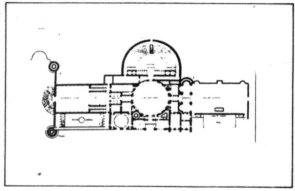

6 Reconstruction of the Villa
Madama by Percier and Fontaine,
1809. A drawing which was less the
reconstruction of an original plan,
more the reaffirming of a principle of
composition: symmetry prevails and
repetitions abound. One thing it does
show however, is that the systematic
division of circulation space from
occupied space occurred only in the
stables.

7 Villa Madama, plan by Antonio da
Sangallo (redrawn)

8 Villa Madama, garden facade. The
unifying device of a giant order could
hardly conceal the disparities
between the classical composition of
the facade and what lay behind it.

图 1
埃文斯 1978 年文章中所出现的玛达玛别墅（罗马，
1518—1525）和《圣母玛利亚》画像（1514），二
者均为拉斐尔的作品。源自：Evans，"Figures, doors
and passages"，*Architectural Design*, 1978,48(4):
267-78; 269.

住宅 Sir John Soane's House，也是演化过程的一部分）。第四节点的主要案例是 1859 年的红屋（Red House），由韦伯（Philip Webb）和莫里斯（William Morris）设计，它确立了走道平面的主导地位（尽管在其表面有回归中世纪的风格），也流露出维多利亚时代家庭生活的特点：私密性、保守性、注重礼仪，和令人窒息的日常性等（图 2）。第五节点包含一个俄罗斯俱乐部和一个德国"功能住宅"，都在 1928 年建成，它们继续推进房间和空间的个体化，努力使社会从维多利亚式的压抑中"解放"出来。伴随整个空间演化的，是家庭生活从整合到分割的社会变化，其过程也见证了阶级、私密性和个人（主义）的形成。

埃文斯对此文所用的研究方法是自觉的。按照他的解释，这里的方法包括以下几个方面：

1）平面 / 绘画 / 文学的对应。文章运用了平面、绘画和小说，作为资料的三个来源，并试图由此复原某历史时刻的具体的家庭生活状态。这里的假设是，别墅的平面、同时代和地点的人物绘画作品，和同样社会历史背景下的小说故事，应该是关联的，这样我们就可以找到一种对应和契合，由此来复原重构当时的状态。这里平面 / 叙事（绘画和文学）的二元关系，尤其是平面 / 绘画的配对，在埃文斯对研究的自我解释时有清楚的说明。但是按照我这里的考察，他实际工作的现实情况更加复杂；关于这个重要问题，我们稍后将予以说明。

2）平面作为社会生活的格式的主导意义。对埃文斯而言，平面 / 绘画的契合以及复原工作推进的基础，是平面。他认为，对于一个住房平面所记录的空间格局的仔细分析，是关键的和最基本的。埃文斯说，"如果建筑平面描写了任何东西的话，那就是人的互相关系的本质，因为平面所记录的其元素的痕迹——墙、门、窗、楼梯——被用来对居住空间进行切割，然后有选择地再联系起来"。[5] 他又说"……建筑……包含日常生活现实，并且……不可避免地为社会生活提供了一个格式……。（在此文中）平面获得仔细深入的考察，以寻找平面中的为使用空间提供先决条件的基本特征"。[6]

3）平面作为一个"进入"的空间体系。在文章的开篇，埃文斯就明确宣称，研究"关注的就是进入的问题"，[7] 一个平面所描绘的是进入和穿越建筑的路径的格局，一个人们生活、行走、互相交往的空间领域，而这些也可能在绘画和小说中获得描写。这篇文章通过对平面和"进入"空间体系的全面分析，发现了"两种极端的类型，一种是连通房间矩阵，另一种是走道平面，并指出，它们分别是各自独特生活方式的构架"。[8]

埃文斯的从房间矩阵到走道平面的演化的发现，受到了广泛赞誉，被认为是对大量历史材料的有力的分析和洞察的结果。如果此文确实很说明问题，那么它的成功或许归功于该研究的两个特征：一个是对平面的结构分析，另一个是对视觉和叙事材料（绘画、图像、小说）及平面结构分析的综合运用。这两方面都需要我们进一步的研读。

对平面的结构性分析

在埃文斯对平面的审视，也就是对平面的进入结构和它对人生活的影响的考察中，有两个方面，我们必须清楚认识到：平面所暴露出来的"拓扑学"的建筑空间结构，和建筑在影响人的社会或居家生活时所起的"工具性"作用。让我们来看看他是如何观察平面或平面的进入结构的。在描写有连通房间矩阵的玛达玛别墅时，他说：

"这些房间有两扇门，有些有三扇，另一些有四扇，而这在 19 世纪以后任何类型和大小的居住建筑中都被看成是一个错误。……主入口在最南面。一个半圆楼梯踏步将人带入……到达一个前天井，再经过一段楼梯，把人带入一个柱子大厅，再穿过……才进入位于中央的圆形大厅。……从这个大厅出发……有十条路径可以把人带到别墅的各个居室，每条路线都是平等的。五条直接把人带出圆厅或它的附属小厅，三条要通过华丽的敞廊，廊外是墙体围合的花园，而另外两条则要经过观景楼"。[9]

The real difference was the way architecture was used to overcome these annoyances. For Alberti, it was a matter of arranging proximity within the matrix of rooms. The expedients of installing a heavy door with a lock, or of locating the most tiresome members of the household and the most offensive activities at the greatest distance served his purpose, and these were conceived of as secondary adjustments to harmonise the cacophony of home life rather than to silence it. With Kerr, architecture in its entirety was mobolised against the possibility of commotion and distraction, bringing to bear a range of tactics involving the meticulous planning and furnishing of each part of the building under a general strategy of compartmental-isation on the one hand, coupled with universal accessibility on the other.

Oddly enough, universal accessibility was as necessary an adjunct to privacy as was the one

19 Queen Guinevere, William Morris, 1858. There are two figures in the painting, Guinevere and a minstrel in the background. Not only are they physically separate but neither recognises the presence of the other and although Morris had trouble oil painting, this was not just the result of limited technique.

20 The Red House, Bexley, Philip Webb and William Morris, 1859. In these plans, which are rarely reproduced, Morris's radical medievalism was invisible.

door room. A compartmentalised building had to be organised by the movement through it because movement was the one thing left that could give it any coherence. If it were not for the paths making the hyphen between departure and arrival things would fall apart in complete irrelation. With connected rooms the situation had been quite different. Here movement through architectural space was by filtration rather than canalisation, which meant that although great store may be set on passing from one place to the next sequentially, movement was not necessarily a generator of form. Considering the difference in terms of composition one might say that with the matrix of connected rooms, spaces would tend to be defined and subsequently joined like the pieces of a quilt, while with compartment-alised plans the connections would be laid down as a basic structure to which spaces could then be attached like apples to a tree.[15]

Hence, in the 19th century, 'thoroughfares' could be regarded as the backbone of a plan not only because corridors looked like spines, but because they differentiated functions by joining them via a separate distributor, rather as the vertebral column structures the body:

> The relation of rooms to each other being the relationship of their doors, the sole purpose of the thoroughfares is to bring these doors into proper system of communication.[16]

This advanced anatomy made it possible to overcome the restrictions of adjacency and localisation. No longer was it necessary to pass serially through the intractable occupied territory of rooms with all the diversion, incidents and accidents that they might harbour. Instead the door of any room would deliver you into a network of routes from which the room next door and the furthest extremity of the house were almost equally accessible. In other words these thoroughfares were able to draw rooms at a distance closer, but only by disengaging those near at hand. And in this there is another glaring paradox: the corridor facili-tated communication and in so doing reduced contact. Yet here too the paradox is superficial since what this meant was that purposeful or necessary communication was facilitated while incidental communication was reduced, and contact, according to the lights of reason and the dictates of morality, was at best incidental and distracting, at worst corrupting and malignant.

Bodies in Space

Since the middle of the 19th century

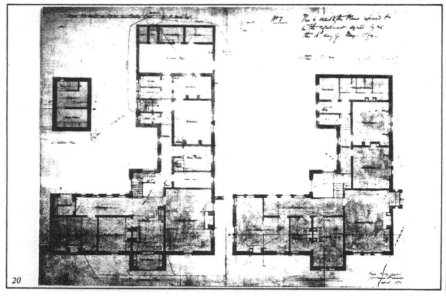

图 2

埃文斯 1978 年文章中所出现的红屋（菲利普·韦伯和威廉·莫里斯，1859）和《格温娜维尔皇后》画像（威廉·莫里斯，1858）。源自：Evans, "Figures, doors and passages", *Architectural Design*, 1978,48(4):274.

当埃文斯在描写新的设计布局即走道平面时，他说：

"……统一的可进入性，和每房一门同样，是维持私密性的一个必要的配备条件。一个有许多房间的建筑必须用穿透建筑的行走路径来组织，因为行走路径是唯一剩下的可以给建筑以整体性的元素。……某房间的门，可以把你带入一个路径的网络，在这里，隔壁房间和最远房间具有几乎等同的可达或可进入性"。[10]

当两种平面（房间矩阵和走道平面）相互比较时，他说：

"如果考虑布局上的两者的区别，我们可以说，在互相连接的房间矩阵中，空间像棉被被单上的一块块布，被一片片界定然后互相编织起来，而在包间式的建筑中联系路径被作为基本结构先确定下来，然后每个空间再挂靠上去，就像苹果挂在苹果树枝上那样"。[11]

无论埃文斯是叙述第一还是第二种平面，他都在描写一个可达或可进入的体系，一个进入和穿越各种类型的复杂建筑的路网体系（图3）。这里所关心的，不是物体建筑或物质建筑元素的形状，而是一个虚无的空间场域，一个由墙、门、楼梯限定的空间布局，引导着人们进入和穿越这个领域。我们在此空间场域中所关心的，主要不是精确的形状，而是一个抽象的结构，它是"弹性的"、橡皮似的、可动的，在结构上却是稳定的：这是一个拓扑学结构。房间矩阵、别墅中的十条路径、苹果树、连接各房间的统一走道——所有这些空间或空间关系图式，都是拓扑的。我们也可以把它们说成是"结构的"或"句法的"，这就有了"空间句法"这一词，如希利尔所提出的那样；这个关联我们稍后将予以说明。

当埃文斯在描述这些"进入"体系时，他发现了建筑对人们生活的"工具"的力量或效果，因为这些建筑的物理元素（墙、门、楼梯等）实实在在地限定了人的行动的方向、路径和终点。所以在住宅或监狱中，平面为一个独特的社会或家庭的生活方式提出了一个精确的"格式"（format）或"形态"（formation）。[12] 这样一种建筑的工具性角色，一般不被理解不被重视，它与建筑界经常谈及的象征性角色很不同。埃文斯说到："通过对建筑工具性的讨论，通过对其能够限定并塑造日常事件的功效的研讨，我们认识

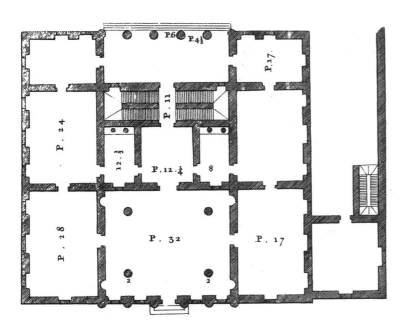

图3
安德鲁·帕拉第奥，安东尼尼宫（乌迪内，1556），平面展现了互相联通的房间矩阵。源自：Evans, "Figures, doors and passages"，*Architectural Design*, 1978,48(4):270.

到建筑的意义不仅限于阐述和象征"。[13]

对空间拓扑布局的关注和对建筑工具效能的观察,是埃文斯这一时期尤其是 1970 年代后期一贯的表现。在上述文章出版的同年,他还发表了另一篇论文《贫民窟和模范住宅:英国住宅改良和私密空间的伦理问题》(Rookeries and model dwellings: English housing reform and the moralities of private space)。他在此的观察也是拓扑的,也关心建筑(墙和门)的工具性;他认为贫民窟的问题在于空间的混合使用和不同生活内容的高度拥挤和叠加,所以解决的办法是空间的划分并对混合予以限制。[14] 所以模范住宅谨

慎地把家庭单元分开,也在每户单元内将各个房间隔开。关键是"再划分",并选择性地把某些房间联系起来;"在此改良建筑的布局中,墙和门是决定性的要素;墙是所有封闭的工具手段,而门则给人际关系赋予特定的结构"。[15]

他几年后出版的著作《品德的编造:英国监狱建筑 1750—1840》(1982)体现了同样的关注。在历史演化后期出现的新监狱,比如潘登威尔模范监狱,在空间规划上极端具体,其重点是"孤立"和区分,用"精明的房间划分"将囚犯置于作为最重要元素的每个"细胞"空间中(图 4)。模范监狱共有 520 个细胞囚室,每个都有等同地位,这是"一个惊

图 4
乔舒亚·杰布,模范监狱(潘登威尔,1842),首层平面。
源自:Evans, *The Fabrication of Virtue*, Cambridge: Cambridge University Press, 1982, p. 350.

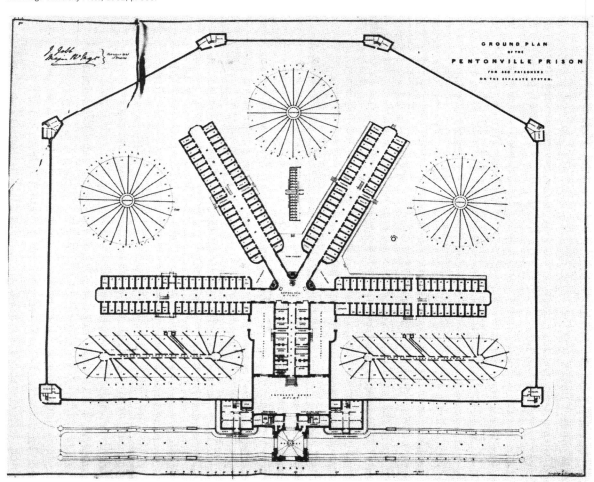

人的单元的重复"。[16] 所有单元囚室都和长长的甬道空间联系，而这些长走道又在位于中心的监狱长的凝视下统一起来。建筑在此成为一种改造囚犯的"道德科学"。[17] 这种实践揭示了"一种建筑与道德改造之间的工具关系，与建筑可在其视觉形态上表达道德的理论相悖"。[18] 在建筑的防卫和符号功能外，新监狱显示了建筑的"因果"功能，表现在建筑对人如何行动和生活的直接而具体的限制规定中。这一实践揭示了"在改良时代暂时暴露在阳光下的建筑的黑暗面"。[19]

为了更好地理解埃文斯，有必要将他放在其他学者的背景下来考察，这些学者应包括米歇尔·福柯（Michel Foucault）、克里斯托弗·亚历山大（Christopher Alexander）、比尔·希利尔（Bill Hillier）和柯林·罗（Colin Rowe）。当埃文斯于1970年代研究"英国监狱建筑"时（1971—1982），福柯正在写他的《监狱的诞生》（关注同一个时代但范围包括欧洲和北美），成果是1975年出版的法文著作 *Surveiller et Punir*，英译 *Discipline and Punish: the Birth of the Prison* 于1977年出版（图5）。[20] 根据发表材料推断，埃文斯比福柯更早开始研究边沁（Jeremy Bentham）的全视监狱设计：埃文斯于1971年发表 "Bentham's Panopticon" 而福柯则于1975年发表 *Surveiller et Punir*，正如米德尔顿（Robin Middleton）所

图 5
杰瑞米·边沁，全景监狱设计，1791，平面、立面、剖面。源自：John Bowring (ed.), *The Works of Jeremy Bentham*, vol. 4, Edinburgh: William Tate, 1843, pp. 172–173.

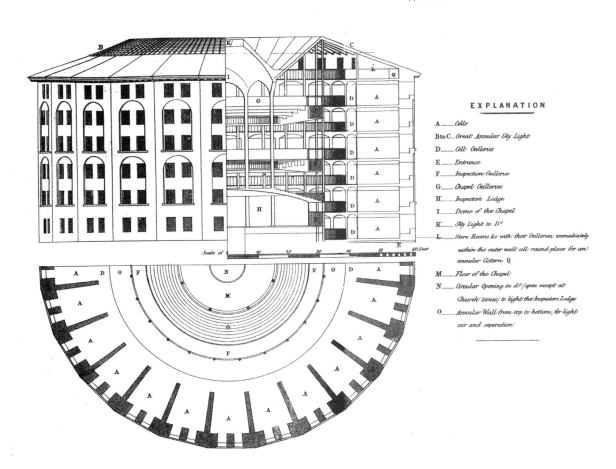

EXPLANATION

A ____ Cells
B to C ____ Great Annular Sky Light
D ____ Cell Galleries
E ____ Entrance
F ____ Inspection Galleries
G ____ Chapel Galleries
H ____ Inspector's Lodge
I ____ Dome of the Chapel
K ____ Sky Light to D.º
L ____ Store Rooms &c with their Galleries, immediately within the outer wall all round place for an annular Cistern Q
M ____ Floor of the Chapel
N ____ Circular Opening in d.º (open except at Church times) to light the Inspectors Lodge
O ____ Annular Wall from top to bottom, for light air and seperation

指出的；[21] 但是埃文斯的著作于 1982 年才出版，比福柯晚好几年。在埃文斯那里，全视监狱图示很早出现并延续很久；而在福柯那里，关注的问题是现代理性对疯癫、疾病和罪恶的限定，以及限定的机构形式（收容所、医院、监狱），关注的时间也更久远，从 1960 年代初期就已开始，标志是他 1961 年的著作 Histoire de la folie à l'âge classique（英译 A History of Insanity in the Age of Reason 于 1965 出版）。[22]

但问题的关键，不是研究全视监狱的某出版物的具体时间，而是对建筑"黑暗面"和机构建筑工具性的共同关注的汇合。既然埃文斯在其 1982 年的著作《品德的编造》中有参考福柯论述（1975 年法文著作）的注释，[23] 这说明埃文斯知晓福柯的研究工作，所以两位如有共同看法应该不奇怪。尽管福柯关心更宽的社会演变而埃文斯更聚焦于 18—19 世纪中期英国监狱机构的空间和建构的政治工程，但他们都共同强调了建筑的工具性，那些使建筑像机器一样工作的空间、视觉、技术的设计；这些设计可以使建筑有效监控、管理、改造人们，以达某种伦理的或训导的目的。对于埃文斯而言，这条思路也从监狱研究进入住宅研究。

另一个重要的关联是亚历山大。当埃文斯用抽象、结构、拓扑的视野去描写两种平面（房间矩阵和走道体系），把它们看成弹性"结构"，其中一个是"布料拼接的被单"另一个是"苹果树"时，他做了一个注释。在注释中他说，"写完后我才发现，那个互相联结的房间矩阵，与亚历山大在《城市并非树形》中所提倡的一个城市应该有的多重联结，多么相似……"。[24] 亚历山大的文章发表于 1965 年。众所周知，文章认为自然城市具有非等级、非树型结构，类似于一个半格栅状的网络。[25] 但是我们这里关心的，不是城市的树型或网络型，而是它们中间的"联结"，即它们中间都有的一个拓扑结构。亚历山大文章中所用的图示，是弹性的或拓扑的（图6）。既然埃文斯看到了这个相似，这样一个拓扑图示应该出现在他此时的脑海里。在此刻，在头脑的草图或想象中，埃文斯的空间布局可以用亚历山大的拓扑图来表达。这个画面应该出现在埃文斯和所有看到这个关系的人的头脑中。

下一位相关的人物是希利尔。如果说亚历山大启用了拓扑关系却没用任何拓扑图去精确描写一栋建筑，而埃文斯用了精彩语言去分析一个建筑平面的空间结构，却也没有把这一结构用图形描绘出来的话，那么，是希利尔，在同事助手的合作下，向前迈出了关键的一步：绘出拓扑结构，

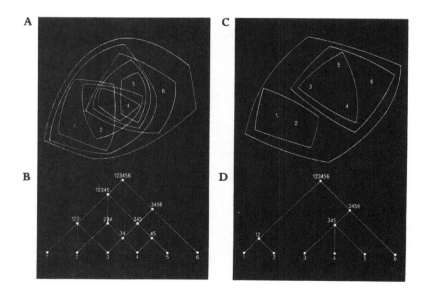

图6
克里斯托弗·亚历山大，树型和半网络型图解。源自：Alexander, "A city is not a tree", *Architectural Forum*, vol.122, no. 1 (April 1965), pp58–62.

用精确的拓扑图来描绘一栋建筑的平面的空间格局。[26] 这就是"空间句法",由希利尔和他的研究团队发展而来。更准确地说,这是"空间句法"体系中描写空间方法的一种,表现为可以描写建筑平面中的"房间"或"凸空间"以及路径的拓扑的"细胞图"(图7)。[27]

这个细胞图就是一棵"苹果树",或挂有"苹果"的一组连线(树型或网络型)。在希利尔的第一本著作《空间的社会逻辑》(The Social Logic of Space,1984,与韩森 Julienne Hanson 合著)中,亚历山大是一个参考,被多次论及和引用。[28] 希利尔在 1980 年代的授课中,在第二本著作《空间是机器》(Space is the Machine,1996)中,对埃文斯也有多次的研讨和引用。[29] 另外需要提及的,是希利尔背后与之平行发展的菲利普·斯达德曼(Philip Steadman):他在希利尔第一本著作出版时,在 1980 年代早期,也开始启用拓扑学的细胞图;[30] 而在更早的 1971 年,他已和兰诺·马琪(Lionel March)一起实验用拓扑学关系去研究建筑平面。[31] 可以说,在思路的历史轨迹上,有一条自亚历山大和埃文斯走向希利尔的发展路线,或者说有一个亚历山大与埃文斯的融合,在希利尔那里实现,尽管还有别的资源在起作用,包括从马琪和斯达德曼走向希利尔的路线;最后,这些线索都凝聚到"空间句法"的诞生之中。

另外要注意的是,有两个传统在这里汇聚:一个是亚历山大、埃文斯和希利尔共同关心的拓扑空间,一个是福柯、埃文斯和希利尔共同关注的建筑的工具性(和由此导致的对建筑的社会学研究)。两条思路不同,但它们倾向于汇聚在一起。

从这个汇聚开始,这个研究线索或传统在一些工作中得到了进一步的发展。这些都是对建筑拓扑空间的结构研究,也都关注建筑的社会工具性;主要例子包括:托马斯·马库斯(Thomas Markus)的《建筑与权力》(Buildings and Power,1993),[32] 朱莉安·韩森(Julienne Hanson)的《家庭与住宅的解码》(Decoding Homes and Houses,

1998),[33] 金·多维(Kim Dovey)的《场所的框定》(Framing Places,1999),[34] 以及我的《中国空间策略》(Chinese Spatial Strategies,2004)。[35] 索菲亚·普萨拉(Sophia Psarra)的研究《建筑与叙事》(Architecture and Narrative,2009)[36] 在一定程度上也基于这个传统,但又朝另一方向走了一步,吸收了形态的分析,关注了视觉和叙事的体验(而不仅限于工具性管控的政治问题);这一点我们稍候将予以讨论。

还有另一条重要线索或方法传统,需要我们认识。与关注社会的拓扑研究相对立的,是关注美学形式的几何(和构图)研究。如果说亚历山大、埃文斯、希利尔在社会领域里分析研究了建筑平面的拓扑空间布局的话,那么柯林·罗和彼得·艾森曼(Peter Eisenman)则是沿形态或几何的方向研究了建筑的平面构成。柯林·罗的著名文章《理想别墅中的数学》(The mathematics of the ideal villa,1947 年出版,1976 年再版),分析比较了帕拉第奥和柯布西耶的作品,可以说是代表这一方向的研究方法的范例。[37] 在这里,平面研究的对象是物的元素,主要是柱子和墙体,还有为控制平立剖面构图所用的联系这些点和线的虚线(图8)。艾森曼的分析很大程度上是沿此方向进行的。[38]

这类分析方法接近建筑师的关注,也与我们对建筑物和结构的明显部件的直觉观察更贴近。当然,研究也可以有很强的分析性,如柯林·罗在文章中所表现的,在风格差异和结构类型区别之下可以找到某些内在的稳定的构图原则。此方法也更注重三维的状态,因为关心的对象更接近物体的现实状态(当然空间句法的分析也可用垂直连线把不同平面联系起来)。整体而言,这两种方法的区别是系统的、一贯的,各自遵从了自身的逻辑或理论轴线:一个是拓扑的、空间的、社会的;另一个是几何的、形态的、美学的。

这样,一个问题就出现了:我们是否可以协调这两种方法?既然研究对象是同一建筑的两个方面,那么它们实际上已经联系在一起,而一个分析的联系或再联系或许会带来有趣的独特视野。上述拓扑学传统中的一些学者已用不同方

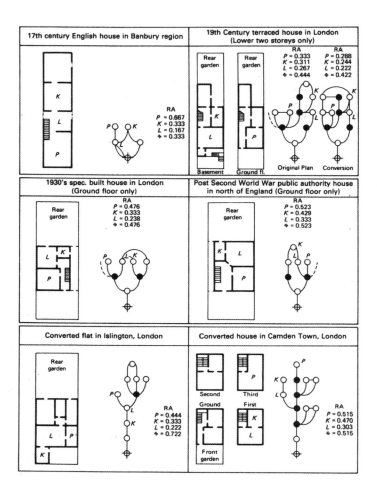

图 7
比尔·希利尔和朱利安·韩森，建筑平面及其句法
"细胞图"：一个空间结构的分析。源自：Hillier
and Hanson, *The Social Logic of Space*, Cambridge:
Cambridge University Press, 1984, pp 157.

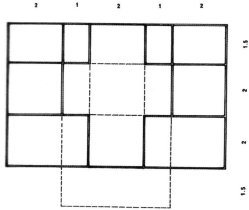

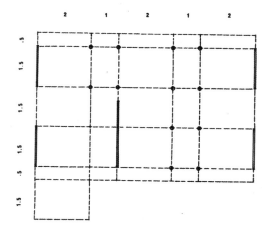

图 8
柯林·罗，关于帕拉第奥的马肯坦达别墅（1560）
（上）和勒·柯布西耶的加歇别墅（1927）（下）的
比较分析图。源自：Colin Rowe, *The Mathematics of
the Ideal Villa and Other Essays*, Cambridge, Mass.,
The MIT Press, 1976, p. 5.

式做了这方面的尝试。而普萨拉的《建筑与叙事》（2009），或许是目前为止嫁接这两种方法最有意义的努力。此研究以穿越建筑（比如博物馆）过程中人的视觉和叙事体验为关注对象，在方法上结合了两类方法体系，把形态和空间分别理解为"概念的"（conceived）和"感受的"（perceived），并就几何形态和空间体验的各种关系阐述了一些有深度的看法。[39] 比如，一个几何形态对空间的强大控制会产生可预测的和共享的空间体验，而一个松散的"弱势的"关系会产生各种丰富的、不定的、个人化的空间阅读和空间体验。[40]

综合协调和摄影图像的运用

如果说埃文斯的文章《人像、门洞和走道》的第一个重要特点是对平面的结构的（拓扑的、句法的）分析，那么它的第二个重要特征是不同材料类型的综合协调的运用。埃文斯清楚地说明，研究是要把建筑平面、当时当地的人物绘画，和描述同一社会的叙事文学结合起来分析。目的是把它们协调起来，以便复原当时当地别墅住房中的家庭生活。在研究中，埃文斯发现了绘画所描述的和平面上可以侦测出来的内容的"对应"。比如，与 16 世纪意大利绘画中的社交融合性和肉体欲望性相对应的，是当时别墅中的房间的串联混合的格局，如 1518—1525 年的玛达玛别墅和 1514 年的油画《圣母玛利亚》（Madonna）所反映出来的那样，两者都是拉斐尔（Raphael）的作品（见图 1）。[41] 在历史演化的另一端，在 19 世纪，维多利亚英国油画中的孤独、人际距离和令人窒息的礼仪或修饰，也"对应"着理性的仔细划分的走道平面，其中社会的混合杂处被控制在最低限度：比如红屋和《格温娜维尔皇后》（Queen Guinevere）所反映的，两者都出自于威廉·莫里斯（William Morris）之手，而菲利普·韦伯（Philip Webb）在 1858—1859 年间担任了红屋的建筑师（见图 2）。[42]

关于阶级的社会问题也被提出：在历史演化过程中，有一段时间这两种类型同时存在，走廊为仆人所用；而互相联结的、多扇门可同时沿轴线开启，构成景深透视的一些大房间，则为主人和贵宾所用；两个路径不会交叉干扰。另一个整体的社会趋势，是私密性的提高和自我意识的培养，以及与他人和社交活动保持距离的要求的出现；这些都伴随着走道平面的出现、成长和最后的主导。与之相关的一个问题，是在空间某处的人的身体：拥挤空间里的亲密、压抑，甚至性侵犯；对于这个伦理问题的关注推动了 19 世纪末到 20 世纪空间设计的个人化的发展。总体而言，这篇文章撰写了一部文艺复兴到 19 世纪，以矩阵到走道平面的发展为主轴的住宅别墅设计的社会建筑史。

然而，文章也有一些困难之处，也有未明确说明的研究工具的运用。埃文斯自觉地把研究描述成平面、绘画（人像）和小说（关于社会和家庭生活）的对应比较。[43] 但是，在绘画的范畴里，他实际上同时运用了有人物的绘画和表现建筑形态的照片，这些照片里基本没有人（图 9）。

这与他在文章中实际遇到的问题有关：建筑与绘画（以及小说）的不对应或不契合。尽管在人物绘画的肉体表现、小说中的频密社交和建筑平面中房间的混合之间有一种对应关系，埃文斯也发现了不对应的关系。在绘画和小说中，几乎没有关于建筑场景的描绘。[44] 《雅典学派》（The School of Athens，拉斐尔，1510—1511）是个特例，但即便是在这幅画中建筑场景也只是一个一般化的背景。在埃文斯研究玛达玛别墅时所用的拉斐尔的画作《圣母玛利

图 9
公爵府：表现一个房间和与其他房间关系的照片。
源自：Evans，"Figures, doors and passages"，
Architectural Design，1978,48(4):270.

亚》中，只有一个窗户；在所用的小说中，关于建筑的描述也是极少的；这里的小说包括 1507 年的《朝臣》（ The Courtier ）和 1517 年的《自传》（ The Autobiography ）。埃文斯于是发问：意大利人为何在绘画和小说中对建筑如此不关心，同时却创造了视觉上如此丰富多彩的建筑。[45] 他说，"这些都引发了一个没有预料到的困难：很难解释为何意大利人在如此纠缠于人际事务时，发展了精致丰富的建筑，却又无眼顾及，使这些建筑场景似乎存在于人际社交事务圈的外围"。[46]

埃文斯于是给出了他的解释：视野（即对别墅丰富室内场景的观察）在大厅堂里的社交活动中，处于边缘位置，而其他的感官体验和活动如触碰和交流，却占据了主导。说到这里，他提供了玛达玛别墅里配有华丽壁画的穹隆内壁的照片。在插图说明中，他写道，"眼可享受，手不可触摸（ what the eye can feast on, the hand cannot touch ）"（原版 271 页图 12）（图 10）。[47] 他想说明什么？在此语境下，看来这只有一个意思：远处的形态（眼睛可看的）和近处的社交活动（手可触摸的）是分开的。视觉丰富的建筑形态，只是社交场面的背景，而近处的手和身体的融合接触，构成了小说和绘画所关注的如此重要的"社会生活"。在此刻，当绘画和小说无法提供对建筑形态的描述时，照片得到启用，弥补了研究工具的不足。但是在文章里，埃文斯自己没有解释摄影图像在表达建筑形态时的特殊功用，也没有将此看作是一个重要的问题。

纵览全文，这种时刻出现过几次。第一次是上述的关于玛达玛别墅的研究：作者提供了一个特殊的照片，一个斜向朝上的摄影，描写具有丰富壁画和饰面的穹隆内壁（再版时，这张照片被另一张正面朝上的摄影所取代，这就抹去了埃文斯在 1978 年对侧向投影的兴趣的凭证，这种兴趣最后表现在他 1995 年的著作《投影之模式》中）。[48] 另一个时刻是对约翰·索恩爵士住宅（ Sir John Soane's House ）的研讨。这里的观察是，当走道平面占据了主导，当所有房间的门洞都关闭（只留下一扇门）并且空间规划变得愈加理性时，视觉的丰富性，打个比方，是向上爆破，它不从门洞而从窗口喷

图 10
玛达玛别墅；表现配有壁画的穹隆拱顶内壁的照片：一个斜向动态的透视。源自：Evans, "Figures, doors and passages", *Architectural Design*, 1978,48(4):271.

发，并在外面的行走空间（楼梯、平台、大厅、通廊，等等）里寻找自己的实现。在此刻，作者提供了皮拉内西（ Piranesi ）的近似摄影的写实的铜版画，表现了向上的丰富的视觉场景（这也是一个斜向或侧向的投影）。[49] 文章还有好几处用到了摄影图像，目的是表达一个建筑场景，即建筑形态。[50] 整篇文章中，这样的时刻一共有六次。在这六次对室内不同角度的建筑形态的摄影图像的描述研讨中（插图 10、14、16、17 和 23），只有最后一次有人像的出现。并且，如果我们比较绘画和摄影（包括一个近似摄影的写实透视草图）的使用量，数量也是等同的（各用了 7 张，见表 1）。换言之，建筑形态的摄影图像，确实是重要的，并且起到了绘画作品和文学小说无法起到的作用。

图 11
埃文斯（1978）提出的分析框架。

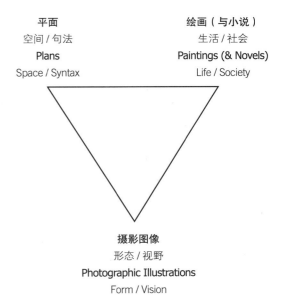

图 12
埃文斯（1978）实际采用的分析框架：一个三元构架。

当然，埃文斯在技术层面上对照片的运用是清楚的，也为此提出了技术层面上的说明：比如，他很混淆地把绘画和照片归在一起，称为"关于男人、女人和儿童的图像和照片"。[51] 在概念上，也就是在文章头尾他对研究方法的自我介绍时，表现建筑形态的摄影图像（照片和近似照片的写实素描），没有作为一个理论或方法意义的独立范畴被提出过。但是，在他此时的实际工作中，也在他后来的研究中，即我们今天可以回顾的1995年的《投影的模式》中，摄影作为面向形态和视野的窗口，看来是至关重要的。

在此篇文章中，埃文斯实际上关注了三项而不是两项问题的领域：空间、生活和形态；即平面中的空间结构、绘画（和小说）中的社会家庭生活，以及摄影图像（照片和素描）所捕获的建筑形态和建筑形态的视觉体验。三个领域中的任何一个，都无法轻易简约到另一个领域中；三种表现方法或记录文件（平面图、绘画／小说，摄影图像）在各自的表达上也无法互相取代。在埃文斯对研究工作的自觉介绍中，只出现了两个领域，即空间与生活，相应的表达文

件也只有两种，即平面与叙事（绘画和小说）。但在实际上，如上所述，他涵盖了三个领域，使用了三种文件。换言之，在他关于自身工作的话语中，有一个二元体系，而在他实际工作中，有一个涵盖三领域采用三类文件的三元研究构架（图11、图12）。

考虑到他后来的发展，并以他整体研究重点从社会问题转向形态视觉问题的大趋势来看，这个三元构架及其第三极点（形态与视域），就显得格外重要。埃文斯的第一本著作和第一阶段的文章主要是针对监狱和住宅的社会和空间的研究，而他体现在第二著作上的第二阶段的工作，关注的是（通过侧向、不定、动态的投影而进行的）建筑形态的设计创作，属于美学范畴的研究。在这样的转变中，1978年出现的关于空间、生活和形态的三元构架，就特别重要。它说明，在当时，作者尽管正在研究家庭生活和相关社会问题（私密性、自我、阶级、交际方式、人体、伦理，等等），他对形态问题同样也感兴趣（视觉丰富性、视觉开口、跨越空间的视线投射，绚丽多姿

的形态，等等）。

在这样的研究中，三元构架的第三极，即面向形态和视域的摄影图像，提供了一个出口或窗户，让思绪可以飞向形态创作、发生几何（generative geometries）和视觉投射（visual projections）的远方。我的推断是，1978 年文章的三元构架中的第三极，即投向玛达玛别墅穹隆内壁的视线，正是埃文斯起飞、升空，奔向形态、视野和投射领域的出发点。那个斜向的飞往穹隆屋顶的视线，正是一个"投影模式"（a projective cast）成型的瞬间。它所记录的，不仅是指向屋顶内壁的视觉投射，一个介于物质客体（形态）和感觉主体（观察与想象）之间的重要空间，同时也是视觉投射中一个斜向的、不定的、动态的、意义丰富的看和想象的活动：这些都是其后的 1995 年著作中得到仔细研讨的"投射/成型"（cast）的关键环节。[52]

因为此文章发表在 1978 年，即他第一阶段的后期，而很快他就于 1980 年代和 90 年代初开始关注绘图、投影和形式创作的问题，并不再研究社会问题，所以这篇文章位于他的学术研究生涯的重要的中点，一个旧问题依然占据重要位置而新关注点已经显现的中间时刻。变化当然不是瞬间的；在一些文章里，形态和空间问题都同时考虑到了，如 1989 年的《高度设计的曲面》（The developed surface）和 1990 年的《密斯·凡·德·罗的矛盾的对称性》（Mies Van der Rohe's paradoxical symmetries）。但是这两篇文章里的空间都日益缺乏社会意义，到了 1995年的第二本著作更是如此。另一方面，在 1978 年和此前的几年，埃文斯发表了许多建筑空间作为社会问题的研究，而建筑形态的美学视觉问题却处于很边缘的位置。与他在 1978 年之前和之后的两个阶段的各个写作比较，没有一篇像此文章那样同时而如此充实地关注了空间、生活和形态，并同时运用了平面、绘画和摄影图像。

这个全面综合研究的时间是短暂的：社会问题逐步退出，严肃意义上的建筑平面（大建筑的复杂平面）的运用，也基本上全部消失，而关于建筑形态的摄影图像却逐步占据

了主导。当然，我们没有理由要求埃文斯一定要全面综合地研究，一定要在研究形态视野新问题的同时，加入对社会空间的关注。但是，对于我们而言，这篇位于研究生涯中点的文章，提供了难得的珍贵的窗口；它让我们看到，如果我们统筹协调广泛的各种材料，去同时观察处理空间、社会和形态的各类问题，结果将会如何，将如何可能具有某种原创性和前沿性，如 1978 年的文章那样。

结语：分析的综合

埃文斯所阅读到的，后来在希利尔的空间句法中所描写到的空间布局中的拓扑结构，是一个高度抽象的分析的观察，其对象是建造环境中构建起来的空间领域，一个"进入"的体系，也构成了一个"社会生活的格式"。这个方向对建筑的研究，倾向于关注社会使用、政治统治、机构管理、工具性、和建筑空间中的拓扑或结构关系。此方向研究的问题是如何重新回到现象的感受、视觉的领域，和由几何学而非拓扑学控制的建筑形态。这里的问题是如何把空间和形态联系起来，即如何把拓扑的空间结构与物质形态及其视觉经验联系起来（也就是，如何把希利尔与柯林·罗和彼得·艾森曼 <Peter Eisenman> 结合起来）。许多拓扑学系统的学者在 1990 年代和 2000 年代都作了有趣的尝试。而普萨拉 2009 年的著作《建筑与叙事》，可以说是最近的最有趣的一次重要努力；研究通过人在建筑中的视觉和叙事经验，把拓扑空间问题与几何形态问题结合在一起。

埃文斯 1978 年文章的卓越之处，不仅在于它位于作者学术生涯中点而能同时关注社会空间和美学形态，更是在于它很早就把拓扑空间和几何建筑形态以及形态的视觉体验结合了起来，并以一种特殊的可以说是综合的以及人学/人类学（anthropological）的方式达到了这种结合。埃文斯1978 年文章的优秀之处，在于把拓扑、结构、工具性的社会空间研究，与丰富形态和形态视觉感受的敏锐观察结合起来，而位于中间的主要因素是人和人像，在研究的舞台中央生活着、运动着、观看着，而人（类学）的关于伦理、身体和视野的问题都被保持在思考研究的核心议题中。更

精确地说，埃文斯在此时的工作，具有三个关键特征。第一是对空间关系的句法分析的聚焦，也伴随着对建筑工具性的关注。第二是对三个不同领域（空间、生活、形态）及其相关文件（平面、叙事材料、摄影图像）的广泛综合的协调。第三是潜在的聚焦在人体上的人类学的关怀，以此来联系广泛的议题，无论是空间的还是形态的，社会的还是审美的。

First published as follows: Jianfei Zhu, 'Robin Evans in 1978: between Social Space and Visual Projection', *Journal of Architecture*, 2011,16(2): 267-290.

原英文如上；中译文：戴文诗翻译，朱剑飞校对。

1 Robin Evans, *Translations from Drawing to Building and Other Essays*, London: Architectural Association, 1997, pp. 288-92（其中的埃文斯的出版书目由 Richard Difford 编辑）。

2 因为一张插图中有时有几个图像，比如《边沁的全视监狱设计》的第一张插图里有一个平面和一个剖立面，因此实际图像数量会超过插图数量。目前这里的统计以实际图像数为准。这三篇文章的图像数和插图数，分别是：33 和 23；38 和 28；20 和 16。

3 本文比前期的论文有了较大的修改；前期论文在 AA 建筑联盟、东南大学和上海现代建筑设计集团主办的 2010 年 4 月在南京东南大学举办的第一届 "AS 当代建筑理论" 会议上宣读。感谢王建国、Mark Cousins、陈薇、李华和葛明的邀请。也很感谢 Adrian Forty 在会议上提供的埃文斯个人生平的有关介绍。也感谢两位匿名评委为发表在此的本文所提出的富有洞察力的建议。

4 参看：Robin Evans, "Figures, doors and passages", *Architectural Design*,1978, 48(4):267-278.

5 Evans, "Figures", 267.

6 Evans, "Figures", 278.

7 Evans, "Figures", 267.

8 Evans, "Figures", 267.

9 Evans, "Figures", 268, 270.

10 Evans, "Figures", 274.

11 Evans, "Figures", 274.

12 Evans, "Figures", 267, 278.

13 Evans, "Figures", 278.

14 参看：Robin Evans, "Rookeries and model dwellings: English housing reform and the moralities of private space", in Robin Evans, *Translations*, pp. 92-117.

15 Evans, "Rookeries", p. 109.

16 参看：Robin Evans, *The Fabrication of Virtue: English Prison Architecture 1750-1840*, Cambridge: Cambridge University Press, 1982, p. 4.

17 Evans, *Fabrication*, p. 5.

18 Evans, *Fabrication*, p. 6.

19 Evans, *Fabrication*, p. 7.

20 参见：Michel Foucault, *Discipline and Punish: the Birth of the Prison*, trans. A. Sheridan, Harmondsworth, Middlesex: Penguin, 1977.

21 参见：Robin Middleton, "Robin Evans: writings", Robin Evans, *Translations*, pp. 278-87; 280.

22 参见：Colin Gordon, "Bibliography: writings of Michel Foucault", in Michel Foucault, *Power/Knowledge: Selected Interviews and Other Writings*, 1972-1977, ed. Colin Gordon, New York: Pantheon Books, 1980, pp. 261-70.

23 Evans, *Fabrication*, p. 5.

24 Evans, "Figures", p. 278.

25 参见：Christopher Alexander, "A city is not a tree", *Architectural Forum*, 1965,122(1):58-62 (Part I); 1965,122(2):52-61 (Part II).

26 参见：Bill Hillier and Julienne Hanson, *The Social Logic of Space*, Cambridge: Cambridge University Press, 1984.

27 Hillier and Hanson, *Social*, pp. 143-75.

28 Hillier and Hanson, *Social*, pp. 269-73.

29 参见：Bill Hillier, *Space is the Machine*, Cambridge: Cambridge University Press, 1996, pp. 445-7.

30 参见：Philip Steadman, *Architectural Morphology: An Introduction to the Geometry of Building Plans*, London: Pion, 1983.

31 参见：Lionel March and Philip Steadman, *The Geometry of Environment: An Introduction to Spatial Organization in Design*, London: RIBA Publications, 1971.

32 参看：Thomas A. Markus, *Buildings and Power: Freedom and Control in the Origin of Modern Building Types*, London: Routledge, 1993.

33 参看：Julienne Hanson, *Decoding Homes and Houses*, Cambridge: Cambridge University Press, 1998.

34 参看：Kim Dovey, *Framing Places: Mediating Power in Built Form*, London: Routledge, 1999.

35 参考：Jianfei Zhu, *Chinese Spatial Strategies: Imperial Beijing 1420-1911*, London: Routledge Curzon, 2004.

36 参见：Sophia Psarra, *Architecture and Narrative: The Formation of Space and Cultural Meaning*, London: Routledge, 2009.

37 参见：Colin Rowe, *The Mathematics of the Ideal Villa and Other Essays*, Cambridge, Mass.: The MIT Press, 1976, pp. 1-27.

38 参见：Peter Eisenman, *Ten Canonical Buildings 1950-2000*, New York: Rizzoli, 2008；也可参见：Peter Eisenman, *The Formal Basis of Modern Architecture*, Baden: Lars Müller, 2006.

39 Psarra, *Architecture*, pp. 213, 220-1, 233-40.

40 Psarra, *Architecture*, pp. 236-8.

41 Evans, "Figures", 267-71.

42 Evans, "Figures", 275.

43 Evans, "Figures", 267, 277-8.

44 Evans, "Figures", 271.

45 Evans, "Figures", 271.

46 Evans, "Figures", 271.

47 Evans, "Figures", 271 (Illustration 12).

48 请比较文章原版 Evans, "Figures", *Architectural Design*, 1978,48(4):271 (Illustration 12) 和文章的再版 Evans, *Translations from Drawings to Building and Other Essays*, London: Architectural Association, 1997, p. 68 (Figure 8).

49 Evans, "Figures", 273 (Illustration 16).

50 Evans, "Figures", 270, 271, 272, 273 (Illustrations 10, 12, 14, 16, 17).

51 Evans, "Figures", 267.

52 Robin Evans, *The Projective Cast: Architecture and its Three Geometries*, Cambridge, Mass.: The MIT Press, 1995, pp. xxx-xxxi, 366-370.

三

设计与批评
Design and Critique

10

批判与后批判：
中国与西方

Criticality in between China and the West

中国建设的大规模与高速度已被全世界所了解。这部分归功于雷姆·库哈斯（Rem Koolhaas）在其著作《大跃进》（*Great Leap Forward*）中对"中国建筑师"（the Chinese architect）的描述。[1] 然而外部世界不尽了解的是中国的"主体"意愿和思想表达。中国实际已有现代建筑的传统，也有在建筑上表达思想观念的努力和历史。这个观念表达的历史，也在变化中。如果说长期以来观念的建筑表达是国家政府领导下的集体行为的话，那么今天出现的趋势，是个人寻找自身的理论和立场，各自进行独立表达，以反对某种主流传统。在今天的中国，寻找自觉的设计立场和策略以反对或超越主流趋势的个体建筑师人群，在逐步增加。这一现象，值得关注。

与此平行发展的另一现象，是前所未有的中国与国外建筑师（主要来自欧洲、美国、日本和部分亚洲国家和地区）的对话。这又包涵着中国和西方世界（包括它们之间的日本和一些亚洲国家和地区）之关系的一个漫长历史。如果说这种关系以往因西化和现代化而体现为自西方向中国的单向流动的话，那么目前所呈现的，是一种两者之间的观念、能量交换的双向交流。换言之，目前有西方传向中国和中国传向西方两种流动，各在独特指向上发挥独特作用。这些作用到底是什么？在美国接受教育后回到中国从事实践的张永和与马清运，在此扮演了何种角色？研究了亚洲和中国的、在西方有影响力的库哈斯，又在此起到何种作用，发挥何种影响？

本文试图探讨一些思想和事件，以帮助我们认识理解这些发展。这些思想和事件包括：1）"批判"设计实践在中国的兴起；2）中西方之间具有独特指向的思想交流的兴起，以及看来是由此导致的中国的批判性和西方的后批判性。本文的论点是，在最近几年，中国和西方之间出现了具有"对称"趋势（a "symmetrical" tendency）的交流：如果说有一种从中国（和亚洲）输向西方的影响的话，那么也有一种从西方输向中国的思想；如果前者通过库哈斯等人得以实现，推动后批判的思潮的话，那么后者通过张、马等人得以实施，推动批判性话语和实践在中国的兴起。

在研究方法上，本文提倡地理的、全球的、跨文化的观察视野；这种方法认为，一个针对中国或西方某国的研究，必须"外部化"，采用一个共存共生的全球空间作为研讨的范围，否则研究将是不完整的。这种方法有两个方面：1）它要求在研究中国发展趋势时，关注西方（和亚洲一些部分）。我们假定，中国目前的发展是长期现代化进程的一部分；这一历史大洪流，在 20 世纪初期或更早时期，经由不同路径，从欧洲传入亚洲大陆。这种历史的"不对称"（asymmetry），导致方法上的必然倾斜，要求我们在研究如中国这样的非西方国家的案例时，阅读欧美的理论论述。例如，阅读关于 19 世纪及 20 世纪初期欧洲的研究，了解当时市场经济、资产阶级自由主义和纯粹主义建筑发展的关系，或许会有助于我们对中国现状的讨论和理解。这不是默认欧洲中心论。相反，如果我们能够将理论文本还原到当时当地，将其历史化和地方化，就有望破解任何理论的普适性、崇高性和中心论。

2）这种地理的、文化的、全球的视野，也要求我们在阅读理解西方理论话语时，认识到作为西方"外部"的亚洲和中国的存在。从 1960 年代到今天的几十年，世界变得愈加互相依赖，而亚洲（最初主要是日本）输向西方的影响也在出现和发展。最近，在西方媒体和库哈斯言论所代表的专业理论话语中，我们又看到关于亚洲和中国的炙热研讨，关注这些国家地区作为城市化和现代化一部分的工具式的建筑活动。然而，当下关于后批评的讨论，推举库哈斯为主要领袖，却忽略了亚洲在其中扮演着重要角色的地理政治经济的"外部"领域。本文的论点是，中国、亚洲以及一个涵盖全球的物质的"外部"，必须容纳到关于西方的研究中，尤其是关于西方的后批判话语的研究中。

本文首先阅读彼得·艾森曼（Peter Eisenman）和库哈斯的有关理论，挖掘西方关于实践和亚洲的不同立场；然后阅读贝尔德（George Baird）、斯皮克斯（Michael Speaks）、罗伯特·索莫（Robert Somol）和怀汀（Sarah Whiting），理清后批判实用主义的论点；本文接着指出，这些讨论忽略了一个"外部"视野，而库哈斯的《新加坡歌集》（Singapore Songlines）和《珠江三角洲》（Pearl River Delta）的实际地理所在及其状态，必须作为重要的有挑战意义的案例，容纳到当下的理论研讨中，如果西方理论家确实希望把库哈斯看作是后批判趋势的领导人物的话。本文然后转向问题的另一面，一个反向的影响或流动，文章在此关心中国；本文在对西方起着重要影响作用的当代中国的历史环境下，确认具有一定批判性的纯粹建筑的兴起。最后，本文关注一个中间领域，以及在此产生的第三立场。

艾森曼：作为侵越的"批评建筑"

艾森曼于 1995 年发表了《地缘政治中的批判建筑》一文。[2] 艾森曼认为，20 世纪 70 年代出现了地缘政治（geo-

politics），它逐步取代了共产主义与资本主义相对立的阶级政治（class-politics）。在此变化中，亚洲变得更为独立，而西方世界则逐步失去支持其批判建筑的资源。但在今天的西方，批评的悠久传统和产生批评话语的工作机制依然存在。而在亚洲，按艾森曼的看法，建筑空前活跃，但批评观念则没有被接受，那里也没有产生批判话语和批判实践的工作机制，也没有西方那样的批判传统。艾森曼认为，以雅加达、吉隆坡、新加坡、曼谷、汉城和上海为代表的亚洲，其建筑是保守的，"包容"（accommodating）着国家权威和市场金融的力量。在亚洲工作的西方建筑师们，按艾森曼的说法，也是"包容的"，表现出新保守主义的情绪。

按照艾森曼的说法，欧洲 19 世纪晚期发展起来的批判建筑，是"侵越"的（transgressive），而非"包容"的（accommodative）。[3] 批判建筑起源于 18 世纪晚期康德（Immanuel Kant）和皮拉内西（Giovanni Battista Piranesi）的批判思想。批判思维所探索的，是"获得知识的可能状态的人的存在"（that condition of being which speaks of the possibility in being of knowledge）。[4] 批判思维追问可能的存在状态和认知状态。它批评现状，探索一个可能的未来。所以批判思维和先锋思想（the avant-garde）相关。历史上，批判是新兴资产阶级意识形态斗争的一部分。它是随资本主义市场经济发展而兴起的社会群体的革命政治的一部分。但是，按照艾森曼的看法，这个200 多年的事业在 20 世纪中叶逐步走向终结；同时，古典的政治经济体系，也在被地缘政治和媒体变革所取代。如果我们想继续发展建筑的批判思想的话，那就应该探索以媒体为基础的建筑观念，如标志、图像、人体存在、人体状态，等等。关于亚洲，艾森曼认为，批判传统中的自觉和深刻反思，与亚洲殖民地 1960 年代以来的民族独立解放运动是匹配的。艾森曼在此间接提出，这种意义上的批判建筑应该也可以在亚洲发展起来。

其他学者，如海斯（K. Michael Hays），对于西方背景下的批判建筑的各方面也提出了定义。[5] 海斯认为，"自治""抵抗""对立""颠覆"，与现行秩序拉开的"距离"，都是批判的重要方面；而这些与艾森曼提出的更有力度、更有指向性的"侵越"是一致的。但是，艾森曼言论特别出众之处，是在西方世界之外使用批判理念，而这种使用，似乎迫使他回到欧洲的历史早期，即1760到1960年间，在自由主义、资本主义、工业现代化的崛起之际，简明精确地勾画批判的历史。如果亚洲尤其是现在的中国确实处在现代化进程中，如果其中确实包涵有源于欧洲19世纪甚至更早的自由主义和资本主义因素的话，那么艾森曼在历史背景下对批判建筑和批判传统的定义，是我们今天研究亚洲和中国不可回避的重要参考。也许市场经济、自由主义和批判建筑之间，确实存在这样一种社会的逻辑的关系；当然，一个地区或国家例如中国的传统和政治文化，可能会对这种关系加以各种层面的修正；此问题下文再谈。

尽管如此，其中的一些论点值得争论。艾森曼看来并不认为实践自身是一种能够转变批判思维的积极活动。批判的态度似乎很久就在欧洲定型了，而今天的任务只是在略作调整后，继续将其投射于外部实践和非西方世界。现代化和都市化的巨大力量，这些发展在新的地理文化圈的出现，新的设计实践形式的出现，等等，都没有得到认真关注。另外，亚洲地域被看成是被动的。在"亚太地区和穆斯林世界"的概念下，以上述所列亚洲城市为例，亚洲被看成是一个没有区别的笼统整体。亚洲是空白的、平坦的、被动的，和实践活动一样；两个范畴都是被动的布景，等待着批判精神的有力的侵越和投射。就此，我们要问，是否有另一种态度，能够积极地看待亚洲地域和实践领域？

库哈斯：走出批判

同样在1995年，库哈斯在他的著作《S，M，L，XL》中发表了《新加坡歌集》一文。[6] 这是对新加坡、东南亚以及日本一些方面从1960年代到1990年代有关发展的详细阅读。该文首先批评了西方对新加坡经济发展及住宅和整个新城建设的成就的冷漠。库哈斯认为，这种冷漠不仅反映了殖民者的傲慢，也暴露了西方对"运作"（the operational）和城市"建造"（the making）的脱离。文章描述了新加坡传统城市肌理的摧毁和全新城市的建造：一个集权、高效、信奉发展主义的政府的领导，及该政府在提供大规模住宅、基本福利和领导高速经济增长等方面的成功。库哈斯认为，尽管新加坡的主流建筑是实用和工具式的，但那里也有批评的声音，以林少伟（William Lim）和郑庆顺（Tay Kheng Soon）为代表。这与1960年代出现的以丹下健三（Kenzo Tange）为首的日本先锋建筑师相关，而那是非西方世界第一次发出的先锋的批判的声音。

在此批判能量的流动和新加坡城市建设热潮的中心，是早先欧洲探索后丹下健三重新提倡、桢文彦（Fumihiko Maki）进一步拓展的"巨构"（mega-structure）概念的物化实现。在跨文化流动中，巨构概念漂游四海：它源于柯布西耶、十人小组（Team X）和史密森夫妇（the Smithson's），但在西方的1960年代后，受到批评和冷落，随后却在亚洲得到重新认识、解释，并得以运用和实施。这种大形态（master form）或集体形态（collective form），对于亚洲城市而言，在容纳拥挤都市生活并强化其勃勃生机方面是成功的。人口的压力和城市化的速度，使这些英雄的现代建筑形式在1960年代后的亚洲获得了活力和新生。而写下这些文字的处于1990年代的库哈斯，显然是希望吸收这些观念和能量。关于集体和巨大形态的思路，在他最近的北京书城和中央电视台新总部大楼的设计中，有明确的表现。

如果这两篇90年代中期的文章能说明一些问题的话，那么，艾森曼和库哈斯看来确实对亚洲地域和实践领域采取了不同的、甚至是相反的态度。如果说前者对于实践尤其是亚洲城市化、现代化实践及其动势持一种平淡的、消极的态度的活，那么后者的态度明显是积极的、开放的，并试图吸收其中的观念和能量。

今天来看，库哈斯的这篇文章实际上是他对亚洲一系列研讨的第一步，这些研究出版在他撰写的《流变》（Mutations，2001）、《大跃进》（Great Leap Forward，2001)和《内容》（Content，2004）等文集中。尽管他关注的经验世界转到了更复杂多变的中国及其珠江三角洲地区，他关心的核心问题未有改变：西方建筑学和城市设计的批判理论，应如何面对今天来自亚洲的挑战。库哈斯说：

库哈斯说："今天，世界上现代化最激烈的地区，显然在亚洲，在新加坡或珠江三角洲这样的城市或地域。这些最近出现的城市，告诉我们当今正在发生着什么……。为了使建筑行业获得新鲜活力，为了保持一个批判的精神，有必要认识这些现象、观察这些发展并将其理论化……从而得出结论。"[7]库哈斯还论述了城市历史文脉和基地的"白板"处理法（tabula rasa）等问题，认为亚洲提出了挑战，促使大家重新思考1960年代以后西方形成的一些观念和立场。在《大跃进》一书中，库哈斯强调，城市建设的极度旺盛（如珠江三角洲等亚洲各个地区）和关于城市状态和城市设计普遍可信理论的极度缺乏，导致了今天强烈扭曲的现状，迫切要求新理论的出现。对珠江三角洲进行了初步研究的该书，以有七十多个新词构成的汇编作为结束，代表"一个理论框架的起步，以描述和解释当代的城市状况"。[8]在其最近的文集《内容》中，库哈斯依然保持着1995年谈及新加坡时所持的观点："我们关于中国的叙述报道是不宽容和不好奇的。……但实际情况却复杂得多……（它包涵了）巨大危险和巨大潜力的三角学关系。……中国的未来是今天最引人注目的课题。"[9]

这里有一个西方投向亚洲的持续的观察。库哈斯的这些研究，是密切攸关的、有时甚至是很深入的对亚洲的阅读。这是向亚洲学习的过程，目的是试图在都市化现代化的最前沿吸取最新的挑战，以此对西方的理论和批判思想试行改造。库哈斯说："重要的是不把欧洲和亚洲、东方和西方对立起来，而是寻找它们的平行关系，并从中找出有关的结论。"[10]这里的跨文化视野，带有明确的矢量指向：有关的概念和能量，从亚洲或中国输往西方，以改革西方的思想。被西方吸收的亚洲概念和能量，也很特殊：实用态度、运行逻辑和建设至上等做法。另外，如果库哈斯的目的是"复兴……批判的精神"，那么这里的工作并不是要根除西方的批判传统，而是要寻找新的批判立场，一种

能够容纳实用性和紧迫性的批判思想。就此而言，其最终目的与艾森曼并无不同，然而两者所采用的态度和方法，却大相径庭。

从批判性到后批判性：在欧美

欧美的新实用主义观念，起步于20世纪90年代晚期，最早表现在瑞克曼（John Rajchman）、奥克曼（Joan Ockman）和斯皮克斯（Michael Speaks）的论说中。[11]贝尔德（George Baird）最近的论文《"批判性"及其不满》（"'Criticality' and its Discontent"）概括了这一探讨的最新状态。[12]贝尔德介绍了近来要超越西方占统治的、束缚人们思维的批判传统或"批判性"的主要声音。他们是库哈斯、罗伯特·索莫(Robert Somol)、怀汀(Sarah Whiting)和斯皮克斯。按贝尔德的看法，库哈斯是当代建筑界沿此路线发展的领先人物，最早提出了效益高于批判、理解社会现实高于形式追求与意识形态立场等观点。贝尔德引用了库哈斯1994年的一段论述，作为反对批判思维的早期呼声："建筑批判话语的问题，在于它没有认识到，在建筑最基本的动机中，存在着一种非批判的东西。"很明显，这与库哈斯对有效实践和后来对非西方地域（如亚洲）的兴趣是相一致的。

斯皮克斯、索莫和怀汀的文章也是这一发展的重要标志。索莫和怀汀的文章《论多普勒效应及现代主义的其他情绪》（Notes around the Doppler effect and other moods of modernism），概括了1970年代以来的两种立场：一是艾森曼与海斯提倡的批判体系，一是以库哈斯为代表的"项目的／投出的"（projective）建筑实践。[13]前者关注独立、过程和批判，后者注重力量、效果、产品和可能性。前者在意义（signification）、符号（sign）和索引（index）的逻辑上思考，后者在"图表"（diagram）和"抽象机器"（abstract machine）的基础上工作。而图表和抽象机器，在本质上是非语意的、非终极意义的，如德勒兹和瓜塔里（Gilles Deleuze & Félix Guattari）所指出的。[14]索莫和怀汀认为，建筑领域已被批判的体系占据多时，并被消耗得

很疲惫了。现在应该另辟蹊径，寻找诸如"项目的／投放的"方法。

斯皮克斯在 2002 年的两篇关于"设计智慧"（design intelligence）的文章中，主张建筑专业需要根本的改变。[15]他认为，重要的不是建立一个新实用主义理论，而是寻找实践和研究的新方法。抽象真理和纯粹形式的探讨，现在必须让位于"小道理"（small truths）和"机智的情报交流"（chatter of intelligence）。设计和调查研究，要采取开放灵活的方法以切入现实。这里，库哈斯的大都会建筑事务所 OMA，及其研究机构 AMO，还有其他一些事务所及研究机构，被一再提及，被认为是灵活多变、介入实践的例子（被提及的事务所包括 Field Operations、Greg Lynn FORM、FOA、UN Studio，研究机构包括 MVRDV、AA 学院的 DRL、贝尔拉格学院、哈佛大学的 GSD 等）。

在回顾这些新的呼声后，贝尔德得出结论：当前的建筑思考，有一种从"批判性"走向"后批判性"或者说"后乌托邦实用主义"的趋势。应该说，这是对当前欧美（一些最领先的院校里的）建筑观念演变的及时洞察。然而，如果我们沿贝尔德的说法进一步观察，就会发现一个重要的缺失。贝尔德的全部论述，只关注西方学术和职业界内部所面临的批判主义危机和走向后批判的趋势。但是，这些变化的外部背景是什么？今天，有什么样的全球政治经济背景，在影响着甚至促使着这些思想的演化，最后以批判的呼声在学术和职业界内出现？贝尔德可能直觉意识到了外部世界的推动力，因为库哈斯和斯皮克斯都关心外部世界和外在性。但是，贝尔德的论述没有提出，更没有研讨外部世界和外在性。

在本文研讨范围内，这一演化背后有两种重要而相关的外部性需要明确指出：职业界以外的政治经济环境，以及欧美西方以外的文化地域包括亚洲和中国。今天，这两种外部性正日益纠缠在一起。贝尔德的论述，尽管从内部看是有洞察力的，但却忽视了这一多层的、物质的、文化地理的外部，尤其是亚洲。而正是在今天的亚洲，实践和实用

主义走向极端，攀上新的高峰。我认为正是这种激烈的建设实践和实用主义运行方式，通过像库哈斯这样的媒介，为西方的后批判性的发展，提供了一定的推动力。如果库哈斯确实是后批判实践的代表，如果库哈斯确实在亚洲吸收着能量并将此输向西方，那么亚洲都市化现代化的大风暴，至少在一定程度上，已经并且正在推动着西方向后批判性转变。如果确实如此，那么我们可以得到以下一些认识。

目前西方走向后批判实用主义的趋势和近年来以库哈斯为代表的西方对于亚洲和中国的研究，在现实的全球地理空间中是相关联的。在跨地域、跨文化的空间里，库哈斯这样的西方人正在从中国和亚洲吸收能量，并试图修正西方的批判思想。另外，游走于地域文化之间至少是西方和中国之间的库哈斯，不仅是一座桥梁，还是置身于两个世界之外的第三状态，有条件和空间来批评和"侵越"两者内部的一些传统。

这也意味着，走向经济强国的中国，可能在相当时期内是世界上最大的"后批判"动力出口国。显然，我们需要对这一中介空间进行更深入的研究。在此空间里，中国似乎在等待德勒兹世界的到来；换言之，中国激烈的实践对应着甚至强化着西方所谓的"图表"式的实用主义。也许，来自中国的动力和运行方式，实际上就是"项目的／投放的""实用的"和"图表"式的，就是索莫、怀汀、德勒兹和瓜塔里（Félix Guattari）企图把握的那种"物"的能量和欲望。而这种动力看来将持续不断地从中国输向西方和世界，推动今天走向后批判实用主义的历史性转变。这也许就是理解库哈斯的作为建筑思想史路标的《大跃进》的真实背景。

《大跃进》抓住了中国的一种状况，一种中国人自己在初次接触此书时感到陌生的状况。许多中国人在打开这本书时很吃惊，尽管书中的内容看来是客观的。该书抓住了一种正在中国涌动的狂暴的物的能量，一种在中国已经司空见惯而难以识别的状况。它只有从外部观察，或以外部（如欧美）的环境为参照时，才容易识别。库哈斯置身于中国之外（也置身于西方之外），得益于双倍的他者的视野，

能够提出一种令中国人耳目一新又令西方人感到挑战的叙述。同时，正因为这种外部性，书中所捕获的景观是远距离的。中国内部的状况，尤其是中国人主观意念的表达，应当受到仔细关注。

在中国

中国从计划经济到目前的社会主义市场经济的的转变过程是复杂的。其中有多次的转折、危机和往复。[16] 尽管如此，基本的转折点还是可以在时间轴线上标出。如果说1976—1978年毛泽东逝世和邓小平接替领导职位的转折，是又一个时代的开始，那么1989年天安门事件的爆发可以作为80和90年代，即改革开放两个阶段的分界点。现在看来已经很清楚，80年代受困于激烈的意识形态辩论和深重的危机感，而90年代则开启了一条比较自信的发展道路，开放市场经济与强大中央政府相结合，其结果基本是成功的，尽管有各种问题；这种特殊组合，在现阶段有效确保了社会的稳定，又推动了经济的高速增长。

以此观察，形成当今中国社会的最重要的因素，是市场经济的引入。市场经济今天日趋兴旺、亢奋，甚至狂乱。同时出现的，是一个非意识形态的、务实的、有自由主义倾向的、都市化的公民社会和新兴的中产阶级。中国的"资产阶级"在大陆重新出现，目前应该包括企业家、开发商、经理，也应该包括依赖市场的专业人士，例如建筑师。在1994—1995年前后，建筑师执照和开业注册体制重新建立（继四十年的空白之后），导致私营设计事务所在全国迅速增长。目前中国有国企设计院、民企设计公司、个人私营机构，以及各种位于中间的流动混合体。尽管形式不同，它们在本质上都以市场为导向。这一状态，并非迥异于艾森曼描述的早期欧洲：在目前的中国，市场经济的繁荣，引出了自由和批判的呼声，以及个人针对主流习俗和各种权力的批判空间的建立。

在这种背景下，1978年之后的第一代建筑师，从1977—1978年起开始接受比较开放自由的吸收了国际和西方影响的建筑教育，其中有些还到美国、欧洲和日本学习。作为现代中国建筑史上的新生力量，他们在90年代后期出现在中国的建筑舞台上。他们正以纯粹、解析、建构的现代主义语言，打破装饰的社会现实主义的中国现代建筑传统，及其背后的1920年代引入的巴黎美术学院体系（图1），大有成就历史突破的趋势。同时，他们对自身设计立场的自觉意识也在日趋增长，而社会本身也愈加宽容，社会甚至需要这些新一代的批判和"超前"（以此构成文化符号、提高关注度）。这一代建筑师已经出现几批，有更多更年轻的建筑师正在崭露头角。目前来看，他们中较有影响的

图1
友谊宾馆，北京，1956。建筑师：张镈。朱剑飞
1997年摄影。

包括：张永和、崔恺、刘家琨、马清运、王澍、艾未未、张雷、周恺、李兴钢、童明、张斌、大舍工作室（柳亦春、庄慎、陈屹峰）和都市实践（王辉、孟岩、刘晓都）等许多建筑师。[17]

他们在不同程度上具有以下一些共同点，值得关注：1）他们在设计思想和资金依托两方面脱离了国家政府的直接管辖，获得了相对的自主和自由。2）他们反对 1970 年代后期之前的以巴黎美院为基础的主流传统和近几十年后现代商业符号化的设计潮流。他们强调建筑的本体价值，探索建筑设计的内在自主的标准，以此超越 20 世纪中国建筑的社会现实主义的主流传统。（这种批评的、自主的、建构的立场今天也在发展成抽象的地方主义和反思的都市主义）。3）他们最自觉最成熟的论述中，透露出一个潜在的立场，该立场背离 1970 年代后期之前的极左的官方意识形态，那种通过巴黎美院的语言讲述国家和革命的伟大叙事的建筑思路。但这种"右倾"的立场今天又趋向一个新的"左倾"，以抵抗市场经济中唯利的资本主义因素。4）他们努力表达自己独立的设计思想，由此获得"作者"的自主地位。他们有自己的话语空间，也受到市场的支持和国家的容宽。这个空间包括大学、出版界、展览机构和网络空间（例如 ABBS 建筑论坛 和 far2000 自由建筑报道）。值得注意的是，这个话语空间也延伸到海外机构，如欧美的大学、展览馆和展览组织（如伯林的 Aedes 画廊、巴黎蓬皮杜国家文化艺术中心、威尼斯双年展等），由此进入了一个国际的建筑精英的话语圈和网络社会。5）在中国国内，尽管存在着种种问题，设计活动还是受到了国家的宽容和市场的支持，使这些建筑师的"侵越"或"超前"的设计得以实现 （如"SOHO 中国"公司于北京 2002 年建设的"长城脚下的公社"），尽管这种做法本身是建立杰出符号（打造品牌）的市场行为。

张永和、刘家琨、马清运

如果仔细观察，这些建筑师都各有不同。例如，崔恺在国有的中国建筑设计研究院中领导一个半独立的工作室。在此环境中，纯理论的实验空间有限，而重要的是服务于不同的客户，其中经常是大型的国家企业部门。他的比较纯粹的现代主义语言，一方面超越了巴黎美院的装饰传统，另一方面倾向于一种正确性以表达公共部门的合理性。而曾在南京上海读书，目前在杭州任教的王澍，却追寻着更独立的设计立场，在纯粹现代主义中融入江南地域元素和明清时代表现在园林字画中的士大夫的人文情怀。下面来看看张、刘、马的工作。

张永和先后在中国、美国求学（南京工学院，1978—1981；保尔州立大学和加州大学伯克利分校，1981—1984）。1980 年代初，他在保尔州立大学师从普雷斯（Rodney Place）教授。而普雷斯 1970 年代曾在伦敦从学于著名建筑理论家埃文斯（Robin Evans），并任教于伦敦的 AA 学院。普雷斯和埃文斯对张的影响不能低估，如张永和自己所承认的。[18]几年建筑实践后，张永和先后在四所大学（保尔州立大学、密执安大学、加州大学伯克利分校、莱斯大学）任教长达十年。概念思维、空间规划、时间体验、生活世界叙述（包括在电影、文学和绘画中的表现）、装置建筑，等等，都是他教学的重点。1989 年，他在美国成为注册建筑师。多次往返太平洋两岸之后，张永和于 1994 年在北京成立自己的"非常建筑"工作室，并于 1996 年定居北京，开始他在中国的实践和教学的新生活。1999 年，他成为北京大学建筑学研究中心主任和教授，并经常在国内外大学讲学。在最近十年（1994—2004）里，他完成了 9 个室内设计与改造、12 座新建筑设计、21 座装置设计（包括展览设计）、6 部专集，及一批中、英文文章。其中的装置和作品展主要出现在欧洲和美国。

从这些工作来看，张永和应当是以概念和理论为基础的建筑师。尽管他设计的建筑数量不大，但这些作品是研究和实验的一部分。总的来讲，他的作品尺度不断扩大，建造技术运用得更加自如而有创造性。其中一贯的重点是材料的暴露、空间体验的强调、建筑与特定环境关系的关注和各种概念或议题的探讨。他早期关心的议题以不同形式多次出现，成为持续的研究课题，如自行车的机动性、电影的体验、透视盒与照相机、明清宫廷画中欧洲技法的运用和传统民居的材料、空间和形态。他的席殊书屋（北京，1996年）使用大自行车轮、钢骨架和半透明玻璃墙和玻璃地板，构成一个中国城市背景下的为机动人流服务的都市驿站（图2、图3）。在苹果社区售楼处美术馆（北京，2003年）项目中，他对一座旧工业建筑进行改造，将一些"照相机"盒子嵌入原有建筑作为入口、会议室和讲台（图4）。他的柿子林别墅（北京，2004年）通过大型透视开口和连续拓扑变化的屋顶形态，将建筑与周围树林和远方起伏的山峦融在一起（图5）。在写作中，他对自己的设计理念作了解释。

图2
席殊书屋，街面，北京，1996。建筑师：张永和。非常建筑提供。

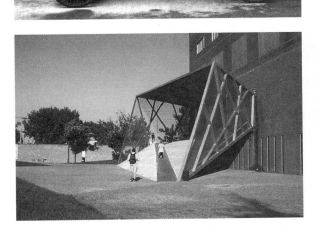

图3
席殊书屋，一层室内，北京。非常建筑提供。

图4
苹果销售中心及展览馆，北京，2003。建筑师：张永和。非常建筑提供。

图5
柿子林别墅（会所），北京，2004。建筑师：张永和。非常建筑提供。

张永和最基本的观点是中国需要"平常建筑",需要以"房屋""建造"为基础的、内在自主的设计理性,而不是注重风格、装饰、体现意识形态的"美术建筑学",那种以巴黎美院为基础的 1970 年代末以前的传统和 1980 年代—1990 年代的后现代历史主义风格。张永和说:"建筑就是建筑本身,是自主的存在",是基本建造,同时统筹运用材料、结构、形态和空间。[19] 他还表示,面对今天混乱的城市环境和不重秩序与质量的建设狂潮,一个批判的建筑实践是必要的。如果说体量、数量、速度、混乱和复制是今天的常态的话,张永和认为批判的建筑应该探索细节、秩序、质量、设计的稳妥谨慎,以及每个项目的独特性。[20] 另外,他还对西方常见的自主的批判设计与商业实践相脱离的现象提出质疑。[21] 他提出"第三种态度",要求"批判地参与",把学术、思考、批判与市场设计实践结合起来。在这点上,他认为需要保持建筑学自身的价值,以抵抗资本主义因素,又要与客户特别是开发商合作,争取在"根本问题"上赢得认同,以服务社会。[22]

如果说张永和的作品以观念为基础、有直接的西方影响的话,那么刘家琨的设计则更具地方性,在材料运用上尤其突出。刘家琨在中国西南的四川省接受大学教育(重庆建筑工程学院,1978—1982)。之后在国家设计院工作 15 年,期间短暂生活于西藏新疆地区。刘家琨随后于 1997 年在成都成立自己的事务所。到 2004 年,他已经完成约 18 座建筑和一些装置设计。刘家琨以成都郊外艺术家工作室和展馆设计著称,如何多苓工作室(1997 年)和鹿野苑石刻博物馆(2002 年,图6—图9)。他的城市项目包括"红色年代娱乐中心"(成都,2001 年),该设计以红色铝合金百叶窗架围合一座未完成的老建筑。另一个城市建筑是四川美院雕塑系(重庆,2004 年)。该设计运用大体量和当地建筑材料。其建筑体块的尺度与垂直性,开敞的巨大洞口和位于高处的院子,都体现了当地潮湿气候和重庆作为"长江山城"的竖向的城市形态。

刘家琨的写作清楚地解释了其设计思想。在《关于我的工作》一文中,他说:了解项目所在地的情况十分重要。[23] 四川

图 6
何多苓工作室,侧面入口,成都,1997。建筑师:刘家琨。家琨设计提供(毕克俭摄影)。

图 7
何多苓工作室,内景,成都,1997。建筑师:刘家琨。家琨设计提供(毕克俭摄影)。

图 8
鹿野苑石刻博物馆，入口侧面，成都，2002。建筑师：
刘家琨。家琨设计提供（毕克俭摄影）。

图 9
鹿野苑石刻博物馆，室内，成都，2002。建筑师：刘
家琨。家琨设计提供（毕克俭摄影）。

位于中国西南内陆，"普通"而"被动"；因此，理解当
地情况和传统，把它们转化为设计的"资源"，非常重要。
他将自己的设计分为"乡村"和"都市"两部分。对于前
者，他采取"低技策略"：考虑到乡村建筑预算有限、建
造技术不发达，有必要探索一种乡土建筑语言；这种语言，
简易廉价又强调古老文明的优势，以低价低技营造高度
的艺术品质，如"中国文人水墨相对于院体画的非职业化
和非正规性"那样，其手法自由而"拙扑野逸"，是"适
用于经济落后但文明深厚的国家或地区的建筑策略"。对
于城市项目，他认为技术和材料的运用已不存在限制，但
危险在于，建筑玩弄肤浅形式，成为迎合商业要求的奴隶。
因此，对于这种项目采取的策略，是"跃到起点、介入策划"：
主动与客户合作，在资源的最初预算中纳入"都市需求"
和"公共话语"，引入对社会利益的考量，并维护建筑设

计自主的美学追求。

在《前进到起源》一文中，刘家琨以国际视野来解释自己
的工作。[24] 他认为他的作品在探讨一种"抵抗建筑学"，
它们与瑞科尔（Paul Ricoeur）所讲得一样，注重古老文
化与现代全球文明的结合。这种解释反映出刘家琨对弗兰
姆普敦（Kenneth Frampton）《走向批判的地域主义——
抵抗建筑学的六要点》一文的阅读和共鸣。然而，这种结
合是以刘家琨自己的方式表现出来的。对他来说，质朴的
乡土建筑与早期抽象极简的现代主义建筑，相容相通。作
为地方和现代的两个"起源"，它们可以在本地区的建筑
中得到开拓，而刘家琨自身的建筑就是很好的凭证。

与刘家琨、张永和相比，马清运在中国建筑界崭露头角相

对较晚，但他的作品正在开创一种新尺度，一种常以市政府为依托的、反思的都市现实主义。他曾在北京清华大学和美国宾夕法尼亚大学学习（1989—1991），先后在纽约和中国从事建筑实践，之后回美国费城任教并继续设计工作，最后于1999年落户上海，成立自己的"马达思班"建筑师事务所（MADA s.p.a.m.）。他的设计和其他中国建筑师如张永和、刘家琨、王澍、艾未未等的作品一起，参加了柏林（2001）和巴黎（2003）的中国建筑展。2003年12月，他被美国设计杂志《建筑实录》选为本年度全世界十位"设计先锋"（Ten Vanguards）之一。2004年2月，他在柏林的埃德斯建筑画廊（Aedes）举办了个人展"现场马达"（MADA s.p.a.m. on SITE）。

马清运认为，在费城与沃尔（Alex Wall）的合作，影响了他的城市设计方法和策略。而沃尔在此之前曾与库哈斯合作。马清运在任深圳大学建筑系主任期间（1996—1997）曾协助库哈斯的团队在珠江三角洲地区调查，之后在《大跃进》一书中担当评论员，也是大都会建筑事务所（OMA）北京中央电视台新总部大楼设计方案的策略顾问。

马达思班出产的作品和论述，表达了一种关注社会、以城市为导向的设计立场。在他看来，每个设计都应以研究为基础，每个研究都应反映项目的独特问题。设计是理想与现实互相辩论的"思考平台"。设计必须切入城市，积极参与当今中国大规模的城市改造。"巨构"在目前中国是可能的，也是必要的。作为一种包含小型住宅和大型城市更新的不同尺度的设计手段，"无尺度建筑"在当代中国是可能的。但是，建筑又应该是对当下中国社会城市问题批判和思考的手段。[25]像张永和一样，马清运也意识到在美国的"理论"与"实践"的分离，例如大学中批判或理论的设计教学与外部的商业实践是脱离的。他强调，自己在中国的建筑实践中，批判思想和商业实践应该结合在一起。[26]

马达思班最大的城市改造研究项目之一，是总面积180公顷的上海北外滩更新方案（2002—2004）。该方案引入一系列"切片"和"胶合"，希望在零售和文化设施组成的大尺度绿化切片之间，保留具有人性尺度的邻里及其生命活力。目标是在市政府和私人开发商的支持下，保留城市肌理，以求逐步而长期的发展，抵制纯粹以开发商利益为基础的大面积清除和大体量建造的做法。[27]马达思班的作品即使尺度很小也关注城市问题，如上海青浦曲水园边园的设计（2004）。线性的边园在内部私家花园和外部粗野现代城市建筑之间穿找，演绎内外、新旧、古典现代、静谧嘈杂的争辩，最后戏剧性地表现在转角凉亭上木结构与混凝土的冲撞咬合之中（图10、图11）。

在中国与西方之间

这些建筑师的出发点是"基本建筑"或"平常建筑"。如张永和提出的，这里的要求，是学科或建筑设计的自主，反对出于外部要求（社会、意识形态、历史和商业等）的装饰。在此之后，目前可能有两种立场正在浮现：一种是以张永和、刘家琨、王澍为代表的抽象的地方主义（也包括马清运的父亲住宅）；另一种是这些建筑师所提倡的关注社会问题的都市现实主义，以马清运的大体量建筑和城市研究项目为主要体现（也反映在张永和、王澍、崔愷和其他建筑师此后的设计中）。这些新发展的基础还是"基本建筑"。这种在设计中表现的关于"基本建筑"的分析深度，是大陆中国现代史上前所未有的。这种对巴黎美院的装饰现实主义传统的批评，和对近来后现代历史符号的反对立场的明确自觉的表达，也是前所未有的。今天他们所打开的批判空间和建筑师的相对自主，也是以前不曾有过的。这种今天已成为可能的自主地位，当然在过去也不可能获得，无论是在1949—1978年间的集体主义设计院的工作环境里，还是更早的1920年代—1930年代短暂的半殖民地资本主义的不发达经济和不充足发展空间里。随着市场经济的确立和公民社会的逐步展开，这些建筑师今天有了新的社会经济基础；他们可以此为依托，表达自己的声音和"作者"地位。同时，国际的关注也是这一新兴的批判立场的另一个重要依托。

如果仔细观察中国的新兴的批判性，我们会发现其中的西

图 10
边园，河对岸透视，上海青浦，2004。建筑师：马清运。
马达思班提供。

图 11
边园，转角凉亭，上海青浦，2004。建筑师：马清运。
马达思班提供。

方影响。直接或间接地，库哈斯、弗兰姆普敦、沃尔、普雷斯等许多西方人的影子出现在这些中国建筑师的设计和写作中。他们中间一些人在回国之前曾经在西方学习并工作，是一个带有矢量指向的文化地理流动的重要状态。在这里，这些建筑师从西方带到中国的，是"理论"和思考，是设计的自主、内在和深度，以及距离的和抵抗的态度。这股由西方传向中国的矢量流动也得益于其他领域的成就，例如汪坦、罗小未教授自 1980 年代发起的对西方文献的研究和翻译工作，以及近来王群、彭怒等学者对于建构学（包括弗兰姆普敦著作）的研究。

同时，这里又有一个筛选西方影响的过程。如张永和和马清运都提出的，西方的"理论"与"实践"的分离，不适合中国的情况。这里有一个微妙的转换：尽管批判态度和自主性得到了一定的吸收，但是一个极端的、绝对的自主性，一个脱离实践或切断理论和实践关系的自主性，是没有必

要吸收进来的。在此瞬间，中国建筑师获得了相对的优势，他们可以抵制西方批评性的负面影响，那些贝尔德、索莫、怀汀和斯皮克斯已经指出的、已经"消耗"建筑学的、沉重而极端的批判主义传统。

由此，张永和和马清运等人实际上站在了中国与西方之间，如同库哈斯等西方建筑师和学者那样，尽管他们方向相反。[28] 他们都位于两个世界的外部，可以对两地的某些状况施行批判和侵越。同时，他们又是游动于全球的经纪人，在文化地域之间，从事思想的进出口工作。他们各自疏导着思想在特定指向上的流动。如果说库哈斯在都市化最前沿的中国吸收着建筑生产的强大生机和其中的实用主义（图 12），将之带到西方，促成那里从批判性向后批判性的转变的话；那么张永和、马清运等人的工作，是把西方的批判性带到中国，促成一个自主的、批判的建筑话语在中国大陆的兴起。换言之，如今两个世界之间存在着

图 12
库哈斯 2000 年《珠江三角洲》一文中所出现的中国
某建筑工地。源自：Rem Koolhaas, Stefano Boeri,
Sanford Kwinter, Nadia Tzai and Hans Ulrich Obrist,
Mutations, Barcelona: ACTAR, 2000, p. 315。

一个"对称"的能量交换。其趋势也将是继续这种相向的
对流关系。基于以上观察，我们可以期待中国、亚洲和西
方世界进一步的融汇，以及建筑学科中批判与参与、理论
与实践的再度结合。

First published as follows: Jianfei Zhu, 'Criticality in between China
and the West', *Journal of Architecture*, 2005,10(5): 479-498；a
developed version is published in Jianfei Zhu, *Architecture of Modern
China: A Historical Critique*,(London: Routledge, 2009), pp. 129-146.
原英文如上；中译文：薛志毅、陈易骞、赵姗姗翻译，朱剑飞校对。

1 Chuihua Judy Chung, Jeffrey Inaba, Rem Koolhaas, Sze Tsung Leong (eds) *Great
Leap Forward*, Köln: Taschen, 2001, p. 704.

2 Peter Eisenman, "Critical architecture in a geopolitical world", in Cynthia C. Davidson
and Ismail Serageldin (eds) *Architecture Beyond Architecture: creativity and social
transformations in Islamic cultures*, London: Academy Editions, 1995, pp. 78-81.

3 Eisenman, "Critical architecture", pp. 78-9.

4 Eisenman, "Critical architecture", p. 79.

5 请参考 Michael Hays, "Critical Architecture: between culture and form", *Perspecta*
21, 1984, 15-29, 尤其是 15, 17 和 27.

6 Rem Koolhaas and Bruce Mau, *S, M, L, XL*, Rotterdam: 010 Publishers and New
York: Monacelli Press, 1995, pp. 1008-1086.

7 Rem Koolhaas, "Pearl River Delta", in Rem Koolhaas, Stefano Boeri, Sanford Kwinter,
Nadia Tzai and Hans Ulrich Obrist, *Mutations*, Barcelona: ACTAR, 2001, pp. 308-335.

8 Chung, *Great Leap Forward*, pp. 27-28, 704-709.

9 Rem Koolhaas, *Content*, Köln: Taschen, 2004, pp. 450-451.

10 Koolhaas, "Pearl River Delta", p. 309.

11 请参考 John Rajchman, "A new pragmatism", in Cynthia C. Davidson (ed.) *Anyhow*,
New York: MIT, 1998, pp. 212-7; Michael Speaks, "Tales from the Avant-Garde: how the
new economy is transforming", *Architectural Record* ,2000(12): 74-77; Joan Ockman,
"What's new about the 'new' pragmatism and what does it have to do with architecture",
A+U, 09, no. 372, 2001, 26-28. 也请参考这一专辑的讨论："Architectural theory and
education at the millennium" *A+U*, 06, 07, 09, 10 and 11, 2001, 包括 Michael Hays,
Mary McLeod, Michael Speaks, Mark Wigley 和 William J. Mitchell 的文章. 此话题又有
进一步发展，见注释 12 和 15.

12 George Baird, " 'Criticality' and its discontents", *Harvard Design Magazine*, 21,
Fall 2004/Winter 2005. Online. Available HTTP: <http://www.gsd.harvard.edu/hdm>
(accessed 5 November 2004).

13 Robert Somol and Sarah Whiting, "Notes around the Doppler effect and other
moods of modernism", *Perspecta 33: Mining Autonomy*, 2002, 72-77.

14 Somol and Whiting, "Notes", pp. 74-75. See also Gilles Deleuze and Felix Guattari,
A Thousand Plateaus: capitalism and schizophrenia, trans. Brian Massumi, London:
Athlone Press, 1987, p. 142.

15 Michael Speaks, "Design intelligence and the new economy", *Architectural Record*,
January 2002, 72-6; and "Design intelligence: part 1, introduction", *A+U*, 12, no. 387,
2002, 10-18.

16 下面关于现代和当代中国建筑的描述，以我的这些研究文字为基础：Jianfei
Zhu, "Beyond revolution: notes on contemporary Chinese architecture", *AA files*, 35,
1998, 3-14; Jianfei Zhu, "An archaeology of contemporary Chinese architecture",
2G, 10, 1999, 90-7; Jianfei Zhu, "Vers un Moderne Chinois: les grands courants
architecturaux dans la Chine contemporaine depuis 1976" (Towards a Chinese modern:
architectural positions in contemporary China since 1976), trans. Jean-François Allain,
in Anne Lemonnier (ed.) *Alors, la Chine?*, Paris: Éditions du Centre Pompidou, 2003, pp.
193-199.

17 他们并不代表中国建筑师；他们代表的，是在中国反对主流习俗的新一代建筑
师的主要的前锋。

18 张永和提供了 Rodney Place 于 1970 年代在 AA 建筑学院教学活动的有关信息；
作者在此表示感谢。

19 张永和，《平常建筑》，《建筑师》84（1998 年 10 月）27-37 页，尤其是 28-29 页。
也请参见：张永和，《向工业建筑学习》，载于张永和，《平常建筑：For a Basic
Architecture》，北京：中国建筑工业出版社，2002 年，26-32 页。

20 Yung Ho Chang, "Design philosophy of Atelier FCJZ", 2004 年 1 月收到的未发
表文稿。

21 Yung Ho Chang, "Yong Ho Chang (about education)", in Michael Chadwick (ed.)
Back to School: Architectural Education: the information and the argument (*Architectural
Design*, vol. 74, no. 5, 2004), London: Wiley-Academy, 2004, pp. 87-90.

22 张永和，《第三种态度》，《建筑师》108（2004 年 4 月）24-26 页。

23 刘家琨，《关于我的工作》，载于刘家琨，《此时此地：Now and Here》，北京：
中国建筑工业出版社，2002 年，12-14 页。

24 刘家琨，《前进到起源》，载于刘家琨，《此时此地：Now and Here》，15-18 页。

25 马清运，《访谈》，2004 年：网址 <http://www.abbs.com/>（2004 年 10 月 15
日登陆）。

26 马，《访谈》。

27 Ma Qingyun and Stephen Wright, "A city without leftovers: a conversation with Ma
Qingyun", *Parachute*, 114, 2004, 62-79 尤其是 71-72.

28 矶崎新是另一位 1990 年代以来一直观察中国并给予评论的海外建筑师。但是他
的位置更复杂，因为他的视野不是"西方的"，也没有将粗放的实用主义态度从中
国输向西方。实际上，尽管他站在外面，他的立场更接近中国建筑师，因为他把"质量"
和"批判性"输入中国。比如，他曾公开批评中国目前建筑设计水平的不足。请参见：
袁烽，《建成与未建成：矶崎新的中国之路》，《时代建筑》81 期（2005 年 1 月）
38-45 页。

11

作为全球工地的中国：
批判、后批判和新伦理

Of China as a Global Site:
Criticality, Post-Criticality and a New Ethics

当今天中国成为世界最大建筑工地时，三个相关的问题浮现出来。第一个是我已经探讨过的，有关中国和西方之间思想的"对称"交流的问题。现在看来有必要发展这个看法，以容纳一个更宽阔的视野，包括中国的建筑实践以及越来越多关于中国的国际性讨论。这需要采用历史、地理和全球的研究视角。这是一个发展地对当代现实的跟踪阅读。第二个问题是关于"批判建筑"（critical architecture）在中国和其他地方的地位。中国和亚洲的某些地区确实为一种实用工具主义（instrumentalist）和后批判主义（post-critical）论点提供了例证，如库哈斯（Rem Koolhaas）的研究论述所表明的。但是这里的"中国"和"亚洲"指的是这些国家中的实用主义实践，而非我曾经讨论过的新的批判的"先锋"实践。实际上，批判主义实践和实用主义实践，在这里同时存在并交错关联。因此，一个重要问题就产生了。在面对这些国家普遍的当代实用主义时，在全球化的新自由主义意识形态盛行的世界里，我们在中国和其他地方是否还需要批判建筑？如果答案是肯定的话，而且如果后批判思想在西方也正在超越负面的批判性的话，那么我们应该采纳什么样的新的批判建筑？今天在中国，我们是否可以发现相关迹象，以帮助寻找一种不同的批判性？作为对"对称"交流和中国"先锋"建筑研究的延续，我将探讨这个问题。

第三个问题是关于中国当下的政治经济发展以及中国在资本主义世界——或者套用沃勒斯坦（Immanuel Wallerstein）的定义，资本主义世界体系（capitalist world-system）——中可能的地位。现有的有关研究指出，中国的发展道路既不是"共产主义"也不是"资本主义"的，而是第三种途径；其中国家扮演了综合的领导角色，而且并不屈从于新自由主义呼声推动的、尤其是来自美国的市场资本主义。有关学者如杜维明（Tu Wei-ming）、诺兰（Peter Nolan）、哈维（David Harvey）和池田 (Satoshi Ikeda) 等，通过不同的角度观察，都发现了一个走向后资本主义世界体系的发展趋势，而中国在其中扮演了重要的角色。这对建筑学来说有什么意义？如果这暗示了一种新的伦理和文化追求，那么它对"批判建筑"的意义是什么？批判性是否可以被重构，使之吸收不仅是西方的观点，还有不以自主、对抗和超越为基本假设的文化价值观念？

本文将依次处理这三个问题。首先我将从历史、地域和全球的角度描述"对称交流"，然后讨论批判建筑的问题，最后讨论中国的第三条道路或中间路线，以及它对建筑学的意义。[1]

一个对称的瞬间

依据沃勒斯坦，资本主义世界体系在 1450—1500 年间出现，那时欧洲将美洲变成自己的殖民地。这个体系中，在生产、经济和政治统治关系上，欧洲和美洲分别是"核心"和"边缘"。[2] 到 19 世纪末，这个体系已经扩展到几乎覆盖整个世界，广阔的殖民地处于边缘地位，而发达国家处于核心地位。其中存在一个全球的劳动力分配，以及生产、金融和政治军事力量的等级分布。按照这个理论和相关术语，自从 1840 年开始遭受侵略、丧失领土并被半殖民化后，1900 年左右的中国处在边缘地位。中国与西方核心国家之间关系复杂，中国是这种侵略的资本主义现代性的受害者，然而为了自强、现代化和社会发展，中国人仍然要向西方学习思想和知识。在西方建筑师到中国实践的同时，中国学生也前往日本、美国和西欧等发达国家学习建筑。他们学的主要是 1920—1930 年代先在欧洲而后在北美发展起来的巴黎美术学院设计体系。一个从西方向中国的思想和专业知识的流动显而易见。

今天，中国看起来正在向一个世界的核心地位前进，或者说在世界体系的很多方面都在与核心国家密切互动。学院派体系已经不再是占据统治地位的设计范本；设计和建造现在是一个更加国际化的事业；中国城市化的速度和尺度正在催生一个令人惊讶的持续建设的工地和一个新的前所未有的超级城市景象；向国际事务所开放的项目委托和提升自身形象的需求吸引了世界上几乎所有著名建筑师来中国设计建造；在一些海外建筑师和理论家思索中国和亚洲发展带来的启示的同时，关于中国的国际性讨论也在出现。随着这样一个图景的展开，这里看起来存在一个从中国向西方和世界的图像和影响的流动。然而过去自西方向中国的流动在新的条件下仍然活跃：在西方和海外建筑师到中国实践的同时，中国学生继续像以往一样，大量前往核心或者发达国家学习建筑。从历史和国际的眼光来看，在当前的中国究竟发生了什么事情？我们需要准确描述一个关键的"瞬间"：一个我将其描述为在中国和核心国家之间对称的瞬间，一个在之前和之后万变的历史中未曾有和不再有的瞬间。依照我的观察，这个瞬间在 2000 年左右出现。因为有新的发展出现，中国和西方或者核心国家之间的相互关系可能已经离开了这个瞬间的状态。然而这个瞬间仍然应当被捕捉并记录下来。

1976 年或者 1978 年以前，中国的现代建筑包括两个主要传统：学院派的历史主义和社会主义的现代主义。前者应该说更具统治地位。它建立在 1920 末的主要由当时和之后在美国接受教育的建筑师从美国引入的（尽管那些在日本和欧洲接受教育的建筑师也扮演了一定角色）教育体系之上。它的主要特征是在现代建筑结构上采用历史图样和风格，以及在某些情况下的对称的平面布置。从 1920 年代到 1990 年代，在南京政府和北京政府的直接支持下，其高潮分别出现于 1930 年代和 1950 年代。它可能是曲线的具有生动轮廓的中国式屋顶，亦可能是看起来更现代的、带有中国或者西方和其他地区传统装饰纹样的平屋顶。1970 年前后"文化大革命"末期对政治符号的应用，以及 1980 年代和 1990 年代后现代主义影响下再次出现的中国式屋顶，是这个传统的两个变体。装饰性通过别的方式（例如地域主义），事实上一直延续到 20 世纪的最后几十年。第二个主要传统是 1960 年代和 1970 年代在公共建筑和单位集体住宅的设计中采用的现代主义形式。它很大程度上是出于经济和理性的考虑，所以它不同于 1930 年代和 1950 年代意识形态主导的民族主义形式，也不同于 1920 年代及其后欧洲建筑师对形式的研究和设计学科的独立探讨所得结果的那种现代主义。在当时的社会条件下，不存在让建筑师进行个人实验以探讨形式可能性的机会。除了一些特殊的例子（例如 1930 年代、1940 年代末、1950 年代初和之后的奚福泉、童寯、华揽洪、杨廷宝和冯纪忠等），中国建筑师在 1970 年代末之前主要的贡献，是为国家和社会大众提供风格化的历史主义和经济性的现代主义设计。1949—1976 年，由于客户和设计院建筑师都隶属于公共集体，建筑设计非常"集体主义"，设计中的个人创作是被压制的。

1978 年后邓小平领导下的改革开放将中国带入了一个新时代；至今已近 30 年的这一时间段可以划分成两个时期，第一是 1980 年代，第二是 1990 年代以及新世纪初的几年。如果说第一时期实行了农村改革和对外资有限开放的局部的城市企业改造的话，第二个时期则完成了城市产业改革并建立了不断向国际资本和文化开放的"社会主义市场经济"，尤其是1990年代末以后。在建筑设计方面，中国建筑师的两个相关的贡献构成了1980年代的特征：晚期现代主义和装饰性的乡土或地域主义，以及两者的混合体（我将它们定义为"晚现代加新乡土"）。1977或1978年以前接受教育的教授和高级建筑师是其中的主要力量。吴良镛、关肇邺、彭一刚、邢同和、布正伟、程泰宁是最有影响力的人物。但是齐康1980年代在南京东南大学设计研究院设计的大量作品，大概是这批建筑师作品中最重要的代表。"晚现代主义"设计（例如柴培义的国际展览中心，北京，1985年；彭一刚的天津大学建筑馆，1990年；邢同和的上海博物馆，1994年；布正伟的江北机场航站楼，重庆，1991年），是抽象的、英雄主义的、注重体量的，并且经常是对称的。从中可以清楚地看到古典主义的构图，以及1976年之前的国民政府和社会主义时期的学院派传统中发展成熟的集体式的英雄主义气质。"新乡土主义"（例如齐康的梅园纪念馆，南京，1988年；关肇邺的清华大学图书馆新馆，北京，1991年）使用砖材和单坡屋顶，同时还附加其他装饰细节。在此我们又一次看到，1976年以前的风格化的历史主义在前期已经比较活跃的老一辈建筑师手中继续延续着。在历史纵向延续之外，这里还有一个横向的来自国际的影响：它包括1960年代和1970年代的粗野主义和晚现代主义，1980年代以及之后的后现代主义。1980年代中国的"晚现代"和"新乡土"，实际上是1949—1978年间接受教育的老一辈建筑师，在1978年之后对建筑语言的现代化、使之与西方和国际发展同步的努力的表现。[3]

1980年代也见证了海外建筑师的到来，尽管数量有限。重要的例子应该包括贝聿铭的北京香山饭店（1982），Denton Corker Marshall（DCM）的北京澳大利亚大使馆（1982—1992），以及黑川纪章（Kisho Kurokawa）的中日青年交流中心（1990）。形式上，这些设计都介于晚现代主义和后现代主义之间，然而每个设计都有特色，具有明确的形式完整性。概念上，它们都与中国传统进行"对话"。如果说贝聿铭的香山饭店是使用了标志和装饰性元素来对应中国南方乡土建筑和文人园林，黑川纪章的中日青年交

流中心是在现代主义语言基础上采用了日本和中国的文化符号的话，那么，DCM的澳大利亚大使馆则是采用了更加抽象和纯粹的现代主义手法，同时用了抽象的后现代主义手法（轴线、墙体、层次、面板和方孔）来诠释北京古城中墙体围合的院落型制。然而，这些与中国的互动仍然是个别的学术性对话，还不是介入本土的全面参与。

关于1990年代及其后，最主要的贡献是新一代中国建筑师的出现，无论是在国内还是国际舞台上。他们在1977—1978年以来在西方具有国际影响力的开放的大学里接受教育，其中一些人还到发达国家留学；在各自不同背景下实验了一些思路和设计之后，他们"突然"在1996—2000年出现，带来了基于个人研究的纯粹的、实验的现代主义建筑；这组现象，就其连续性和规模而言，是中国从未出现过的。这些建筑师最重要的特征是他们个人的设计作者身份的明确追求和表达，以及在建构、空间和体验这些领域里对建筑设计学内部知识和方法的实验。因为他们关注的是建筑学内部或独立的问题，因为他们的目的是挑战和超越已成为主流的巴黎美院的装饰主义现代传统、它的1980年代的各种变体及其大众化商业化的趋势，所以他们的设计在这个历史环境下是"批判的"。这些建筑师的出现，是以下这些历史发展的一部分：中国在1980年代和1990年代社会、政治、经济的开放；公民社会和中产阶级的出现（它与一个平行的资产阶级相关，又正在与之迅速分离）；以及设计市场的开放（1994—1995年建立了执照考试制度）。尽管情况还在发展，但在最早的1996—2000年以及此后的几年里，最重要的建筑师应当包括：张永和（席殊书屋1996），刘家琨（何多苓工作室1997），王澍（陈默工作室1998，顶层画廊2000，苏州大学文正学院图书馆2000），崔恺（外研社二期1999，外研社会议中心2004），和马清运（父亲住宅2003，青浦曲水园边园2004）。

另外一个从1990年代到现在的贡献或重要发展，是国际参与如潮水般的"涌入"，或者更精确地说，是中国和海外建筑师之间关于中国项目的交流的汪洋大海的浮现。

这种情况在以下几个方面将中国变成一个"全球"工地：1）城市化的尺度、工程的数量以及海外直接投资（foreign direct investment，FDI）的总量都跻身世界前列。2）从1994年开始，海外直接投资在已有的经济特区以外的中国其他地区大幅上升。中国2001年加入世界贸易组织并取得2008年奥运会主办权之后，重要工程的建筑师开始通过国际竞赛来选择。这些项目吸引了全世界的建筑师来参与中国的实践，其中以欧洲为主的"明星"建筑师设计了具有国家意义的重要建筑。

需要特别注意的是，从历史角度看，从1911年甚至1840年开始的充满波折的近现代中国历史时间轴上的所有时期中，1978年至今已有30年，是时间最长和政治最稳定的时期。它是19世纪末以来现代中国史上，持续对外开放，持续保持市场经济发展和科学技术现代化最长的一个时间段。

上文最后提到一个现象，即今天中国涌现的海内外建筑师或并行或合作的大洪流，实际上是对这个国家整体设计状况的一个概括描述：所有建筑师及其过去和现在的各种设计手法立场，都已包含在内。为了从历史和世界的角度观察当代中国的建筑实践和思想，现在非常有必要来全面检视这个交流的大海。如果仔细观察，我们可以发现四种城市建筑类型：一般背景、大型项目、中型项目和小型项目。一般城市背景，是指今天中国大多数城市所见到的：一个由高层建筑和大体量街区组成的混杂格局，包含办公、商业和住宅建筑，设计者是不同规模不同背景的设计院、私营公司及海外设计机构。所有的主义风格都能在这里看到，但是整体天际线以国际式风格建筑和后现代建筑为主导。在城市的低层，是早期的不同质量的带有历史痕迹的建筑，极度混杂地贯穿在一起，构成一个工作生活的社会领域。以此为大背景，我们可以找到三组有影响或有争议的建筑。

第一组是"大型建筑"，包括那些象征城市和国家的地标性工程，例如大城市里的文化设施，尤其是那些与北京奥运会（或者上海世博会）相关的建筑。客户主要是城市或

国家政府及其属下的公共机构。建筑师许多来自欧洲（英国、法国、德国、荷兰以及瑞士等）。著名的例子包括库哈斯的CCTV大楼，赫尔佐格和德梅隆（Herzog & de Meuron）的国家奥林匹克体育场（图1），福斯特（Norman Foster）的北京国际机场三号航站楼，以及这三个工程的结构工程师——来自英国的奥雅纳（ARUP）。

第二组是"中型建筑"，主要是重要的文化设施和住宅小区或新城。客户是多样的；它们或是政府机构或是房地产开发商。建筑师经常来自不同的西方国家，但是其中引人注目的是日本建筑师，例如山本理显（Riken Yamamoto）的建外SOHO高层住宅（北京，2003）和矶崎新（Arata Isozaki）的文化中心（深圳，2006）（图2）。

第三组是"小型建筑"，小型指的是尺度和功能，而非影响力和意义。它们包括办公建筑、工作室、住宅和别墅。客户主要是私人个体。这些设计中著名的建筑师既有中国的也有海外的。海外建筑师有来自世界各国的，然而日本建筑师（也有韩国和其他亚洲国家建筑师）仍然处于有影响力的行列中。隈研吾（Kengo Kuma）的设计，包括他的北京郊区的"长城脚下公社"别墅群中的"竹屋"（2002，图3a），以及他最近设计的上海Z58办公建筑（2006），是最具代表性的。另外一个重要的例子是来自美国波士顿的Office dA（Monica Ponce de Leon和Nader Tehrani），其设计的位于北京通州的一个200平方米的门房，是一个展示了表皮、结构、材料和空间之丰富交错的小型建筑。这里的中国建筑师，是上文提到的"突破的一代"，包括张、刘、崔、马和王以及一批正在出现的更年轻的建筑师例如童明（图3b）。如果说这些中国建筑师的主要立场是关注材料、肌理、构造、细部、空间、光线和体验，以反映个人、乡土或传统的生活世界，由此抵抗主流现代传统和庸俗的设计的话，那么在此区间工作的海外建筑师，从西方内部"解构主义"和"新现代主义"的脉络和层面上出发，与中国同行享有同样的对材料、构造、空间和体验的批判的关注。事实上，在更大尺度上操作的、"临界"或思考的（"edgy" and reflexive）海外建筑师，如矶崎新、山本理显、赫尔佐

图 1
一个"大型"工程：国家奥林匹克体育场（"鸟巢"），
北京，2008。建筑师：赫尔佐格和德梅隆（Herzog
& de Meuron）及中国建筑设计研究院。朱剑飞摄于
2006 年 11 月。

图 3
"小型"工程。a："竹屋"别墅，北京，
2002；建筑师：隈研吾；图片取自隈研吾。b：
席殊书屋，北京，1996；建筑师：张永和；
图片源自非常建筑工作室。

图 2
一个"中型"工程：深圳文化中心，2006。建筑师：
矶崎新。朱剑飞摄于 2005 年 12 月。

格和德梅隆、库哈斯等，其设计依然是建构的或后建构的，只是其形式属于更加激进的新现代主义。两者的共同点是明确的，需要进一步发展强调。这里还应当注意的是"集群设计"现象：来自中国、亚洲乃至全世界的建筑师被邀请来参加设计（比如每人设计一栋别墅），为房地产开发商展示新的设计思路和生活理念；例如为开发商"SOHO中国"设计的"长城脚下公社"（北京郊区，2002），以及在南京正在进行的为另外一个开发商设计的中国建筑实践国际展。这些都是重要的场合，使具有相似而又不同设计观念的中国和海外建筑互相观摩切磋；它为中国建筑师（当然也为海外建筑师）提供了观察和学习的窗口。

这三组重要的大、中和小型建筑设计，事实上是"象征资本"（symbolic capital）的产物，其目的是在地方、国家和国际市场上树立卓越的标志（marks of distinction）。[4] 它们是建筑师与强大的或国家单位或私人客户间的合作，用来在竞争市场和大众图像文化中，在多层次上，为某商业机构、城市或国家建立卓越的符号或者象征的优越。在这些层次中，设计中的形式资本，被用来创造文化的、社会的和商业的可见度，为开发商、市政府或国家机构服务。建筑专业的资源，尤其是知识及其实践者建筑师的名望，正在与那些政治与商业权威的资源合作：一种可同时促进两个资源系统有效权力的联合的投资。世界上最有名望的职业荣誉，普利策建筑奖，在1999、2000和2001年分别授予福斯特、库哈斯、赫尔佐格和德梅隆，而从2001年起他们很快就成为中国2008年最大的国家工程的设计者（北京首都机场3号航站楼、CCTV大楼以及国家体育场）：这是国际最高层面上的这种联合的清晰表现。

然而这种情况不应该阻碍我们去认识这些参与所提供的机缘和可能性。首先，并非所有商业和政治权威都是压迫的：从人本主义的判断上来看，它们可以是进步的或压迫的，取决于具体的历史情况。以殖民地历史和高度制约的1949—1978之间的时间为背景和参照，1978年之后政治经济的改革开放，对于中华民族而言，在基本原则上和在此具体历史条件下，是进步的和解放的（尽管出现的问题也需要妥善解决）。第二，在权力与设计之间有一个我们不能否认的辩证关系。当设计服务于政治和商业权力时，由政治支持的开放和经济依托的物质基础，也使设计知识得到发展、设计思想得到实现。

在这种情况下，由于政治经济的开放，许多设计实验和有关讨论在中国发生，而建筑师及其思想也在交流的海洋中跨越了国界。这里我们可以发现两股方向相反的主要流动趋势：一种是中国对西方和世界的影响流；另一种是西方和世界对中国的影响流。在第一种影响的流动中，看来中国作为一个整体向世界和西方学术界释放了一个特定印象。一种为高速现代化的大社会服务的、高效的设计和建造的实用主义态度，为西方提供了一个窗口或场景，使之重新思考在西方建立起来的一些思想，尤其是后现代主义对建筑（以及其他专业）中的工具主义现代性进行批判之后建立的思想。在相反的方向上，看起来是来自西方和亚洲尤其是欧洲和日本建筑师的具有思考和激进建构手法的有质量的设计，最大地影响了中国。这里，建构美学、纯粹主义、批判的（理论的）设计和大众关注（及有关的社会民主价值观），是西方对中国影响中比较明确的一些突出要素。现在让我们近距离检视这两股影响的流动。

从中国流向西方和世界的影响，通过三种途径传播：遍布世界的西方专业媒体中关于中国的话语（例如论坛、展览和杂志的专刊），以库哈斯为典型代表的个人的理论型建筑师对中国的专注思考，以及在西方越来越多的关于参与设计中国实际项目的报道。关于第一种，从 AA Files（1996年36期）、2G: International Architectural Review（1999年10期，图4a）开始，在海外出现了一个出版中国建筑特刊的潮流，表现在 A+U，Architectural Record，AV Monographs 和 Volume（2003，2004，2004 和 2006 年）等专刊上。关于这个主题的展览会主要在欧洲各国陆续出现，如柏林的 Aedes 画廊、巴黎的蓬皮杜艺术中心、鹿特丹的建筑中心以及最近在维也纳建筑中心举办的第15届建筑师大会（分别在 2001、2003、2006 和 2007 年举办）。这些活动都伴随出版了令人印象深刻的画册（图

4b）。有关论坛和系列讲座提供了介绍中国建筑情况的独特机会，如伦敦皇家艺术学院和维也纳第15届建筑师大会上"中国制造"等讲座（分别在 2006 年和 2007 年）。西方和世界关于中国的大众话语，传递了一个中心印象，可以用 2G 和《建筑实录》（Architectural Record）相关期刊的封面文字作最好的总结："即时中国"，"中国……以超人速度建设，重新创造它的城市，从大地上冉冉升起"。标题背后是直上云霄的高层建筑的神奇的天际线（图4c）。它表达了一个关于中国的想像，而如果这一图像被认真接受的话，它为西方提供了另一个现实世界的窗口，那里展现的是为高速现代化服务的工具主义建筑。

目前西方理论型建筑师对中国的关注和思考，应该以库哈斯为最突出代表。在他的写作中，我们可以发现与中国和亚洲观察相重迭的一系列阐述和主张。在此我们面对的可能是西方今天以中国和部分亚洲为基本档案和理论实验室的，关于为高速现代化服务的真实有效的建筑的最严肃的理论思考。

在 1995 年出版的书籍《S，M，L，XL》中，四篇关于"城市""大""新加坡"和"通用城市"的文章是特别相关的（图5a）。在《城市设计发生了什么？》一文中，库哈斯说我们必须敢于"不批判"，以接受在全世界不可避免的城市化，并探索一种能够促进这种不可避免的物质条件的设计思想。[5] 在第二篇文章中，库哈斯主张一种"大"建筑，一种量的建筑，一种可以将它自己从西方建筑学消耗殆尽的艺术和意识形态运动中脱离出来的，"重新获得它作为现代化载体的工具性"的建筑。[6] 在第三篇文章中，库哈斯用新加坡作为一个西方世界之外的令人信服的例子，来探索建筑中的"操作"和"城市建造"，探讨据他说是西方自 1960 年代之后已经遗忘了很久的思想，一种可能将西方带回到为改造城市和社会的、具有尺度和能量的、英雄的功能的现代主义的思想。（图6a）[7] 在《通用城市》一文中，库哈斯全面挑战了 1980 年代和 1990 年代占主流的关于认同、特征和地域主义的观点，并鼓励重视在全世界到处都可以找到的现代城市，一种一直被西方批评的但被亚洲所积极拥抱的城市模式（"亚洲追求它……很多通用城市都在亚洲"）。[8]

b

图 4

关于中国的出版物。a：*2G: International Architecture Review*，1999(10) 封 面："即 时 中 国"特 刊；b：*Alors, la Chine?* 封面，巴黎：蓬皮杜艺术中心，2003；展览手册；c：《建筑实录》（*Architectural Record*），2004(3) 封面，包括关于中国的特别章节。源自朱剑飞。

a

b

c

图 5

库 哈 斯（Rem Koolhaas）的 出 版 物。a：《S, M, L, XL》封面，1995；b：《流变》封面，2000；c：《大跃进》封面内页，2001。源自朱剑飞。

在《流变》（*Mutations*，2000）一书中，库哈斯发表了一段关于"珠江三角洲"的演说词，总结了在之后出版的《大跃进》（*Great Leap Forward*，2001）背后的一些观点。（图5b，c，6b）库哈斯的听众看来是西方人，他很明显是在对西方听众解释和理性化对亚洲关注的重要性。库哈斯说，现代化有其强度的顶峰，在不同时间段出现在不同地区，它曾经出现在欧洲和美国，但是，"今天现代化强度的顶峰，出现在亚洲，如新加坡和珠江三角洲等地"。[9] 他认为，这些亚洲城市可以教导我们今天正在发生什么；他说"为了更新建筑师职业和保持批判的精神，我们必须……观察这些新的现象并且将其理论化"。[10] 在《大跃进》中，库哈斯描述道，亚洲正处于一个持续而猛烈的建设过程中，其尺度前所未有，是现代化大旋涡的一部分，它摧毁现存的环境并创造一个全新的城市物态。[11] 他说，一个关于城市和建筑的新理论是需要的，而这本书结尾部分描述中国珠江三角州的七十个术语，可以作为这个新理论的起步。[12]

这种发表于西方的理论型建筑师对中国的研究，又涉及中国影响西方的第三条途径，即西方和海外建筑师在设计建造上的直接参与，以及在西方的快速报道。库哈斯当然是赢得了2002年CCTV新台址的竞赛，并在2008年完成（图7a）。西方和海外建筑师获得的委托，包括体育场、体育馆、大剧院、机场、博物馆、展览建筑，以及

影响略小但更加普遍的大型住宅新城，它们都是向西方传递影响的一部分；它们至少间接地展示了为高速都市化和现代化服务的大型的实用工具主义建筑的过程和场景。也许在最后，中央电视台大楼和国家奥林匹克体育场，是这类为社会和物质发展服务的量的建筑的最持久的明灯。（图7）

a

图6
库哈斯文章中使用的图片。a：《S, M, L, XL》中的《新加坡诗集》（1062页）；b：《流变》（*Mutations*，317页）和《大跃进》（*Great Leap Forward*，197页）中关于中国珠江三角洲的文章（1062页）。a源自：Rem Koolhaas, "Singapore Songlines"in *S, M, L, XL*, New York: Monacelli Press, 1995, p.1062；b源自：Rem Koolhaas et al., *Mutations*, Barcelona: ACTAR, 2000, p. 317.

b

a

b

c

图 7
施工工地。a：CCTV 大楼建设中，2007 年 9 月；b：
国家奥林匹克体育场（"鸟巢"）建设中，2006 年
11 月；c：国家大剧院建设中，2007 年 3 月。a 和
b 源自朱剑飞；c 源自谢诗奇。

设计与批评

以库哈斯为最佳发言人的这样一种趋势，在另外一个关于"后批判"的实用主义的讨论中被引用；这个讨论这几年在美国和部分欧洲（主要是荷兰）之间穿行，其中罗伯特·索莫（Robert Somol）、怀汀（Sarah Whiting）和斯皮克斯（Michael Speaks）提倡了这种"后批判"实用主义，而贝尔德（George Baird）则对整个讨论进行了回顾。[13] 他们抓住了一种目前在西方的对已控制并消耗了建筑专业多年的批判传统的不满，一种走向"图表"和"效益"的实用主义趋势，一种据索莫、怀汀和斯皮克斯所说已经表现在库哈斯思想和工作上的趋势。尽管他们发现了库哈斯，却没有认识到库哈斯思想中一个重要的地域所在或理论实验室——亚洲和中国，或者是任何一个真实世界历史中介入现代化的某个地理所在。[14] 然而，这里还有更加重要的问题需要提出。这些后批判主义理论家对于真实地理的茫然本身还不是最重要的问题；最重要的应该是跨入新地理领域时出现一种新批判伦理的可能性的问题。因为在理论层面上，核心问题依然是：我们需要什么样的批判理论，新的批判理论如何构架、有何内容，它如何吸收后批判中有益的部分同时又是面对社会的、负责的、进步的。如果今天中国的建筑确实处于一个最强的实用主义实践中，而如果今天确实有大众的和社会主义的理想需要维护保持，又有职业批判态度需要保持和发展，那么在此是否会萌发有关批判伦理的新的思路？我们能否在作为理论思考基地的中国，发现构造新批判理论的线索和可能性？在文章的最后，我将对此提出一个初步的讨论。

在相反的方向上，也存在一个从西方和世界流向中国的影响。这里我们可以发现实现这种影响的两个媒介。第一是西方和一些亚洲建筑师在中国所做的高品质设计；第二是中国在 1978 年之后受教育的"突破的一代"，以张、刘、崔、马和王为代表，于 1996 年后出现。在前者将西方思想带到中国的同时，后者也成为西方思想的中介，因为这些建筑师在 1978 年之后接受的建筑教育是向国际开放的，他们中的一些也曾留学西方。

在这里西方和海外建筑师设计了"大型""中型"和"小型"建筑项目，例如 CCTV 大楼、国家体育场、建外 SOHO 住宅区、竹屋、"Z58"办公楼、深圳文化中心，以及通州艺术中心门房（分别由库哈斯、赫尔佐格和德梅隆、山本理显、隈研吾、矶崎新和波士顿 Office dA 事务所设计），如同前文所述（图 8，图 9）。在西方建筑背景下，这些建筑师来自"新现代主义"和"解构主义"的历史阶段，企图超越 1980 年代—1990 年代的历史主义的后现代主义。他们自己对纯粹和建构的兴趣，尽管以更加激进的形态出现，却与当地中国建筑师抵抗超越巴黎美院历史主义和庸俗商业主义的企图不谋而合。来自西方的注重形态、纯粹、内在、自立、作者（状态）、深刻反思、比较完备而严密的批判的设计传统，对于企图超越本地主流传统的中国建筑师来说，显然是比较受欢迎的。

第二个媒介的中国建筑师，事实上与海外建筑师有着各种各样的联系。这些联系可能最明显地表现在北京长城公社、南京中国国际建筑艺术实践展、《大跃进》一书的写作、以及各种合作项目的工作。[15] 这些建筑师，在 1977—1978 年后的面向世界的建筑教育体系中学习，其中又有一部分留学西方；他们强调内在自主性、建构逻辑和作者的独立设计思考，由此在中国作出了重要的跨越。最早的例子包括 1996 年及其后出现的以下几个项目：张永和的席殊书屋、晨兴数学中心和柿子林别墅（1996，1998，2004），刘家琨的何多苓工作室和鹿野苑石刻博物馆（1997，2002），崔恺的外研社二期工程和会议中心（1999，2004）和他最近的德胜尚城综合办公建筑（2005），王澍的陈默工作室、顶层画廊、苏州大学文正学院图书馆以及杭州中国美术学院象山校区（1998，2000，2000，2005），以及马清运的宁波中央商务区、宁波浙江大学图书馆、西安的父亲之家、无锡站前商贸区以及青浦的曲水园（2002，2002，2003，2003，2004）（图 10—图 14）。近几年新的建筑也同样出现，例如童明的董氏义庄茶室（苏州，2004）（图 15）。

所有这些建筑师都通过清晰的写作来阐述他们的设计方法：如果说张和马有较强的设计理论基础（都曾留学美国），

a

b

图8
艺术中心门房，通州，北京，2004。建筑师：Office dA（Monica Ponce de Leon and Nader Tehrani）。a：室内；b：室外。a和b源自Nader Tehrani，Office dA，摄影师：Dan Bibb。

a

b

图9
Z58，办公总部，上海，2006。建筑师：隈研吾。a：街道立面；b：屋顶水亭。源自隈研吾。

图 10
张永和的设计。a：席殊书屋，室外，北京，1996；b：
晨兴数学中心，北京，1998；c：柿子林别墅，北京，
2004；d：UF 软件研究发展中心，北京，2006。源
自非常建筑工作室。

　　　　　形式与政治——建筑研究的一种方法　二十年工作回顾　1994—2014

a

b

图 11
刘家琨的设计。a：何多苓工作室，设计模型，建设完
成于 1997，成都；b, c, d：鹿野苑石刻博物馆，成都，
2002。源自家琨设计工作室，摄影师：毕克俭。

c

d

a
b

図 12
崔愷的设计。a, b：外研社二期工程，北京，1999；c, d：德胜尚城，北京，2005。a 和 b 源自朱剑飞。c 和 d 源自崔愷，摄影师：张广源。

c

d

a

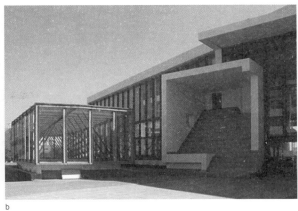

b

d

c

图 13
王澍的设计。a：陈默工作室，室内，海宁，1998；b：文正学院图书馆，苏州大学，苏州，2000；c：中国美术学院象山校区，杭州，2005；d：象山校区二期，2007。源自王澍。

a

b

c

图 14
马清运的设计。a：浙江大学图书馆，宁波，2002；
b：父亲住宅，西安，2003；c：无锡商业中心，无锡，
2003 年建设中。源自 MADA s.p.a.m.。

a

b

图 15
童明的设计：董氏义庄茶室，苏州，2004。a：室外；
b：室内。源自童明。

那么刘和王则是把中国传统和西方思路概念结合起来思考，而崔恺的文章则直接展示他在中国设计院环境下服务不同的大型建筑客户的思路和策略（图 16）。就西方方法思辩的采用而言，张和马是比较突出的，他们对每个项目都有一个主题式的关注，其中马更加关心城市而张在具体案例中更加注重某些文化的、实验的议题（图 17）。

从历史角度观察，张的文章，最早对中国现代传统提出明确挑战，而挑战所用的基本批评范畴，是建筑的内在独立自主性（autonomy）。所以他在此代表了这代人的批评声音。1998 年，在"平常建筑"一文中，张提倡了一种非表现、非话语的建筑，它以房屋的纯粹建构逻辑及其内在的诗意（踏步的、排柱的、墙体的、开口的、天窗的、庭院的诗意）为基础；他为此引用密斯（Mies van der Rohe）和特拉尼（Giuseppe Terragni）的作品为楷模（图 17a，b）。[16] 在《向工业建筑学习》（2002）文章里，他说，一旦意义被取消，建筑就是建筑本身，是纯粹的、内在的、自立的存在。[17] 张在此主张一种基本建筑，它不依赖于另一个世界，

不是外在附加的社会意识形态的表现，它是自立的内在系统，由此它可能具有一种能力，来超越中国的巴黎美院体系的"美术建筑"和装饰建筑，及其近来的后现代的和其他的种种变体。张提倡包豪斯体系，作为挑战装饰和美术建筑的一条新路。在他更近期的 2004 年的文章里，他的反巴黎美院式装饰、反意识形态表达的内在自主的建筑，及其中的"资产阶级"和"右倾"的立场，开始出现扭转，走向一个反"资产阶级"、反资本主义的左倾的观点。在"第三种态度"一文中，他提倡一种既非纯粹批判研究也非盲目商业实践的"批判参与"的立场，并强调需要坚持内在自主性，以批评和反对正在上升的资本主义。[18] 在《下一个十年》（2004）一文中，张表明，他将把研究和对社会的服务结合起来，更加注重研究城市设计策略，并更加关心公共领域。[19] 尽管这里有一个批评对象的改变，从巴黎美院传统转变为今天中国新的侵蚀的资本主义，但是（在批判参与中）对内在自主性的强调，仍然是一个思考的、批判的设计态度的核心方法。这里最重要的发展，并不是这些建筑师手中已经发展成熟的有批判态度的建筑，而是

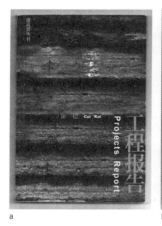
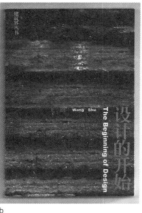

a　　　　　　　b　　　　　　　c　　　　　　　d

图 16
中国建筑师的著作。a：崔恺，《工程报告》，北京，
2002；b：王澍，《设计的开始》，北京，2002；c：
刘家琨，《此时此地》，北京，2002；d：汤桦，《营
造乌托邦》，北京，2002。源自朱剑飞。

中国现代建筑史上一个自觉的（发自建筑学内部的）批判
态度的出现，表现在清晰的写作和 1996—2000 年间及其
后建成的建筑作品中。这当然是历史背景下的一个突破，
对此我已经在 "Criticality in between China and the West"
（2005 年，中译文以 "批评的演化：中国与西方的交流"
为题发表于 2006 年，在本书中以 "批判与后批判" 再版）
一文中作出判断：具有一定程度批判理性的纯粹建筑的出
现，反映在建筑师对建构逻辑、内在自主性、个人作者身
份和思考性实验的追求。[20]

如果我们结合上述两种观察，如果把中国向西方和西方向
中国的影响流动联系起来，作为 2000 年前后同时发生的
事物，那么一种对称的交换就清晰可见。在中国吸收西方
"批判性" 的同时，西方则吸收中国的 "后批判性"。如
果前者可以张这一代建筑师和其文章为代表，那么后者则
可以库哈斯及其文章为最佳代表。如果说在前者的运行中，
中国吸收的是西方过剩的，即严密理性、学科内部知识、
内在自主性、思辩论述和批判的作者姿态等理念的话；那

a　　　　　　　b

c　　　　　　　d

图 17
张永和与马清运的著作。a：张永和《平常建筑》的首
页，发表于《建筑师》，84，（1998），27-34 页；
b：张永和，《平常建筑》，北京，2002；c：张永和，
《作文本》，北京，2005；d：马清运，《现场马达》，
柏林，2004，马在柏林 Aedes 画廊的个人展览手册。
源自朱剑飞。

么在后者运行中，西方吸收的也是中国过剩的，即服务于高速都市化现代化、服务于大社会，提供容量和能力的，有效率的工具主义的建筑实践的思路和做法。从历史角度看，如果前者准确发生在 1996 年和 1998 年（张的席殊书屋建成和《平常建筑》一文出现的时间），那么后者则发生在 2000、2001 和 2002 年（库哈斯的《流变》《大跃进》和 CCTV 大楼设计出现的时间）。第二个运行可以追溯到 1995 年《S, M, L, XL》出版的时候，因为它研究了"亚洲"和"新加坡"（如果我们把中国视为库哈斯所描述的亚洲现代化的一部分）。第二个运行还可以延伸到 2004 年后批判主义讨论在西方"出现"的时候，当时贝尔德发表的"批判性"文章总结了这场讨论（而中国的回应在 2005 和 2006 年出现）。这个运行还可以进一步延伸到 2008 年及此后西方建筑师在中国设计的大型地标建筑陆续完成的时候。严格来讲，一个对称的瞬间，其在历史上最早的出现，实际上最清楚地发生在 1996 到 2002 年之间。

促使这种对称交流的原因，是两个世界互相开放时或互相开放到某种程度使互相交流成为可能时（1990 年代后期），两者之间的强烈差异。两者间鲜明的反差对比，造成两者间自然的能量交换，使一边过剩的能量自然输送到另一边。当两者逐渐形成一个更大的混杂综合体时——而这正是现在每天都在发生的，这种交换会被新的传播方式替代。特别需要注意的是，建筑的工具实用主义，尽管现在在亚洲达到了最大强度，却也曾经在美国和欧洲出现过，主要在 19 世纪和 20 世纪初期资本主义工业化发展的高峰阶段。即使是现在，后批判主义思想在西方出现，也和这些国家的新自由主义市场经济和信息技术革命的兴起（当然也发生在其他地区，包括亚洲和中国）有关。另一方面，批判性尽管在欧洲传统中，也在 1960 年代后的建筑学内尤其是后现代对工具现代性的批判中发展成熟，但它也同样可以在亚洲和中国现代历史中找到。即使在这一代建筑师内部，在张、马和崔，尤其是刘和王那里，中国的知识资源也被灵活地运用，所以他们的批判性也不完全是西方的。更进一步，通过特定"中介"传送的影响的方向，也有新的发展。如果库哈斯和中国建筑师曾经分别向西方和中国

的听众讲话，促成来自另一世界的影响的话，那么今天他们已经转向了新的听众：库哈斯与中国听众共同关注北京，而马和张则到美国任教，开启了有"中国"影响的新的教学日程。[21] 简言之，我所描述的原初的对称，是两个世界互通交流中具体历史瞬间的一个趋势。

在今天动态的历史演进中，新的趋势正在出现，并会打乱和替代这种对称。其中一个新的趋势是对中国本土智慧和文化传统越来越多的关注，以及运用悠久的历史资源来构建具有批判理性的建筑的思路。这就产生了一个新问题，值得研究：在这场已经跨过太平洋来到亚洲和中国的关于批判和后批判的持续讨论中，是否有非西方的智慧资源可以运用，并可被纳入探索新批判理论的构想之中？在中国的和关于中国的讨论中，是否已经出现这样的线索或征兆，可以发展，以助批判理论的重新构造？

不同的批判伦理

根据沃勒斯坦（Immanuel Wallerstein）的理论，资本主义世界体系中有核心国家，其成员和地理位置在历史上是移动变化的。沃勒斯坦认为，这个体系尽管从 1450—1500 年间已经发展起来，并具有重复的周期和移动的规律，但由于地球的生态极限，它可能将不再延续并将在今天的环境中发生结构性改变。[22] 如果我们接受这个理论，很多问题就可以被提出来。如果中国正在向一个核心国家的状态靠近，那么它与传统核心国家比如美国之间将呈现一种什么关系？中国是否会给世界体系带来重大改变？如果这个体系将发生重大转变，这种改变将往什么方向发展，中国对这个转变可能产生什么影响？

哈维（David Harvey）注意到，中国的国家政府，在维持社会公正的长期的共产主义的原则的基础上，已经展示其决心，要驾驭而不屈于从中国内部的资本集团和来自海外的以美国为主的世界市场的商贸金融的挑战。[23]

诺兰（Peter Nolan）也发现，中国发展趋势中的"第三条道路"

（既不是资产阶级—资本主义的，也不是无产阶级—共产主义的），它或许可以解决社会问题和生态危机，保持稳定发展和相对公平，同时又可抵抗全盘自由的市场经济和美国鼓动的来自世界的挑战。[24] 诺兰指出，中国为了生存和发展所必须采取的种种制度措施，如果成功，可能在更大范围内为亚当·斯密（Adam Smith）早已认识到的资本主义内在矛盾提供一个出路。中国可以提供的，不仅是一些新的制度规则，而且是从传统文化发展起来的整体的伦理哲学思想。根据诺兰所说，中国有一个社会、伦理和综合的"第三条道路"的悠久传统。这个传统包括无处不在的、非意识形态的国家，一种能促进又能控制市场的方法，和一种关于责任、关系和互为依存的伦理哲学，使国家在有机复合的社会体系中管理市场。

池田（Satoshi Ikeda）对中国传统、中国目前"市场社会主义"的表现以及美国引领的新自由主义主导的世界体系进行观察，也提出了与诺兰相似的观点。[25] 池田认为，以中国传统和目前情况看，中国国家政体既不是资产阶级的也不是无产阶级的；它不屈从于资本，却能吸引全球资本，保持经济增长。这样，中国或许可以走出其他亚洲小国的命运，在美国主导的市场经济之外，或者至少不屈就于此体系的情况下，获得核心国家的地位。由此可能会出现一个中国引领的不同的世界体系；它不以自由的、市场的资产阶级意识形态和新自由主义思想，以及对财富资本无穷积累为最高价值观；它采用一种中性的、普遍的国家体制，以平衡发展、社会和生态的不同要求；它为世界政治经济秩序中处于边缘的或"第三世界"的国家努力获取更好的"成交条件"或地位处境。[26]

这里的关键是一个普遍的、非意识形态的国家，存在于以社会和生态伦理为基础的有机关系网络编织而成的中国传统之中，它外在于西方近代发展出的社会学理论的各种范畴。如果国家、市场和社会以近现代西方不曾有过的方式互相联系，那么其他所有西方理论概念，包括"批判"的各种范畴，如"抵抗""超越""自主""先锋"等，也就无法在中国使用（除非给予重要的修改）。今天我们可

以看到一个普遍的、非意识形态的国家的浮现，其属性既非古典的资本主义也非古典的共产主义。1978 年后中国实行的几乎所有政策，实际上都是在这看来似乎矛盾的两极之间，寻找一条新途径的做法。如果国家普遍存在并有机地根植于社会中，如果市场经济在国家之下也是有机地渗入社会中，而如果文化和批判的实践也同样深入于社会之中，那么批判建筑的整个构架也必须是关联的、有机的、渗入的，而非对抗或对立的。当代中国政治制度当然会进一步演化，以引进更多的市场民主、政治参与和有效司法；然而中国传统中的关联伦理，已经在当代，在西方各种概念和二元对立之中间，打开了一条出路；它很可能将继续发挥作用，并由此导向一个新的社会体系。在这样的环境下，批判性必须是关联的实践。

这种关联伦理发展的迹象，可以在建筑界的某些事物中找到。库哈斯设计的北京中央电视台 CCTV 总部大楼，是一个有趣的例子。这可以从三个方面来看。 1）关于国家和电视台节目：多重和"矛盾的"功能在此出现。项目的客户，中央电视台和背后的国家政府，为社会扮演了多重的、广泛的、普遍的角色，而社会也以同样方式接受这些角色。电视节目代表了国家的声音，又代表了国内的大众文化和大众社会，又为世界提供了一个民族国家的形象。另外，在提供了解中国和世界的信息窗口的同时，它又为大众提供道德说教和文化引导。2）关于建筑：它扮演了多重的角色。大楼独特的标志性形象，表现了一个国家的兴起，它的集体的雄心和新政府领导的自信。它在全球资本市场和视觉媒体中提升了城市和国家的形象，同时在内部它又包含着并服务于一个社会主义的、集体主义的工作单位。3）关于该设计出现的历史环境：这里的情况也是复合的。它是为政治和实用目的服务的地标建筑，但同时它允许并支持了一个反叛的、颠覆的建筑理念的实现。在这个激进设计建成时，它又象征了一个民族和它今天急速的转变。这种状态打乱了古典范畴的划分，打乱了颠覆、否定和不介入的批判与服务于社会功能的保守之间的界限。在这"批判的服务"中，一个激进的形态支持了又依托于社会和政治的权力机构。它发生在一个独

特的历史阶段，其权力机构正极力推动物质的发展和社会的转变。

中国这一代建筑师（张、马、刘、王、崔）中，建筑中的批判态度，历来都包含来自本土的要素。刘家琨和王澍是这方面的代表。王近期的理论工作，"用手思考""在现代中国城市坍塌中重建生活世界"，采用了更多来自于过去中国知识传统和城乡空间环境的本土思想。[27] 这些对中国思想的逐步深入的引用，或许会在批判思考中加入整体的和有机关联的思想。

关于批判实践的模式，有三个方面必须关注。第一，这些建筑师长期在中国本土方式下工作，其中批判的社会立场是不可能完全自主和对抗的。我在前文中所提到自主性是一种相对的和关联的自主性。他们比过去获得了相对的、更多的自主性，而今天所获得的自主性仍然是渗入的和关联的。西方传统中完全对立和否定的批判性，无法在以此历史传统为基础的、有机的社会场域中运用实施。第二，在马和张的文章中，都可以发现与西方一些脱离和反对商业实践的批判立场保持距离的态度。两位在不同场合下都提及美国"理论"和"实践"之间的脱离，一种中国建筑师不能也不应该效仿的做法。[28] 他们认为，建筑师应该从事的，是渗入到现实世界中的批判实践。刘家琨也将其工作策略理论化，认为应当在设计的最前期参与客户的策划，以保护对形式和公共空间的内在独立的设计。王澍和崔恺的作品也展示了为新的和批评的思想而与客户进行的积极对话。第三，张在 2004 年还特别将这种认识定义为"第三种态度"，一种不切断研究与实践、批评与参与的态度，一种整合两者的"批判参与"的态度。

如果仔细观察西方社会学理论和建筑学论述中相关范畴的概念化过程，我们确实可以发现它在概念之间也在立场之间的以"对抗"为基础的思维模式（而这又与二元对立的亚里士多德的哲学传统相关）。[29] 举例来说，在哈贝马斯（Jürgen Habermas）的理论中，"市民社会"是在与"国家权威"和"市场资本主义"（或"资本"）干净而明确的对立冲突下界定的。[30] 对他来说，为了保护并重建社会群体的生活世界和民主的市民社会，我们需要建立一座"大坝"，来阻挡国家和资本、即理性官僚制度和市场资本主义的泛滥或者入侵。然而为了真正推动和保护市民社会（而这就不可避免地需要使用某种资本和权威），我们就不得不"侵蚀"这个理论，因为它不容纳这种妥协，不允许有机的、关联的视野的出现。在另一个例子中，彼得·艾森曼（Peter Eisenman）关于批判和超越的论述，也是清晰的、对抗的、不妥协的："批判的态度，因其对知识可能性的追求，永远反对任何与现实状况的妥协宽容（…the critical as it concerns the possibility of knowledge was always against any accommodation with the status quo）。"[31] 同样，这个理论本身不允许关联的视野的出现，尽管在实施建造一座"批判"建筑时，在与权威、资源和资本不可避免的联合中，"妥协"和"腐败"总在发生着。如果把这个不批判的瞬间纳入到一个新的批判理论中，那么我们就必须寻找这个新的理论构架。就此，非西方的哲学传统或许可以提供有意义的视野。依据有关研究，例如按照杜维明的论述，中国和东亚正在为现代性和资本主义发展提供另一种途径，其中携带着的是有机关联的伦理观念，其基础是传统伦理体系如儒家思想。[32] 而这又与中国普遍的哲学思想相联系，表现在阴阳两极的关系上：它们互相联系、转化，而非互相排斥、对立。[33] 按照近来的有关探讨，这种认识在中国的政治结果，是关联的市民社会的存在，位于国家政府和民间乡土之间，它因此脱离于二元对立的哈贝马斯的"公共领域"的概念。[34] 在这个传统中，国家、社会和市场，以正式和非正式的方式，在社会关系的网络中长久运行。更重要的是，这个网络的、关联的运行实践，早已被理论化，并且在文化和伦理价值观念上深深内化在悠久的传统中。在这样的传统中，一个普遍的、公益的、伦理的但在政治上非意识形态的国家政府，统筹兼顾市场和社会；在此，一个改造的能量，一个"批判"的实践，在与他者和他者资源力量的合作联系中展开。

基于以上所有思考，我们可以推测在不久的未来源自中国的两项可能的贡献。随着对外影响力的增加，中国可能会在上述的对称关系上，输出一种大容量的、有实用功效的工具主义建筑思想，它的作用是淡化或者解开源于西方世界核心国家的"批判建筑"的纯净、严谨和限制。这种实用的、大量的"垃圾"建筑，或许对世界边缘的国家和人群，甚至对西方地区的中产阶级和"劳动人民"，都更有效用。另外一个可能的贡献，是引入"关联"的视野，改造批判的理论构架和实践方法；这样，我们的任务，就不是去从事反对他者的对抗的否定的批判，而是联系他者的、参与的、转化的批判，"他者"这里可以包括权力、资本和自然资源的各种机构或主体；而这种关联的批判理论又以一个伦理的、有机的世界为基本的假设或构想。

First published as follows: Jianfei Zhu, *Architecture of Modern China: A Historical Critique*, (London: Routledge,2009), pp. 169-198 (Chapter 7, 'A Global Site and a Different Criticality').

原英文如上；中译文：李峰翻译，朱剑飞校对。

1　本文从以下两篇文章中发展而来：Jianfei Zhu（朱剑飞），"Criticality in between China and the West", *The Journal of Architecture*, 2005,10(5): 479-498, 以及 "China as a global site: in a critical geography of design", in Jane Rendell, Jonathan Hill, Murray Fraser and Mark Dorrian (eds) *Critical Architecture* (London and New York: Routledge, 2007), 301-8. 本文文稿最早是在 2007 年 11 月 24 日维也纳建筑中心举办的第 15 届建筑师大会的"中国制造"论坛上宣讲。

2　Immanuel Wallerstein, "The three instances of hegemony in the history of the capitalist world-economy" in Immanuel Wallerstein, *The Essential Wallerstein* (New York: the New Press, 2000), 253-63; 以及 "The rise of East Asia, or the world-system in the Twenty-First century", in Immanuel Wallerstein, *The End of the World as We Know It: social science for the twenty-first century* (Minneapolis: University of Minnesota Press, 1999), 34-48.

3　1980 年代的这个贡献在 1990 年代乃至今天仍然在继续着。英雄主义的晚现代主义仍然在更年轻的建筑师如徐卫国和胡越的设计中采用。新乡土或者现代乡土建筑，从另一方面来说，正在 1990 年代后期的例子中逐渐完善，例如沈三陵的天主教神哲学院，北京，1999，以及李承德的中国美术学院教学主楼，杭州，2003。尽管它延续到了更年轻一代建筑师手中——进入了 1990 年代，而且现在形式技巧上述例子中得以完善——但它仍然是 1980 年代的贡献，而非 1990 年代新的历史突破。

4　这里我用了被 David Harvey 修改为"集体象征资本"和"差异的优秀的标志"的源自于 Pierre Bourdieu 的概念. 见 David Harvey, *Spaces of Capital: towards a critical geography* (Edinburgh: Edinburgh University Press, 2001), 404-6 in 394-411.

5　Rem Koolhaas, "What ever happened to urbanism?", in O. M. A., Rem Koolhaas and Bruce Mau, *S, M, L, XL* (New York: The Monacelli Press, 1995), 958-971.

6　Rem Koolhaas, "Bigness, or the problem of large", in *S, M, L, XL*, 494-517.

7　Rem Koolhaas, "Singapore songlines: thirty years of tabula rasa", in *S, M, L, XL*, 1008-1089.

8　Rem Koolhaas, "The generic city", in *S, M, L, XL*, 1238-1264.

9　Rem Koolhaas, "Pearl River Delta", in Rem Koolhaas, Stefano Boeri, Sanford Kwinter, Nadia Tazi and Hans Ulrich Obrist, *Mutations* (Barcelona: ACTAR, 2000): 280-337, especially 309.

10　Koolhaas, "Pearl River Delta", 309.

11　Rem Kollhaas, "Introduction", in Chuihua Judy Chung, Jeffrey Inaba, Rem Koolhaas, Sze Tsung Leong (eds) *Great Leap Forward* (Köln: Taschen, 2001): 27-28.

12　Koolhaas, 'Introduction', 28.

13　见：Robert Somol and Sarah Whiting, "Notes around the Doppler effect and other moods of modernism", *Perspecta 33: Mining Autonomy* (2002): 72-7; Michael Speaks, "Design intelligence and the new economy", *Architectural Record* (January 2002): 72-6; 和 "Design intelligence: part 1, introduction", *A+U*, 12, no. 387 (2002): 10-8; 以及 George Baird, " ' Criticality' and its discontents", *Harvard Design Magazine*, 21 (Fall 2004/Winter 2005). Online. Available HTTP: <http://www.gsd.harvard.edu/hdm> (accessed 5 November 2004).

14　我在"Criticality"一文中已经谈及这个话题：Zhu, 'Criticality', 479, 484.

15　2002 年完成时"长城脚下公社"（北京）邀请的建筑师包括：张智强（中国香港），坂茂（日本），崔恺（中国），简学义（中国 - 台湾），安东（中国），堪尼卡（泰国），张永和（中国），古谷诚章（日本），陈家毅（新加坡），隈研吾（日本），严迅奇（中国香港）和承孝相（韩国）。受邀参加正在设计和建造中的中国国际建筑艺术实践展（南京）的建筑师包括：斯蒂文·霍尔（美国），刘家琨（中国），矶崎新（日本），埃塔·索特萨斯（意大利），周恺（中国），马清运（中国），妹岛和世 + 西泽立卫（日本），张雷（中国），马休斯·克劳兹（智利），海福耶·尼瑞克（克罗地亚），戴维·艾德加耶（英国），路易斯·曼西拉（西班牙），肖恩·葛德赛（澳大利亚），欧蒂娜·戴克（法国），刘珩（中国香港），姚仁喜（中国 - 台湾），盖伯·巴赫曼（匈牙利），汤桦（中国），王澍（中国），艾未未（中国），张永和（中国），崔恺（中国），阿尔伯特·卡拉奇（墨西哥），以及马丁·萨那克塞那豪（芬兰）。

16　张永和，《平常建筑》，刊载于《建筑师》，84 期（1998 年 10 月）27-37, 尤其是 28-29 和 34 页。

17　张永和，《向工业建筑学习》，载于张永和《平常建筑》（北京：中国建筑工业出版社，2002）26-32 页。

18　张永和，《第三种态度》，刊载于《建筑师》，108 期（2004 年 4 月）24-26 页。

19　张永和和周榕，《对话：下一个十年》，《建筑师》，108 期（2004 年 4 月）56-58 页。

20　朱剑飞，"Criticality"，479-498.

21　Rem Koolhaas, "Found in translation" 和《转化中的感悟》（王雅美翻译），《Volume 8: 无所不在的亚洲》（2006 年）120-126 和 157-159 页。也可见张永和、史建、冯恪如，《访谈：张永和》，《Domus 中国》，001 期（2006 年 7 月）116-119 页，和马清运、史建、冯恪如，《访谈：马清运》，《Domus 中国》，008 期（2007 年 2 月）116-117 页。

22　Wallerstein, "The three instances", p. 254 and "The rise of East Asia", p. 35, 48。也请参见：Enrique Dussel, "Beyond eurocentrism: the world-system as the limits of modernity", in Fredric Jameson and Masao Miyoshi (eds) *The Cultures of Globalization* (Durham: Duke University Press, 1998), 3-31, especially 19-21.

23　David Harvey, *A Brief History of Neoliberalism* (Oxford: Oxford University Press, 2005), 120-151, especially 120, 141-2, 150-1。作者分别关注了共产党长期坚持平均主义的承诺、中国从新自由主义中的脱离、以及政府政策对资产阶级的压制。但是 Harvey 的研究是全面的；他也指出了相反的趋势，例如中国和美国在采用新自由和新保守主义政策方面的合作。

24　Peter Nolan, *China at the Crossroads* (Cambridge: Polity Press, 2004), 174-177.

25　Satoshi Ikeda, "U. S. hegemony and East Asia: an exploration of China's challenge in the 21st century", in Wilma A. Dunaway (ed.) *Emerging Issues in the 21st Century World-System, Volume II: new theoretical directions for the 21st centure world-system* (Westport: Praeger Publishers, 2003), 162-179.

26　Ikeda, "U.S. hegemony and East Asia", 177-178.

27　王澍在 2007 年 11 月 24 日维也纳建筑中心举办的第 15 届筑师大会的"中国制造"论坛上发表了这个观点。

28　见张永和，"Yong Ho Chang (about education)", in Michael Chadwick (ed.) *Back to School: Architectural Education: the information and the argument (Architectural Design, vol. 74, no. 5, 2004*; London: Wiley-Academy, 2004), 87-90, especially 88。和马清运，《访谈》，2004 年；<http://www.abbs.com>（2004 年 10 月 15 日登陆）。也见张永和，《第三种态度》，24-26.

29 Francois Jullien 在对中国和希腊／欧洲哲学的比较中提出，在战争和策略理论
方面，中国人倾向于一种间接的和改造的方式，而欧洲人则视直接的对抗、最后一
战、对敌人决定性打击，为最重要。Jullien 的比较引导我们进入另外的领域，例如
文化和绘画，但是他最终的兴趣在于中国和希腊之间的哲学传统的比较。关于亚
历士多德和"阴阳"世界观中二元对立与二元关联的比较，见 Francois Jullien, *The
Propensity of Things: towards a history of efficacy in China*, trans. Janet Lloyd (New York:
Zone Books, 1995), 249-258.

30 Jürgen Habermas, "Further reflections on the public sphere", in Craig Calhoun (ed.)
Habermas and the Public Sphere (Cambridge, Mass.: MIT Press, 1992), 421-461.

31 Peter Eisenman, "Critical architecture in a geopolitical world", in Cynthia C.
Davidson and Ismail Serageldin (eds) *Architecture beyond Architecture: creativity
and social transformations in Islamic cultures* (London: Academy Editions, 1995),
79 and 78-81.

32 Tu Wei-ming, "Introduction" and "Epilogue", in Tu Wei-ming (ed.) *Confucian Traditions in
East Asian Modernity: moral education and economic culture in Japan and the four mini-
dragons* (Cambridge, Mass.: Harvard University Press, 1996), 1-10, 343-349.

33 Jullien, *The Propensity*, 249-258.

34 关于西方普遍的尤其在 Habermas 理论中使用的"公共领域"这个概念的问题
和困境，请见：Philip C. C. Huang, "'Public Sphere'/ 'Civil Society' in China?: the third
realm between state and society", *Modern China*, vol. 19, no. 21 (April 1993): 216-240,
以及 Timothy Brook and B. Michael Frolic (eds) *Civil Society in China* (New York: M. E.
Sharpe, 1997), 3-16.

12

二十片高地:
建筑风格流变扫描(1910年代—2010年代)

Twenty Plateaus:
Mapping Design Positions (1910s-2010s)

历史的图像化

建筑可以作为建筑师设计的单独物体来研究,也可作为社会空间背景下的连续建造环境中的一部分来分析考察。在第一种情况下,建筑以独立纪念碑的姿态出现,在一个抽象的职业学术话语如建筑历史学中,得到关注和欣赏;在此语境下,物体的设计可以获得一种超越具体社会空间背景的话语和象征符号的重要性。但是在第二种情况下,建筑的孤立重要性没有多大意义,而整体的社会连续性和在此背景下的社会空间实践,却获得了首要的意义。这两种研究角度,当然都很重要,都可以接受。在第一种研究领域里,在近现代中国建筑的课题上,我们可以找到三组研究工作:关于近代中国建筑(1840或1911—1949)的研究,关于20世纪的聚焦于1949年以后的中国建筑的研讨,以及当代论坛中与一些建筑理论相关的关于当下建筑实践的论述。如果说第一组研究以1980年代中期以来汪坦、藤森照信(Terunobu Fujimori)和张复合领导的集体普查研究为主要代表的话(该领域此后朝以赖德霖、徐苏斌、伍江为代表的专题研究发展),那么第二组应该以邹德侬2001年出版的《中国现代建筑史》为重要代表(目前也在许多学者的努力下朝专题研究的方向发展),而第三组则包括在会议、展览、杂志、网站(如abbs.com.cn)上的建筑师、学者和学生之间的各种研讨。如果我们把这些工作联系起来看,就会发现一些框定各自研讨又割断相互联系的人为的历史划分。第一组研究一

般不考虑建筑脉络向1949年后的延伸(也不重视与1840年前的联系),第二组潜在强调了新中国成立后到改革开放前(1949—1978)的重要的和政府的政策视野,忽视了改革开放之后的近期的个人建筑师的"小建筑"。第三组研讨,主要发生在中青年建筑师、学者和年轻学生之间,倾向于没有足够的历史感或历史纵深度;讨论在一个假设的充满自由和可能性的语境中展开,缺乏历史视野,有时在价值立场问题上显得失控或迷茫。我们应该如何克服这些偏向和局限?我们应该如何打破这些历史的和方法上的阻隔和划分?研究的问题于是可以这样来陈述:我们是否可以建立一个广义现代中国的涵盖所有重要建筑潮流和建筑立场的整体的框架?作为这项努力的第一步,我们是否可以勾画20世纪中国范围内包括所有重要设计立场的一幅关系地图或系谱图表?

这是我最近几年的一项工作。[1]目前的成果是以中国大陆为主的20世纪初到21世纪初的涵盖所有主要建筑设计立场的一幅关系图谱(图1、图2)。[2]这里,设计立场或位置(position),指某个特定历史背景下把某种思想或意识形态体现在完成的项目或建筑上的某个途径或做法。这个立场/位置,是在一定的设计和社会历史中因其"重要""有趣"或"有问题/有争议",而超越一般建造环境中的一般设计的某种特殊的做法。设计立场/立场,可因以下一个或几个特征而获选:具体或国家历史背景中在形式设计上创新的或有争议的;因有重大政治意识形态介入而获得重要社会

文化地位的；表现在一批建筑上的一个持续现象，或导致一批建筑出现的某单体建筑设计。

这些立场，作为项目或建筑，被理解成"纪念碑"，在建筑史和相关社会政治史的话语中具有论述的和象征符号的意义。这里研究的目的，是去寻找那种激烈的历史瞬间，那些见证了一批具有共同立场和意识形态的设计出现的瞬间。这些瞬间是历史的（代表了某个时间点或区域），也是关键而有理论意义的（记录或反映了设计中的某个形式或社会政治的议题或问题）。因为它们是生产观念、设计和建筑物的激烈的高强度的瞬间，这些重要的点或区域可以理解成"高地"。借鉴德勒兹（Gilles Deleuze）和瓜塔里（Félix Guattari）的理论，历史的强烈瞬间被比喻为地质学意义上的大地景观的极限表现，在那里，力和能量的汇聚导致奇特、极端和重要地貌形态的崛起。[3] 这样思考的目的，是协助将历史信息图像化和空间化，并用一个移动的大地景观的比喻来描述变化着的在力和能量作用下形成的形态社会史。

图表制作是一个研究考察的过程，以检验现代中国是否确实有涵盖各设计立场的整体景观。研究和图景制作遵从简明的规则。图表有两个轴线：从 1900 年到 2010 年的水平的时间轴线和区分设计基本类型的垂直轴线。在垂直轴线上，中国较后出现的设计类型放在更高的位置（所以现代主义放在历史主义上方）。每个立场都以研究资料和现有知识为基础来认定；所有的立场都以其出现的历史时间和所属设计类型来确定其在大图中的位置。当这些点在图中确立以后，如果任何两点之间有实际的历史联系，就可以用它们之间的连线来表示。这里，连续实线表示直接的联系，长虚线表示暂时被历史阻隔的某种直接的联系（如战争前后同一人的设计），而点虚线（带有箭头）表示潜在的、间接的却依然很重要的影响。

勾画制作此图是一个探讨的过程：它依照规则，将现有知识视觉化空间化，由此获得关系图或历史图景，也由此推出和展现了新的格局，带来新的见解和视野。由于目前信息知识的局限，图谱勾画了已知的经验知识，也包括了推想的可能

关系。换言之，这是一个经验的历史，也是一个思考的推论。

为了捕捉真实而纷乱的历史，这个图表包含一定的不连续或不工整。尽管研究对象以大陆中国为主，台湾 1970 年代的一个重要瞬间也加入其中，原因是它和 1930 年代大陆一个重要立场密切相关（也因此和其他立场有了联系），也因为它在更大范围内与北京和南京互相比较而带来的重要意义。同样，尽管所有"立场"都是关于设计的，1930 年代—1940 年代营造学社的研究工作也作为一个位置加入到这个关系的图谱中，原因是它对 1930 年代和 1950 年代甚至其后的设计思考有着重大的影响。

对历史图景的阅读

现在让我们来初步阅览这张图谱，这个试图捕捉 20 世纪现代中国（大陆）各设计立场的图像化的经验描述和理论推断（图 1）。

在水平的时间轴线上，中国政治历史上的关键年份被标示出来。它们界定了政治阶段的起点（在一些情况下也是终点）。它们也清楚界定了设计立场演化中的历史阶段。但是，恰恰是在穿越或打破这些时间界线时，一些连线的重要性才显示出来。这里，我们可以看到三个政治的和建筑的阶段：1）中国大片地区在以南京为首都的国民党政府统领下的"南京十年"（1927—1937）；2）1949 年后以北京为首都的时代；3）1976 年以来的时代。在第一二阶段之前和之间的，是战争、分裂和半殖民地的动荡年代。在稳定时段逐步增长的进步中，1927 和 1949 所开启的时代见证了新设计方向和密集建筑活动的出现。在 1976 年以后，新方向和密集建造活动在 1980 年代中、1990 年代中，以及 2000 年后等时期出现。在这些阶段被确定下来后，最有意义的应该是打破穿越这些政治历史阻断的各种相互的联系。这些联系，主要发生在垂直轴线界定的设计类别的断层之内和之间的水平或对角斜线上。

在垂直轴线上，五个设计类型的"断层"或"绶带"（bands），

二十片高地 中国大陆现代建筑的历史图景

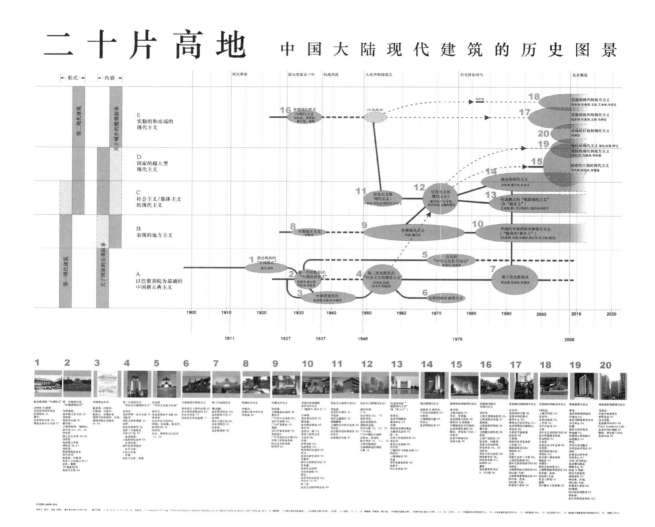

图1
二十片高地：大陆中国现代建筑的历史图景（中文）。
源自：朱剑飞设计，徐佳绘制；© 2008 Jianfei Zhu。

Twenty Plateaus

An Historical Landscape of Modern Architecture in Mainland China

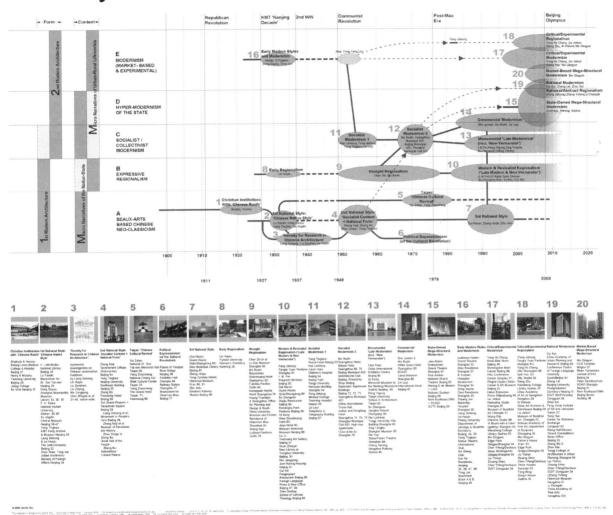

图2
二十片高地：大陆中国现代建筑的历史图景（英文）。
源自：朱剑飞设计，徐佳绘制；© 2008 Jianfei Zhu。

随着其历史出现的顺序自下而上依次叠放：A）以引进的巴黎美院的设计、教学和历史研究为基础的中国新古典主义；B）显性的表现的地方主义；C）社会主义的现代主义；D）代表国家的超级现代主义；E）面对市场的现代主义和先锋试验的现代主义。尽管它们之间有复杂的联系和重叠，但是现代中国大陆所有重要建筑设计的立场位置，都可以在这些宽带或缎带之中或之间找到位置。目前已经确定了20个立场位置，而它们都可组合到五个缎带之中或之间。既然这些位置是组团或缎带的一部分，既然每个立场（位置）都是观念和建筑生产的激烈的关键时刻，那么，类比于自然，这五个断层或缎带就可以称为"山脉"，而这20个立场也可以比喻为"高地"。

这五组或五个山脉的历史排序，显示出关于形式和内容的重要信息。在形式上，如果说A组和B组的建筑语言属于现代国家社会（如欧洲19世纪出现的那样）的历史主义的话，那么C组、D组和E组的语言应该属于现代主义及其派生出来的各种演绎（如欧洲1920年代以来所展现的那样）。而且，如果这两者可以分别称之为第一现代和第二现代的话，那么图表展示的大趋势，是20世纪中国建筑中第一现代的强大主导，和第一走向第二现代的逐步的渐变。在内容上，如果说A、C、D组的主要设计是关于民族国家及其各种宏大叙事的表现的话，那么B组和E组中的有趣设计却开始走向关于地区、场所、议题、小众和个人的微观美学，在个人的小规模的生活世界中寻找意义和语言。换言之，第一批（A/C/D）是"关于民族国家的大叙事"（尤其是巴黎美院为基础的关于国家的中国建筑），而第二批（B/E）是城乡语境下的"关于生活世界的微观叙事"（尤其是实验的现代主义建筑）。这就意味着，如果现代中国建筑是自A向E的发展过程，那么这个过程就包涵了形式语言上的第一到第二现代的转变，以及思想内容上的从国家大叙事到地方具体微观美学的变化。

现在我们可以近距离观察这二十片高地和它们之间的关系了。细致的描写超出了本文允许的范围，但总结性的阅读是可行的。在现代中国所有"有趣"（有意义）的设计立场中，最强大的脉络是民族形式的发展，占据着整个A组的山脉。

这里，我们可以找到七个立场位置（立场1—7）。第一个是1910年代和1920年代国外建筑师在现代结构上使用中国屋顶和装饰细节的努力，而立场2、4和7是1930年代、1950年代和1980年代—1990年代中国建筑师设计的三次主要的民族形式的高潮。而在学术上支持这些设计的是1930年代—1940年代梁思成、刘敦桢等人领导的营造学社的调研、史学及论述工作（立场3）。此后是有趣的分流：1930年代的国民政府移居台湾并在1970年代推动了台湾的"中华文化复兴"运动（立场5），而在大陆，1930年代—1950年代的装饰的表现主义在1959年的十大建筑（社会主义新风格）的政治符号的加入和转变后，演化为1970年代大陆文化大革命中的政治表现主义建筑（立场6）。实际上，1930年代南京、1950年代北京和1970年代台北（立场2、4、5），构成了联系三个重要地点/时间的三角构架，在这些瞬间，我们看到了建筑、城市设计上的对现代中国民族国家建设的最重要的贡献和表达。这三点的联系和比较需要更多的研究。另外，中国屋顶和装饰细部在1980年代—1990年代的回潮（立场7），究其原因，一定程度上受到西方后现代建筑思潮的鼓励，又在一定程度上受到极左思想退潮后的对于传统遗产重新认识和尊重的推动。

在B组，我们找到三个表现的地方主义瞬间（立场8、9、10）。最强的表达，是1950—1970年代（立场9）和1980年代中期以后（立场10）的设计。前一组的设计一定程度上是装饰或写实的（如鲁迅纪念馆，上海，1956），有一些也具有现代主义的倾向（白云山山庄旅社，广州，莫伯治设计）。而1980年代中期以后的设计，在加入晚期现代主义体积感以后，依然是装饰、写实或历史主义的。继续发展的这一设计做法，近几年在形式语言上已经大大成熟，对有表达力的修饰写实语言的运用也更加自律，如沈三陵设计的北京天主教神哲学院（1999）。（立场10和13互相联系，可以统称为"晚现代＋新乡土"，也可延伸到立场19，如李承德的杭州中国美院市区校园设计，2003。）

C组的脉络，作为社会主义的现代主义，首先短暂出现于1950年代（立场11），然后以强劲姿态出现在1970年代的早中期（1976年前，立场12），伴随着毛泽东和周恩来领导的中国政府的新的国际视野（重要标志是毛和尼克松在 1972 年北京的会晤，和此前的周和基辛格博士多次的秘密磋商，及由此带来的外交新局面和一批涉外建筑）。有趣的是，1970 年代早中期的现代主义和 1950 年代的现代主义有关；1950 年代的现代主义因不符合斯大林的"社会主义现实主义"而受到批评，而它又和 1949 年前的资本主义时期的海外影响有关（通过跨越政治变迁的同一批建筑师之手）。另外，1970 年代的现代主义，又和 1960 年代—1970 年代的地方主义（立场 9）相关。这里，广州的莫伯治和其他建筑师起到了关键作用：裸露诚实地应对亚热带地区气候条件和现代建造方式的表达，带来了地方主义和现代主义的同时兴起（立场 9 和 12）。随着时间的推进，历史到 1980 年代中期又见证了从贫困现代主义到"富裕"现代主义的转变，表现在体积感和白色表面的出现，反映在两种晚期现代主义建筑中：文化设施（立场 13）和酒店写字楼等商业建筑（立场 14）。

D 组的设计，作为一种关于国家叙事的超级现代主义，是 1990 年代后期尤其是 2001 年以后出现的很新的现象（中国于 2001 年加入世贸组织并获得 2008 年奥运会主办权）。未来的、激进的或超级现代的形式语言，在北京、上海和广州的大型文化体育设施的建设中得到运用（立场 15）。这些设计方案主要在国际竞赛中选取；而欧洲建筑师在获奖者中占据了主导。然而这是政府试图建设国家新景观和公众新空间的努力的一部分。在意识形态上，它和 1970 年代国家现代主义（立场 12）并由此和 1950 年代的国家民族形式（立场 4）相联系。其关注和联系的共同点，是这些设计立场中对民族国家的表现。但是更有趣的关系是现在与 1970 年代的关系（立场 15 和 12 的关系）：两种设计中，都采用了某种现代主义语言，以表达这个逐步开放的具有新国际视野的民族国家。

E 组的设计，作为资本主义市场的现代主义和实验的现代主义，在中国很长一段时间里命运不佳。作为资本主义市场的现代主义，以及"资产阶级"的实验的现代主义，这些努力只在 1930 年代—1940 年代短暂出现过（别墅、公寓、电影院、医院，立场 16）。它随后在 1950 年代初有短暂闪烁，然后受到批评（立场 11），并被改造成一种社会主义和集体主义的反映生产效率和施工经济理性的（立场 11—12 之间），最后又有象征意义的现代主义（立场 12）。市场的和实验的现代主义，在缺席几十年后，在 1990 年代中后期，在 1977/78 年后的大学教育培养出来的年轻建筑师手中出现。这里，我们可以将它们分成实验的（立场 17、18）和市场、功用、理性的（立场 19、20）两大类。实验的又可以分成地方主义倾向的（立场 18）和抽象倾向的（立场 17），但这两者联系密切，往往出自同一批建筑师之手。第二组也可细分为理性的（立场 19）和市场的（都市的巨构的）（立场 20），二者之间也有一定的重叠。历史渊源依然重要：奚福泉（1934）、童寯（1946）、华揽洪（1954）、林乐义（1957）、冯纪忠（1981）的早期尝试，对立场 17—18 具有重要历史意义（体现出实验现代主义在中国早几十年的可能，以及意识形态的限制和政治经济能力的局限）。

另外，1970 年代的表现国家的社会主义现代主义（立场 12）与当代的理性现代主义（立场 19）有重要的相似和相关性，它们往往出自同一批国家设计院之手，而 1970 年代客观上为今天的理性现代的设计提供了基础。今天的理性现代（立场 19），又和 1980 年代—1990 年代的摆动在晚现代（立场 13）和新乡土（立场 10）之间的一批建筑相似相关，表现出对传统乡土的抽象体积表达的不懈努力（李承德的中国美院市区校园设计，杭州，2003）；而这又和实验的乡土现代主义（立场 17、18），即对传统的深度拆解的创新表达（王澍的中国美院象山校园设计，杭州，2004—），完全不同，构成对立。另外，在市场、都市、巨构的现代主义类别中（立场 20），库哈斯的影响重要，而他在北京的参与（中央电视台新楼，北京，2009）又与国家结合，成为表达国家宏大叙事的超级现代主义建筑的代表（立场 15）。

整体观察

基于上述阅读，我们可以对整个历史图景做一些全局的观察。这个整体的历史，展示出了四个重要方面：连续性、发展性、海外影响和国家存在。

一，连续的体系：这张图表或图景首先展示的，是走过 20 世纪的一个连续体系。连续性表现为大量的连线和分支线，以及少量的历史早期的一些突破。除了这些最初的突破和各时期的海外影响外，整个图表的其余位置，无论它们多么戏剧、多么富有"新"的开始，都可以在连线或联系的网络中找到自己的语境。我们或是可以找到早期的案例，在形式或意识形态上开启和预示了后来的发展；或是可以找到几个大的形式或意识形态的范畴，界定包容了各种所谓的新突破。这一点在新政治格局开启时的新设计趋势成形的时间点上表现得最为明显：在这些新开端，直接或间接的线索或脉络，往往从过去流向这些所谓的起点：这种情况挑战了新旧历史阶段的划分。在整个 20 世纪，我们可以看到以下这些新的起点：1927 年、1949 年、1978 年、1980 年代中期、1990 年代中期，以及 2001 年。在这里列出的每一次，我们都可以找到重要的连续脉络，从旧时期走向新时期（并继续延续下去）。在 1976/78 年以来，1980 年代中、1990 年代中和 2001 年尤其有意义：它们分别标志了一个晚期现代主义（立场 10、13、14），一个实验现代主义（立场 17、18），和一个超级现代主义（立场 15 和一定程度上的立场 19 和 20）的开启。然而，1930 年代、1950 年代和 1970 年代的早期发展（立场 16、11、12）在形式和意识形态上为中国近期的突破提供了重要的准备工作。1970 年代的代表国家的现代主义（立场 12）显得特别重要，因为它吸收了前期的各个脉络，又为后来的各流派线索提供了准备。1970 年代现代主义的核心重要性，需要充分的认识和进一步的研究。在走向近年发展的整体流动中，每一个突破都不是全新的。这不仅是因为早期案例在形式和政治上已经提供了准备，还是因为图表中一个整体框架的存在（包含从 A 到 E 的五个缎带）使各种突破都可以被定位。这不是否定中国近年来天翻地覆的发展中的创造性突破（这当然是要全面认真地予以认识的）。这是要说明，无论今天的场面多么辉煌、炫目和富有挑战性，它们都是可以被认识理解的，也都是可以被精确定位的。

二，形式的演化发展：我们也可以在这个图表中找到形式的演化轨迹。有一个已经提到的从第一现代到第二现代建筑的大趋势。这是一个从以巴黎美院为基础的装饰和历史主义语言发展到功能主义的现代主义及其最近的和批判的各种状态的大过程（从 A、B 到 C、D、E）。我们也可以确认一个自由市场的和个人批判实验的现代主义在中国的长期缺失；这种缺席从 1930 年代一直延续到 1990 年代，由于显而易见的政治原因。另外，我们也发现了现代主义和地方主义的配对和并肩的发展。这发生在 1960 年代和 1970 年代（立场 9 和 12），然后发生在 1990 年代中后期（立场 17 和 18）。它们共同的对国家的装饰民族形式（发生在整个 A 组宽带上）的抵抗，确保了它们共同的对地方性、原真性和一些时候的纯粹性的兴趣；这分别表现在 1970 年代和 1990 年代的共同探索中。在现代中国建筑的形式演化中，最近的状态表现在走向 2008 年的 B、C、D、E 各组的各个流派中。我们可以说，今天有趣的（有意义的）设计立场中的主导语言是现代主义的（C、D、E），而其中最有影响力的看来是 D 组和 E 组，即国家的、市场的和实验的现代主义（立场 15 和立场 17—20）。

三，外国的影响：在此历史图景中，国外的影响在哪里？首先，应当认识到，境外和西方的影响是一直存在的，即便在冷战和 1949—1978 年间，也有施工技术的引进和"资产阶级"设计思想的"批判吸收"。一个微妙的无处不在的中国与包括西方在内的海外的共时发展，一直在静悄悄地直接或间接地进行着。然而，不是所有时期的外来信息都具有同等的影响力；具体时间里的国内政治意识形态的气候，决定了中国对这些外来影响的开放程度。在此意义上讲，我们可以找到五个国外影响被明确吸收并被本土化的历史瞬间：1）1910 年代—1920 年代西方建筑师把中国屋顶和其他特征附加在现代建筑结构上的历史主义和巴黎美院式的做法，在 1930 年代被吸收和本土化，在中国建筑师手中得到运用（而当时巴黎美院的教学和历史研究方法也正在引入和吸收）；2）1950 年代的历史主义的民主形式设计做法中，对苏联社会主义现实主义思想的接受；3）1980 年代的后现代的符号主义和晚期现代的形态（体积）主义的引进和吸收，其表现不仅在于民族形式的回潮，也表现在可以称为"晚现代与新乡土"的一系列设计立场或做法的兴起；4）

1990 年代中期以来主要是通过中国年轻建筑师自己引进的纯粹的建构的现代主义（这也许和当时西方兴起的新现代主义有关）；5）1990 年代后期和 2001 年以后的通过海外建筑师（欧洲、美国、日本）引入的一个激进的现代主义，表现在大、中、小型建筑上，其中有明显的"解构主义"和"非笛卡尔"（非规则）的关于形态和结构的思考。在所有这些历史瞬间中（1910 年代—1930 年代、1950 年代、1980 年代、1990 年代、2001—2008），第一和第五时间见证了最大规模海外建筑师的到来，在中国为中国设计。但是这两个阶段有一个基本的不同：无主权的开放和有主权的开放；第一阶段，没有或只有一个弱小的中国的主权民族国家，而在第二阶段，中国的国家主权变得强大而无处不在，中间是几十年的国家建设和民族重建的不懈努力。

四，国家的存在：在现代中国建筑史上，最早建立的也是最强大的设计立场，应该是民族国家的风格，一种对新兴共和国的历史主义的形式表达，设计采用皇家宫殿的形式特征，而皇家建筑被理解成一个（主观创立的）民族的古典传统。这一组的几个立场位置占据了整个 A 组"山脉"。最初在 1930 年代的南京出现以后，这一脉络又在 1950 年代的北京和 1970 年代的台北显现（立场 2、4、5 所组成的三角）。后现代影响下 1980 年代和 1990 年代此脉络的回潮，显示出一定程度的疲倦，因为国家的和公众秩序的语言已经向另一个方向发展了。在各设计立场之间的各种关联的网络中，我们可以发现一个从 1950 年代的民族形式到 1970 年代的（国家的）现代主义，然后到今天 2008 的关于国家的超级现代主义的发展脉络（从立场 4 到立场 12 再到立场 15）。这里，语言走向了现代主义，随后在今天走向了更加激进的现代主义。它显示了中国设计历史与世界设计史的大致的同步，而同步的横向联系只有到了 1990 年代后期才开始变得明显。在现代中国的建筑历史上，这一演化又一次显示了 1970 年代现代主义的关键核心位置，因为它几乎是早期和后期的主要中转；它把重要的思绪和动势，从 1930 年代和 1950 年代传递到了 1990 年代和今天。

既然国家的（政府的、民族的、公共的）语言存在着、发展着，甚至还吸收了最新的现代的表达，如今天 2008 年所展现的那样（中央电视台新楼、国家奥林匹克运动场和所有重大的文化体育设施），我们就要发出如下提问。我们不是已经观察到中国现代建筑历史中一个从国家大叙事到地方个人微观美学的演化趋势吗（从 A 到 E）？如果确实如此，那如何解释国家叙事的继续存在，甚至还有一个为之表达的愈加现代主义的语言？如果我们更仔细地观察今天中国建筑领域中占主导的这些设计立场的话，也就是立场 15 和立场 17—20 即国家、市场和个人的现代主义，我们会发现，我们见证的实际上是语义关注点的系谱的扩展，关注对象不仅有超级现代主义的国家大叙事（立场 15），也有表现地方具体体验的微观美学的个人实验的现代主义（17、18），当然也有市场的、机构的、理性的现代主义（立场 19、20）。所以今天发生的，是语义重心或意识形态立场的一个宽广系谱的展开，包括了国家、机构、市场、地方、小众、个人的各种新表达。这应该和另一个现象相联系：1978 年之后的时间已经有三十年之久，已经是整个现代中国历史上最长的和平稳定发展期。所有这一切，似乎都在指向一个新时期的开端，一个已经保持或许还会继续保持相对自由而持续发展的新时代的到来。

First published as follows: Jianfei Zhu, *Architecture of Modern China: A Historical Critique* (London: Routledge, 2009), pp.231-237 (Chapter 10, 'Twenty Plateaus, 1910s-2010s').
原英文如上；中译文：胡志超翻译，朱剑飞校对。
本研究核心内容的中英文图像，朱剑飞设计、徐佳制图，参加了 2005 年第一届深圳建筑／城市双年展。

1 本研究项目最初在 2005 年下半年开启。其成果用中英对照的两个版本图表展示。两张图表于 2005 年 12 月到 2006 年 3 月在中国深圳参加了深圳第一届建筑城市双年展。研究的简单介绍于 2007 年在两处出版：《时代建筑》，97 期，5 号刊，16-21 页和《今日先锋》14 期，103-114 页。这里出版的是进一步修改的图表和迄今为止最完整的文字论述。

2 这里的经验材料的基本来源是：潘谷西，《中国建筑史》，北京：中国建筑工业出版社，2001；傅朝卿，《中国古典式样新建筑》，台北：南天书局，1993；龚德顺、邹德侬、窦以德，《中国现代建筑史纲》，天津：科技出版社，1989；邹德侬，《中国现代建筑史》，天津：科技出版社，2001；以及 Dan Cruickshank (ed.), *Sir Banister Fletcher's A History of Architecture*, London: Architectural Press, 1996.

3 参见：Gilles Deleuze and Félix Guattari, *A Thousand Plateaus: Capitalism & Schizophrenia*, trans. Brian Massumi, London: Athlone Press, 1987, pp. 3–25.

13
中国设计院宣言

The Chinese Design Insitute:
a Manifesto

中国的建筑设计院是一种独特的现象,需要关注和理论研讨。

中国最晚自宋朝以来的一贯传统,是国家领导社会和技术的诸方面,包括建筑的设计和建造。北宋朝廷 1103 年刊发的《营造法式》,是最好的例证。

中国的建筑设计院,在人民共和国诞生之初建立。所有建筑师,及相关土木工程技术人员,都在各设计院工作;而所有设计院都隶属大区和省市及各部委。

改革开放前的设计院,规模大、工种全:它是建筑设计生产的真正的机器,服务于国家的政治、经济和社会生活。它从事设计、科研及历史保护;在设计方面,它覆盖所有建筑类型,如:国家级纪念性工程、工业厂房、大规模单位住宅、公共建筑,以及各种城乡基础设施。

改革开放以后,设计院进行了体制改革,梳理了员工队伍,强化了在开放市场中的竞争力。通过改革,一些更加庞大的设计院集团出现了,其员工规模达至数千人;这些集团大院,与来自国内和世界的创意建筑师的关系,是竞争的,也是合作的。

有人认为,设计院是历史的产物和包袱,其重要性正在降低甚至会消失;许多人的目光,也聚焦到新兴的个人的创意建筑师及他们日益国际化的话语之上。但是,设计院依然强大,无处不在。几乎所有为中国设计的创意建筑师,无论来自国内或国外,背后都有一个无名英雄式的设计院,提供实用和技术的支持,监管实际施工,并往往用高效率完成大尺度的工作。无论是库哈斯的中央电视台,还是福斯特的 T3 航站楼,或是张永和、王澍及刘家琨的文化建筑,背后都有一个设计院。

除了支持他人设计,设计院也培养自己的创意建筑师个体,建立自己的"名人工作室"(如中国建筑设计研究院的"崔恺工作室"),以期直接参与形式创作的研讨话语,参与杰出形式的建造。但是,总体而言,设计院依然是一支技术的和国家的队伍。它们承接广大社会的常态建筑,技术要求高的大型建筑(如超高层),以及国家重大项目如驻外使领馆和海外开发或援外工程。换言之,设计院既要创新又要务实;今天的设计院,开始进入并代表一个实用技术与形式创新的二元结构,而这与设计院实践模式中的国家与市场、集体主义与自由主义的二元结构相呼应。

设计院是理论研究中的一个重大课题;其重大意义,表现在几个方面:

1. 设计院构成的,不是个人创意建筑师的对立面,而是国家与个人,政府与民间,政府与市场,实用技术与艺术创

Scale, Function & Politico-Economy

Established at the birth of PRC in a socialist-planned economy, all DIs belonged to the state, receiving central funding, performing all design tasks as assigned. Typically large and comprehensive, the DIs included a wide range of technical staff (surveying, planning, design, structure engineering, mechanics, services, some also include standard design, conservation practice, historical studies, scientific research and policy studies). They catered for all kinds of building projects from civil to industrial, military and infrastructural. There were Industrial DIs attached to various Ministries, as well as Civil DIs attached to cities, provinces, mega-regions and the central government. Staff size ranged from a few hundreds to about one thousand in the Mao years. After post-Mao reform, a few bigger state DIs emerged, with a staff between two to four thousands. In 2010-13, they each built tens of millions of square meters with revenue of 1.5 to 3 billion RMB per year.

Reform

In the post-Mao era, under Deng's Reform, for transforming the planned economy to a socialist market economy, the DIs went through reforms. The process lasted for about two decades, the 1980s and 90s. It covered three aspects. Firstly, the DIs began to charge fees and internally established systems, responsibility and performance-based incentive systems, and also shifted the organization from 'administrative institutions' to 'commercial enterprises'. Secondly, for the thousands of DIs across China in the 1980s-90s, the reform instigated a bifurcation – with the largest DIs remained and regrouped into gigantic state-owned enterprises, and smaller local DIs shifted into private firms with shared ownership among its staff. Thirdly, with the emergence and expansion of the design market, a nation-wide governance of the practice was established, which included a tendering system, a classification of the qualified offices into four classes, a system of registration of qualified architects (and other professionals), and other regulations such as fee guidance and codes of conduct. The essence of the reform is the introduction of the market, and arguably the most interesting phenomenon is the not a retreat of the state, but the rise of giant state-owned DIs as commercial design firms, which are 'public' and 'private' in a hybrid manner. These include CAG, BIAD and Xiandai AD (ECADI + SIADR), with a staff size between two to four thousands.

Supporting Star-Architects/Creativity

For the largest commissions for the cities and the nation, the state DIs often formed a partnership with global creative architects, a collaboration in which the DIs provided local, historical, pragmatic and technological knowledge, while the overseas architects provided design ideas (in some cases structural design). In such a joint venture, it is the Chinese DI that has actually 'made it' in all technical, material, constructional, legal, social and political aspects. Here is a short list of the landmarks in which the Chinese DIs provided the 'real' support:

CCTV, Beijing (OMA + ARUP): **ECADI** (Xiandai AD)
Bird's Nest, Beijing (Herzog & de Meuron): **CAG**
Grand National Theatre, Beijing (Paul Andreu): **BIAD**
T3 Terminal, Beijing (Norman Foster): **BIAD**
Jin Mao Tower, Shanghai (SOM): **SIADR** (Xiandai AD)
Shanghai Tower (Gensler): **TJADRI** (Tongji University)
Shenzhen Cultural Centre (Arata Isozaki): **BIAD**

The DIs are also behind many creative architects from China and overseas. Here below is an incomplete list of DIs working for the architects:

Arata Isozaki: **BIAD**
Kengo Kuma: **SIADR** (Xiandai AD)
Steven Holl: **Shenzhen General IADR**
Yung Ho Chang: **Baiyun ADI**/Guangzhou; **IADR**/China Academy of Science
Wang Shu: **IPAD**/Suzhou Construction; **ADI**/Ningbo-Mingzhou; **Hangzhou ADRI**; **DIoL&A**/China Academy of Art
Liu Jiakun: **Chengdu IADR**
Zhang Lei: **IAPDR**/Nanjing University; Yangzhou City **IUPDR**; **ADI**/Hunan University; **ADI**/Zhengjiang Industrial University
MADA spam: **Shanghai Zhongjian ADI**; **China Shipbuilding NDRI Engineering**; **IADR**/Shenzhen University

现代设计
计集团

上海现代建筑设计集团
历程

上海现代集团于1998年成立，合并了两个中国大型设计单位华东建筑设计研究院和上海建筑设计研究院，及其他20多个公司和机构。集团走在向今大的巨型国企业公司道路上，经历了三个阶段：内部各部门的一体化和"集团化"，以加强企业的核心竞争力（1998–2004）；采取"全国化"市场和"全程化"产业两大发展战略，以提高服务的效益和品质（2005–2007）；继续深化两个战略，并向"国际化"发展（2008–）。

规模

集团员工达4000人；包括上海院800人，华东院1000人；科技服务领域覆盖广泛，包括固定资产投资全过程的各个环节。年总产值达25亿人民币（2010年）。

组织

集团包括华东建筑设计研究院、上海建筑设计研究院及20余家公司和机构。集团在核心领导机构，集团总部、党委、董事会和监事会之下，有行政中心、经营中心和技术中心，集团为全集团的18个公司。他们是：总经理办公室、总办公室、人力资源部、总管理、财务、投资、审计、监事、工会、团办、技术中心、信息中心、国内事务部、国际事务部，以及三个全球创作研究室所属机构和研究室；魏院出研究室，在此总部机构之下，是16个设计院设计所，包括华东院和上海院及其他各设计研究室设计公司；这些其他各业务范围包括：建筑设计，装饰与景观设计，城市设计，城市规划，市政工程，历史建筑遗产保护，水利工程，岩土工程，工程建设咨询，建筑技术咨询，地产开发及物业管理，此外集团还在香港和同在一些设计单位和两个国际分公司，也在国内设有24个分公司成分事处。

上海院

上海建筑设计研究院
历程

上海院的前身是上海建工局生产技术处的设计科，成立于1953年，1956年扩大为上海民用建筑设计所，1962年与上海市城市建设设局城市规划设计院合并，成立上海市城市建设院民用建筑设计。1975年，改名回上海市民用建筑设计院。1993年，民用院更名为上海建筑设计研究院，1998年与华东院合组成上海现代建筑设计集团，并在集团中继续沿用原来名称背。

规模

本部800 人。包括尖端技术人才工程院院士1人，全国工程勘察设计大师2人，突出中青年专家4人，国务院特批专家18人，此外有大量高级技术人员，包括建筑师、工程师、城市规划师、咨询师、设备工程师、电气工程师、和国际认证项目管理师等。

组织

设计院在核心领导组织（总经理及党委、董事会及监事会）之下，有行政中心、运营中心和技术中心，第一个中心包括综合、人力资源和财务三部门，第二个中心有经营管理和项目管理两个部门，第三个中心包括总务室和技术发展部。在三个中心之下是设计院的主要实体，包括6个建筑事业部，7个建筑设计所，1个设计所，1个方案创作所，3个外地分公司和1个专项技术部，以及6个外地分公司和事务处。

业务

设计院主要承接各类民用建筑，工业建筑，城市规划设计，及相关技术合作、联营和成果转让。设计院承接的民用建筑类型广泛，包括图书馆，购物中心，学校，住宅建筑。设计院致力于体育、文化、医疗、高档酒店、大型会展、综合商业、生态办公楼、保护建筑修缮、数据实验室等建筑设计的专项市场研究和创新；设计院致力于超高层、大跨度结构设计，节能及智能化技术的运用，以及绿色建筑研究和可持续发展城市研究。

著名建筑作品（节选）

鲁迅墓与鲁迅纪念馆（上海，1956）；清溪北路高层公寓（上海，1975）；上海体育馆（1976）；苏丹友谊厅（国家大会堂）（喀土穆，1976）；上海国际会议中心（开罗，1989）；新锦江大酒店（与王莫国际博览，上海，1990）；上海博物馆（1995）；上海体育场（1997）；上海（与WZMH合作，1997）；金茂大厦（与SOM合作，上海，1998）；浦东国际金融大厦（与日建设计合作，2000）；邓小平纪念馆（广安，2004）；上海交通大学四号行政中心（2004）；SPD Bank Info Centre（与Gensler合作，2004）；上海南汇行政中心（2008）。

著名建筑师（节选）

陈植、汪定增、洪碧荣、魏敦山、邢同和、唐玉恩

(续右边英文)

SIADR

Shanghai Institute of Architectural Design & Research

History

The early entity of SIADR was a design office under the Bureau of Construction of Shanghai Municipality established in 1953. It was expanded and established as 'Shanghai Municipal Institute of Civil Architectural Design' in 1956. It merged with Shanghai Municipal Institute of Urban Planning (under the Municipal Urban Development Bureau), to form a new 'Shanghai Municipal Institute of Planning and Architectural Design' in 1962. In 1975, it was renamed as 'Shanghai Municipal Institute of Civil Architectural Design' and had retained this title for two decades. In 1993, it attained the current name. In 1998, it joined ECADI and twenty other entities to form Shanghai Xiandai (Modern) Architectural Design Group, and has been operating within the Group with this name since.

Staff

SIADR has a staff of 800 people. It has highly esteemed professionals comprising one academician, 2 national 'design masters', 4 national 'young experts', and 18 government appointed 'experts'. Under this is a large team of competent staff including architects, engineers, planners, consultant engineers, mechanical engineers, electrical engineers, and project management professionals.

Organization

Under the central management (the director and a few boards), there is an administrative centre, business centre and technological centre. The first includes offices in administration, human resource and finance, whereas the second has offices in operation management and project management, and the third includes an office of chief architects and engineers for quality control, and a department for technological development. Further under is the whole body of the institute, which includes 2 departments for 'building enterprise', 7 institutes for architectural design, 1 institute for 'design', 1 institute for 'creative design', 3 institutes for structural design, 2 institutes for mechanical and electrical engineering design, 1 department for special technological research, and 6 branch offices in other cities across China.

Professional Service

SIADR provides design service in a broad range, including civil buildings, industrial buildings, urban planning, and the related technological cooperation, joint operation and transfer. For civil buildings, the institute provides design for diverse building types including library, cinema and theatre, museum, gymnasium and stadium, hospital, office building, hotel, shopping mall, school and residential development. SIADR is well-known in design for: sport facilities, cultural institutions, medical facilities, high-end hotels, convention centers, mixed development, green office design, heritage conservation, IT labs and research clusters; it has strong experience in super high-rise and large-span structure design; it employs energy-saving and intelligence systems design; and it has R&D teams in green architecture and sustainable urban development.

Renowned Buildings

Lu Xun Tomb and Museum (Shanghai, 1956); North Caoxi Road High-rise Apartment Buildings (Shanghai, 1975); Shanghai Indoor Stadium (1976); National Convention Centre (Friendship Hall) of Sudan (Khartoum, 1976); International Convention & Exhibition Centre (Cairo, 1989); Jin Jiang Tower (with Wong & Tung, Shanghai, 1990); Shanghai Museum (1995); Shanghai Stadium (1997); Shanghai Stock Exchange Building (with WZMH Architects, 1997); Jin Mao Tower (with SOM, Shanghai, 1998); Pudong International Financial Mansion (with Nikken Sekkei, Shanghai, 2000); Deng Xiaoping Museum (Guang'an, 2004); Jiao Tong University School of E. Info & Engineering (Shanghai, 2004); SPD Bank Info Centre (with Gensler, Shanghai, 2004); Administration Centre of Nanhui District (Shanghai, 2008).

Renowned Architects

Chen Zhi, Wang Dingzeng, Hong Birong, Wei Dunshan, Xing Tonghe, Tang Yu'en

S1 S2 S4 S5 S6 S7 S10 S11 S12 S13 S14 S15

设计院对创意建筑设计的直接贡献

除了支持外部的创意建筑师之外，设计院也培养自己的创意建筑师个体。这种做法的近期表现，是在院内建立"名人工作室"。设立名人工作室的目的，是为了提高设计院的品牌和声誉，提高设计的价值和个人的价值，同时提高院内的设计文化，指导带领青年建筑师的成长。目前比较有影响的例子有：

中国建筑设计研究院：
崔恺工作室；李兴钢工作室；陈一峰工作室
北京市建筑设计研究院：
马国馨工作室；方案创作（邵韦平）工作室；胡越工作室；王戈工作室

新的二元结构

设计院尽管拥有创意建筑师个体，但总体而言，它是一支技术的和国家的队伍。设计院的基本特征是注重实际，服务面广，技术能力强，也隶属于国家；他们满足市场、社会和国家最广泛的需求，同时又和院内外的创意个体合作。所以，设计院所代表的，不是个体创意建筑师的对立面，而是一个实用技术与形式创新的二元关系，以及相关的国家与市场、集体行为与自由个体行为的二元关系。这里的核心问题是国家与市场，国家与社会，国家与个人的混合动力关系。关于这些问题和关系的讨论，应该在今天的现实和历史的背景中讨论，其中当下政府对市场经济的调控引导，以及历史上的中国政府对社会、经济和技术发展的作用是需要关注的。而这又需要我们去探讨世界大视野下的中国的**国家观念**及其**政治伦理**。在全球政治经济大调整的今天，这个讨论是迫切需要的。

C A G

na Architecture Design & Research Group
History
e early entity of CAG was founded in 1952 as 'Central De-
n Company' in Beijing. It was renamed as 'Central Design
titute' in 1953 and 'Ministry of Construction Beijing Insti-
e of Design for Industrial Architecture' in 1955, with a staff
 one thousand. In the Cultural Revolution, the design insti-
was interfered, banished and disbanded at the end of
0s. It was re-established in Beijing in 1971 and began to
ction in the early 1970s. It was named in 1983 and 1988
Ministry of Construction Institute of Architectural Design'.
000, it was joined by another three institutes of the Min-
y, and was formally named 'China Architecture Design &
earch Group'.

aff and Revenue
rrently the staff size is more than 4000. This includes a few
hly regarded academicians, 'design masters' and appoint-
experts', as well as many architects, structural engineers,
an planners, quantity surveyors, consulting engineers, su-
vision engineers, mechanical engineers, electrical engi-
rs, researchers and assistants, as well as technicians. The
ual revenue is 2.9 billion RMB (2010).

rganization
G is composed of 13 offices of the headquarters, 5 nation-
research centres, 4 ministerial-level research centres, 18
ached administrative bodies (associations and commit-
s), 2 academic boards, 16 companies (wholly-owned or
dings), and 17 offices and institutions directly managed by
G. In the last category, the 17 bodies include one Project
nagement Centre, 6 Design and Research Institutes (ar-
tecture, structure, mechanics and electronics, intelligence
l systems, town and urban planning, environment and
dscape), 4 Master's Studios in architecture (Cui Kai, Li Xing-
g, Chen Yifeng, Zhang Qi), 2 Master's Studios in structural
ign (Ren Qingying, Fan Zhong), and 4 Research Institutes
architectural history, design consulting, energy-saving, and
perty and construction economics.

rofessional Service
institute covers all work needed in fixed asset investment:
nsulting, planning, design, project management, project
ervision, contracting (general and specialized), and en-
nmental and energy-saving assessment. More precise-
t provides these professional services or research work:
architectural design and consultation, 2) urban and town
nning, 3) civil engineering in comprehensive design, 4) ur-
and industrial gas engineering, 5) sewage and garbage
posal design, 6) road and bridge design, 7) building intel-
ence and systems design, 8) building standardization de-
, 9) landscape design, 10) project supervision, 11) project
tracting, 12) housing studies, 13) research on standardiza-
ion, 14) IT research, 15) research in architectural history,
16) studies in construction economics.

or Contributions (other than design)
servation of the Forbidden City; Conservation of the Great
l; Dunhuang Mogao Caves Conservation; Transporting
ural Gas from West to East; Supplying Water from South
North; Environmental Protection for the Three Gorges
Area; various major commissions in scientific research,
cy research, standards and regulations research, and con-
ration of architectural heritages, including the compiling and
ding development of China Design and Metric Handbook
ce 1964).

owned Buildings (selected)
tral Telegraph Building (Beijing, 1957); Beijing Railway
ion (1959); Nation Agricultural Exhibition Hall (Beijing,
); China Art Gallery (Beijing, 1962); People's Palace of
ea (Conakry, 1967); International Convention Hall of Sri
ka (Colombo, 1973); National Library (Beijing, 1981); Que-
Guesthouse (Qufu, 1985); International Hotel (Bei-
1987); Ministry of Foreign Affairs (Beijing, 1993); Focus
e (Beijing, 2002); Capital Museum (with AREP, Beijing,
); Desheng Up-town Office Cluster (Beijing, 2005); Soft-
R&D Park Apartment Block (Dalian, 2006); Lhasa Rail-
Station (2006); Suzhou Railway Station (Beijing, 2008);
) Artists Stadium (with Herzog & de Meuron, Beijing, 2008);
pic Stadium (with Herzog & de Meuron, Beijing, 2008);
Artists Studio/Village (Beijing, 2009); Shenhua Man-
(Beijing, 2010).

owned Architects (selected)
eyi, Chen Deng'ao, Dai Nianci, Gong Deshun, Cui Kai, Li
gang

C19

C18

C15

C17b

C17a

C16

C14
C11
C10
C8

C13
C12
C9

C7
C6
C5
C4
C3
C2
C1

中 国 院

中国建筑设计研究院
历程
本院前身是1952年成立的"中央直属设计公司"，1953年改名为"中央设计院"，1955年又易名为"建筑工程部北京工业建筑设计院"，当时员工总数已达1000多人。文革时期，设计院在六十年代末遭到冲击，随后下放解散。设计院在1971年重组，并在七十年代初恢复运作。1983年和1988年，分别命名为"城乡建设环境保护部建筑设计院"，"建设部建筑设计院"。2000年，设计院与其他三家建设部直属机构合并，成立今天的"中国建筑设计研究院"。

规模
目前我院4000多人，员工包括：院士、设计大师、国务院批准专家、建筑师、结构工程师、城市规划师、造价师、咨询师、监理师、设备工程师、电气工程师、研究人员、研究助理，及各级技术人员。

组织
设计院集团拥有13个总部办公部门，5个国家研究中心，4个部级研究中心，18个挂靠管理机构（协会和委员会），2个学术委员会，16个全资或控股公司，及17个院直属机构。这17个院直属机构，包括一个设计运营中心，6个设计研究院（建筑、结构、机电、智能工程、城镇规划、环境艺术），4个建筑设计名人工作室（崔恺、李兴钢、陈一峰、张祺），2个结构设计名人工作室（范重、任庆英），以及4个研究所，涵盖建筑历史、设计审查咨询、能源、及建筑与房地产经济。

业务
设计院业务范围涵盖固定资产投资的全过程，包括咨询、规划、设计，工程管理，工程监理，工程总承包，专业承包，及环评和能评研究。就具体技术而言，设计院工作范围包括：1）建筑工程设计与咨询，2）城市与小城镇规划，3）市政工程综合设计，4）城市燃气与工业燃气，5）污水与垃圾处理，6）道路桥梁设计，7）建筑智能化系统工程设计，8）建筑标准设计，9）景观设计，10）工程监理，11）工程总承包，12）居住工程研究，13）建筑标准化研究，14）信息技术研究，15）建筑历史研究，及16）建设经济研究等。

主要贡献（非建筑设计作品）
故宫保护，长城保护，敦煌莫高窟保护，西气东输，南水北调，长江三峡库区环境保护，及大量关于基础研究、政策研究、标准规范研究与制定，以及历史文化遗产保护的重大项目，如《建筑设计资料集》的编制与更新扩展（从1964年第一集出版始）。

著名建筑作品（节选）
中央电报大楼（北京，1957）；北京火车站（1959）；全国农业展览馆（北京，1959）；中国美术馆（北京，1962）；几内亚人民宫（大会堂）（科纳克里，1967）；斯里兰卡国际会议大厦（科伦坡，1973）；国家图书馆（北京，1981）；阙里宾舍（曲阜，1985）；国际饭店（北京，1987）；外交部（北京，1993）；富凯大厦（北京，2002）；首都博物馆（与AREP合作，北京，2005）；德胜尚城办公集群（北京，2005）；大连软件园研发大楼（2006）；拉萨火车站（2006）；苏州火车站（2008）；国家奥运会运动员宾馆（与Herzog & de Meuron合作，北京，2008）；西山艺术家工作坊（北京，2009）；神华大厦（北京，2010）。

著名建筑师（节选）
林乐义、陈登鳌、戴念慈、龚德顺、崔恺、李兴钢

Xian Dai AD

Shanghai Xiandai (Modern) Architectural Design Group
History
Shanghai Xiandai (Modern) Architectural Design Group was created in 1998, with the joining of the two largest design institutes, East China (ECADI) and Shanghai (SIADR), and some twenty other companies and institutes. The Group has evolved into the current shape as a giant in the design market through three phases: unifying and 'conglomerating' the various institutes and offices within, to enhance the competitiveness in the market (1998-2004), working towards 'all-nation' and 'all-process' in the scope of service as basic strategies (2005-2007), and further deepening of the two strategies with a new agenda of 'internationalization' for design service (2008-present).

Staff
The Group has 4000 staff, in which Shanghai institute and East China Institute has 800 and 1000 respectively, with a broad range of expertise, in all areas of fixed asset investment, from 'beginning' to 'end'. Annual revenue is 2.5 billion RMB (2010).

Organization
The Group is composed of East China (ECADI) and Shanghai (SIADR) institutes plus another 20 companies and offices. It has a central management team (a general director with boards for the Party, for directors and for auditing), an intermediate level of associate general director with chief architects, engineer and party organs, and then a large level of 18 offices serving the whole group. These are: directors office, general office, human resource, operation management, technological development, finance, investment, auditing, disciplining, trade union, league-of-youth office, technology centre, information center, domestic affairs office, international affairs office, and three Master's Studios, or 'Architectural Design and Research Office'. They are Xing Tonghe Office, Wei Dunshan Office, and Cai Zhenyu Office. Further under this structure of the Group are the 16 major design institutes or companies, including ECADI and SIDAR, and others in the area of architecture, decoration and landscape, urban design, urban planning, civil engineering, heritage conservation, water engineering, geotechnical engineering, construction investment consulting, building technology consulting, property development and estate management. The Group also has two international branch offices in Hong Kong and Abu Dhabi, and 24 domestic branch offices across China.

时间表

1949:	中华人民共和国诞生
1949/52:	国家设计院逐步建立，隶属中央及大区和省市；在计划经济体制下，中央统一拨款，设计院不收费，也没有设计市场
1968/71:	设计院受冲击技术人员下放（一些设计院解散）（1966-1976: 文化大革命）
1971/73:	设计院重新建立或恢复正常工作
1976:	毛泽东去世
1978:	邓小平启动改革开放；市场机制逐步建立
1979:	设计院开始收费；设计市场开始出现
1983:	设计院开始实行承包责任制；设计院开始向企业体制转变
1984:	全国招标投标制度建立
1985:	私人建筑设计事务所出现
1986:	设计机构在国家资格认证后，分为甲乙丙丁四级
1993:	地方国营设计院转变为股份民营企业
1994/5:	大型设计院成为国有现代企业
1995/7:	全国注册建筑师制度建立
1999:	大型国资设计院逐步成为国际型工程公司
2001:	中国加入世贸组织
2000s:	确立多种设计机构共生局面；机构包括：国企设计院，民企设计公司，个人事务所，个人工作室，中外合资机构，及境外独资设计公司

尺度、功能及政经结构

在共和国诞生之初建立的设计院，在社会主义计划经济体制下运行，从属于国家，获国家统一拨款，完成交给的设计任务。设计院规模大、工种全（勘查、规划、建筑、结构、电气、暖通、给排水等，有些也包括标准设计、古建保护、历史研究、技术研究及政策研究）。设计院承担所有建设项目：民用、工业、军事及基础设施。设计院有属于各部委的工种院，也有属于省市和大区及中央政府的民用综合设计院。改革开放前，设计院是几百到一千人之间。改革开放后，一些庞大的国企集团出现，规模在两到四千人之间。这些大院每年完成几千万平米的建筑面积，年营业额在15到30亿元人民

改革

后毛泽东时代，在邓小平改革开放方针指导下，在从计划经济向社会主义市场经济的转变中，设计院进行改革。改革经历了二十多年（八十年代和九十年代），包括三大方面：首先，设计院开始收费，引进承包责任制及奖励制度，逐步使设计院从事业单位转变成企业单位。第二，数以千计的设计院的改革出现分流，大型设计院转变为巨型的国资企业，而较小的地方的设计院则转变成合股的民营企业。第三，随着开放设计的出现和扩大，国家对设计实践的管理制度也出现了，包括招投标制度，建筑师制度，及各种收费和行为的指导条令等。改革的核心是市场的引入，而最需要关注的现象是国家重新出现了巨型国企设计院的出现。集团大院的工作状态，介于国家和私营人员，"公共"和"私营"之间，具有特殊的复杂的混合性。其中最大的实例，有中国院，上海院，和上海现代设计集团（包括上海院和华东院）。

对著名创意建筑师的技术支持

在为城市和国家最大项目的设计中，设计院往往和世界著名创意合作，提供了地方的、历史的、现实的和技术的知识，供了创意设计的理念（个别情况下也包括结构设计）。在这样的设计院，仔细而具体地处理了大量而复杂的技术、材料、施工、的各种问题，最后把建筑物真实地建造起来了。下面是国家创意建筑师的有了实际贡献的大型地标建筑：

北京中央电视大楼（OMA + ARUP）：	华东建筑设计研究院（现代
北京奥运体育场（Herzog & de Meuron）：	中国建筑设计研究
北京国家大剧院（Paul Andreu）：	北京市建筑设计研究院
北京首都机场T3航站楼（Norman Foster）：	北京市建筑设计研
上海金茂大厦（SOM）：	上海建筑设计研究院（现代设计）
上海中心大厦（Gensler）：	同济大学建筑设计研究院
	北京市建筑设计研究院

设计院同时也支持许多国内和国外的创意建筑师个体。下面是一个

矶崎新：	北京市建筑设计研究院
隈研吾：	上海建筑设计研究院（现代设计）
Steven Holl：	深圳市建筑设计研究总院
张永和：	中科建筑设计研究院；广州市白云建筑设计
王澍：	苏州建筑设计集团规划建筑设计；宁波市明州市建筑设计研究院；中国城市风景建筑设计
刘家琨：	成都市建筑设计研究院
张雷：	南京大学建筑规划设计研究院；扬州市城市
	湖南大学建筑设计研究院；浙江工业大学建
马达思班：	上海中建建筑设计研究院；中国船舶工业第九设计研究院

BIAD
Beijing Institute of Architectural Design

History
BIAD was born with the People's Republic of China in 1949. On the 1st of Oct 1949, at the founding of the PRC, a state-owned Yongmao Construction Company with a design department was established. It was renamed Yongmao Architectural Design Company soon after. This was later on named as Beijing Municipal Institute of Architectural Design, renamed today as BIAD.

Staff and Revenue
It has 3000 staff. Its professional staff includes a few highly-regarded figures (one academician, 9 'national design masters', 12 special 'experts') as well as a large team of professionals including architects, engineers, structural engineers, engineers in mechanics and electricity, and quantity surveyors and engineers. Its annual revenue is 1.4 billion RMB (2011).

Organization
Under a managerial center with chief architects and engineers and various boards, the whole institute is composed of five broad categories of offices. They are: 27 design institutes (in design, mechanics and electricity, traffic engineering, urban planning, green building, complex structure, budgetary planning, and design consulting and auditing); 24 design studios (including Ma Guoxin Studio, UFo/Shao Weiping Studio, Hu Yue Studio and Wang Ge Studio); 11 branch offices across China (including those in Shanghai, Chongqing, Chengdu, Xi'an and other cities); 10 companies (one publishing house, one training college, and one company in each of the following eight functions: investment, architectural design, construction and general contracting, R&D in building technology, landscape, project management, printing and imaging, and residential estate management; and finally 14 offices for administration (central office, board of directors, strategic operation, marketing, project management, quality assurance, human resource, finance, investment and management, administration, information, Party-mass coordination, auditing, staff retirement).

Professional Service
The institute provides a broad scope of service. It includes: 1) urban planning, 2) investment planning, 3) large-scale public building design, 4) architectural design, 5) interior design, 6) landscape design, 7) building intelligence and systems design, 8) budget estimate, 9) project supervision, and 10) project contracting.

Major Renowned Buildings (selected)
Children's Hospital (Beijing, 1954); 'Four Ministry and One Commission'/Office Building (Beijing, 1955); Friendship Hotel (Beijing, 1956); Great Hall of the People (Beijing, 1959); Museum of Revolution and History (Beijing, 1959); Cultural Palace for Nationalities (Beijing, 1959); Chinese People's Revolutionary Military Museum (Beijing, 1959); Workers' Stadium (Beijing, 1959); International Club & Friendship Shop (Beijing, 1972); Apartment Blocks for Foreign Diplomats (Beijing, 1973-75); Friendship Hotel East Wing (1974); Memorial Hall of Chairman Mao (Beijing, 1977); Western Railway Station (Beijing, 1997); 'Modern-City' Residential Development (Beijing, 2001); China Academy of Art/Nanshan Campus (Hangzhou, 2003); Shenzhen Culture Centre (with Arata Isozaki, Shenzhen, 2005), T3 Capital Airport (with Norman Foster, Beijing, 2007); Grand National Theatre (with Paul Andreu, Beijing, 2007); National Stadium of Tanzania (Dar es Salaam, 2007); Phoenix TV International Media Centre (Beijing, 2012).

Renowned Architects (selected)
Hua Lanhong, Zhang Bo, Zhao Dongri, Zhang ZZKaiji, Ma Guoxin, Zhu Xiaodi, Zhu Jialu, Li Chende, Shao Weiping

北京院
北京建筑设计研究院

源起
北京院与人民共和国一起诞生成长。在共和国诞生的1949年10月1日，北京建立了第一家国有设计单位"公营永茂建筑公司设计部"，之后改名为"永茂建筑设计公司"，是北京市建筑设计研究院的前身。

规模
北京院目前员工人数3000人。最突出尖端人员（工程院院士1名，国家设计大师9名，突出贡献专家12名）外，有完备的各工种技术人员，包括高级和中级建筑师、工程师、结构工程师、设备工程师、电气工程师和造价工程师等。年营业额14亿（2011年）。

组织
在总建筑师、总工程师及有关经理层之下，北京院由五个部分组成。这五个部门可分别是：27个设计所（涵盖设计、机电、城市交通、城市规划、绿色建筑、复杂结构、投资咨询及咨询审查）、24个直属设计工作室（包括马国馨工作室、UFo/邵伟平工作室、胡越工作室、王戈工作室），11个外地设计院或分机构（包括在上海、重庆、成都和西安等城市的分院），10个下属公司（除出版社和培训学院外，有8个公司分别覆盖投资、建筑设计、建造总承包、建筑科技研发、园林绿化、项目管理、图文科技和物业管理等业务）。最后是属行政职能的14个部门（总办公室、董事会、战略运营、市场经营、项目管理、科技质量、人力资源、财务、投资与企业管理、行政管理、信息、党群工作、纪检监察审计及离退休）。

业务
设计院提供广泛的业务服务，包括：1）城市规划，2）投资策划，3）大型公共建筑设计，4）建筑设计，5）室内设计，6）园林景观设计，7）建筑智能化系统工程设计，8）工程概预算制，9）工程监理及10）工程总承包。

著名建筑作品（节选）
儿童医院（北京，1954）；四部一会办公大楼（北京，1955）；友谊宾馆（北京，1956）；人民大会堂（北京，1959）；革命历史博物馆（北京，1959）；民族文化宫（北京，1959）；中国人民革命军事博物馆（北京，1959）；工人体育场（北京，1959）；国际俱乐部和友谊商店（北京，1972）；外交公寓（北京，1973-75）；北京饭店东楼（1974）；毛主席纪念堂（北京，1977）；北京西客站（1997）；北京现代城（2001）；中国美术学院/南山校区（杭州，2003）；深圳文化中心（与矶崎新合作，深圳，2005）；首都机场T3航站楼（与福斯特合作，北京，2007）；国家大剧院（与安德鲁合作，北京，2007）；坦桑尼亚国家体育场（达累斯萨拉姆，2007）；凤凰国际传媒中心（北京，2012）。

著名建筑师（节选）
华揽洪、赵冬日、张镈、张开济、马国馨、朱小地、朱嘉禄、李承德、邵平平

Participating Creativity Directly

[...]t from supporting creative architects [insi]de, the DIs are cultivating their own creative individual architects within. The latest [atte]mpt is the setting up of 'Master Studio' or [dashi]ren Gongzuoshi ('studio with the mas[ter's] famous name') within. These Master [studi]os are headed by one reputable architect [and] are poised to win commissions with [high] symbolic values. The purpose is to in[crea]se the reputation of the DIs, to promote [the v]alues of design and of the creative indi[vidu]al, and to cultivate design culture and to [cultiv]ate younger architects within. The most [nota]ble cases are:

CAG:
Cui Kai Studio, Li Xinggang Studio, Chen Yifeng Studio
BIAD:
Ma Guoxin Studio, UFo (Shao Weiping Studio), **Hu Yue Studio, Wang Ge Studio**

A New Duality

Although the DIs are cultivating their own creative design architects, they remain a technical, pragmatic and state power. The DIs are characteristically pragmatic, versatile, technically strong and state-owned; they service diverse needs of market, society and the state, but also work with creative talents within and without. So, the Chinese DI is **not an opponent** to the creative individual architects, but rather a **duality** of technical pragmatism and formal creativity, as well as a duality of state and market, and collectivism and liberal individualism. The key issue behind is arguably that of **the state**, and the intriguing hybrid and dynamic, between public and private, state and market/society, and state and the individual. This must be comprehended in the context of today's state-led market economy in China, as well as a long Chinese tradition of large state government leading society, economy and technological development. This, in turn, calls for a critical debate on the Chinese concepts of **statehood** and its **political ethics** in a global comparison, a debate that is urgently needed today.

Glossary

ADI: Architectural Design Institute 建筑设计院
ADRI: Architectural Design and Research Institute 建筑设计研究院
BIAD: Beijing Institute of Architectural Design 北京市建筑设计研究院
CAG: China Architecture Design & Research Group 中国建筑设计研究院
DI: Design Institute 设计院
ECADI: East China Architectural Design & Research Institute 华东建筑设计研究院
IADR: Institute of Architectural Design and Research 建筑设计研究院
IAPDR: Institute of Architectural Planning, Design & Research 建筑规划设计研究院
IPAD: Institute of Planning and Architectural Design 规划建筑设计院
IUPDR: Institute of Urban Planning, Design and Research 城市规划设计研究院
SIADR: Shanghai Institute of Architectural Design & Research 上海建筑设计研究院

ECADI

East China Architectural Design & Research Institute

History

The early entity of ECADI was founded by merging two design firms in 1952. It was named 'East China Ministry of Construction Architectural Design Company'. In 1954, it was renamed 'East China Industrial Building Design Institute (of Central Ministry of Construction)'. In 1970, it was named 'Shanghai Industrial Building Design Institute'. In 1985, it was named 'East China Architectural Design Institute', and in 1993, being much expanded, it attained the current name of 'East China Architectural Design and Research Institute'. In 1998, it joined Shanghai Institute (SIADR) to form Shanghai Xiandai (modern) Architectural Design Group, and has operated with the name of ECADI under the Group since.

Staff

ECADI has a staff of 1000 people, specialized in all areas in design consulting and management of building construction and urban development.

Organization

Besides the General Institute in Shanghai, ECADI has 10 branches across China including those in Beijing, Tianjin and Chongqing.

Professional Service

ECADI has strong capabilities in integrating local and international resource, and in providing the entire service of design, contracting and management. ECADI has successfully accomplished a great amount of large and complex projects, and is renowned in super high-rise, hotel, transportation, office, convention and exhibition, cinema and theatre design. In technical terms, it covers these areas: 1) architectural design; 2) structure; 3) mechanical, electrical and intelligence-system engineering; 4) urban planning and urban design; 5) BIM-based consulting and analysis; 6) underground structure and geotechnical engineering; 7) sustainability design; 8) regional development planning; 9) project consulting and management. In the first area, it covers 12 design types such as super high-rise, commercial complex, airport and transportation, amongst others. In the second area, it covers 6 areas – structure design, consulting, analysis, construction modeling, creative structural design, and special structure analysis and design. In the third area of consulting, it covers 5 areas: intelligence system research and consulting, energy and renewable energy design and planning, energy-saving and interior-exterior environmental analysis and consulting, mechanical and electrical engineering research and consulting, lighting design research and consulting.

Renowned Buildings

Sino-Soviet Friendship Mansion (with USSR Central Design Institute, Shanghai, 1955); Xiling Hotel (Hangzhou, 1976); Sports Complex of Benin (Cotonou, 1982); Longbo Hotel (Shanghai, 1984); No 7 Building of Xijiao Guesthouse (Shanghai, 1985); East China Electricity Dispatching Centre (Shanghai, 1989); Shanghai Center (with Portman, Kajima and others, 1990); Shanghai Grand Theatre (with Arte Charpentier, 1998); Shanghai Urban Planning Exhibition Hall (1999); Shanghai World Financial Centre (with Mori Building and KPF, 2008); T2 Pudong International Airport (Shanghai, 2008); National Library Phase B (with KSP, Beijing, 2009); Pudong Library (with Nihon Sekkei, Shanghai, 2010); World EXPO Axis and Underground Complex (Shanghai, 2010); World EXPO Cultural Centre (Shanghai, 2010); Zijing Cottage Retreat (Shenzhen, 2011); Jing'an Si Temple Restoration (Shanghai, 2011); National Centre for Performance and Modern Art (Port of Spain, Trinidad and Tobago, 2011); Zenda Himalayas Centre (with Arata Isozaki and Jiang Huancheng, Shanghai, 2011); CCTV New Headquarters (with OMA and ARUP, Beijing, 2012).

Renowned Architects

Wang Huabin, Zhao Shen, Wu Jingxiang, Fang Jianquan, Cai Zhenyu, Ling Benli, Wang Xiao'an

华东院

华东建筑设计研究院

历程

华东院的前身由两个设计公司1952年合并而成，称为"华东建筑工业部部设计公司"，1954年改成"中央建筑工程部设计总局华东工业建筑设计院"（华东工业院），1970年华东工业院改名为"上海工业建筑设计院"，1985年改名为"华东建筑设计院"（华东建筑院），1993年改名为"华东建筑设计研究院"（华东院），1989年与上海建筑设计研究院及20余家企业机构合并，组建上海现代建筑设计集团，并在其下以华东院为名营运。

规模

华东院有员工1000人，其技术人员的专业范围涵盖建筑与城市发展的设计总包管理的每个领域。

组织

华东院除上海总院外，有十家分公司和办事处遍布全国，包括北京、天津、重庆等。

业务

华东院具有国际国内资源整合能力和设计总包管理能力，有效推动了大批大型复杂项目的顺利实施，在超高层、酒店、交通、办公、会展、观演等建筑专项领域成绩骄然，就具体技术而言，华东院服务范围包括：1）建筑，2）结构，3）机电及智能化，4）城市规划与城市设计，5）BIM全项咨询，6）地基基础与地下工程设计，7）可持续设计，8）区域发展与复盘及9）项目咨询与管理，其中第一方面涵盖超高层、商业综合体、机场与交通建筑等12项；第二方面涵盖结构设计、结构咨询、结构分析、施工模拟、结构方案创作和特种结构分析与设计等6项领域。第三方面包含智能技术、能源、节能与环境、机电和照明等5项专业领域。

著名建筑（节选）

中苏友好大厦（与苏联中央设计院合作，上海，1955）；杭州西泠宾馆（1976）；贝宁体育中心（科托努，1982）；龙柏饭店（上海，1984）；西郊宾馆七号楼（上海，1985）；华东电力调度大楼（上海，1989）；上海商城（与波特曼及鹿岛建设等合作，1990）；上海大剧院（与夏邦杰合作，1998）；上海城市规划展览馆（1999）；上海环球金融中心（与森大厦及KPF合作，2008）；上海国家图书馆二期（与KSP合作，北京，2009）；浦东图书馆（与日建设计合作，上海，2010）；世博中心及地下综合体（上海，2010）；世博文化（演艺）中心（上海，2010）；紫荆山庄（深圳，2011）；上海静安寺改建工程（2011）；特立尼达和多巴哥国家表演艺术中心（西班牙港，2011）；证大喜马拉拉艺术中心（与矶崎新及江欢成合作，上海，2011）；中央电视台新台址（与OMA及ARUP合作，北京，2012）。

著名建筑师（节选）

王华彬，赵深，吴景祥，方鉴泉，蔡颖钰，凌本立，汪孝安

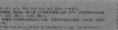

新之间互动依存的二元关系；而今天与这个世界最大工地的形式语言的交流，都是通过这种两者不可缺一的二元互动关系来实现的。这里的重要问题，是一个新的辩证互动关系的开启，而这种关系应该是界定当下关于中国建筑各种讨论的基本构架。

2. 设计院，是国企的一个具体形式，而国企是目前中国经济的龙头，也在世界企业排名中领先。尽管国企与民企的比例会有新的调整和平衡，但是国家领导的市场经济，或西方所称的"State Capitalism"，将极有可能是中国也是亚洲许多国家现代化的一个主要形态。

3. 设计院，是中国古代工官制度的现代表现的一个具体形式，这种制度可以在 1103 年发表的《营造法式》中印证。设计院是国家领导社会、经济和技术这一中国传统的现代体现。这促使我们思考"国家"的最基本的伦理观念，以及此观念在中国和欧洲各自的历史形成及其差异。

4. 对设计院的研究，应该激励我们去想象一个新的设计实践伦理，这种伦理要求合作、网络化和跨域的混合互动，挑战以"独立"为基础的批判性思想。对设计院的研究，也应该促使我们去重建思考与书写世界现代主义建筑史的方式；迄今为止，这种方式强调的是独立个人，而非集体的混合的动力关系。

本文为参加 2013 年上海西岸建筑与当代艺术双年展的图板中的主要文字；图板（包括文字和图像）：朱剑飞设计，吴名制图。
作者在此感谢：香港城市大学的薛求理教授提供的建议和材料，香港城大的藏鹏及墨尔本大学的吴名和周庆华提供的材料；以及中国院的欧阳东、李克强、文兵、崔恺、李兴钢，北京院的朱小地、金卫钧和上海院的刘恩芳、李定为作者在 2011 年调研时所提供的信息和思考。

参考文献：

[1] 《建筑创作》杂志主编 . BIAD: 北京市建筑设计研究院作品集 1949—2009. 天津：天津大学出版社，2009.

[2] 《建筑创作》杂志主编 . 建筑中国六十年（1949—2009）：机构卷 . 天津：天津大学出版社，2009:72-78.

[3] 曹嘉明 . 六十年（1952—2012）纪念册：上海现代建筑设计集团成立 60 周年（纪念）. 北京：中国城市出版社，2012.

[4] 薛求理 . 中国建筑实践：Building Practice in China. 北京：中国建筑工业出版社，2009.

[5] 朱剑飞对欧阳东的访谈，访谈核心问题：设计院改制转轨的历史与经验，2011 年 6 月 28 日，北京：中国建筑设计研究院。

[6] 朱剑飞对李克强的访谈，访谈核心问题：设计院改制转轨的历史与经验，2011 年 6 月 28 日，北京：中国建筑设计研究院。

[7] 朱剑飞对文兵的访谈，访谈核心问题：设计院改制转轨的历史与经验，2011 年 6 月 30 日，北京：中国建筑设计研究院。

[8] 朱剑飞对李兴钢的访谈，访谈核心问题：设计院改制转轨的历史与经验，2011 年 7 月 2 日，北京：中国建筑设计研究院。

[9] 朱剑飞对朱小地的访谈，访谈核心问题：设计院改制转轨的历史与经验，2011 年 7 月 2 日，北京：北京建筑设计研究院。

[10] 朱剑飞对金卫钧的访谈，访谈核心问题：设计院改制转轨的历史与经验，2011 年 7 月 2 日，北京：北京建筑设计研究院。

[11] 朱剑飞对刘恩芳的访谈，访谈核心问题：设计院改制转轨的历史与经验，2011 年 7 月 4 日，上海：上海建筑设计研究院。

[12] 朱剑飞对李定的访谈，访谈核心问题：设计院改制转轨的历史与经验，2011 年 7 月 4 日，上海：上海建筑设计研究院。

[13] <http://www.cadreg.com>（2013 年 5 月 10 日）。

[14] <http://www.biad-ufo.cn>（2013 年 9 月 18 日）。

[15] <http://www.biad.com.cn>（2013 年 9 月 18 日）。

[16] <http://www.xd-ad.com.cn/cn/cn.html>（2013 年 9 月 19 日）。

14
一种设计实践形式的独特意义

Political Philosophy of a Form of Practice

为了完整理解设计院这一独特建筑设计实践模式的理论意义和历史背景，我们有必要从西方有关讨论说起。

1. 西方的批判建筑和批判思想

目前西方关于"批判"的建筑有许多议论。归纳起来，有三种立场，即三种关于批判建筑的定义。第一种可以称为"批判"的建筑，以密斯（Mies Van der Rohe）、彼得·艾森曼（Peter Eisenman）和海斯（K. Michael Hays）为主要代表人物，强调以抽象的建筑形式去抵抗外部的各种不合理。[1]第二种可以称为"后批判"的建筑，以库哈斯（Rem Koolhaas）、斯皮克斯（Michael Speaks）、罗伯特·索莫（Robert Somol）和怀汀（Sarah Whiting）为主要代表，认为建筑应该面对和接受外部的现实，用各种不同形式与外部世界对话互动。[2]第三种可以称为"社会批判"的建筑，以赫德·海能（Hilde Heynen）等一些左倾的西方建筑理论家为代表，以关心社会大众的设计规划实践为范例。[3]第三种立场认为前两种都不是真正的批判建筑，而是形式的建筑，而真正的批判建筑应该批判社会的不合理，并以面对和解决社会问题为己任。

这三种立场，都和西方"批判"的思想传统有着复杂的关系。这个批判的传统，起源于康德，通过黑格尔发展到马克思，然后继续发展到法兰克福学派和今天的各种左倾和批判的立场。[4]如果说康德批判了纯粹理性（并由此保护了伦理、信仰等实用理性）的话，那么马克思则批判了纯粹理性的产物，即资本主义和工业现代化的工具理性（资本、技术、市场、国家）及其意识形态；而法兰克福学派则扩大了批判的范围，涉及文化艺术心理等各方面，其最终诉求是批判任何的不合理并且为一个更加公平合理的社会的到来而努力。

这是近代西方批判思想和政治理论的主线索；其历史的产生与推翻封建君主制的资产阶级革命密切相关；其主要的政治理想是市民（公民）社会对三种压迫体制的抵抗和制约，这三种压迫体制分别是国家、市场和资本。这里，国家是进步的市民（公民）社会的对立面。这种对立，使得批判和抵抗成为可能。这种思维是二元对立的；这种思维也假设了"外部"的可能性，使得每个个人、集团以及各种对立体都可以"独立"存在。

2. 近现当代中国的进步建筑与国家角色

中国的近现代和当代建筑，线索复杂繁多。如果仔细观察，我们也可以找到某种为社会进步而努力的建筑。[5]这些建筑不一定是批判的，却是进步的；这里"进步"采用历史和广义理解，包括社会的和专业的，如历史政治语境里的进步，如人民公社的建设，以及建筑学内部的当时的进步，如张永和、王澍这代人对"形式"（纯建筑）的觉悟。这样看，在近现代和当代中国，至少有六类进步的建筑设计实践：1930 年代南京政府的中国固有形式（为反帝反殖民的民族独立而服务的建筑）；1950 年代北京的民族形式（为民族独立和社会主义建设服务的建筑）；1960 年代的人民公社建筑（表达政治乌托邦的建筑）；六七十年代的社会主义现代主义建筑（福利建筑、公共建筑、涉外和贸易建筑）；近几十年的"社会主义"建筑，包括灾区援建、低价公租房建筑和大规模的农村建设；1990 年代后期出现的建筑学内部的纯粹建筑，关心个人体验（光、空间、质感）、纯粹建筑语言（材料、建构）、优秀传统的现代表达（园林、文人精神），等等，以王澍、刘家琨、张永和等人为代表。在此六类建筑的设计建造中，只有最后一种与国家（政府、体制）有了相对的独立关系；但是仔细观察，这种独立，其实是半独立；这些建筑师与国立大学和其他国家机构有复杂的不可分割的关系。

总之，在这六类进步的中国建筑的设计建造中，国家政府一直扮演着重要的基本上是推动的角色。在此有必要指出，在中国传统中，国家政府历来扮演着全面的和道德的领导角色，其领导范围覆盖社会生活各方面，包括工程技术如建筑营造。而这是根植于儒家思想和儒家社会文化传统中的。但是，在西方政治话语中，也就是欧洲近现代的批判思想和政治理想的主流传统中，国家基本上是个问题，是自由个人和市民社会的障碍和对立面；在此构架中，自由个人组成的市民社会是一个进步的、道德的、理想的正面，而国家是这些进步力量的对立面或反面，尽管在政治理论的现实层面上讲，国家又是必需的。[6]这种思想的最新表达，应该是法兰克福学派传统下的哈贝马斯的言论；他认为，为了保护市民社会的生活世界，我们有必要筑起大坝，去抵挡国家和市场资本企图入侵生活世界的洪水。[7]

3. 中国的建筑设计院

在 1949 年以后的中国，设计院在建筑设计实践中起了巨大作用。最突出的设计院包括中国建筑设计研究院（CAG）、北京市建筑设计研究院（BIAD）和上海现代集团所属的华东院（ECADI）和民用院（SIADR）。中国设计院功能特别综合，涵盖科研、规范制定、历史保护等，其最重要的单体作品包括北京电报大楼、中国美术馆、国家图书馆、外交部、拉萨火车站、苏州高铁站和奥林匹克国家运动场（合作）；其重要的建筑师包括林乐义、陈登鳌、戴念慈、龚德顺、崔恺、李兴钢、陈一峰等。[8]北京院以大型公建的设计为最突出贡献；北京几乎所有国家级别的重要公建，都出自北京院；代表作包括北京儿童医院、四部一会、友谊宾馆、人民大会堂、革命历史博物馆、民族文化宫、外交公寓、毛主席纪念堂、北京西客站、北京现代城、杭州中国美院（南山）、首都机场 T3 航站楼（合作）、国家大剧院（合作）、北京凤凰传媒中心，重要建筑师包括华揽洪、赵冬日、张镈、张开济、马国馨、朱小地、朱嘉禄、李承德、邵韦平、金卫钧、王戈等。[9]现代集团的华东院，技术力量最强，尤其表现在超高层结构和地基岩土工程等领域，著名建筑包括上海中苏友好大厦（合作）、龙柏饭店、华东电力调度大楼、上海商城（合作）、上海大剧院（合作）、上海城市规划展览馆、浦东国际机场 T2 航站楼、世博中心轴及地下综合体、世博演艺中心、证大喜马拉雅艺术中心（合作）以及中央电视台新总部大楼（合作）；重要建筑师包括王华彬、赵深、吴景祥、方鉴泉、蔡镇钰和汪孝安等。[10]

4. 设计院：基本历史沿革

国有设计院在 1949—1952 年间组合而成。[11]这些设计院附属于市、省、大区、部委及某些大型单位等各级各类行政机构，如市级设计院、省级设计院、华东或西南（大区）设计院、铁道部或建设部设计院，等等。"文化大革命"高潮期间（1968—1971），一些设计院如建设部设计院经历了冲击、解散、恢复的过程。1978 年之后邓小平开始推行改革开放政策，鼓励市场机制的引入。1979—1983 年间，设计院开始对外收取设计费、对内采用奖金制和绩效责任制，使作为事业单位的设计院逐步转变成面向市场的企业单位。[12]1984—1986 年间，国家也出台了一系列条令，推动并规范了一个开放的设计市场，包括招标投标规则、私营设计公司体制和设计单位技术能力分级体系等。随着市场化的推进，设计院的改制在 1993—1995 年间遵循"抓大放小"原则，将中小设计院转变成股份制的民营私营企业，而最大的设计院则继续为国所有，成为国资委直接股控的国有企业或中央直属企业。在 1990 年代后期，央企和国企设计院以国际大型设计及工程有限公司的模式继续改进完善自身。2001 年中国加入国际世贸组织，促使设计市场进一步开放和国际化。在 21 世纪第一个十年里，一个多元并存的格局建立了起来，各种设计机构平行发展、互相竞争，它们包括国企设计院（集团）、股份制设计院、民营设计公司、事务所、工作室、中外合资设计体、外资设计公司，以及各种灵活多变的混合体或联合体。

1949—1978 年间的设计院，经费由中央统一拨款，基本不收设计费；功能比较综合；规模大，人数上千；技术覆盖面广（设计、科研、历史保护，等等）；建筑设计的类型覆盖也宽广，包括民用、工业、军事和基础设施建设；尽管有民用和工业设计的划分，其深入的专业化程度并不高，综合与多面是当时设计技术的特点。改革开放后（1978—），就国企央企设计院（集团）而言，发生了许多变化：技术更加专业化，规模更加庞大，一些集团员工人数达三四千人。

设计院的改革，进行了二十多年，包括三个方面的转变。一，本身的变化：开始收设计费、实行员工合同制、绩效制和奖金制，使事业单位转变成企业单位；二，设计院的分流：大院成为央企和国企，小院成为股份制的民营企业；三，国家政府的设计市场管控：在允许市场收费和设计私营的同时，建立了招投标制度、甲乙丙丁设计技术资质的分级，以及建立起个人职业注册制度。设计院改革的方方面面的本质，是"市场"机制的引入；而改革后最有趣的现象，不是"国家"的退缩，而是前进，即保留下来国有设计机构的现代化、国际化、专业化以及规模上的发展壮大。

5. 设计创新：外部合作与内部培养

近十年来，中国大地上出现了许多国际著名建筑师的建筑

设计作品。这些创意建筑为中国设计建造的背后，其实都有一个设计院，尤其是国有大型设计院，与这些国际大师配合，提供各种现实的方案和方法，使大师的设计可以最终落地在中国的现实土壤中。比如，库哈斯和 ARUP 合作设计的中央电视台新总部大楼，就是在现代集团华东院的技术配合下完成的。赫尔佐格和德梅隆（Herzog & de Meuron）设计的奥林匹克国家体育场，是在中国院的合作下完成的。国家大剧院和首都机场 T3 航站楼，分别由安德鲁和福斯特设计，也都是在北京院的密切配合下完成的。国内新兴的个体创意建筑师如王澍、张永和等，背后也都有一个民营或国有设计院，协助完成每个项目。无论来自国外还是国内，目前活跃的个体创意建筑师的背后，都有一个设计院：矶崎新 – 北京院，隈研吾 – 现代集团上海院，霍尔（Steven Holl）– 深圳建筑总院，张永和 – 中科院设计院、广州白云设计院等，王澍 – 苏州建设集团设计院、宁波明州设计院、杭州设计院、中国美院风景设计院等，刘家琨 – 成都建筑设计院，张雷 – 南大设计院、扬州城设计院、湖南大学设计院、浙江工大设计院等，马清运（马达思班）– 上海中建设计院、船舶工业九院、深圳大学设计院等。

除了在外部与创意建筑师的合作之外，设计院在其内部也培养自己的创意建筑师个体。这种做法的最近表现，是在院内建立"名人工作室"。目的是提高设计院的品牌和声誉，提高设计和设计者个人的价值，同时也是为了提高院内设计专业水平和学术氛围，指导带领青年建筑师的成长。目前比较有影响的例子包括中国院的崔愷工作室、李兴钢工作室和陈一峰工作室，以及北京院的马国馨工作室、方案创作（邵韦平）工作室（UFo/Un-Forbidden Office）、胡越工作室和王戈工作室。

但是，就整体而言，设计院依然是一支技术的、务实的、有综合能力的、国家领导的建筑设计队伍。

6. 设计院：新的二元整体

一方面，设计院积极参与建筑设计的创作，表现为与外部

创意个体的合作和对内部创意个体的培养；另一方面，设计院依然是一支技术的、务实的、国家领导的设计队伍，专业覆盖面广，规模庞大，以团队合作作为主要工作模式。这样，设计院就获得了一种独特的动态的二元性。它表现为务实与创新、技术与形式（艺术）、国家体制与市场机制、综合性与专业性、团队合作与个体价值的多方面的二元或双重的动态辩证关系的确立。具体而言，这种二元性表现在设计上的技术实用性和艺术形式创新性的辩证二元关系，以及在运营模式上的国家与市场、集体与个人、综合与专业的动态辩证关系。

在更大背景下观察，这是国家宏观调控和领导市场经济发展的一个具体表现。而这又反映了几千年来中国的儒家思想和政治文化传统；在此传统中，国家政府一直担负着全面的道德的领导作用。

7. 设计院：一种设计实践模式的独特意义

由此，我们认为，设计院作为目前中国建筑设计市场的主要力量以及六十年来的主要实践模式，具有多方面的重大理论意义：

今天的国家设计院，不是创新建筑师个体的对立面，而是实用与创新、国家与市场、团队合作与个人价值的动态的辩证的二元整体。

国家设计院，是国企的一种具体类别，而国企是今天中国经济的龙头，在世界企业排名中也趋于前列。尽管在今天和未来中国经济中国企与民企、政府与社会的比例关系会发生变化，但是一个国家领导的市场经济应该会保留下来，成为中国和亚洲许多国家地区现代化的一个主要形态。

国家设计院是中国古代工官制度的现代表现的一个具体形式；工官制度是国家政府直接领导管理建筑营造和城市建设的政治体系，建立于汉朝，其著名的产物是1103年宋代宫廷颁布的《营造法式》，表现出国家对建筑营造细致

管理的悠久传统。

设计院反映了国家领导社会、经济和技术这一悠久的中国传统。它促使我们去思考国家的伦理基础，以及这种国家伦理在欧洲和中国各自的历史形成及其差异。例如，在欧洲古代和中世纪，有城邦而没有大国，到了近代，国家政府在概念上也一直是道德和进步的对立面；而在中国，家国相连，在"家国天下"的整体伦理体系中，强调诚意、正心、修身、齐家、治国、平天下；在概念上，国家政府是一个道德的伦理的正面力量。

对于设计院的研究，应该促使我们去想象一个新的设计伦理；这种新的伦理体系，强调跨域合作、网络关系、混合互动，质疑绝对的独立和极端的个人主义，推动一个"小写的建筑学"（architecture with small a），使建筑更具丰富的社会性和生活性。

对设计院的研究，也应该促使我们去重建世界现代建筑史的思考和写作的模式，迄今为止，这种思考和写作的范式强调独立的个人，而非社会的、互动的、混合的动力关系。

8. 走向新伦理

在西方，批判建筑的讨论的基础是批判的思想传统；在此传统中，国家权威是进步的自由个人和市民社会的对立面。在中国，国家政府在"家国天下"的理论体系里，是一个道德的正面力量，担负起对社会、经济、技术、文化的全面领导作用。由于这种基本概念的不同，在关于进步和伦理的政治思维上，中国具有走出一条与西方不同道路的潜在可能性。这种新的伦理体系，强调国家的整体正面的领导作用，以及集体的、互动的、联络的价值观；这种伦理体系，质疑绝对独立的价值观（极端个人主义、二元分裂对抗，等等）。

但是，中国的权威主义和关系伦理，又有潜在的负面倾向。而西方的外部的、对立的、独立的思想，导致距离的出现

图 1
证大喜马拉雅艺术中心，上海，2011 年。设计团队：
矶崎新、华东院、江欢成。源自：编委会，《六十年
（1952—2012）设计作品集：上海现代建筑设计集
团成立 60 周年（纪念）》，北京：中国城市出版社，
2012 年，207 页。

和批评的可能，可以产生一个健康的批评文化，有利于纠
正错误和维护道德理性。

所以，我们需要的是一个困难的组合，把中国的伦理传统
和部分西方批评文化结合起来。这个复合的新伦理，提倡
国家全面而正面的领导作用、联系的混合的动力合作关系，
以及相对独立的有距离的批判和创新。

国家设计院与海外创意建筑师的合作，如现代集团华东院的
证大喜马拉雅中心和央视新总部大楼，或许是走向新设计伦
理的先兆（图 1、图 2）。在此，我们看到了国家力量、合
作互动和相对独立的批判创新的复杂而艰巨的组合的开始。

本文是作者 2014 年在墨尔本大学和东南大学课程讲稿的一部分。

1　Peter Eisenman, "Critical Architecture in a Geopolitical World", in Cynthia C. Davidson
& Ismail Serageldin (eds) *Architecture beyond Architecture,* London: Academy Editions,
1995, pp. 78-81.

2　Michael Speaks, "Design Intelligence: Part 1: Introduction", *A+U* 12, 387 (2002)
10-18.

3　Hilde Heynen, "A Critical Position for Architecture", in Jane Rendell, Jonathan Hill,
Murray Fraser and Mark Dorrian (eds) *Critical Architecture*, London: Routledge, 2007,
pp. 48-56.

4　Jianfei Zhu, "Opening the Concept of Critical Architecture", in William S. W. Lim and
Jiat-Hwee Chang (eds) *Non West Modernist Past: on Architecture and Modernities*,
Singapore: World Scientific Publishing, 2012, 105-116. 也请参看：Stephen Eric
Bronner, *Of Critical Theory and Its Theorists*, London: Routledge, 2002.

5　Zhu, "Opening", 107-110, 113-114.

6　最佳的理论表述应该是洛克的《政府论》：Bertrand Russell, *A History of Western
Philosophy*, London: Unwin Paperbacks, 1984, pp. 601-10.

7　Jürgen Habermas, "Further Reflections on the Public Sphere", in Craig Calhoun (ed.)
Habermas and the Public Sphere, Cambridge, MA.: MIT Press, 1992, pp. 421-61.

8　<http://www.cadreg.com>（2013 年 5 月 10 日）。

9　<http://www.biad.com.cn> 和 <http://www.biad-ufo.cn>（2013 年 9 月 18 日）；
编委会，《BIAD：北京市建筑设计研究院作品集 1949—2009》，天津：天津大学
出版社，2009 年。

图 2
中央电视台新台址，北京，2012 年。设计团队：
OMA、ARUP、华东院。源自：华东院（http://www.
ecadi.com，2013 年 9 月 28 日）。

10 <http://www.xd-ad.com.cn/cn/cn.html>〔2013 年 9 月 19 日〕；张桦，《上海现代建筑设计集团》，刊载于编委会主编《建筑中国六十年（1949—2009）：机构卷》，天津：天津大学出版社，2009 年，72-78 页；编委会，《六十年（1952—2012）纪念册：上海现代建筑设计集团成立 60 周年（纪念）》，北京：中国城市出版社，2012 年；编委会，《六十年（1952—2012）设计作品集：上海现代建筑设计集团成立 60 周年（纪念）》，北京：中国城市出版社，2012 年。

11 编委会，《建筑中国六十年（1949—2009）：机构卷》，天津：天津大学出版社，2009 年；薛求理，《中国建筑实践：Building Practice in China》，北京：中国建筑工业出版社，2009 年。薛求理先生为作者 2013 年"中国设计院宣言"展板的制作提供了有关材料；作者在此表示十分感谢。

12 关于设计院的构架和改革，资料来源于作者 2011 年对中国院、天津院、北京院、上海现代集团、南大设计院、深圳总院、重庆院、四川省院和西南院这些专家的访谈：欧阳东（6 月 28 日），李克强（6 月 28 日），文兵（6 月 30 日），刘军（7 月 1 日），张铮（7 月 2 日），李兴钢（7 月 2 日），朱小地（7 月 2 日），金卫钧（7 月 2 日），刘恩芳（7 月 4 日），李定（7 月 4 日），张雷（7 月 6 日），孟建民（9 月 11 日），李秉奇（9 月 29 日），李纯（9 月 30 日）和李雄伟（10 月 1 日）。作者在此表示由衷感谢。

15

理性批判与马克思主义文化批评：
从康德到塔夫里

Critique and Marxist Cultural Criticism:
From Kant to Tafuri

西方建筑学界在批评方面最有理论实力的，应属受马克思主义影响的左倾立场的各种论述。在此范围中，曼弗雷多·塔夫里（Manfredo Tafuri）的现代建筑批判最有标志性。与此平行的规模更大的是文化社会领域里的左倾的分析批判，以法兰克福学派为代表。他们都和马克思的论述及更早的批判思想相联系。为了从整体上把握西方左派建筑批评的基本思路，我们有必要依次介绍马克思主义、法兰克福学派和塔夫里的建筑批评。

马克思主义：资本主义批判

马克思主义理论体系由卡尔·马克思（Karl Marx，1818—1883）在弗里德里希·恩格斯（Friedrich Engels，1820—1895）的协助下完成。马克思主义是近代西方社会理论中，对现实世界历史发展影响最重大的，也是在批判资本主义现实方面最深刻的，尽管其影响有争议，其理论也非全部为人接受。可以说，所有此后的社会学理论，只要是试图分析批判现代社会的，都有马克思主义的成分或色彩，都直接或间接受其影响。

马克思理论受到当时的前辈和同辈的影响，包括黑格尔（Friedrich Hegel）的辩证法和历史进步观，斯密和李嘉图（Adam Smith、David Ricardo）的政治经济学，法国空想主义（傅立叶、圣西门、卢梭 Charles Fourier、Henri de

Saint-Simon、Jean-Jacques Rousseau），以及费尔巴哈（Ludwig Feuerbach）的唯物主义，以及恩格斯的研究（工人阶级的状态）等。马克思最主要的著作包括《经济学哲学手稿》（The Economic and Philosophical Manuscripts，1844 前），《关于费尔巴哈的提纲》（Theses on Feuerbach，1845），《德意志意识形态》（The German Ideology，1845），《共产党宣言》（The Communist Manifesto，1848）和《资本论》（Capital，第一卷，1867，第二、三卷由恩格斯 1894 年完成）。

1844 年手稿是西方马克思主义学者为探索与官方共产党不同的思路而特别关心的，手稿记载作者早期思想，阐述反对各种"异化劳动"的人的全面自由发展的人本主义思想。在《关于费尔巴哈的提纲》中，马克思以费氏唯物主义为基础，建立了有主体能动性的唯物主义，认为现代工业是人与自然的真实的历史关系，物的现实客观地存在但可以通过人的作用而改变。[1]《德意志意识形态》确立了历史唯物主义体系：物的状态决定社会生活和思想意识，人在本质上需要并从事劳动生产，新的生产力通过变革带来新的社会形式，而历史是一个进步过程。[2] 继《共产党宣言》之后多年研究而写出的《资本论》，是对资本主义生产过程的理性分析，聚焦的议题包括：剥削过程，剩余价值的产生机制，劳动力的价值理论，利润的必然降低和资本主义的必然灭亡；尽管最后几项认识被今天经济学家认为是错误的，著作依然是分析劳资阶级对立和批判资本家追求利润最大化的理论依据，也是研讨经济周期变化的学术基础。[3]

但是理论体系对外最有影响的，应该是社会运动中迅速写成的 1848 年的《共产党宣言》。[4] 这本通俗的指导行动的纲领性文献，概述了马克思的历史唯物主义，解释了推翻资产阶级及其生产方式的历史观念。文献回顾了资产阶级如何成为资本主义国家的主人，追求先进生产方式，创造巨大生产力，建立货币经济和社会关系，摧毁人性和温情；文献描述了工人或无产者的状态，他们的异化、挣扎、抗争，走向一个阶级和政党的过程，其运动的规模和广泛性；文献又讲述了资产阶级为何不再适应新的发展需要，在培养着自己的"掘墓人"（无产阶级），共产党如何与无产阶级相联系，协助他们成为一个阶级，推翻资产阶级及其国家政权，废除私有财产；文献最后提出了革命的行动纲领，要求废除私有制，将银行、通信设施、交通工具、工厂和生产资料收归国有，消灭城乡差异，提供免费教育，等等，最终消灭阶级、国家和自身。

马克思主义思想体系的大关系可以用一组关键词（概念）来描述。两个最主要的应该是"唯物主义"和"改变世界"。唯物主义（历史的，辩证的）认为，"人的本质取决于决定人的劳动生产的物质条件"，物质生产方式界定社会生活、关系、体系和意识的形式。[5] 但是，物的条件可以而且应当改变："哲学家们只是用不同的方式解释世界，问题的关键是改变世界"。[6]

此外，思想体系的关键概念包括：劳动、生产、历史、阶级、异化、商品崇拜、意识形态、资本主义、剩余价值、周期性危机和无产阶级。大家或许熟悉后几个概念，但前几个却更加基本：马克思认为，"劳动（力）"（labour）是一种人们改造自然的过程，而改造自然是人的内在本质。劳动被纳入生产过程中，而"生产"（production）包括了"生产资料"（土地、资源、技术等）和"生产关系"（使用生产资料的人的社会关系），两者一起构成"生产方式"。

"历史"（history）或生产方式逐步发展的历史，主要以欧洲的历史为依据，从封建的生产方式进步到资本主义的生产方式，后者又将被更先进的（共产主义）生产方式取代；在此历史过程中，生产资料（包括工具技术）和其隐含的生产力总是比生产关系发展更快，而当后者不再能够容纳前者的前进时，生产关系就会被"打成碎片"（burst asunder），被新的关系取代，建立新的生产方式。[7]"阶级"（class）非主观意识所定，而由客观物质条件尤其是生产资料的拥有情况而定；社会关系由对立的阶级关系所定，而"至今一切社会的历史都是阶级斗争的历史"（the history of all hitherto existing society is the history of class struggles）。[8]"异化"（alienation）：在资本主义社会里，劳动力成为商品，在市场上买卖；当劳动力成为商品，劳动者就开始失去他／她对自身劳动力也就是改造世界的能力的拥有：这是深刻的精神的失去，一种人的自身本质的异化。"商品崇拜"是异化的一个具体形式：当劳动力从人或劳动者手中被夺走以后，劳动产品也被夺走，成为商品，从此商品获得它的生命、魔力和运行轨迹，引诱着我们拜物式的"迷恋"和"崇拜"，掩盖着商品实际记录的真实的社会关系（剥削、利润、奴役、迷惑）。在古典理论影响下在 19 世纪中后期形成的马克思理论，到了 20 世纪，在欧洲学界出现了多种发展，其中最主要的一支是法兰克福学派。

法兰克福学派：社会文化批判

法兰克福学派指的是一个新马克思主义的跨学科的社会理论，由一批受马克思理论影响的在"社会理论研究所"工作或与之相联系的一批理论家建立而成；该所于 1920 年代初期建立并挂靠在法兰克福大学，之后在二战期间与 1935 年后移师纽约的哥伦比亚大学，在二战结束后回到德国，于 1952 年设立在法兰克福大学（又称歌德大学）。这些马克思主义者或受马克思理论启发的理论家，在 1920 年代至 1930 年代及此后，不满于他们认为的各共产党和苏联国家的官方教条的马克思主义，开始探讨更宽广基础上的对资本主义更广泛的批评。

他们吸收了新理论，包括社会学、心理分析和存在主义。他们研究马克思的早期写作，并追寻更早的德国唯心主义思想（黑格尔、辩证法、矛盾理论、宗教批判）。最重要的是，他们回归到康德的批判哲学中，由此发展出针对理性和工业的、工具的、资本主义的现代性的批判。他们分析批判资本主义的社会文化实践（商品化、不平等、意识形态）及相关的工业现代性的理论基础，如实证主义、工具主义、狭隘的机械的理性主义，等等。至少在理论上，他们关心可以推动社会变革的条件，以及一个公正、人道、理性的社会和社会机构的建立。

这里的一个重要线索，是从康德开始的批判的思想传统。康德（Immanuel Kant，1724—1804）的《纯粹理性批判》（Critique of Pure Reason，1781）是一个标志性的文献。[9] 康德指出，客观科学知识及其背后的"纯粹理性"（如数学、逻辑），依赖于主观的先验的范畴（如时间、空间）而成立；纯粹理性包涵不确定性，具有一种魔力，可在其范围外获得神奇威力，导致人对其崇拜，使人异化。另外，"实用理性"（伦理、信仰、价值观），属于另一个领域，其判断和理性不可由科学理性来评判鉴别。我们需要保护实用理性，抵抗纯粹理性的可能的进犯和其潜在的异化魔力。康德试图建立一个哲学的空间推展或地理排布，认为三个思考的领域必须分开："纯粹理性"（科学），"实用理性"（伦理价值），"判断"（审美思考）。康德的目的是批判纯粹理性，保护价值判断和审美判断的主体精神，及其自由和独立。这是西方思想领域中的批判传统的起点，启动了两百多年的不懈努力。19世纪的马克思主义，是对资产阶级生产方式及其意识形态的批判，批判对象包括这种生产方式，及其意识形态、商品崇拜和异化过程（劳动产品、劳动力、劳动人、人性本质，都被夺走，使其陌生，使人异化）。20世纪的法兰克福学派，是对资本主义的继续批判，主要聚焦在此制度的社会文化实践及其内在的工具理性，也包括与科学知识和"纯粹理性"的关系。从康德到马克思，再到法兰克福学派，是一个连续的批判过程。在此演绎中，我们看到的转变，是从知识批判到意识形态批判的过程，也是从纯粹理性（科学）批判到工具理性（工

业、资本、市场）批判的过程。

学派（研究所）的主要人物有霍克海默（Max Horkheimer，1895—1973，第一任所长），阿多诺（Theodor W. Adorno，1903—1969），马尔库塞（Herbert Marcuse，1989—1979），弗洛姆（Eric Fromm，1900—1980）和当代的哈贝马斯（Jürgen Habermas，1929— ），相关的著名思想家包括卢卡奇（György Lukács，1885—1971）和本雅明（Walter Benjamin，1892—1940）；当然，不与此团体直接相关的西方马克思主义理论家也很多，如阿尔都塞（Louis Pierre Althusser，1918—1990），当代就更多了。

法兰克福学派又称批判学派，其核心是以马克思主义及更早的批判哲学为基础，对现当代社会主要是工业资本主义社会进行分析批评。霍克海默在《传统理论与批判理论》（1937）中指出，"批判思想关注的……是对现实的批判。马克思的关于阶级、剥削、剩余价值、利润、贫困化和灭亡的这些概念，是一个整体理论的各要素，而这个理论整体的意义，不在于对当代社会的保存，而是对它的改造，使其成为一种合理正义的社会"。[10] 他又说，"批判理论不追求任何影响，只关心对社会不公正的消灭"。[11]

在设计和建筑领域中，是否有或应该有批判思想？一座"批判的建筑"应该是怎样的？回顾当代历史，西方建筑设计领域的"批判"，有三种形式：形态批判（强调建筑形式的独立），后批判（反对建筑形式独立，强调建筑对社会和市场的介入），以及社会批判（建筑应当参与对社会不公正的批判和抵抗）。作为第三立场代表人物之一的赫德·海能（Hilde Heynen），追随了法兰克福学派的批判理论观点，包括霍克海默的论述。她在《建筑的批判立场》（2007）一文中指出，"根据霍克海默的观点，批判理论……不接受给定的社会现实，而是追问此现实的合理性和正义性：难道现实就该如此？是否有可能去想象，并且实现，一个更人道、更公正、更解放的社会？……法兰克福学派，……后结构主义，女权主义，和后殖民理论……建筑理论对这些理论的吸收，使我们认识到，最有价值的建筑应该以批

　　　　形式与政治——建筑研究的一种方法　二十年工作回顾　1994—2014

判方式与它所在的社会状态联系起来。……我们可以把现代主义运动看成是批判建筑的体现……尤其在住宅建设方面，……这些住宅探索一种新的生活方式，……一个告别现实的剥削和不公正的新途径和新可能"。[12] 建筑中运用马克思主义思想的另一邻域，是现代建筑的历史分析，以塔夫里为主要代表。

塔夫里：现代建筑的历史批判（1）

曼弗雷多·塔夫里（Manfredo Tafuri, 1935—1994），意大利人，建筑历史、理论、批评领域的著名学者，20世纪下半叶最重要的现代建筑历史学家之一。塔夫里发展了一套马克思主义的对现代建筑的分析和批判；他认为，对自主形式的陶醉，是建筑回避或无法干预社会经济现实的征兆。他的出版物关注现代主义建筑，后期也关心文艺复兴时期的意大利建筑。其著作包括：《建筑历史与理论》（1968/1980），《建筑与乌托邦》（1973/1976），《现代建筑》（1976/1986），《领域和迷宫》（1980/1987），《威尼斯和文艺复兴》（1985/1985），《意大利建筑史：1944—1985》（1986/1989），《解释文艺复兴》（1992/2006）。[13]

这些著作提出了一些论点。一、关于"文艺复兴"，他的研究挑战了文艺复兴为一个黄金时代的普遍看法。二、关于建筑批评，他反对"操作性批评"，即批评家与设计实践有品味或利益关联或试图推崇某种设计方向的建筑批评：批评家应该与设计实践保持距离。三、关于批判的建筑历史研究，他把"批判"和"批判的历史"基本等同，认为深刻的历史研究就是批判；他认为批判的历史应该与操作实践保持距离，以揭开实践的神秘面纱，提供不带偏见的历史诊断，把当代建筑实践历史化；[14] 他认为在研究中应当关注"脑力劳动"（intellectual labour，建筑师和其他人员的理论、概念、设计、论述，等等），以及与当时政治经济发展和生产方式的关系，即"具体工作"与"抽象工作"（马克思的几种劳动的形式）的关系；[15] 研究还要关注建筑、技术、机构制度、城市行政管理、意识形态、乌托邦思想和形

式体系之间的关系；在此广泛杂乱的大范围里，核心问题还是知识（脑力）劳动，以及参与者的具体工作：批判建筑史不是物的历史，而是设计建造这些物体的人的历史。[16]

四、关于现代建筑，这是他的一个主要关注对象；对他而言"现代建筑"特指1920年代到1930年代的"现代建筑运动"，与当时各先锋派艺术密切相关，同时也包括建筑中的在此前（上溯到皮拉内西 Giovanni Battista Piranesi, 1720—1778）和此后（延伸至1970年代）的发展。现代建筑的历史是"建筑意识形态"尤其在1920—1930年代努力介入工业资本主义的政治经济发展的历史，此历史也见证了建筑意识形态对于这样的政经现实的作用的减弱，表现在建筑朝专业自立和纯粹形式游戏的转向（从1930年代到1970年代）。

五、关于此后建筑的出路，他认为，面对资本主义对土地使用和空间形态生产的统治，建筑的出路应该是政治的：应该发展一个针对整个城市建筑制度而非建筑物本身的连贯的政治策略；介入"资本主义劳动分配"的再分配过程中（例如，为中产和劳动阶级而非高端精英服务，关注和建设宜人的廉价住宅，抵抗资本对房地产的高额盈利追求）；建设一个"小写的建筑学"，舍弃空谈，强调实干，参与到社会现实中去。[17]

塔夫里是通过美国学界的英语翻译和介绍，于1970年代后期成为世界性建筑理论大师的。但是美国的译介是加工改造的过程。如戴安娜·吉拉朵（Diane Y. Ghirardo）所说，美国以 Oppositions 杂志为代表的"建筑理论机器"，选择性地阅读了塔夫里对现代和当代建筑的严肃诊断和应当建立的关注社会的建筑学的理论。彼得·艾森曼（Peter Eisenman）领导下的这个理论机器，选择性地解读了塔夫里，以服务于他们自己的关注。他们避开塔夫里建立社会建筑学的要求，把他说的建立与现实保持距离的批判历史的要求，变成建立与现实保持距离的独立建筑学的要求，由此建立一个独立于社会现实的关注纯形态的自立建筑学。[18] 今天，我们有必要分清后人的解读和作者的本意。

塔夫里：现代建筑的历史批判（2）

塔夫里的《建筑与乌托邦：设计与资本主义发展》（1973
意大利语原版，1976 英译版）应该是他所有著作中影响比
较大的（图 1）。此书实际为一个研究计划，篇幅不大，
却内容深入，涵盖面宽，语言精辟而跨度极大，文字也晦
涩难懂；尽管如此，它依然是理论界的基本文献。作为学
习塔夫里的第一步，有必要阅读此书。除导言外，本书有
八章；导言声明，本书为马克思主义式的研究，关注与资
本主义生产方式有关的建筑的意识形态和乌托邦的衰落，
提倡超越"建筑学"的注重技术和机构制度的宽广视野。
八章内容，从 18 世纪讲到 19 世纪（第一、二章），然后
介绍意识形态和乌托邦的概念（第三章），介绍曼海姆（Karl
Mannheim，1893—1947）的比马克思更加宽广的不再是
贬义的"意识形态"概念，及其进步内容与"乌托邦"的连贯。
第四、六、七章，分别讲解先锋派（艺术与建筑）、柯布
西耶的乌托邦（进步的意识形态）及其结束、此后的建筑
学（符号学和形式主义）。第五章介绍了两次世界大战期
间欧洲大陆的社会主义的城市规划和管理。第八章是结论，
提出现代建筑的"危机"和发展方向。塔夫里的基本看法
和基本论述逻辑，可在以下几方面依次理清。

1. 作为进步意识形态的建筑学。按照塔夫里的描述，工业
资本主义在 20 世纪初给人类社会带来了前所未有的问题或
现象：运用大型组装生产线的高度严密组织起来的现代机
器生产方式；高度理性物化的货币经济，导致一切皆可标
价买卖，致使内容、意义或"氛围"（aura）的消失（如西
梅尔 Georg Simmel、本雅明 Walter Benjamin 所描述的）；
混乱高速杂质的大都市的出现，带来了对人的强烈冲击
（shock）、刺激和由此出现的冷漠（也如西梅尔、本雅明
所说的）。[19] 塔夫里认为，此时出现了回应这种问题的三
种知识或脑力劳动。首先是"都市人群的再现"。本雅明
以漫游于城市人群中的诗人波德莱尔（Charles Baudelaire，
1821—1867）的诗作为依据，找到了氛围失落和冲击体验
的都市意识，以及现代性的异化。当这种都市人群的冲击刺
激通过诸如波德莱尔的诗作（和本雅明的写作）转变成一种

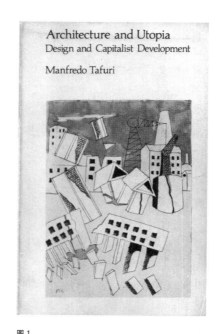

图 1
塔夫里《建筑与乌托邦》（1976 年英译本）封面。

可以承受的意识时，这些歌词和文字就把原始体验转变成了
稳定的一般状态，但却未能进一步发展。

此时，第二种活动或劳动进入角色："先锋视觉艺术"。
包括立体主义、未来主义、风格派、达达派在内的先锋艺术，
在此时出场，把都市、工业、资本主义的冲击等体验，发
展成一种可以容纳和表达的形式。它们采用抽象形式，其
中有秩序又有杂乱，来吸收上述的各种问题或现象：冲击、
杂乱都市、茫茫人海、工业组装生产线，机器世界和秩序
的一般理性。风格派（De Stijle）和达达派（Dada）分别
代表了这个系谱的两端：技术秩序和都市杂乱（和荒诞）；
其实也是同一个现实的两面：工业技术的秩序和呼唤着秩
序的都市乱象。形式（form）不再外在于杂乱，而是进入它，
赋予它意义，将它转变成"自由"，使冲击、摧毁、组装、
怪象、扭曲等都可以内化到艺术形式中去。但是先锋艺术

只是指出了都市秩序到来的必要，却不能在现实中为城市带来秩序。

第三种活动或劳动在此时登上舞台："建筑学（及都市规划）的现代运动"。在以包豪斯和柯布西耶为代表的各种努力下，建筑学（和城市规划）中的现代主义为现代都市和工业生产带来了一种组织或重新组织的方法。杂乱、怪象、组装、工业生产线，都得到了考察，并选择性地被吸收到建筑学和城市规划中，表现在包豪斯体系（工业设计）和柯布西耶体系（单元、建筑、规划，理性规则与有机不规则的结合）中。这是建筑的意识形态（平面/规划的意识形态），是对工业生产的现实的接纳。但它也积极为都市、工业、消费提供一种新的全面的组织（平面/规划），所以也包含了乌托邦的一些方面。但是，当它进入资本主义生产方式的现实时，它很快就不得不成为"规划的客体而非主体"，即现实计划的对象而非主导。[20] 当然，在1920年代的当时，这种新建筑被理解成是有革命意义的，具有政治作用，可以积极而进步地参与到现实的组织中。

2．柯布西耶。柯布的工作范围横跨一系列尺度：单元、建筑、巨构建筑、城市设计，包括多米诺住宅、单元合成住宅大楼、三百万人的城市、巴黎居住区改建方案，和一系列大胆的都市设计构想(1929—1931)，分布在蒙得维的亚、布宜诺斯艾利斯、圣保罗、里约，尤其是最后的阿尔及尔市的奥勃斯规划（Obus Plan for Algiers）（图2、图3）。[21] 塔夫里认为，在这些尺度上，他把各种状态（城市的、生产的、经济的）转变成具有精神价值的建筑语言。他把冲击、杂乱、数量等现象转变成有机的不规则形态；把工业生产原则转变成可以批量生产的单元和原型住宅；把城市管理和工业生产的考量转变成现代的高效的城市的规划；把茫茫大众的需要转变成各种大小尺度的居住建筑设计，其中巨型住宅大楼的单元可以多元变化。按照塔夫里的看法，阿尔及尔的规划是柯布西耶的顶峰之作。柯布的高度，"在欧洲进步文化中无与伦比"；[22] 柯布的阿尔及尔规划，是"资产阶级文化在建筑都市领域里最先进的、形式上达到最高峰的设计"。[23]

3．作为进步意识形态的建筑学的结束。柯布西耶在阿尔及尔和别处的大型都市尺度的设计，并不成功。[24] 除了具体的原因外，一个大的原因和背景是1930年代初开始的，延续到1970年代的现代建筑的整体命运。在1929年的经济大危机之后，国际资本大规模重组，导致了国际工业资本前所未有的强大和主导，建筑意识形态不再起重要作用，建筑成为客体而非主体。具有现实意识形态的建筑学专业，蜕变为工具，失去了"意识形态"（用设计积极容纳工业与都市的现实）和"乌托邦思想"（为城市和工业提供崭新的组织）。"当乌托邦思想被搁置，当规划变成操作的机制，作为规划的意识形态的建筑学就被规划的现实边缘化"。[25] "现代建筑的危机开始于建筑支票的自然签字人——大型工业资本——超出基本意识形态、不再顾及上层建筑的那一瞬间。从这一刻起，建筑意识形态不再有任何目的"。[26]

4．此后的发展。从此，建筑的"意识形态"和"乌托邦"就开始放弃了对现实的参与，转到"资产阶级文化的辩证"的另一面：杂乱、愤怒、无序，以及对专业内部的语言和形式游戏的追求。[27] "到达不可否认的僵局后，建筑意识形

图2
阿尔及尔规划，勒·柯布西耶，1930年，塔夫里《建筑与乌托邦》第130页。

态开始摒弃对城市和生产结构的积极推动者的角色，并躲藏于重新发现的专业独立性或自我毁灭的神经质态度的后面"。[28] 在 1950 年代和 1960 年代，它表现为建筑在城市中的"寂静"和"死亡"（如纽约的世贸中心、纽约的西格莱姆大厦、芝加哥的联邦中心），以及被社会经济现实赶走、"被曼哈顿或底特律驱除的"、在大学校园里的陶醉于形式游戏的"活跃建筑的博物馆"。[29] 在 1970 年代，它表现为符号学和形式主义的兴起；纯粹符号和形式语言，在 20 世纪初是对技术世界整体解释的预测，而现在却成了技术现实的尾巴，接受着建筑在资本主义土地使用和城市管理中的边缘角色；这是一个用专业内部结构的探讨来重振建筑学的努力。[30] "……建筑被迫回到纯粹建筑，到没有乌托邦的形式，在最好情况下，到崇高的无用"。[31] "……现代建筑和视觉交流新体系，从起步到发展然后进入危机的全部周期，是一个巨大的努力，是资产阶级艺术文化最后的拼搏，目的是去解决资本主义对于世界市场和生产发展的再组织中的不平衡、矛盾和放缓，而这一努力总在一个意识形态较为落后的层面上进行"。[32] "确实，现代建筑的危机，不是'疲劳'或'耗散'；它是建筑意识形态功能的危机"。[33]

5. 前进的道路。塔夫里提出的建筑出路是：考察建筑之外的世界，即资本主义的发展；重新关注建筑的"意识形态"，考虑它与资本主义现阶段发展的主要力量的关系；建立一个政治视野，重新思考建筑师角色，视其为"技术人员""组织者""规划者"，其工作也是比建筑设计更加宽广的技术与思考的综合过程。[34] 塔夫里认为，"……提出一个纯粹建筑的新路子是没有意义的"；"对建筑的思考，必须跨出其领域，落脚在一个具体的政治的维度上"；"只有这样，……才可以在资本主义新形式范围里，拾起技术人员、建造活动组织者和规划者的新角色这样的话题，……考虑这样的技术思想工作与阶级斗争的物质现实之间的可能的相切点"。[35]

6. 马克思主义。塔夫里所运用的马克思主义，包括唯物主义分析方法：他把现实的物的状态（生产方式和都市状态）

看成是再现、艺术、建筑设计、脑力劳动这些"上层建筑"活动的主要决定力量；尤其认为，工业生产方法和生产关系以及工业资本的运行，具有核心的决定作用。塔夫里的一系列关键词汇，也是马克思主义的："生产""资本""阶级"（资产阶级、工人阶级），"脑力劳动"（思想劳动），等等。但是他所用的"意识形态"，不是具体意义上的马克思的定义（统治阶级的思想体系，具有麻痹或欺骗性），而是曼海姆和后马克思主义学者都采用的宽泛定义，指任何具体行为背后的思想体系，与欺骗性的意识形态有关，也可与进步思想有关，也可具有乌托邦思想的成分。总之，塔夫里接受了马克思的唯物主义和阶级分析方法，在词汇运用上，除"意识形态"内涵予以放大外，也都全盘挪用。

思考

关于塔夫里对现代建筑的分析和批判，我们在此提出四点观察：第一，关于建筑在 1930 年代后成为工业资本的工具的命题：这是塔夫里的主要论点。但是，建筑作为权力（政治的、经济的）的工具的历史，至少有几千年了吧？在近代工业资本主义社会里，它又何尝不是资本的工具？尽管1930 年代后资本变得更强大，但是建筑历来的状态不应忽视。第二，关于"工人阶级"这一概念的使用：塔夫里没有区分 1960—1970 年代和马克思时代（19 世纪中期）的工人阶级的不同，却也暗示了实际状态的变化：他有时用 "middle and working classes" 的说法，表示其关注对象为中产和广大劳动者。马克思的 19 世纪的"无产阶级"（即"工人阶级"）在 1970 年代以及今天，确实有必要补充修改，来描述一个更加复杂的占社会人口大多数的劳动者（工人也可有文凭和资产，有文凭和资产者也可以是劳动者）；劳资对立依然存在，但无产和资产的二元对立构架，似乎不再有效。第三，关于建筑的纯粹形式：尽管对纯粹形式的陶醉可能是建筑社会功能出现危机的征兆，但纯粹形式本身不应该是问题，而且应该是建筑学继续探索的领域；建筑只能也应该在物的形式的领域里，为社会的进步做出贡献；物的形式应该为建筑的新的意识形态的努力发挥作用（如包豪斯和柯布西耶那样）。第四，关于现代建筑的地理分布：塔夫里的现代建筑，只包含欧洲、北美和苏联，不包括西方学界后来关心的与柯布有关的日本、印度和巴西，更不包括广大的第三世界国家，也没有这样的世界性眼光；而1960—1970年代现代建筑和国际资本已经进入世界各地。塔夫里关于柯布西耶的论述，也是欧洲中心论的，对柯氏在法属阿尔及尔的殖民主义态度，没有批判。四十年前的塔夫里或许不应承担过多的指责，但是今天高谈塔夫里的北美东岸学者，不应该再有欧洲学术至上的精英姿态，而我们的任务应该是发展现代建筑在地理分布上的多样性和异质性：用地理挑战哲理，建构新的哲理。

总体而言，这里介绍的马克思主义、法兰克福学派和塔夫里的现代建筑分析，都有批判工业资本主义的基本立场；但第二个体系把关注视野拓展到文化、社会、思想等领域，关心文化社会生活和启蒙主义思想及现代性理论；而第三体系聚焦在艺术、建筑和城市规划上，关注视觉交流和建造环境生产的具体的社会文化实践。这组批判的理论传统，对建筑研究提供了如下几个视野和框架：1）一个对设计能动者（比如建筑师）的分析批判，关注其"思想（脑力）劳动"，及与其所处的具体项目的政经发展境遇的关系；2）一个关于"建筑意识形态/乌托邦"的研究，关注它在政经发展中的实际作用，考察它作为主体或客体的状态（推动或服务，介入或远离，关联或独立）；3）一个从社会角度出发对"纯粹形式"的批判，考察形式是独立的还是介入的，内向的还是容纳外在社会环境问题的；4）一个参与"批判建筑"讨论的出发点，质问建筑学的切入点是形式的、市场的、还是社会的，追问其批判性和乌托邦理想；5）一个观察"非个人主义"的建筑设计实践的视野，考察比如在1949—1979年间的马克思主义国家建立的改革后的今天依然强大的中国设计院，考察建筑师是否成为技术思想工作者（技术人员、组织者、规划者、设计人），考察在机构制度语境下，在各专业学科的协作综合中，关心对象是否不再是大写的建筑，而是一个技术的环境的建筑整体。

原英文：2014年墨尔本大学课程讲稿；中译文：单文、李艺丹翻译，朱剑飞校对。

1 参看：Eugene Kamenka (ed) *The Portable Marx*, New York: Penguin Books, 1983, pp. 155-8 ('Theses on Feuerbach', 1845).

2 Kamenka, ed. *Portable Marx*, pp. 162-95 (*The German Ideology*, volume one, 1845).

3 Kamenka, ed. *Portable Marx*, pp. 432-503 (*Capital*, volume one, 1867).

4 参看：Karl Marx and Friedrich Engels, *The Communist Manifesto*, London: Penguin Books, 2004.

5 Kamenka, ed. *Portable Marx*, p. 164 (*The German Ideology*).

6 Kamenka, ed. *Portable Marx*, p. 158 (*These on Feuerbach*).

7 Marx and Engels, *Communist Manifesto*, pp. 9-10.

8 Marx and Engels, *Communist Manifesto*, p. 3.

9 参看：Immanuel Kant, *Critique of Pure Reason*, London: Penguin Books, 2007.

10 参看：Max Horkheimer, *Critical Theory: Selected Essays*, trans. Mattew J. O' Connell, New York: Continuum, 1982, pp. 188-243 (*Traditional and Critical Theory*), especially p. 218.

11 Horkheimer, *Critical Theory*, p. 242.

12 参看：Hilde Heynen, "A Critical Position for Architecture", in Jane Rendell, Jonathan Hill, Murray Fraser and Mark Dorrian (eds) *Critical Architecture*, London: Routledge, 2007, pp. 48-56.

13 每本书的两个出版时间，分别为意大利语原版和英文译本的出版时间。

14 参看：Manfredo Tafuri, *Theories and History of Architecture*, London: Granada, 1980, p. 3, 8.

15 参看：Manfredo Tafuri, *Modern Architecture*, trans. Robert Erich Wolf, London: Faber and Faber, 1986, p. 7 以及 Manfredo Tafuri, *The Sphere and Labyrinth: Avant-Garde and Architecture from Piranesi to the 1970s*, trans. Pellegrino d' Acierno and Robert Connolly, Cambridge, Mass: MIT Press, 1987, p. 16.

16 Tafuri, *Sphere and Labyrinth*, pp. 13-14, 20.

17 参看：Manfredo Tafuri, *Architecture and Utopia: Design and Capitalist Development*, trans. Barbara Luigia La Penta, Cambridge, Mass.: MIT Press, 1976, pp. 170-82。也请参考：Diane Y. Ghirardo, "Manfredo Tafuri and Architectural Theory in the US, 1970-2000", in Michael Osman et al (eds) *Perspecta 33: Mining Autonomy, Yale Architectural Journal*, Cambridge, Mass.: MIT Press, 2002, pp. 38-47.

18 Diane Y. Ghirardo, "Manfredo Tafuri", pp. 40, 43, 44-45.

19 Tafuri, *Architecture and Utopia*, pp. 78-103 (Chapter 4).

20 Tafuri, *Architecture and Utopia*, p. 100.

21 Tafuri, *Architecture and Utopia*, pp. 125-149 (Chapter 6).

22 Tafuri, *Architecture and Utopia*, p. 125.

23 Tafuri, *Architecture and Utopia*, p. 133.

24 Tafuri, *Architecture and Utopia*, pp. 125-149 (Chapter 6).

25 Tafuri, *Architecture and Utopia*, p. 135.

26 Tafuri, *Architecture and Utopia*, p. 135.

27 Tafuri, *Architecture and Utopia*, pp. 136, 125-169 (Chapter 6 and 7).

28 Tafuri, *Architecture and Utopia*, p. 136.

29 Tafuri, *Architecture and Utopia*, p. 145.

30 Tafuri, *Architecture and Utopia*, p. 158, 161.

31 Tafuri, *Architecture and Utopia*, p. ix.

32 Tafuri, *Architecture and Utopia*, p. 178.

33 Tafuri, *Architecture and Utopia*, p. 181.

34 Tafuri, *Architecture and Utopia*, pp. 170-182 (Chapter 8).

35 Tafuri, *Architecture and Utopia*, pp. 181-182.

四

国家的形式与伦理
Culture and Ethics of Statehood

16

明清北京研究三结论：
社会地理，政治建筑，象征构图

Dynastic Beijing:
Social Geography, Political Architecture and
Symbolic Composition

结论一：城市与大地的建筑

1420 年的北京，标志着中国都城发展轨迹上的一个转折点。在很长一段历史中，中国的都城都在向东，然后是东南移动，而现在这个轨迹却突然转向了以北京为标志的北方。从全球范围来看，这次移动，与向北方及西北派遣远征军队，以及向东南亚、南亚，并且最后到达非洲东海岸的海上探险一起，在亚洲的大部分地区建立起新的地缘政治格局。它重新确立了中国在这一地区的中心地位。在大陆内部，北京以一座巨大的地缘建筑构造成为明帝国的新首都：这一工程包括重新开通大运河，以及对长城的重要扩建。此设计显现出一种构成图式（composite diagram）：北京是北方长城的弧线与南方运河的曲线之间的关键点。这一构成源于为应对北方与西北方游牧势力的威胁，以及运用东南部丰富的资源而采取的策略。巨大地理版图上的各种关系，而非局部条件（如地方经济、人口增长、可用的水源、都市物质状况等），决定了北京这个地点被选作国家首都所在地。中央政府调动起来的社会与自然资源，改变了地方本土的状态，从而建立起符合整体设计思想的新地点。这里有宏大整体布局相对于地方局部条件的优先考虑，以确保对广阔地理空间的策略性控制。这里也有一种人工的和建造主义的态度，以建立一种新的地理面貌和新的物质社会场所。在洪武帝（朱元璋）和永乐帝（朱棣）的雄心壮志的蓝图中，我们也看到了对工程想象和严密施行中

的一种超额和过度。遥距的远征、新地貌的形成，以及北京的地理构筑的建设，都清楚地揭示了这种宏大蓝图。

城市本身可以从两个层面来加以研究：形式化的平面，以及真实的空间。第一个层面是帝王意识形态的象征性表现。中国早期的帝王意识形态包括规划理论，以及在汉代和汉代以前发展起来的儒家学说。阴阳宇宙观与儒家的道德说教综合在一起，主张君主作为天人的中介，应位于中心。君主位于中心使得宫殿必须位于城市的中心，而都城必须位于帝国的中心。因此规划理论制定出一种中心和对称的模式。在宋明理学中得到发展的帝王意识形态，提出了更为复杂精致的论点。它说理性和道德本质上是一致的，所有的人和"天"都具有善，所有人都能成为圣人，君主必须成为"圣王"（sage ruler）。理学中的理性主义和道德主义倾向，影响了北京平面布局的形式，使之完整而一统、严谨规整而高度仪式化。这里有王道的儒家圣王理想化模式的象征空间在城市平面上的自觉投射，同时也不可避免地包含了王道与霸道、圣人统治与强权统治、儒家与法家、象征主义与现实主义的相互综合。

实际上，同时采用彰显的儒家学说与实用的法家学说，一直是帝国朝廷的传统。但是，理学对于伦理、实际条件、权力运用，即"理""气""势"之间无法避免与无法摆脱的联系，有着更为敏锐的理解和更复杂的观点。更进

一步，就像北京所反映出来的，帝国统治的这种双重性与形式平面和实际空间的双重性互相对应。平面形式明显地表现了儒家关于天之下圣人统治的话语，而实际上真实的空间布局却反映了社会政治关系的更复杂的画面。

在北京的第二个层面上，我们看到一个支配性国家的空间构造，同时也发现一个生机勃勃的社会。这里最重要的是边界，特别是各种不同种类的墙的大量使用。它们把空间分割成片断，并在社会政治地位方面造成垂直方向和水平方向的差异。高等级的中心区域相对于低等级的外部区域具有持久稳固的支配性。国家通过三套体系（民政管理、公共安全、军事防御）进行控制，其中包括户籍制度和警卫力量在城市空间中的严密部署，以及用各种门槛、栅栏、哨卡对城市空间的隔断和人流的检查控制。另一方面，尽管有水平向的片断化，以及垂直向的控制，却仍然有活跃的都市社会生活在城市空间的水平面上展开，把街道、节点和地方城区连接在一起。都市市民生活在三种类型的节点周围与节点之间成长起来，这些节点星罗棋布于整个街道网络，它们是：会馆、戏庄和寺庙。街道中人流交通与商业和宗教生活重叠，在以寺庙为核心的地带尤其突出，构成中国城市舞台上令人印象最深刻的一幕幕街道景观。这与欧洲情形相反，在欧洲，支配景观的是物质的场景和高大的立面，特别是在市集和广场的周围。另外，在中国，尽管有活跃的社会生活，支配基层社会的始终是居于顶端的国家。

我们可以用两种图解来描述这两种布局。关于表达理想化意识形态的形式化平面，我们可以想象一系列同心圆，其中的中心性和对称性界定了君主的位置。关于容纳社会政治实践的真实空间布局，我们可以用高地或金字塔来描述等级秩序，以及顶端所维护的自上而下的控制。前者显示宏大理论的"外部"形象，而后者则揭示了一个隐藏的结构及其运作的"内部"断面。北京是二者的结合，并且可以从这两个方面来分析理解。

北京既是整体的，也是复杂的。它的复杂性来自两种人为的、结构性的综合。在一个层面上，新地形构成的图式，即长城、京都和大运河组成的图式，在结构上将地理的整体与都市建筑的整体结合在一起；在此，第一种整体性的蓝图暗示了第二种的整体性规划。在另一个层面上，通过宋明理学的话语和实践，另外两种整体，即形式化的平面和实际的空间布局，也结合在一起。天人和谐的思想，以及作为天子的君主的大一统的道德合法性思想，都要求宇宙论的神圣性在平面上的形式表现，以及社会政治实践在空间中的真实建构。同样，前者的整体性也暗示、也必然要求后者的整体性。除了这种人为的结构性的复杂性，还存在着有机的和历史的复杂性。它在国家与社会之间的联系中展开。尽管有国家整体的一统的等级制度，但仍存在着市民社会生活成长与繁荣的空间，这是在五个多世纪中逐渐发展起来的领域。北京如此长期发展起来的极为丰厚的复杂性，不应在北京作为国家首都的强调中被忽视。

关于整体性的形式，我们可以发现其中对于主体定位和布局的一贯的理性。在地理、意识形态平面和政治空间这三个层面上，都有某种一贯的、为获全局成效而强调的对大型整体设计的优先考虑。首先，北京的地理的构造建筑（geo-architecture），是君王构想的帝国战略格局中的一部分。其次，都城的政治空间的金字塔，服务于君王的统治。另外，都城的意识形态的平面表达，完成于天人合一的概念的和象征的整体构图。在所有这些情形中，设计都是谦恭而整体主义的，以求天下或君王的一统。整体设计是政治的、象征性的以及宇宙论的。独立的个人的主体在此消亡，然后在大整体中，也在复合的社会生活关系中，重新浮现。

结论二：作为国家机器的建筑

现在，我们可以把到目前为止所讨论的建筑综合体，即紫禁城，理解为明清两代的国家机器。它与京城的其余部分一起，作为帝国巨大的地缘政治结构的核心部分，建成于1420年。作为中央集权帝国京城的中心，这一庞大的构筑，这一巨型建筑，宣告了自身在"天下"的统治中心地位。走近京城，我们发现，在建筑—都市—地理综合体之中，空间和政治的中心性合二为一。仔细分析它的配置，我们发现，空间和政治的不同层面的状态，证明了这是一架按照金字塔原则构建而成的国家机器。

在物质与空间的层面，紫禁城是占地约 70 万平方米的墙的海洋。这些密集墙体，对大地表面上施行无数切割，创造出世界上隔断程度最高的建筑群体之一。一方面，这些墙体造成内部丰富的复杂性；另一方面，它们也造成内外极为陡峭的不平等。从这个维度来说，层层叠叠围合着内部空间的墙的使用，以及将内部与外部区分隔离的距离，使得紫禁城从外面看极度深远。事实上，墙和距离都造成并强化了内外的不平等，增强了围合的力度和深度。正式觐见的官员如果从轴线南部进入，他就必须走过 1 700 ~ 2 000 米的距离，穿越 7~14 重边界，才能到达紫禁城内廷的深宫密室。空间的深度，实际意味着对大多数人的不可进入，标志出这组建筑的最强特性。另一方面，紫禁城的内部空间布局非常不规则（这与人们通常认为的相反）。东区远较西区整合，易于到达，而且也更经常使用。其中的 "都市"（urban）场所，即 "U 空间"，是整合度最高的：它的作用就像无形的功能中心，与可见的仪式的中心（即太和殿前的中央庭院）形成对比。

在政治层面，帝国统治机构集中于紫禁城及周边地区，它包括内廷和外朝。前者是为皇帝服务的宦官、后妃以及一些皇室成员的领域，组成了 "身体的" 空间；后者则是内阁、大臣和各级官员与皇帝一起工作的领域，构成了 "制度的" 空间。前者集中于紫禁城内部的北区，围绕着皇帝的私人宫殿；后者主要集中于都城的东南部，但有极为关键的纽带，延伸到紫禁城内，直达寝宫的前门。前者培养皇帝的 "作为身体的个人"（body-person）；后者则培育君主作为帝国的 "首脑的统治者"（head-ruler）。前者以围合与深度为优势，强化了空间的内在化，从而使皇帝得以放纵作为身体的个人；另一方面，后者奋力克服围合与深度，穿透内部空间，与皇帝一起工作，使皇帝成为领导帝国官僚机构的首脑及统治者。

东面的各重宫门和从东南到西北的路线最繁忙（有

1260~1600 米长，穿越 4~11 重边界，因此它比正式的中轴线通道更加便利有效）。经过历史的逐渐演变，内阁和军机处（分别成立于 1420 年代和 1730 年代）被安置在紫禁城内部这条路的沿线。等级化的层级沿这条斜线建立了起来，由此，内外的不平等便与制度化的高低位置相对应。皇帝的私人宫殿、军机处、内阁，以及正规的政府官署（行政管理、军事部门和监察机构），按照逐渐下降的秩序，沿着这条斜线从紫禁城的内部排列到都城的都市区域。沿着这条线，不同级别的官员，克服着边界与距离，有规律地，有时甚至是每天，"攀登" 到宫殿觐见皇帝。历史上的和日常的向内部空间的移动，都对内廷势力起着对立制衡的作用。

作为帝国统治的君权构成，包括三个基本关系：就是构成三角形的三条线。从顶部的皇帝开始，可以看到从这一点向下延伸的两种关系。一种是在内廷展开的皇帝—宦官 / 后妃 / 皇室成员的关系；另一种是从内向外延伸的皇帝—大臣 / 官员（包括大学士）的关系（君臣关系）。两种关系都包含着一个冲突，因为皇帝一方面需要这些人，另一方面也不得不限制他们潜在的政治势力。在第二种关系中，冲突导致正式的大臣和政府官员与内部中心慢慢地拉开距离，而皇帝所控制的一小批更有权力的官员则逐渐向内移动（如 1420 年代 和 1730 年代所标志的）。三角形构成还包括了第三种关系，即内廷势力与外朝势力的关系，它构成逻辑上的对立，也表现为历史上的真实的冲突。

在强有力的皇帝手中，内廷与外朝之间可以达到平衡。而如果皇帝很年轻或者很柔弱，对立往往会转化成真正的冲突，这会导致危机，并且在外部因素干预下，还会引起全面的历史的衰退。这一过程常常开始于皇帝作为身体的个人的膨胀（沉溺于内部世界的欢娱与舒适）、围合与深度的作用的强化，以及内外差异的增强。这种情形往往被内廷的 "身体" 人员（宦官、高级妃嫔以及皇室成员）利用。他们开始控制皇帝，压制内外沟通。他们与外朝对抗、分裂并最终打败外朝官僚机构。在其他许多因素的参与下，这种状态早晚导致朝廷的衰败和灭亡，最后表现在围合、深度与身体个人本身（在一种奇怪的逆转下）被新的强大外力所摧毁。

在防卫的层面，为了抵抗这种摧毁，宫廷采用了强化围合与深度的手段。哨卡和巡逻路线都沿墙布置，特别是在 U 空间的内外两层边界上。夜间，当防卫力量得到充分使用，一个针对自由空间的全面征战，在内部的完全切割和内外的完全封锁隔离之中，达到高度的实现。

对衰落的抵抗，必然要强化宫廷三角形三条边的规范（normative）的运作。在其他线保持平衡的情况下，最重要的是皇帝与大臣／官员（君臣）的关系，这是帝国政府正常和规范的运作中至关紧要的关系，它沿着斜线在内外之间展开。沿着这一关系，边界两边具有强烈的不对称。在内部维持着围合与深度的同时，外部被迫变得透明。内部保持不可见与难以接近的状态，而外部完全可见并被控制。不对称的观看，单向的权力之眼，直指外部。这是宫廷信息管理制度中产生的一套情报工作体制。除其他事项外，它特别包括官员奏书递进和皇帝朱批外发的双向流通过程。

1380 年洪武皇帝（朱元璋）废除宰相制之后，建立起最中央集权的帝国政府，报告都通过 1420 年代新成立的内阁提交。1730 年代成立了位于比内阁更内部的军机处。这两个机构成为内部的皇帝与外部的官员之间文书往来的枢纽。前者负责传递常规的本章及皇帝相应的指示；而后者处理重要和机密的奏折，及皇帝相应的回复。第二种机构（军机处）及其职能由雍正设置，以提高相对于外部低级政府的他自身的高度和深度；它确保了皇帝和特定官员或将领之间直接传递信息与指示的绝对机密与高效。在地理尺度上，信息以北京紫禁城为起点，以放射状向外散布到全国的驿路传递，到达帝国各地方城市官员与边疆军队将领的手中。传递的速度大约在每天 300~ 600 里（在特别情况下可达到每天 800 里）。

如果说明初朱元璋将中央集权的、等级制的皇帝统治推进

到了逻辑的极限的话，那么清初的雍正则在这个结构中完善了内部的可操作装置，并将君主的地位尽可能提升到最高点。其他皇帝，比如明永乐（朱棣）和清康熙，则起了逐步推进和改良的作用。随着时间的流逝，皇帝统治的空间政治布局的金字塔结构变得越来越明显。

1. 水平的空间深度对应着垂直的政治高度：内部体系越深，统治地位就越高，从而产生一个更大的金字塔结构。

2. 内外之间的双向流动造成朝向外部的单向凝视：位于顶端的皇帝能够获得一个全景透视，自上而下俯瞰整个社会地理的表面。

3. 通过采用内外不平等的建造形式，以及使帝国官僚结构中高与低、可见与不可见的不对称关系的系统化、制度化，君王地位的高度就成为必然的结果。控制与监视的运作自然而自动地从上而下不断流动。

在《孙子兵法》中，"势"的思想至关重要。兵法建议人们采用具有自然动态趋势的某种整体布局，使其为我所用，以应对敌人。采用"势"的布局，以获得战略、形态和空间的优越地位，远比用蛮力与敌人直接冲撞更为重要。韩非子的政治理论中，对统治者所提出的建议的一个中心思想，就是建立"势"的形态或布局。皇帝对于官员和臣民必须保持距离和高度。因此必须发展金字塔结构，用其中的动态趋势，来确保君权效能的自上而下的奔腾流动。如果这种制度化构架能够稳固建立，君主的权力就可以自然流动运作。韩非子也提出，作为金字塔结构中内外不平等的一部分，君主自上而下针对官僚和城乡社会的凝视考察之"术"的重要性。以韩非法家思想及相关兵家策略理论为依据，以国家机器的悠久历史发展为背景，紫禁城清晰地揭示出包含着"势"理论的中国式的空间、权力和君主统治的部署方法。

边沁的圆形监狱与紫禁城所表现的韩非的布局有部分的相似之处，这说明在中国和欧洲，国家权力的中央一统化的

发展存在可比性：两者之间有异有同。同中心的布局，从中心指向边缘的不平等视线，确保权力自动运作的制度化结构，对整体结构布局而非个人能动作用的强调，以及空间深度与政治高度相对应的金字塔结构：这些是两者共有的。事实上，两者都是现代主义与功能主义设计的杰作。

但是，西方的体系走上了彻底开放与实证主义的道路，而在中国，实证主义与工具主义的思想与"封建"和"人性"（feudal and human）的传统结合在一起。在西方，随着人民主权的兴起，一个互相监督互相制衡的法制体系建立了起来。在中国，通过一种混合的方式，绝对的世袭的君权与完全开放的理性的官僚体制同时保留了下来。通过这种混合的方式，唯物的策略政治思想，与宇宙道德论及宗教象征气氛，结合在一起。在法家与儒家传统的共同影响下，紫禁城宫殿既是工具主义的，也是象征主义的。

结论三：地平线上的建筑

在前面两章（原书第8、9章）中，我们研究了北京的两种表现模式：穿越城市的宫廷宗教实践，以及整座城市的形式构图。宗教实践包括在中心举行的世俗的仪式，以及在边缘举行的神圣的祭奉。前者，皇帝向下对臣民讲话，宣告自己人类统治者的地位；后者，皇帝向上对"天"说话，确认他接受天的委任进行统治。作为帝王意识形态的中心形象，理想的皇帝产生于二者的综合：他在两个层面上向二者说话，获得了"天子"具有的中介与枢纽地位，即接受天命统治世人。作为一种制度性的话语，它构造出一个整体的空间布局于城市（平面）之上，其中重要的各点，即中心及外围的各重要位置，特别是天坛，得到强调。它在城市平面中刻下象征的意义。它象征着皇帝崇高的中心性，以及上天的认可与支持。最终，它赋予整座城市神圣的、宇宙的气息。

作为美学与存在主义体验的城市形式构图，是表现气氛和神圣感的另一种方式。在这一构图的、视觉的、经验的以及拓扑关系的结构中，我们可以发现一幅卷轴画。它与后

文艺复兴时期欧洲都市与建筑的阿尔伯蒂—笛卡尔的构图形成对比。西方的方法假设一个中心主体在普适空间中隔着一段距离凝视中心客体，而中国的方式则是使主体沉浸在景观中并在其中移动。中国的都市与建筑构成显示出四个特征：它既能卷拢又能展开；它是动态的，包含许多空间视觉中心，从而打开并消解任何绝对的中心；它无穷小，由极小的空间片断组成；它在地平线上又无比辽阔，具有宇宙天界的气息。在"形""势"和"气"的思想影响下，构图原则强调的是整体的全局关系。

在宗教和美学两种情形下，构图都是策略性的。这里有一种对大尺度整体布局的投入，以开拓其巨大潜能，来生产意识形态并保持具有宇宙气息的美学构图。在空间上它是一个整体布局，而在概念和意识形态上，它表现了遵从自然与天的整体秩序的基本态度。它也表现了要求在天人之间保持深厚的内在和谐的哲学立场，这个哲学的核心包涵一种宇宙论的道德主义。

在本书的中间几章（原书第4到第7章），我们考察了宫廷的政治制度，它以紫禁城为中心，其范围也包括紫禁城外东南一带的重要区域。空间中的内外差异与制度中的高低位置彼此密切对应。空间的深度推导出政治的高度。这一空间和制度的布局包含一个金字塔结构：皇帝端坐于空间最深处的顶端，而不同级别的官署基本上沿着一条东南向的斜线，从内到外按等级排列。皇帝和大臣之间，沿着这条线建立起重要的联系。信息向内向上流动，而指示向下向外流动。他们组成单向投射的权力之眼，从顶端俯瞰并控制着较低的外部世界。洪武（朱元璋）、永乐（朱棣）和雍正，分别在1380年代、1420年代和1730年代将这一中国政治布局推进到其逻辑极限。按照韩非的法家传统和自古以来的兵家策略理论（包括"势"等概念）构成的空间政治机器，其运作方式可与边沁发明的圆形监狱相比。圆形监狱的出现伴随着早期现代欧洲中央一统的国家权力和分散的监视网络的兴起。根据法家和兵家策略理论，这一制度采用整体的空间布局，即金字塔式的构成。它利用该结构中的潜在势能，来有效地发生和维持权力的运作。

在此之前，我们已经在更大的尺度上确认了整个北京这一同心圆的、等级的布局。我们已经区分了这一布局的两个方面：从上面看得见的同心圆的形式平面，以及在看不见的断面上有效发挥机能的等级化的社会空间。前者表现了理想的儒家意识形态（理），而后者遵循了实用的法家原则（势）。

再往前，在更大的尺度上，我们也已经考察了明代初期皇帝缘于地缘政治布局而导致的北京的出现。于1420年出现的北京，是地理建筑构造（geo-architectural construction）的一部分，是新完成的人造地理的一部分。它是一个图形中的一个点：这个图形包括西北长城弧线，延伸到东南中国的大运河曲线，以及位于两者中间的京城聚焦点。这里有一种对地方、对自然地形条件及其战略潜力的挖掘利用，以此在世界尺度上设计一个更大的帝国空间。这里也有一种建造主义态度，表现在新城市和新社会地理的营造中，由此来强化本地方的威力，树立起北京在帝国和周边区域范围内的中心地位。

宏大而整体的布局始终受到偏爱，为的是采用其中的巨大潜力，来创造和维持各种运作：地缘政治的格局安排、城市平面中意识形态的表达、对城市的控制，以及君主对帝国的政治统治。这些布局被用来在人类社会世界中建立起一个整体的秩序。一个中心主义思想贯穿着所有这些建构整体秩序的工程，它们出自于又贡献于圣王的绝对权威：它们是权威主义的各种表现形式。

基于以上这些考察，北京作为一个整体揭示了两个命题：宇宙论的道德主义以及政治上的权威主义。前者在天人关系上展开，提倡人与自然的总体和谐，而人在遵从天道中找到自己的位置；后者在人与人的关系中展开，要求在社会世界中建立一个整体，而个人在与他人的关系以及与圣王权威的关系中实现自我。在两种情形下，都有一贯的对独立个人主体的否定。在两种情形下，主体都沉浸于一个"他者"（others）的世界之中：或者沉浸于自然中，发展出宇宙道德论的和生态的关系；或者沉浸于社会世界中，发展

并完善社会道德论的和权威主义的体制。

在对独立的主体、客体，及其二元对立的否定中，主体的沉浸又引出了客体的散布。一种"沉浸—散布"（immersive-dispersive）的方法在此形成，用以在大地表面上营造空间和人居环境。在这一格局中，空间与客体在外部被打散，而在内部又被墙和其他形式的边界密集切割。主体的人被引入一个实践与经验的密集世界中；在政治、社会、美学、存在等各方面，其行走轨迹都永远使自己处于相对的位置。一个全局的设计和构图，又将这些无穷小的密集空间系统地广泛地组织起来，形成北京作为地理—城市—建筑的整体构造。在北京的这一构造中，人们可以看到对宏大、整体和策略性布局及其潜在活力的持续使用，以追求政治权威主义和宇宙论的道德主义。北京的空间设计和布局是策略性的，它贯穿于不同的实践领域：意识形态的、社会的、政治的、宗教的、象征的以及美学的或存在的，它也贯穿于不同尺度的区划中，包括建筑、城市、大地景观建设，以及更大型的地理构造。

然而这两个命题，即政治的权威主义和宇宙论的道德主义，其重要性并不相同。前者依赖于后者，并且在后者中获得其合法性。人类最终臣服于自然。"沉浸—散布"的构图，在大地表面，在天地之间，谦恭而宏伟地展开，与辽阔无边的地平线遥相呼应。

First published as follows: Jianfei Zhu, *Chinese Spatial Strategies: Imperial Beijing*, 1420-1911 (London: Routledge Curzon, 2004), pp. 91-93, 189-193, 245-247 (Concluding Remarks to Part One, Two and Three).

原英文如上；原中译文：诸葛净翻译，朱剑飞校对，《中国空间策略：帝都北京，1420-1911》（北京：三联书店出版社，2017年），141-144页、273-278页、345-348页（第一部分、第二部分、第三部分结论）。

17

万物：
大而多元的构架

Ten Thusand Things:
a Construct of Multiplicity

我们生活在一个快速的、规模化的、多元的世界中。在新一轮时空压缩下，在数字联网化、意识形态自由化，中国、印度及各发展中国家（共占世界人口 70%）城市化的大背景下，今天展现的现代性图景，是史无前例的：它在市场和生产规模上巨大，在文化共存上极端多元，在观念、图像、资本、服务和产品的瞬间流通上极其动荡不安。这种状态引发了各学术领域对于规模和多元的严肃关注。库哈斯（Rem Koolhaas）探讨了全球现代化景观的诸方面，而尺度和规模作为问题多次出现在其论述中，如他的《小、中、大、超大》书中的短文《大，或者大的问题》所陈述的。[1] 哈特（Micheal Hardt）与纳格里（Antonio Negri）在其著作《帝国》中，在一位新马克思主义者对于当代世界的观察下，运用了"无数大众"（the multitude）这一概念，描写一种新的动态的、全球化的劳动力。[2] 德勒兹（Gilles Deleuze）与瓜塔里（Félix Guattari）的著作《千高原》在近二十年被各学界的理论家广为传颂研读；该书从生命力的角度认识自然与社会，促使大家以宽广的超越意识形态和语言学范畴的视野去理解今天浮现的动荡而有活力的新格局。[3] 这些研究对于我们今天采用新概念，理解新现象有重要意义。然而，它们是激进的，是人为构造而成的概念；它们有对立面，在欧美学术发展流变的背景下产生。就重要概念的生成而言，它们基本上没有运用嵌入于生活世界中的传统文化，更不用说中国、亚洲和非西方世界的传统及其观念或范畴。[4] 这个西方学术的参照系统，限制了这些

理论构架理解并介入全球新格局的能力，尽管这些概念具有重要意义。

在另一方面，从 20 世纪七八十年代开始，学界出现了关于东亚发展模式的讨论；该模式的一个特征是权威的家长式的国家政府，在现代化和社会发展中起到关键的推动作用，如日本和新加坡、台湾、南韩这些亚洲"小龙"所展现的那样。其中一种观点认为，这种模式根基于这些社会中的儒家传统，而儒家思想又产生于古代中国。杜维明（Tu Wei-ming），《东亚现代性的儒家传统》的作者，是持这种看法的主要理论家之一。[5] 他提出儒家价值观（自律、社会和谐、敬重权威等）有助于工业和资本主义现代化，由此反驳但又肯定了韦伯（Max Weber）的《新教伦理与资本主义精神》的观点：杜维明反驳了儒家伦理与工业资本主义不相容的看法，但又肯定了伦理对于现代化的重要性的判断。总之，杜关注的是 20 世纪七八十年代的"亚洲奇迹"。在 21 世纪初，中国的迅猛发展，似乎在更大尺度上再现了这种奇迹。但是中国和这些国家地区的根本区别，在于其巨大的尺度和世界性的影响，以及地缘政治上中国和美国的相对独立和相对平等（即中国外在于美国体系）。中国的突破所带来的对世界历史的影响，或许更宽广而深远。那么，在这样的新背景下，我们应如何审视杜维明的理论？儒家传统中的全面而伦理的国家观念今天应该如何去理解？在今天中国不断增长的对外影响下，儒家价值体

系中的政治和文化影响力有哪些?

在面对全球新格局的尺度、规模和复杂多样性,以及新兴的中国或儒家影响等议题时,我们有另一些问题需要提出。物理意义上的量的尺度,何时何地成为一个理论、定性、文化的问题? 我们是否可以提出一个处理尺度和规模的新构架,它不是激进的立场,而是嵌入于悠久的传统,并由此获得现实性、建设性和伦理的综合平衡性? 在中国传统中,是否有一个大而多元的构架? 如果有,它是如何建构起来的,它的政治、伦理和认识论的内涵又是什么? 这个内涵对于今天全球新格局的意义在哪里? 本文探讨中国大而多元的构架,关注其中的儒家政治伦理;本文也将列举具体的实践活动,包括符号体系和国家技艺。

两种思维方法

中国最主要的政治思想家,包括孔子、孟子、董仲舒和朱熹;在欧洲,主要人物包括:亚里士多德(Aristotle)、马基雅弗利(Niccolò Machiavelli)、霍布斯(Thomas Hobbes)、洛克(John Locke)和孟德斯鸠(Baron de Montesquieu)。形而上的理论是政治思想的基础:具体的政治伦理学观念从一般哲学的概念中导出。在中国,老子的道家和阴阳五行理论与儒家政治伦理密切联系;在古典的希腊,亚里士多德的《形而上学》也与他的《政治学》及其后的政治理论如洛克的《政府论》联系在一起。在中国和希腊欧洲的从一般形而上学到具体政治伦理学的两条思维路径之间,存在着明显的区别。

按照中国古代哲学的看法,宇宙自然自发而生;宇宙是内在的;一切都在这里,都已被囊括,被内化;外部是不可能存在的(任何外在都会被牵回到这个宇宙中)。这种形而上学引发出一种伦理的、家族的(生理之伦理)政治构架,它强调大的一元或一统,把个人、家庭、国家、宇宙自然,想象成一个完整统一的伦理秩序。但是,按照古典欧洲哲学的看法,宇宙是被外在物催生而成的;宇宙有一个外在的、超越的动因,这个动因的终极,是超然于宇

宙之外的"不动的推动者",即 "第一动因"(上帝)。有了这种外在的概念,一切事物之间都可以互相外化和对立化,而宇宙世界就可以抽象成一个有绝对对立面的纯粹体系。这种思维引发出一种法律的、契约的政治构架,其中个人和各社会单元被构想成存在于开放领域中的独立体和对立体。

中国的方法:内在,本善,道一

这种产生了儒家政治伦理思想的基本思维,包含三个论点:世界是一个内在,所有人都在里面;人有本善,但未能尽善,故设国王和国家政府以促进人的尽善;一切事物,从人到自然宇宙,都在一个大的伦理秩序中互相联系。这三个论点互相关联,而与希腊和欧洲的思想明显不同。

在第一观点中,中国哲学认为宇宙"自然"而成,其过程是阴阳无尽的互动,构成"道"的理性运行,产生万象"万物"。[6] 如果宇宙自发而生而一切皆包容在此,那么人也在此中被包裹,被嵌入,在阴阳关系下被互相联系起来,这种关系不是平等、独立的,而是在生理的伦理意义上互相折叠、纠缠,联系在一起,如夫妻、父子、兄弟、君臣,等等。[7] 与之不同,亚里士多德在《形而上学》中写道,宇宙或世界,由一个外在起因即"不动的推动者"或"第一动因"激发而生;在此构思下,宇宙世界就可以理解成一个具有独立对立面或对立体的系统,存在于一个外部领域中。[8] 在《政治学》中,亚里士多德把社会的人构想成城邦(city-states)言论广场(forum)上的"城市公民"(citizens);[9] 而在洛克的《政府论》中,个人被构想成互相独立、互相外在的,他们为获取资源而互相竞争,而这种"原始状态"(natural state),就应该是国家政府理论的逻辑起点。[10]

第二论点中,中国儒家思想家提出了关于本善和国家政府合理性的一套思路。按照他们的说法,人性本善,但未能尽善;即本善是一种潜在,未必每人每时都能展现;为了尽善,有必要建立国王和国家政府,并通过国王或国家的教诲和榜样作用,来引领和培养大众,使之充分实现内在

的本善（"立王以善之"）。[11] 在此构想下，国家政府首先是一个道德力量。中国也有法家思想，强调控制和权威；但在各思想体系综合影响下，儒家在中国国家政府理论中依然占主导地位，致使其政府理念基本上是伦理的、家庭式的。与此相反，在欧洲古典时期，亚里士多德在其《政治学》中提出，人作为社会存在，是在都市外部追逐各自目标的"政治动物"（political animals）。[12] 数世纪后，在现代欧洲的黎明，1690 年代，洛克的《政府论》，把人构想成野外"原始状态"下的必然的竞争者，而国家是一种人们与政府签下的契约，以保证人们竞争的权利。另外，这个国家政府必须加以限制，用分权方法避免它的腐败。[13]

第三论点中，在个人到宇宙的伦理秩序中一切互联的观念语境下，古典时期的儒家思想家认为，立王与尽善，是顺从天道。一些名句对此有很好的表达："立王以善之，此天意也"；[14] 行善时，"万物皆备于我"；[15] "家、国、天下"；[16] "诚意，正心，修身，齐家，治国，平天下"。[17] 最后这句，是儒家理想主义的最高表现；它说明，意、心、身、家、国、天下，每个环节的伦理运行，都是互相联系的；每个环节或事物，都在道的阴阳互动中，互相折叠而嵌入一个大的整体：自然、万物、天。[18] 这是一个家庭式的和生理之伦理的大的一元整体；它的延续，从自然到社会，从社会到国家，再从国家到自然，由此构成一个自足而自我合理的全体。这里的理论要点，是全面的包容以及分离和对立的不可能。这种全面包容，与欧洲思想不同；欧洲思想追求分离、分析和对立，并用二分对立和外化作为基本的思维方法。这种思维反映在建构而成的各种二元对立中，如文化与自然，自我与他者，国家与社会，政府与市场，市民自由与集权统治，个人与制度，以及各种对立的党派等等。

包容，大而多元，及伦理的国家体系

先秦古典儒家思想，塑造了历经两千年的丰富而悠久的传统。这一传统有三个特征：包容性，多元而一统的大构架，及伦理的国家建构。第一，在中国文化传统中，宇宙是内化的、无所不包的。第二，这个文化思想中，有包容万象多元性的宏大一元体，它是大的一元整体，里面包含万物的多样复杂的繁衍，而大一统与多样复杂是同一状态的两个方面。[19] 这就引出了一个大而多元的构架，可以称为 COLM（Construct of Largeness and Multiplicity）；它提供一个理解世界的方法，并建立了一个能够处理和表现这个世界的文化象征体系。第三，在此文化传统中，国家政府具有了伦理道德的意义，它兼有社会性与自然性，它位于从个人、家庭到社会世界和宇宙自然的统一连续体中。

这三个特征共同作用，导致了一个强大政府的出现。该政府具有伦理而全面的领导作用，其背景是一个没有"外部"的国家社会混合体，其中社会、市场、宗教、文化、学术等领域都被吸收到一个综合的整体之中。建立这种体系的一个关键机制，是诞生于公元 600 年的全国性的文官考试制度；考试面向社会，以儒家经典为课本，目的是选拔最优秀学生成为政府官员。这种体制把社会精英和知识生产过程（生产、交流、传递、研讨）吸收到国家政府机构之中。这样一个大政府，就是一个 COLM，一个包容多元多样的统一整体。但这个构架本身，是一般的、非政治的；它表现在诸多的具体实践之中。这些实践可以分成两类：符号体系中作为观看和认识世界方法的 COLM，以及国家体系中作为管理世界的技艺的 COLM。

符号体系

让我们来观察围棋、麻将和中国文字：三种中国人观察认识世界的象征体系；而西方的对应体系也提供了有益的比较。譬如，国际象棋和中国围棋就有关键区别（图 1）。[20] 一个国际象棋棋盘纵横各有八个条幅，构成 64 个方块；双方各有 16 个棋子；对弈中每一方需要考虑将某棋子放入某方块位置，其参考的范围，在位置上的极限是 64 个，在棋子相对关系上是此时的十几到二十几个棋子。而在围棋中，棋盘纵横各有 19 条线，构成 361 个交叉点或位置；一方有 180 个棋子，另一方有 181 个。在对弈中，每一方需要考虑将某子放入某位置上，其参考的范围，在位置上的极限是 361 个，在棋子相对关系上是此时盘上的子，数量往往会上百，甚至两百或三百。在此格局中，一个围棋手无法像国际象棋手那样局部而精确地考察，因为有太多的位置和棋子。围棋手的观察，必须是宏大的、战略的、直觉的，就像观察天空的白云或横空飞过的大片鸟群那样。然而，围棋手在具体考虑把某子放入某点时，观察又必须是精确而局部的，同时又必须考虑几个可能落子的区域。换言之，观察需要有宽广的尺度变化的范围和区域选择的范围：观察必须从大到小，又在"小"（局部）的层次上，由"此"及"彼"。所以，与国际象棋相比，围棋在量（棋子和位置的量）、尺度（空间和棋子的疆域）和视距视野的变化范围上（大小之间，彼此之间），更加宏大。其内部多样性的繁衍，表现在数量和空间的分布上，而其中的内容是极少的（棋子只有黑白两种）。这是一个纯粹的COLM（大而多元）的构架，一个关于万物的很抽象的构架。

相比之下，麻将是一个语义繁杂或异质的大而多元的构架（图2）。一副纸牌（扑克牌），有四个序列，每序列13张牌，最后再加大鬼小鬼两张，共54张；然而，麻将的牌，数量更大，语义内容更丰富而杂。一副麻将有144个牌，包括五个序列的四套（五个序列的数量是9、9、9、4、3，而内容分别是饼、条、万、四喜／风向、箭牌）以及两个序列的一套（量分别是4、4，内容分别是四种花卉和四季）。麻将牌在数量、语义混杂性（开放性）、牌局情景的生产（可能性的范围宽度）上，都很大，也很多元多样。如果说围棋表现了一个万物的构架，那么麻将则表现了一个混杂的万物构架。它包含并宽容差异；它是一个混杂的统一体；它在秩序和混沌之间，是一个非理性的理性体系，一个混乱的有序体系。

中国的文字，总数多于五万（《康熙字典》收录四万七千字）（图3）。每字在一个方块中由一到几个偏旁组成。偏旁不是字母：偏旁的总数不确定，偏旁组合中也没有明确的产生单字的规律。尽管偏旁的使用有某些稳定的连续性，但这些稳定性不是规则，也不能用来推断或推演某字的意义、发音或形态。每个字都是独断的、全新的，都必须作为起点来学。在中文里，是单字而非偏旁或笔画构成具有

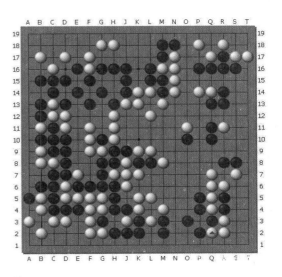

图1
围棋：某棋局中的布局。源自：<http://en.wikipedia.org/wiki/Go_%28game%29>，下载日期：2010 年 4 月 10 日。

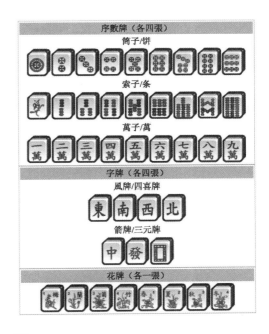

图2
麻将：一套完整的麻将牌。源自：<http://zh.wikipedia.org/wiki/ 麻将 >，下载日期：2012 年 2 月 3 日。

任何意义的最小单元。所以，整个中文书写体系，由数以万计的方块单字组成，每字都是基本原子，都是起点或中心点，用来观看世界或表达关于世界的某观念。另外，每个字都是一个抽象的图像：它抽象而又具象；它是一个关于世界的视觉符号，而其视觉图像（而非其语音）赋予了它最基本的特征。在学习单字和努力掌握整个书写体系中，汉字对人们（汉字文化圈里的每个孩子）施加了严格的规训和压力，也赋予了开放和谦卑的心态。这个构架体系是庞大的，又是多样多元的：大，表现在数以万计的独特单字的包容；多样，表现在上万个单字的极端多元性和开放性，因为每个单字都是观察世界的中心。这里，单字介于抽象和摹写之间，而文字体系则介乎于规则系统和无序混沌之间。这个 COLM（大而多元）的构架，作为中国人观察认识世界的最基本的符号体系，反映了一种思维方法：直觉而抽象，有序而又对具体情境开放和关照，其背后是宽广的心智，容纳着多样差异的万象万物。

国家技艺

COLM（大而多元）的构架不仅反映在符号体系中，也表现在国家政治体系中。国家政府对社会的全面领导发生在各领域，包括伦理说教、学术话语、知识发展、艺术活动，也包括宗教事务、经济发展和城市建设。这里的国家政府的各种技艺，包括知识生产、艺术实践、土木建筑、都城规划等；它们都是 COLM（大而多元）构架，它们都有政治性，又有其他属性（认识论的、形式的、技术的、都市的）。中国政府历来在各领域的知识生产中保持领导者角色。这里最突出的表现是史书的撰写和大典、全书、类书（百科全书）的编写。最大的史书基本都由御用或指定的文人编写；著名例子有司马迁的《史记》（汉朝，公元前91年），130卷，五十多万（526 500）字，涵盖三千年的历史；[21]另一例是司马光的《资治通鉴》（宋朝，1084年），294卷，三百万字，覆盖一千五百年的历史。[22]

各朝宫廷在文本汇编或类书（百科全书）的编写上，也非常活跃，尤其自10世纪初或宋初开始。在此传统发展下，

最后出现了世界史上最大的书籍：《四库全书》（清朝，1782年），全书共有八亿（800 百万）个文字（是汇编而非百科全书）。[23]人类史上最大的纸质的百科全书，今天依然是《永乐大典》（图3）。它用五年时间，在两千多名学者的努力下，于明代永乐年间（1408年）完成；它有11095册，3.7亿（370 百万）个汉字。[24]法国的《百科全书》，35卷，0.2亿个单字，1780年完成（1750年有初版），应该是史上最近的可比参照物。[25]通过此类大典或全书的

图 3
《永乐大典》（1408 年）：第两千五百三十五卷的首页。源自：<http://www.wdl.org/zh/item/3019/zoom/#group=1&page=3>，下载日期：2012 年 1 月 28 日。

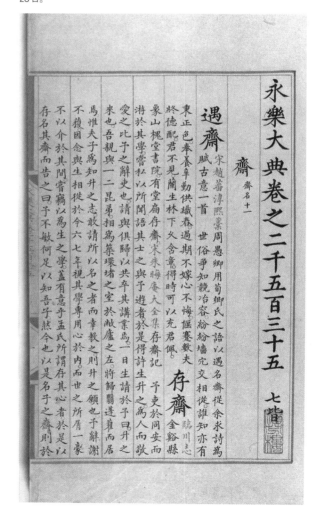

编写，中国政府在知识生产和积累上保持了领导者角色。这些工程之浩大，反映了中央大政府的权力之强大。作为"符号帝国"或单字帝国的这些全书大典，也构成了帝国的符号；这里的两个COLM（大而多元）构架，政治和认识论的，被合成为一个整体。

皇家宫廷也是包括山水画在内的艺术作品的强大主顾和保护人。皇家图画院最晚在10世纪建立，在宋朝（960—1279）和此后获得蓬勃发展。在北宋后期，尤其是徽宗皇帝时期（1082—1135），宫廷对绘画的兴趣与长卷山水画的成熟交汇而交相辉映。在此合流的顶峰，是王希孟和他在徽宗帝亲自关心下完成的大作《千里江山图》（图4）。[26]王希孟服务于大内，并获得徽宗的教导，而徽宗本人也是有造诣的画家和书法家。王于1113年向徽宗晋献了此画，作品从此名垂千史，成为中国绘画史上的鸿篇巨制。类似于各种卷轴山水画，它高51.5厘米，长1191.5厘米。此卷轴画无法一目了然；随着画面水平向（自右向左）的渐次展开，人们的观赏从一个局部到另一个局部，在时间和空间的延展中逐步而缓慢地推进。画面描写了一个起伏的大地，其间是群山与江河，在远近高低的错落绵延中，在一个辽阔的地平线上，缓缓展开。数以百计的细节，包括人物、飞禽、林木、村落、桥路、河岸、舟车、渔船，撒落于画面四处，展现在波光粼粼的江河与广阔无垠的天空之间。绘画反映了对南北方自然地貌的欣赏，也流露出对国家疆土及其壮丽富饶的政治关切，因为该画是宫廷的产物。这样一幅山水画，也是一个COLM（大而多元）的构架。它的大而多样表现在：主题的数量（千百个细节），空间的延续（12米长），视点移动的宽域（大小、彼此），和差异的万物万象（符号和中心视点的无穷繁衍）。这个COLM是政治的，也是艺术的；它复杂地关心着大地，而这个地，既是疆土，又是山水；它包涵了国家的忧虑，艺术的领导，以及对于形的纯粹审美。这个包括细节、视点、中心在内的符号的帝国，在此也成为帝国的符号。

建筑营造是中国宫廷官府的另一个国家技艺。帝国政府通过刊行建筑标准的做法来指导重大建筑的设计建造，这是一个历来的传统。现存最早的做法则例是北宋（960—1126）朝廷官员将作监李诫（1065—1110）于1103年编写完成的《营造法式》（图5）。[27]除了维特鲁威的《建筑十书》（公元前33—公元前14年间）外，这是世界上最早的论述建筑设计和建造的专著，比阿尔伯蒂的《建筑十书》（1452年）早三个世纪。[28]《营造法式》与阿尔伯蒂及其后各位所写的建筑论述在内容和背景上都不同。欧洲的作者是"人文主义者"，而非教堂或国家政府的代言人，然而李诫和其他中国作者却是文人士大夫即有教养的官员，他们的论述作为官方对实践的指导而出现。阿尔伯蒂《建筑十书》的重要论述中，谈到"美"（venustas）以及比例和对称的问题，也有对"建筑师"和"建筑学"的宏阔定义；而《营造法式》却主要是一部技术书，关注房屋的建造技术与方法，以及对材料（物质）和工时（劳动）的计算。

在此有必要指出中国文本的一些最基本方面。《营造法式》是国家管理工作的一部分，目的是为了管控基建投资（以限制繁荣时期兴起的贪污浪费），以及对全国重要建筑做法加以标准化。书本提供了选用诸如材料和人工等资源的精确严格的方法，以及规划建造一个房屋及其有关结构的一个标准程序。书本描绘了如何在一个模数体系下，用预先切成的建筑部件，搭建组装成一座房屋。这个体系允许在八个等级尺度上伸缩一个建筑构架，以此来对应具体建筑在功能上的社会等级地位。一个大四合院中的殿堂需要上千个建筑构件；一个更大的殿堂或宝塔，可以用到几千个部件。一个建筑可以在几周或几个月建成，工匠在此过程中密切配合，而结构部件都在组装前预先规划准备好。这样的一座建筑，尤其是复杂精巧的大屋顶结构，是一个微型的大世界，一个微型的大而多元构架：大，表现在如此众多的小部件的严密管理，多元，表现在需组装的各材料各部件的多样、繁杂和繁衍（图6）。但是，这里最主要的关键点是国家的领导。在中国，国家政府对建筑的管理，反映了这种管理覆盖社会生活各领域的全面性，以及国家政府实施如此广泛领导的实际能力。所以，在建筑范围内，我们又看到了几个"万物"的构架：国家政府的，技术的，艺术形式的，建筑经济的。如果说一座中国寺庙或宫殿里

图 4
王希孟,《千里江山图》局部（1113 年, 绢本设色,
横向卷轴, 51.5x1191.5cm）。来源与授权：北京故
宫博物院。

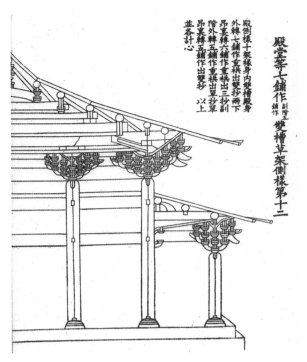

殿堂等七铺作 副阶五铺作 双槽草架侧样第十二

殿侧样十架椽身内双槽殿身
外转七铺作重栱出双抄两下
昂里转六铺作重栱出三抄副
阶外转五铺作重栱出单抄草
昂里转五铺作出单抄
并各计心
以上

图 5
殿堂等七铺作（副阶五铺作）双槽草架侧样第十二。
源自：宋·李诫，《营造法式》（北京：中国书店，
1995 年），卷三十一，图四。

数以千计的木构件的严密精巧组合是一个符号帝国的话，那么，它们也构成了帝国的符号。

首都或都城很重要，因为它们表现了政府对全国的管理和都城自身的运行，也以密集的方式间接反映了全国范围内各级行政中心的运行。古代中国最大的都城，应该是隋唐两朝（583—907）的长安和明清两朝（1420—1911）的北京。它们属于人类历史上规划最严格，形式上最规整而对称的城市（图7—图9）。两座城市的平面基本呈方形，都有一条七、八公里长的中轴线。长安的面积是 84 平方公里，北京是 60 多平方公里。[29]

把 1553 年的北京和 1700 年的罗马做个比较（它们在此时间达到现代化改造前的最后形态），有益于我们进一步的理解。[30] 相对于北京的 60 平方公里，罗马的面积是 13 平方公里。北京绝大部分建筑的一般平均高度在 10 米上下，

图 6
中国木构建筑（佛光寺大殿）的梁架结构：剖面透视图。
源自：刘敦桢，《中国古代建筑史》（北京：中国建筑工业出版社，1980 年），图 86-6，129 页。

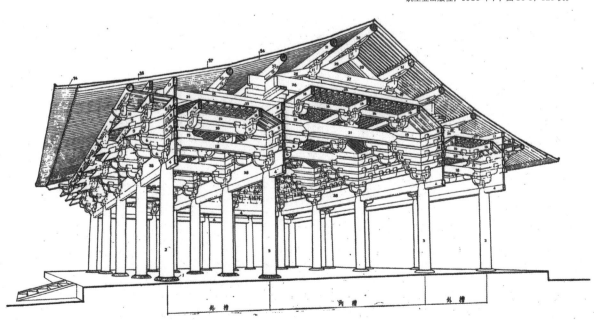

图 7
隋唐长安（583—907 年）。源自：刘敦桢，《中国古
代建筑史》，图 76，106 页。

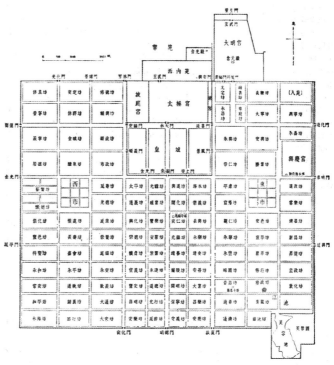

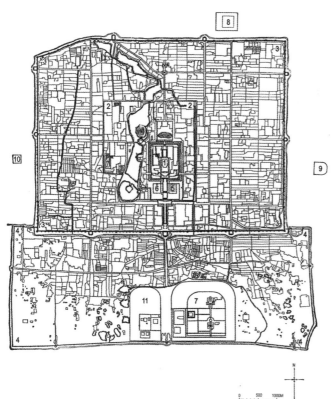

图 8
明清北京（1420 年，1553—1911 年）。源自：刘敦
桢，《中国古代建筑史》，图 153-2，280 页。

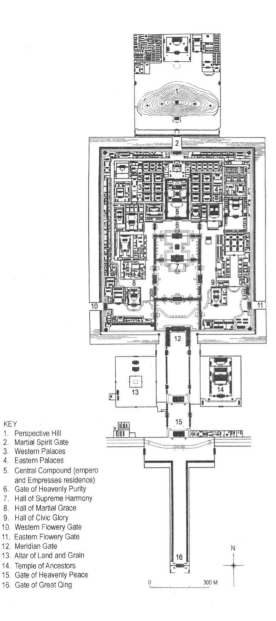

KEY
1. Perspective Hill
2. Martial Spirit Gate
3. Western Palaces
4. Eastern Palaces
5. Central Compound (empero and Empresses residence)
6. Gate of Heavenly Purity
7. Hall of Supreme Harmony
8. Hall of Martial Grace
9. Hall of Civic Glory
10. Western Flowery Gate
11. Eastern Flowery Gate
12. Meridian Gate
13. Altar of Land and Grain
14. Temple of Ancestors
15. Gate of Heavenly Peace
16. Gate of Great Qing

图 9
北京中轴线上的紫禁城宫殿（1420—1911 年）。源自：
刘敦桢，《中国古代建筑史》，图 153-5，282-283 页。

个别的最高点在 30 到 45 米。罗马一般建筑的平均高度在 30 到 40 米，许多建筑在 45 米高，而最高的圣彼得大教堂是 138 米。北京大而低矮，由四合院的海洋组成；罗马小而高大，由大体量的石头建筑组成。第一个是由互相内化的空间组成的"田野"（field），第二个是三维的"体块"（object），或体块群，它们高耸而暴露，尤其是面对着道路尽端的广场或大道沿线的两侧，而这些大道是 1 到 1.5 公里长的视觉走廊，引导人们走向尽端的纪念碑式的建筑。对于外来拜访者而言，罗马比较容易读懂，人们比较容易找到并理解它的整个城市建筑形态；而北京却显得深奥而遥远；一个居住在某个寺庙周围的来访者，或许不知道远处和更远处还有更多的寺庙（图 10、图 11），更不用说城墙宫墙内的宫殿和皇家坛庙了。在此意义上，我们认为，罗马是一座城市，而北京是多个城市的组合，是多城之城。

政治状态也是可以比较的。罗马最终还是一个城邦或"城市国家"（city-state），一个小规模的市政的和宗教的领域，而北京是一个"国家城市"（state-city），一个帝国政府所在地的城市。罗马从地方聚落自下而上逐步生长，而北京是中央政府指导下自上而下一次性规划建设而成。1420 年出现的帝都北京，作为南京迁都北方巨大工程的一部分，在两三年里就基本建成了（宫殿、官署、坛庙、城墙、城门）。永乐皇帝（在位时间 1403—1424）是迁都的总领导。他的其他宏伟工程，包括大运河的再开通；对北方游牧势力的征讨（导致后来长城的扩建）；周边各国的交往；以及著名的七次海上探险（郑和下西洋）。这些海上远航，都先到马六甲，然后向西，到达西印度和中东，最后几次到达非洲东部；每次来回两三年时间，每次队伍有三百艘海船和两万七千余人；前后七次发生在 1405—1433 年间，比欧洲提前几十年，规模更是宏大无比。[31] 与这些地缘政治工程互补的是他的文化工程。为了维护他作为圣君即学识和道德修养的领导者形象，永乐皇帝于 1409 年颁发了他的文论《圣学心法》，论述了自己、官员和所有臣民应该遵循的道德修养规范；同时，他也展开了 1415 年完成的儒家经典大汇编的几个项目，当然还有编写《永乐大典》的浩大工程。

国家的形式与伦理

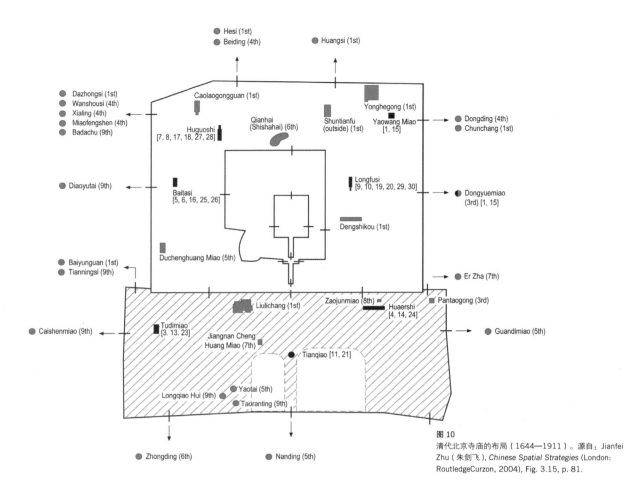

图 10
清代北京寺庙的布局（1644—1911）。源自：Jianfei Zhu（朱剑飞）, *Chinese Spatial Strategies* (London: RoutledgeCurzon, 2004), Fig. 3.15, p. 81.

Hesi (1st)
Beiding (4th)
Huangsi (1st)
Dazhongsi (1st)
Wanshousi (4th)
Xiling (4th)
Miaofengshen (4th)
Badachu (9th)
Caolaogongguan (1st)
Yonghegong (1st)
Qianhai (Shishahai) (6th)
Shuntianfu (outside) (1st)
Yaowang Miao [1, 15]
Dongding (4th)
Chunchang (1st)
Huguoshi [7, 8, 17, 18, 27, 28]
Diaoyutai (9th)
Baitasi [5, 6, 16, 25, 26]
Longfusi [9, 10, 19, 20, 29, 30]
Dongyuemiao (3rd) [1, 15]
Dengshikou (1st)
Baiyunguan (1st)
Tianningsi (9th)
Duchenghuang Miao (5th)
Er Zha (7th)
Liulichang (1st)
Zaojunmiao (8th)
Huaershi [4, 14, 24]
Pantaogong (3rd)
Caishenmiao (9th)
Tudimiao [3. 13. 23]
Guandimiao (5th)
Jiangnan Cheng Huang Miao (7th)
Tianqiao [11, 21]
Longqiao Hui (9th)
Yaotai (5th)
Taoranting (9th)
Zhongding (6th)
Nanding (5th)

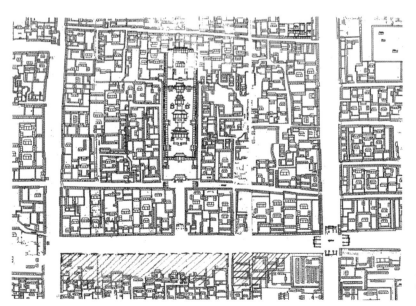

图 11
北京清代隆福寺及其周边环境（1750）。源自：Jianfei Zhu（朱剑飞）, 2004, p. 85.

北京就是在这样的背景下建成的；它的规模和愿景，必然与皇帝的其他工程联系而匹配。1420 年建成 1553 年扩建的北京，作为多城之城，可以被理解为一个大而多元的城市：大，表现在包含中央宫殿和大长轴线之形态格局的恢宏的完整性上；多元，表现在地方中心（主要是寺庙）和居住社区及其宗教商业生活世界的多样的繁衍；这些小而无数的生活世界，作为一个个小城，散落各处，遍布于宽广的田野。整体宏大与微观多样繁衍的形式上的双重性，正好对应着帝国政府与地方社会的政治结构上的双层性（图 9—图 11）。抽象而言，北京可与一幅卷轴山水画、一副麻将牌、一局围棋相比拟：宏大，也有内部的繁衍，表现在数量上、尺度上和视点（符号、中心、地点）的大小彼此间移动的宽域上。

建造的环境包含了几个互相联系的 COLM（大而多元）的构架：单体房屋，院落群体，寺庙和居住合院组成的丰富的城市区域，以及都城的整体格局。小体系套在大体系中的渐次连续性，也许没有多少特别；而重要的是与国家相关的严格有序的对多样繁衍的包容，每个系统中相应的万物的繁衍，以及在更大的各层的折叠中这些不同层面的万物的不断的连续，导致任何外部和独立物体的不可能。[32]确实，从建筑到城市，中国传统的一个独特点，是强调一个关系的、内化的田野，反对物体和外部的逻辑。

新现代性

中国儒家思想，结合一般的形而上学和具体的政治伦理学，为一个文化传统的建立做出了贡献；这个传统具有三个特点。第一，强调包容或内化，认为一切皆有联系并互相嵌入，没有外部，没有分裂，也没有对立或二元对立的可能。第二，COLM（大而多元）的构架存在于这个传统的各个方面，从符号体系到国家技艺，从看和认识世界的方法到领导管理的各种技术和文化。最后，一个伦理的和全面的国家政府，视野宏阔，领导职能广泛，并把外部和对立面吸收进来，建立起一个国家与社会或生活世界的混合体。作为构架的这个文化传统本身，是非政治的，是多面多维度的；它有政治性，

同时也是伦理的、认识论的、形式的、文化象征的，它表现在各个具体的领域中，包括日常生活中的技术与艺术。

上面陈述的这个框架，其内涵超出了伦理问题，以及儒家伦理是否符合工业资本主义现代化这个问题，即杜维明所关心的与韦伯命题相关的问题。上述这个框架关注政治伦理问题，但也关注更加广泛的一系列问题，包括形而上学、认识论、符号体系，以及实践和技术的问题。为此，这里提出的概念，是嵌入于丰富多面的传统之中的。这个理论框架提出了与库哈斯、哈特、纳格里、德勒兹与瓜塔里（Félix Guattari）关于规模与多样性等激进理论不同的另一种思路；这个框架以悠久的、实践过的传统为基础，其结果未必更加雄辩或激进，但或许更加有效而具转化改变的能力，同时伴随着一个发展了数千年的不同的逻辑、伦理、审美观念的提出。这个理论框架实际上提出了一个不同的、新的现代性。

这个框架的核心，是大而多元的结构。这个 COLM（大而多元）的构架，要求包容、内化、互相联系、对差异和混杂的宽容，以此来接受一个万物的世界。这可以用来塑造一个新现代性，挑战现存的欧洲传统发展而来的现代性模式，即强调独立、二元分离、冲突、对立，和物体的逻辑（logic of the object）的模式，如亚里士多德和洛克所论述的，也如阿尔伯蒂及其后的人文主义者的建筑论述中所说的。中国的方法，在与全球化和数码网络化的共同作用下，可以推出一种内化的、关联的、混合的现代性。比如，就对立的批判而言，它可以重塑而使之注重关联性和社会的建设性。就国家与社会的分离而言，它可以建议一种关联的方法，强调混合体的建立。就国家政府自身的角色而言，它可以提出一个伦理的全面的领导职能，超越契约的和功能主义的政府理论。就国际关系而言，它会强调对多样文明和各世界观体系的包容和理解，以及有多国参与的更广泛的国际合作。最后，就人居环境的设计而言，它可以构想一个生态的宏大一元性，或是一个具有无穷内部的全面环境，城市和大自然在其中互相交织，如一个合院和园林的大海，那里有千万个中心和视点，散布在辽阔的山水之间。

First published as follows: Jianfei Zhu, 'Ten Thousand Things: Notes on a Construct of Largeness, Multiplicity, and Moral Statehood', in Christopher C. M. Lee (ed.) *Common Frameworks: Rethinking the Developmental City in China, Part 1: Xiamen: The Megaplot* (Cambridge, Mass.: Harvard University Graduate School of Design, 2013), pp. 27-41.

原英文如上，中译文：刘筱丹、张亚宣翻译，朱剑飞校对。

1 Rem Koolhass, *S, M, L, XL: Small, Medium, Large, Extra-Large* (New York: Monacelli, 1995), 494-516.

2 Michael Hardt and Antonio Negri, *Empire* (Cambridge, Mass: Harvard University Press, 2000), 393-413.

3 Gilles Deleuze and Félix Guattari, *A Thousand Plateaus: Capitalism and Schizophrenia*, trans. Brian Massumi (London: Athlone, 1987), 3-25.

4 德勒兹（Gilles Deleuze）与瓜塔里（Félix Guattari）采用过不少历史的案例，但其理论依然是人为建构的先锋立场。这种先锋理论试图跨越西方的超越性，达到一个内在或此在的理论（a theory of immanence），但却没传统去支持这种努力。中国的传统可以说是强调内在或此在的，可以看出，德勒兹和瓜塔里知晓这一点，但却未能有效运用中国传统中的概念。所以，他们的工作只是一个人为的先锋理论，而无法复复杂关系，如中心与非中心、"树型"（等级的理性的向心的）和"根茎"（网络的开放的非理性的）的矛盾。

5 Tu Wei-ming（杜维明），ed., *Confucian Traditions in East Asian Modernity: Moral Education and Economic Culture in Japan and the Four Mini-Dragons* (Cambridge, Mass: Harvard University Press, 1996), 1-10 and 343-49.

6 《老子》（呼和浩特：远方出版社，2006 年），44 页（第二十五章）；74-75 页（第四十二章）。

7 《孟子》（呼和浩特：远方出版社，2006 年），72 页（第三册，第一部，第四章）；也请参见：孔子《论语》（呼和浩特：远方出版社，2006 年），33 页（第四章）和 116、120 和 124 页（第十二章）。

8 Aristotle, *The Metaphysics*, trans. Hugh Lawson-Tancred (London: Penguin Books, 1998), 3-39, 43-48,355-388 (Book Alpha, Book Alpha the Lesser, and Book Lambda). 也请参看：Francois Jullien, *The Propensity of Things*, trans. Janet Lloyd (New York: Zone Books, 1995) 246-53 和 Bertrand Russell, *A History of Western Philosophy* (London: Unwin, 1984), 173-184.

9 Aristotle, *The Politics*, trans. T. A. Sinclair (London: Penguin Books, 1962, 1981), 167-172 (1274b-1276a6)；也请参见：Russell, *History of Western Philosophy*, 196-203.

10 Russell, *History of Western Philosophy*, 596-616.

11 《孟子》，51 页（第二册，第一部，第六章）。也请参见：董仲舒《春秋繁露》；引自冯友兰《中国哲学简史》（北京：北京大学出版社，1985），231 页。

12 Aristotle, *Politics*, 59-61 (1253a1-a29)；也请参见：Russell, *History of Western Philosophy*, 196-203.

13 Russell, *History of Western Philosophy*, 601-10.

14 董《春秋繁露》；引自冯《中国哲学简史》，231 页。

15 《孟子》，165 页（第七册，第一部，第四章）。

16 《孟子》，98 页（第四册，第一部，第五章）。

17 曾子、子思《大学》（呼和浩特：远方出版社，2006 年），20-21 页（第一章）。

18 曾子、子思《大学》，20-21 页；《老子》，44 和 74-75 页（第二十五章，第四十二章）。

19 我的原文是 "multiplicity"（多样性、多元性），即指量之多，也指不同属性的共存。李志明（Christopher C. M. Lee）教授为此提出了有益的见解，在此表示感谢。

20 德勒兹与瓜塔里（Félix Guattari）也比较了围棋与国际象棋的不同，他们关注的问题是流动和运行；参见 Deleuze and Guattari, *A Thousand Plateaus*, 3-25. 我这里的比较，关心的是尺度、多元性、视野移动的范围，及群体现象，如飞翔的鸟群。

21 《中国大百科全书：中国历史》（北京：中国大百科全书出版社，1992 年），第二卷，936-937 页。

22 《中国大百科》，第三卷，1618-1619 页。也可参考：<http://zh.wikipedia.org/wiki/Zizhi_Tongjian>，2012 年 2 月 17 日登陆。

23 《中国大百科》，第二卷，966 页。也可参考：< http://zh.wikipedia.org/wiki/ 四库全书 >，2012 年 1 月 25 日登陆。

24 《中国大百科》，第三卷，1412-1413 页。也可参考：< http://zh.wikipedia.org/wiki/Wikipeidia:Size_comparisons >，2012 年 8 月 3 日登陆。

25 < http://en.wikipedia.org/wiki/Encyclop% C3% A9die >，2013 年 8 月 8 日登陆。

26 关于作品生产过程中皇帝与画师的关系，请参考：蔡罕，《北宋翰林图画院若干问题考述》，《浙江大学学报（人文社会科学版）》，第 36 卷，第 5 期（2006 年 9 月）176-180 页；江雪，《北宋书画家生卒年小考》，《吉林艺术学院学报》，94 卷，第 1 期（2010 年）26-28 页；顾平、杨勇，《两宋画院教育初探》，《南京艺术学院学报》，第 6 期（2010 年）：17-25 页。

27 关于《营造法式》，请参考：《梁思成全集》（北京：中国建筑工业出版社，2001 年）第七卷：5-27 页；潘谷西、何建中，《营造法式解读》（南京：东南大学出版社，2005 年）；Qinghua Guo（郭庆华），"Yingzao Fashi: Twelfth-Century Chinese Building Manual", *Architectural History* 41 (1999): 1–13; 以及 Joseph Needham, *Physics and Physical Technology, Part 3: Civil Engineering and Nautics, vol. 4 of Science and Civilization in China* (Cambridge: Cambridge University Press, 1971), 80–89.

28 请参考：Hanno-Walter Kruft, *A History of Architectural Theory: From Vitruvius to the Present* (London: Zwemmer, 1994), 21–29, 41–50.

29 请参考：《中国建筑史》（北京：中国建筑工业出版社，1982 年），36 页。

30 建筑学学术论著中多处涉及北京与罗马的历史和尺寸，比如《中国建筑史》，36 页（世界各城比较）和 48-52 页（关于北京），以及 Spiro Kostof, *A History of Architecture* (Oxford: Oxford University Press, 1995), 485-509 页（关于罗马）。

31 请参考：Jianfei Zhu（朱剑飞），*Chinese Spatial Strategies: Imperial Beijing 1420–1911* (London: RoutledgeCurzon, 2004), 17–27; Hok-lam Chan（陈学霖），"The Yong-le Reign", in *The Ming Dynasty, 1368–1644, Part 1, vol. 7 of The Cambridge History of China* (Cambridge: Cambridge University Press, 1988), 205–275; 以及毛佩琦，《成祖文皇帝朱棣》，徐大岭、王天佑主编《明朝十六帝》（北京：紫禁城出版社，1991 年），55-89 页。

32 本文的研究独立于 Lothar Ledderose 的《万物：中国艺术中的模数与批量生产》。Ledderose 关注了有着基本单元的生产问题，而本文关心的是一种观看和思考的方法，这种方法以大而多元即"万物"的构架为基础。根据本文的研究，问题的核心不是生产，更不是单元的量化生产，而是认识论的框架。请参考：Lothar Ledderose, *Ten Thousand Things: Module and Mass Production in Chinese Art* (Princeton: Princeton University Press, 2000).

18

中国城市：
政治与认识的大尺度

Political and Epistemological Scales in Chinese Urbanism

与欧洲、伊斯兰和印度相比，中国以其悠久而大范围中央集权的建立而著称。中国在历史大部分时间中维持了广大领土的统一。中国的国家政府是全面综合的领导者，管辖社会、经济、宗教、文化、艺术和道德话语等各领域。宗教组织受政府管辖；科举制选拔最优秀学生成为国家官员；最大的典籍也由皇家宫廷编辑印制；史上一些最杰出的艺术作品如大型卷轴山水画，也出自宫廷画院。我们在欧洲看到的各种冲突，如教堂与君主、文人与官府的冲突，在中国是个别或例外的。在中国，只有一个政治秩序，这就是国家；它包含所有各种组织，它们千姿百态，多元而又共生共存。国家分崩离析的历史阶段，是国家统一这种常态的暂时偏离；在常态下，统一的国家政府保障着和平与繁荣，如汉、唐、宋、元、明、清各朝代（公元前 202—1911）那样。

中国城市：横跨大陆的多元的一元结构

在这样的政治背景下，中国的城市是"国家的城市"（state-cities）。它们是各级的行政中心，是郡、县、省以至帝国的首府；它们是国家行政构架的节点。[1] 它们通过水路和陆路互相连接，构成邮驿的网络体系，从郡县到京都，都可通达。这个邮驿体系，初建于秦（公元前 221—公元前 207），发展于汉唐（公元前 202—906），逐步完善至明清（1368—1911）。

每个城市都有全局的规划，而最高层级和平原地带的国都，如隋唐长安和明清北京，就会有更加几何规整的规划设计。一个大都城，比如北京，具有整体一元秩序和局部多元秩序的共存；前者反映在中央宫殿的全局整体中，而后者则反映在遍布城市内外的地方寺庙的蔓延中（图 1、图 2）。[2] 宏大一元和局部广泛多元的双重性，在帝国的城市网络中依然存在。在城市中，地方中心即寺庙在城内外的四向漫延，导致中国城市在落地体验中显得深奥而"遥远"。如果说欧洲文艺复兴后的城市是一组三维"物体"并配有视觉引导体系的话，那么中国的城市是一大片"田野"，里面是街巷胡同的曲折蜿蜒，其中低矮的中心（如寺庙）设在远处的院墙或城墙之后。另外，也有一种城乡的混合，城市生活随着寺庙在城外丘陵山地的遍布而扩散，而乡村生活和自然景色包括园林，也延伸到城市的内部（图 3）。中国人早在五世纪（两晋南北朝）对自然风景在"山水"和"山水画"意义上的欣赏，为这种中国式的城乡连续性，提供了一个重要的文化动因。[3]

这样一个体系，是以国家为中心的。宏大政治一元和广泛地方多元的双重性，是一个关键的构架，在国家地理和聚合城市两个层面上都如此。城、镇、村、自然，互相联系；而整个的地貌环境，通过邮驿网络把各城市联系起来，构成了一个大陆尺度的国家的管理体系。

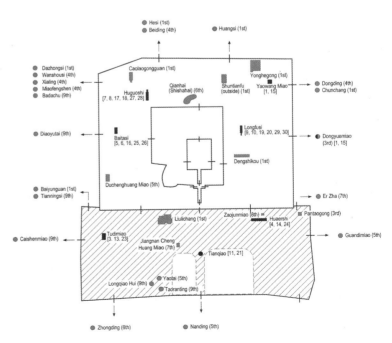

图 2
明清北京寺庙在城内外的布局。源自：Jianfei Zhu,
2004,p. 81.

这种状态展现出一个中国的认识论和政治伦理。[4]中国人把宇宙看成为"自然",宇宙在此世界的内部自发而生。在此概念下,一切都已包容在里,并都已内在化。这种构想,去除了外部动因(如第一推动力或上帝)的必要性:一切都是联系的、自然的、完善的。在中国的哲学中,有一个全面的大秩序;这一思想包含以下几个重要的政治伦理命题。第一,(诚)意、(正)心、(修)身、(齐)家、(治)国、(平)天下,构成一个连续的自然道德体系;第二,国或政府,作为其中的环节,是一种道德力量;第三,大体系的道德运行,是生物伦理的和生态伦理的。

这些观念给中国传统带来三个重要特点:一个包容万象的文化和认识论;一个以伦理为基础的全面的国家政府;一个"大而多元"或"多元的宏大一元"的构架(COLM,Construct of Largeness with Multiplicity),如我在其他地方已经阐述的。[5]在此构架中,一个大结构包含千万个事物或秩序。这些事物、秩序、核心,可以发生在同一个水平面上的"此处"和"彼处",也可发生在有各种规模尺度的等级结构中的整体或局部。

"多元的宏大一元"(COLM),是个通用的构架:它有政治内容,但它也是审美的、形态的和认识论的。例如,在围棋中,棋手要采用灵活视野,在(包含361个位置的)大空间里,跨越各级尺度,兼顾此处与彼处。在宋代山水卷轴画(例如《千里江山图》)的构图中,观赏的视觉焦点,也要动态地跨越此处与彼处,也要跨越局部与全局(图4)。在明清北京城,秩序在垂直关系上出现在全局和局部,也在水平关系上出现在此处与彼处。在国家地理的范围内,政治秩序也出现在垂直的变化和水平的分布中。

中国的城市,构成"国家城市"(state-cities),而非"城市国家"(city-states),或城邦政体(polis),如欧洲那样。这就引出了重要的推论。第一,中国的政治观念与西方不同。在中国,政治关心的是大尺度的、伦理的、全面的领导管理,而不是市政领域内各不同力量之间的地方冲突。如果说欧洲人发明了城邦,那么中国人则创立了民族国家。如果说前者把政治看成冲突,那么后者把它看成全面的伦理的秩序,与个人、家庭、国家、世界、天下互相联系。第二,如果"民族国家"在欧洲于19世纪成型,那么在中国,它出现在秦汉(公元前221—220),并发展了两千年。"现代"民族国家的各种特征,如书同文、车同轨、度量衡统一、典章礼仪规范化、官员职业化、官僚体制制度化,等等,都在那时已出现,并在唐代和宋代(7世纪和9世纪)获得高度发展。[6]以城市为基础的与国家对立

图3
张择端,《清明上河图》(局部)(绢本,淡设色,24.5 x 528 cm),1085—1145年间:城乡连续体和城墙外都市生活的展现。来源及授权:北京故宫博物院。

的"市民社会"这一欧洲政治话语概念，在中国是比较陌生的，因为中国的政治话语，关心的是大陆尺度的政治伦理的秩序。

革命与现代化

自 1840 年开始，中国进入了革命与近现代化的动荡时期，变革的主要目的是试图采用西方的理念和知识，同时又保留中国文化的精神。此历史一般分为三阶段：民国时期（1911—1949），采用西方民主，最终以战争和灾难结束；1949—1978，在毛泽东的社会主义思想下，大陆中国获得统一和初步建设；1978，在邓小平领导下，采用"社会主义的市场经济"，至今中国的经济保持了三十年的高速增长。

这一过程的持续的核心问题，是如何建立一个现代的国家政体，及现代的经济体制和工业体系；而中国城市所面对的核心挑战，是如何协助并促进这一发展。实际的结果，是对旧有城市肌理大规模的破坏或破坏性改造，以此来支持促进近现代的生产模式和近现代的国家机关的组成形式。城墙被推倒；马路被拓宽拉直；大体量建筑被建造起来（三维"物体"开始进入中国）；巨大的广场得以建立；而大片的历史街区却被铲平或重大改造（图 4）。

国家管理

1949—1978 年，在计划经济指导下，重工业在城郊和城外发展（尤其在内地），而城市化的规模和速度都是有限的。从 1980 年代开始，伴随着国家领导的市场经济的发展，城市化开始与经济增长挂钩。城市规划现在成为土地开发的一部分；而地产开发，通过土地使用权向国际资本的出租，成为市政府资金积累的一个主要渠道。开发和增长，得益于同时又激励了农村劳动力向城市的转移，这又促进了城市化进一步的蓬勃发展。

关于中国的政府结构，1978 年之后出现了权力的松绑和下放，允许各市政府充分利用地方资源尤其是土地资源，促进经济增长。今天，经过三十年高强度开发后，严重的社会问题和环境问题暴露了出来，成为中央政府的重要关注点。一种辩证的张力关系日趋明显：如果说中央政府关心的是长远的顾及社会平等及生态环境的平衡发展的道路的话，那么地方政府关心的则更多是眼前的 GDP 增长和经济效益。当然，尽管如此，不同层级的政府机构是共同运行的；而中国的经济、社会和都市的发展，依然是由国家主导的。

图 4
北京天安门广场，1977 年后，东南角鸟瞰。源自：路秉杰，《天安门》（上海：同济大学出版社，1999 年），16 页。

当代的中国城市

在市政府的支持下，城市受到了高强度的改造更新。旧城区和历史街区被部分摧毁，腾出空地，为经济发展服务。物体城市和巨构城市，正在蓬勃崛起，表达出功能的、经济的和象征主义的强大推动力。某些最重要的历史遗留区，被孤立和保护起来，它们往往又被翻新重造并被旅游商业化。中央商务区得到规划与建造；其过程包含了规划和设计的国际咨询。国家的地标建筑项目，按照国际竞赛选拔出的明星建筑师的设计来建造。废弃的厂房，被改造成艺术、设计和创意工作室，展现出凌乱的"非正式"的活力，也导致了新一轮的商业化。城市的其他部分，是一般的城市肌理，包括许多大型居住小区、事业企业单位、政府机关大院和商业总部大楼，这些常常都构成封闭的社区；此外，在其间穿插散布的，是各个商业中心，其中包括写字楼、酒店和购物中心，等等（图5）。[7]

城区之外，是连绵不断的巨大的城郊和城乡交接领域，它向外延伸上百公里甚至更远，与其他城市同样外延的这种领域交叉，构成几座城市互相联系的巨型城市带（比如，京津唐、沪宁杭、广深港等城市群）。在这样一片巨大的城乡联合地域中，我们可以看到城中村、郊区半城市化地段、居住社区、大学城、生态城、高级豪宅区、工业园区、城镇、村落、开阔田地和自然风貌，以及在其间纵横穿插的具有各种速度的交通路径（从高铁轨道到山间小路）。在中国这样如此大规模城市化的背景下，这种混杂的巨型城市群的出现，看来是必然的（图6—图9）。

问题与议程

有许多问题必须面对。历史遗留的古建筑和老街区，应得以保护修缮，并重新合理嵌入新的周边城市环境中。在大建筑物之间，巨构体量街区之间，以及它们内部各部分之间，需要在不同尺度上进行各种沟通和连接，因为目前这种联系少而脆弱，表现在设计中可步行性、宜人宜居性、以及人的尺度感的严重缺失。许多项目，应该鼓励地方社会和

地方意愿的参与，以此来平衡国家项目的人为主观性；因为，比如在一些生态城和大学城的建设中，地方的需求（交通、就业）和资源（人力、现有条件），往往没有被很好运用和发挥。

一个更大的潜在问题是民企和市场的自由，而这种自由的给与和保护是极其重要的。进城务工的农业人口，应该被吸收为城市居民，享有与市民同等的权利和社会保障服务。总体而言，经济蓬勃发展的红利，应该在地区之间、在群体之间得到更好的分配。

关于整体的领导管理，各地各级地方政府应该更好地互相联系、互相合作，合理引导巨型城市群或城乡连续体的发展。中央政府应该在战略层面或尺度上，保持整体的领导作用，由此包容各地的灵活多样、百花齐放的多元性。中央政府尤其应该保持长远的视野，追求关心社会和生态问题的平衡发展，并抵抗往往是地方机关和开发主体推动的对资本主义市场利润的短期的追逐。

中国的城市传统：作为一个激进的范式

今天的中国，在全民族逐步走出20世纪初期和中期（从西方引进的）革命意识形态之际，有一种思想或政治视野的

图5
北京，北西单大街，2009年。朱剑飞摄。

图 6
深圳，城中的村落建筑，2010 年。Nick R. Smith 摄。

图 7
深圳，村落重建规划模型，2010 年。Nick R. Smith 摄。

图 8
重庆，沙坪坝，2010 年。Nick R. Smith 摄。

国家的形式与伦理

世俗化，同时也有一种逐步兴起的对本国文化传统的自信。考虑到这些因素，以及中国悠久而深厚的传统，我们推测，中国或许可以找到中国式的解决这些问题的方法；实际上，中国也许早已开始这样做了。

解决这些问题的方法，或许可以在中国思维基础上构想。例如，关于城市规划和城市设计，解决问题的关键是不同尺度或层次的各秩序间的统筹协调，就如古代北京城市或山水卷轴画中的空间布局那样，在垂直和水平关系上保持各尺度秩序的协调共存。关于政治领导，关键点在于一个双重的构架，兼顾中央国家的一元整体性和地方丰富多元性的双重结构的建设；这种地方多样性的认可或开放，包括对农民工和弱势群体的保护和支持，以及对地方社区、民营企业和市场经济相对更多的自由和独立的给与。关于领导管理的等级结构，有必要保持中央和地方的一个关键的辩证动态关系，促进城市之间城乡领域的协调发展，同时又维护中央政府作为道德和战略领袖的强有力的领导地位，在宏观上引领调控市场，并限制市场资本主义的极端发展的倾向。

事实上，中国已经在这样的方式下运行；中国在自身悠久传统的基础上，保持着强有力的国家政府的领导作用，并实行着"社会主义市场经济"的探索。西方理论家（如安东尼·吉登斯 Anthony Giddens 等人），一直在讨论公共领域和私有经济之间，左派思想和右翼自由主义之间的"第三条道路"；但是他们基本上不谈中国，没有把中国当成一个有建设性意义的案例来考察。但是，在今天的全世界，可以说恰恰是中国实际上正在发展"中间道路"。中国今天推出的，不是一个理论或一个激进的先锋立场，而是一个实验的（experimental）、发生了真实变化的（transformative）实践活动，而这种实践又是以悠久传统为基础的，该传统包含关心人身、家国和大自然的全面的伦理文化和伦理哲学（诚意、正心、修身、齐家、治国、平天下）。[8]

中国或许一直将是以国家为中心的，保持国家对社会和经济的领导地位，并在大型国家的一元构架中容纳合理范围内的市场和社会的繁荣自由的多样性；而这是以上文提到的"大而多元"的构架为基础的。中国或许可以保持并发展它的全面包容的文化（culture of inclusiveness），其中城市、乡村和自然景观互相联系，各种尺度的秩序在垂直和水平关系上渐次展开。这是一个激进的范式，它和大家熟悉的西方政治话语不同。它的激进，反映在三个方面：作为道德和进步力量的"国家"；作为统筹宏观微观、一

图 9
北京，西长安街北侧人行步道，2009 年。朱剑飞摄。

元多元的政治方法的"尺度"；和作为建设生态一元性愿景的"山水自然观"，该愿景不仅要求城乡的再融合，更要求个人、家庭、社会、国家、世界和自然宇宙的道德一统的大融合（图 3, 图 8, 图 9）。

First published as follows: Jianfei Zhu, 'Political and Epistemological Scales in Chinese Urbanism', *'Urbanism's Core'*, *Harvard Design Magazine*, no. 37 (2014): 74-79.
原英文如上；中文：阮若辰翻译，朱剑飞校对。

1 董鉴泓，《中国古代城市二十讲》（北京：中国建筑工业出版社，2009 年）1-10 页。

2 参见：Jianfei Zhu（朱剑飞），*Chinese Spatial Strategies: Imperial Beijing 1420-1911* (London: RoutledgeCurzon, 2004), 61-90, 222-244.

3 宗炳（375—443）是一个关键人物；他的《画山水序》是中国和世界历史上关于自然景观（作为一个独特并具有表达方式的概念）的第一篇论述。参看：Augustin Berque, "Landscape and the Overcoming of Modernity – Zong Bing's Principle," *Universitas-Monthly Review of Philosophy and Culture*, 2012,39(11):7-26..

4 就此问题更全面的解释，见：Jianfei Zhu（朱剑飞），"Ten Thousand Things: Notes on a Construct of Largeness, Multiplicity, and Moral Statehood," in Christopher C. M. Lee（李志明），ed., *Common Frameworks: Rethinking the Developmental City Part 1: Xiamen: The Megaplot* (Cambridge, MA.: Harvard Graduate School of Design, 2013), 24-41.

5 关于 COLM 更全面的解释，见：Zhu,"Ten Thousand Things", 27-41.

6 理论家最近开始注意并承认中国自秦汉以来对于在民族国家尺度上建立"现代"国家的独一无二的贡献。参看：Giovanni Arrighi, *Adam Smith in Beijing* (London: Verso, 2007); 以及 Francis Fukuyama（福山），*The Origins of Political Order* (London: Profile Books, 2012).

7 关于当代中国城市的规划和发展，请参考：Fulong Wu（吴缚龙），ed., *China's Emerging Cities* (London: Routledge, 2007); Fulong Wu（吴缚龙），ed., *Globalization and the Chinese City* (London: Routledge, 2006); 以及 Xuefei Ren（任雪飞），*Urban China* (Cambridge, UK: Polity Press, 2013).

8 就此观点，下面第一位作者已提出，第二位以学术方式也间接给与了提示：Peter Nolan, *China at the Crossroads* (Cambridge, UK: Polity Press, 2004), 174-177; Philip C. C. Huang（黄宗智），"'Public Sphere' / 'Civil Society' in China?: The Third Realm between State and Society'", *Modern China*, 1993,19(2): 216-240。关于此观点更加展开的论述，请参看：Zhang Weiwei（张维为），*The China Wave: Rise of a Civilizational State* (Hackensack, NJ: World Century, 2012).

19

帝国的符号帝国：
中华文化中的大尺度与国家伦理

Empire of Signs of Empire:
Scale and Statehood in Chinese Culture

罗兰·巴特（Roland Barthes）1970 年关于日本的阅读，即著名的《符号帝国》（*Empire of Signs*），展现了一个遥远的视野。他对当地语言和习俗的不熟悉，激发了对此世界微妙而敏锐的视觉观察，包括对筷子的使用和书法笔画等各种现象及其象征意义的冥想。在此视觉的世界里，东方的表意符号，即日文中的中国汉字占据了重要位置。在对日本文化象征意义的描写中，巴特发现了日本和东亚都市无处不在的书写符号的世界。尽管他关注意义的"无"，巴特这篇写作最后留给我们的重要信息，依然是题目中的"帝国"，一个视觉的书写符号的蔓延，一个准确把握了汉字的某些特征的景象。在此，我们提出两个意见。一，既然汉字及各实践方式在中国、日本和东亚各国有共同的渊源，巴特的论述在东亚和西方的差异考察中有一定的广泛意义。二，巴特关注了文化，而非政治，更没有文化与政治的关系；他没有考察"符号帝国"与"帝国符号"的关系，后者指符号在国家建构中的角色。这种关系在理解东亚的各方面是很重要的，因为汉字符号的使用和整体的世界观和全面的国家建构，似乎有密切的关联（图1—图3）。本文试图探讨中华文化体系中的这些关系。

为此，有必要勾画中华思想体系的轮廓，并与欧洲体系比较。作为一个暂定的假设，我们可以说，中国和欧洲思想体系的一个关键区别，在于对"内"和"外"的基本构想。欧洲的体系，构想一个超越世界之上的外部领域，并认为超越的上帝，一位不动的推动者，提供第一动因，缔造一切（采用亚里士多德的比喻，如同一个艺术家站在雕塑体之外创造雕塑那样）；而中国的体系，则构想一个此在的世界，它自发自然，在此在的内部自然生长、流动、转化。[1]

欧洲的体系沿着外部的逻辑发展，采用外化、排斥、对立的思维，使事物可以互相分离。这种外化，反映在科学分析、话语批评、法律实施、"三权分立"、政党对立，以及包括自然与文化、现代与传统、国家权威与市民自由等对立范畴的建立之中。而中国的思维体系，则沿着内部的逻辑发展：世界自然自发；世界是此在和内在（immanent）；所有事物都互相联系，并遵循自然或宇宙的伦理法则。

这样的中华思维体系，对今天西方的后现代批判，也就是针对超越、独立和二元论的批判，是有益有助的，甚至是激进的。但这种中华思维体系，并不是一种模糊的关系主义；相反，它有结构，也有伦理。也就是说，它对后现代思想中的迷失的相对论和颓废态度，也是一剂良药。另外，相对于当代西方的激进而不全面的理论而言，它作为一个实践过的传统，更加复杂而平衡。比如在西方，多元性在当代得到肯定，却以一元性和关联性的牺牲为代价；这主要反映在吉尔·德勒兹（Gilles Deleuze）和瓜塔里（Félix Guattari）对"差异"的推崇和关于"根茎"逻辑优于"树"状结构的论述中。[2] 然而，根据中国的思维体系，多元（差

图 1
北京，天安门城楼，红旗与汉字，2007 年。朱剑飞摄。

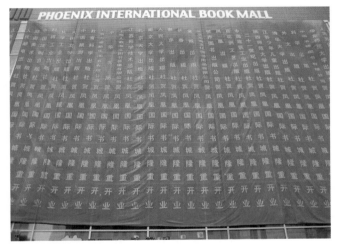

图 2
南京，凤凰国际书城开业典礼，2008 年。朱剑飞摄。

图 3
香港，街道，2006 年。朱剑飞摄。

异）性和一元（关联）性，是同一世界的两个方面。

通过儒家、道家和东亚其他各思想流派构成的复杂观念网络的互动，中国人创造出一套世界观和政治伦理的框架，包括互相联系的六个主张：1）思维的关联性，导致独立、对立和二元论等概念的不可能（阴阳不是对立而是互相联系互相转化的）；2）对多元性和一元性同时把握，认为世界是包含万物的大统一体，一个差异的和谐整体；3）世界包容万象，又是本"善"的；在意、心、身、家、国、天下的连续关系中，有自然的（生理的）伦理秩序，其中每个环节的理想的实现都是互相联系的；4）国家是这一自然伦理秩序中的一个环节；5）国王是道德领袖，他的领导是要确保所有人的内在本善的外在实现；6）国家政府要全面领导社会生活的方方面面。

这些主张可以概括为两个基本点：包含无穷多元的宏大一元，和一个全面领导社会的伦理的国家建构。[3] 中华文化的一根核心纽带，是两者的联系：即认识论和政治伦理的联系，把宇宙看成关系网络的全面世界观和认为全方位国家可以确保全民道德行为实现的政治主张之间的联系。在历史上，国家与社会的连续混合体得到发展，其中国家政府对于社会民众有广泛的道德影响，而社会大众也以国家作为道德领袖和榜样。实现这种状态的实际机制，是在 7 世纪建立起来的科举制，即文官选拔考试制，它从社会民众中选取最优秀的学生成为国家政府的各级官员。一个精英统治体系由此建立，其中国家的官员，在皇帝作为"圣君"的领导下，被要求是有能力的、自律的、受高等教育的、道德操守比大众更加优秀的。

这种文化构架具体表现在实践的各个领域里。让我们来考察三个这样的领域："符号系统"（棋艺和汉字），"表意平面"（书籍和绘画）和"构造物件"（建筑与城市）。第一个是用来认识世界的，它包含了观看和认知所用的符号；第二和第三领域与政治帝国相关：在这里，符号被吸收，构成知识体系、美学构图和建造技术，为国家政府服务。

符号系统：观看与认知

汉字应该是中华文化中最重要的符号体系。但其他符号系统，尤其是中国的棋艺如围棋和麻将，也很说明中国人观察和认识世界的模式（图 4）。如果我们比较具有相似网格构架的围棋和国际象棋，会发现围棋包含了一个更广大的空间系统。国际象棋的棋盘有 64（8×8）个位置，两位棋手各有 16 个棋子，而围棋棋盘却有 361（19×19）个位置。围棋棋手有 180 个棋子，另一位有 181 个棋子。面对如此众多的位置和棋子，围棋棋手必须采取更加战略、更加居高临下的鸟瞰视野。围棋需要动态的观察：棋手必须在大整体和小局部之间，在此处局部和彼处局部之间，迅速切换视距和视域，其空间范围是很宽广的。围棋包含蔓延的星罗棋布的多元空间选择，这种蔓延又统筹在棋盘的一元整体中。

麻将的体系逻辑比国际象棋或围棋都更加复杂。一副麻将由 144 个骨牌组成，其组合在数量和语义上都较混杂。它包括五个序列（分别有 9、9、9、4、3 个骨牌），每个序列有重复的四套，以及只有一套的一个序列（包括两组，

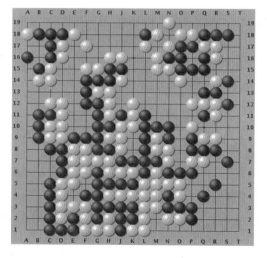

图 4
围棋棋盘，及其 361 个位置。源自：< http://blog.linux.org.tw/~timhsu/archives/images/kgs.png>，下载日期 2014.04.11。

每组 4 个骨牌）。语义体系也是混杂的，包含不同系统的
共存：前面有 9 个骨牌的三个序列为"饼""条""万"（又
称筒子、索子、万子），其后的序列分别是风向（东南西北）、
箭牌（中发白）、花木（梅兰竹菊）、四季（春夏秋冬）。
一套麻将是一个无序的秩序，一个包含了非系统的混杂的
系统。它是一个包容了极度多样性的宽广的共存体系。

汉字有五万多个。每个汉字是个方块字符，由几个偏旁组
成，而每个偏旁又由几个笔画组成（图 1、图 2、图 5）。
中文的偏旁有数百个（一说 214 个）。偏旁部首不是字母；
它们提供有限的语义信息，以及不确定的语音信息。另外，
偏旁不能像字母语言那样线形地组成单字；偏旁在方块中
沿不同方向构成一个单字。从偏旁到单字，没有一个逻辑
的递进程序。方块单字组合的规则是隐晦的和模糊的；所
以人们在学汉字时，必须记住每个字，视其为一个绝对的
给定，一个独特个体。学习汉字就是要内化吸收一大批独
特个体。这一书写文字造就了一种文化态度：学习汉字，
人必须谦虚，对外来事物开放，并且趋向于接受而非拒绝
或挑战。

汉字是视觉的符号而非语音的记录。汉字以笔画来界定，
是一幅景象的草图，表现单个物件或一个观念。理解一段
中文，是审视的"阅"，而非朗诵的"读"。抽象而又具
象的汉字，捕捉了对世界的凝视。一个汉字激发了对物件
或观念的直接的洞开。它重建了从观看到认识，从符号到
意义的原始的基本关系，那种在抽象字母语言中已经失去
的关系。

汉字的视像性使此语言的书写具有体验特质，使书法上升
到艺术。汉字形态的多维延展性导致了一个视觉和语言的
文化，其文字可以沿几个方向展开（垂直或水平），同时，
书法、诗词、绘画也可构成互相联系的艺术形态。一段诗
句、一组词语或一个单字，可以书写在卷轴上，挂在墙上；
一首精心组成的诗词，可以书写在山水画的边上。

总之，汉字体系是个体的世界；大量的单字作为大量的个体，
构成大量的"中心""视点"和"意识形态"：它是蔓延
的局部地点和具体世界观的巨大集合。

图 5
香港，地铁站内电影广告，2006 年。朱剑飞摄。

表意平面：统治与管理

在中国，最大规模的书籍和最大型的艺术作品（如山水画），都出自宫廷。中国史书中重要的典籍首推司马迁的《史记》（公元前85）和司马光的《资治通鉴》（1084）。前者包含52万字，130个章节，贯穿两千多年的历史；后者有三百万字294卷，涵盖一千三百多年的历史。[4]公元7世纪已有用纸或绢做成的卷轴书，10世纪以后有了页面叠加的书籍。随着造纸、印刷和刊行技术的日益发展，书籍的生产变得更加壮观。人类历史上最大的百科全书，《永乐大典》，完成刊行于1408年，分为22937个章节，共有3.7亿个印出的汉字。此后，于1782年，古代中国最大的图书集成《四库全书》完成并刊行；它包含8亿个汉字。[5]

这些符号帝国，构成了帝国符号。作为宫廷产品，这些典籍工程的大尺度，反映了中央政府的权威，而这又与政府所能统领的国土和人口的尺度相关。这些书籍涵盖历史、伦理、政治理论，及其他领域如语言、经济和技术。作为覆盖各知识领域的巨大集成，它们维护了国家政府在伦理话语和知识生产中的领先地位：这是精英统治体系的一个侧面，其基础根植于儒家的伦理的国家观念。

另一种反映尺度和国家关系的表意平面是绘画。中国宫廷历来的画院组织，在北宋（960—1127）得到了大发展。中国绘画采用许多格式：小幅，装订在册页或装裱在扇面上，表现细微的场景（如花鸟）；中幅或大幅，如卷轴、条幅、中堂，挂在墙上，描绘人物或更加普遍的自然景观；大幅的横向长卷，在桌面上逐次展开，描绘社会场景、城市景观，尤其是自然风貌，用散点透视组织画面。最后这种横向长卷山水画，代表了中国画面构图方法中最突出的一种。

北宋时期，长卷山水画日益发展和宫廷翰林图画院日益壮大这两条线索，交织在一起，导致了绘画巨作的涌现。[6]其中两幅最杰出的长卷是王希孟的《千里江山图》（51.5厘米×1191.5厘米，1113）和张择端的《清明上河图》（25.5厘米×525厘米，1085—1145）。两件都出自宋徽宗时期，

而徽宗本人也是杰出的书法家和画家。第二幅作品描绘了北宋都城及周围乡村的景致，而第一幅则表现了想象中的山水景观，结合了南方和北方的地貌特征。在《清明上河图》的城乡连续的景致中，数以百计的人物和其他各细微的物件（桥、船、车、驴、马、室内、庭院、店面，等等）都被细心地刻画出来。在《千里江山图》中，人物和其他细节（船、桥、鸟、树、木屋和村落），在更大更长的卷轴画面上，星罗棋布，漫延铺展，在卷轴的逐步开启中，渐次映入眼帘（图6）。

这些符号帝国，也成为帝国符号，以具体形式呈现。在表现万象包容的整体世界观的同时，画作也表达了宫廷的政治视野：皇帝对社会繁荣和疆土内的锦绣河山的关怀和焦虑。另外，这些惊人的大作，也反映了中国的精英领导体系：国家政府也是艺术、文化和学术的"人文主义"领导者；这些巨作，至今依然保存在国家的博物馆里。

构造物件：统治与管理

在中国，主要的建筑、建筑群、城市和基础设施的建设，都是国家政府监管的。中国现存最早的关于建筑设计和建造的书籍《营造法式》，于1103年由北宋宫廷刊行出版。[7]它由监管营造的国家官员将作监李诚编撰而成，目的是管控土建财政支出，并使建造做法规范标准化。这本书详细规范了用工和用材，并描述了如何将预制木材组装成一个单体结构；结构分几种类型。每一种类型，有八种尺寸，与社会等级匹配；选出的材和构架尺寸，与建筑使用者（比如官员）或功能的社会等级相当。结构的元件必须按规格剪裁为精确的形状和大小，然后组装成建筑如庙宇或宫殿；一座大型寺庙或塔楼，要用数以千计的预制元件装配而成。这个体系，或一座落成的建筑，是一个"元件帝国"，一个包含众多细节和技术指标的大一统的整体。如前面的案例，在国家监管下，这些体系具有了中央帝国的符号和信息，而政府在此扮演了包括建筑在内的各领域的领导者角色（图7）。

在中国，木材的使用限制了单体建筑的尺寸，而建筑量的

图 6
王希孟，《千里江山图》（局部）（绢本设色，51.5 x
1191.5 cm），1113 年。来源与授权：北京故宫博物院。

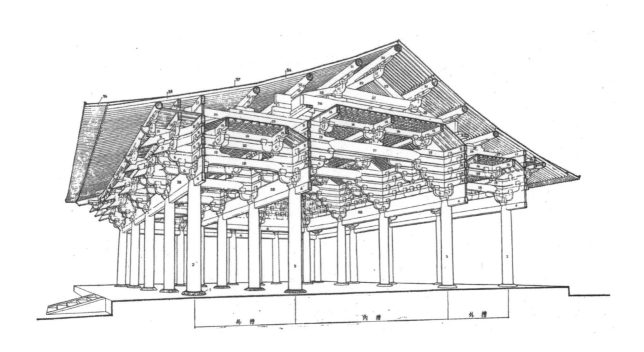

外槽　　　　　　内槽　　　　　外槽

图 7
佛光寺大殿梁架结构示意图。源自：刘敦桢，《中国
古代建筑史》（北京：中国建筑工业出版社，1980 年），
图 86-6，129 页。

扩张往往在围绕水平中轴线铺展的院落群体中实现。最大的建筑群体由国家监管建设。最佳例子应该是明清北京的宫殿和附近的帝王陵寝。在北京紫禁城宫殿的（公元1420）建设中，以风水和其他文献为基础的形态设计原则，规定了有关小和大的格局，即静态的"形"和动态的"势"（分别在观察者 30 米和 300 米之外）的同时兼顾。[8] 位于北京中心的大气磅礴的紫禁城（753 米 × 961 米），一个院落的帝国，一个金色屋面的大海，就是这一设计理论的产物（图 8）。在清朝帝王陵寝中的每座陵墓（在北京的东北和西南），牌坊、拱门、碑亭、神龛、合院、两厢、方城明楼和宝顶墓地的大群体，采用同样的法则，却在更大尺度上展开，其形势的格局延伸到丘陵和远山。这个大气磅礴的群落，展现了小、中、大、超大尺度上的各层的构图，包含了静态的形和动态的势；形势延展到远山，也从远山贯穿奔腾而来，其舞动的"龙"脉，为山川大地注入无穷的活力。

在中国，相当多的城市是国家各级的行政中心。较大的行政中心，如省会或京都，其总平面在大小各尺度上建构秩序。例如北京，从 1420 年到 1911 年明清中国的首都，就同时兼有国家权威的大秩序（主轴线上的宫殿和坛庙）和许多地方中心互相网络而成的蔓延的领域（主要以遍布城内外的众多寺庙为节点）。[9] 城市在此，是一个包含了延展的无数多元的大而一元的整体。

图 8
明清北京的宫殿，1930 年代。源自：Wulf Diether Graf zu Castell, *Chinaflug: Als Pionier der Lufthansa im Reich der Mitte 1933–1936* (Berlin: Atlantis-Verlag, 1938), p. 27.

中国的城市，必须在一个更大范围的国家地理的背景下去理解。由于早期的秦汉时代对于战国的统一，一个跨越大陆的联系各行政中心城市的网络建立了起来。[10] 邮驿的道路网，把各行政中心城市联系起来，聚焦到国家的京都。这样一种地理政治格局决定了这里的城市，构成了"国家城市"(state-cities)，而非"城市国家"或"城邦"(city-states)。在欧洲的城邦，地方自治的思路和传统导致了城市和机构的各种对立(市民与国家，教堂与国家，地方与地方，等等)。与此不同，中国的国家城市，隶属一个大国，它覆盖文化、政治、宗教的各领域，构造了大陆尺度的统一政体。中国的这种状态，反映出一种不同的国家建构：尺度是巨大的，统筹管理的领域和范围是全面的。

如果说，一座寺庙单体是一个微观的元件帝国，那么这些元素单体的组合，这些城市，这些城市联络而成的国家地理，就是更大的尺度上逐步递增的包容细节和局部地方的帝国。其中的每个"帝国"，都是多元的一元构架。更重要的是，艺术与技术的构架，又是政治的构架，因为它们为一个全面的国家所用。

走向全面的伦理思想

我们观察了符号体系、表意平面和构造物件三个实践领域，发现了其中的大而多元的构架，也发现了全面世界观和全面国家政体的对应。

此类中国的思维和实践的框架，至少是其表面的结构，在 19 世纪进入了深刻的危机，此后，是一个漫长的西化过程。今天，在中国基本完成工业化，同时又结合并超越"共产主义"和"资本主义"两种古典体系之际，出现了对本土文化和其核心儒家政治伦理观念的重新关注的趋势。由此推想，中国或许可以发展出一种新的现代性，而中华文化的本土构架可以为此提供一个脱离西方模式的出发点。

在全球的对话中，这个新现代性，或其内部的中国传统，或许可以成为针对古典或当代西方模式的新的批判的声音。

关于对立和独立的观念，中国思维可以提供事物关联性的各种体系。关于后现代中已经疲惫的相对论，它可以提供自然伦理和思维作为体验的"确定性"。关于多元和差异的激进理论（及相关的种族对立和暴力），它可以提供一个平衡的见解，提倡和而不同，认为多元差异可在大整体中和谐共生。关于极端个人主义，它可以展现一个高密度的、集体的、管理有序的社会生活的高效和福祉。最后，关于字母语言的逻辑，它可以提供一个符号帝国——视觉的、经验的、多维度的——并由此重新获得对事物和生命最原初的参与。

First published as follows: Jianfei Zhu, 'Empire of Signs of Empire', 'Do You Read Me?', *Harvard Design Magazine*, 2014(38): 132-142. 原英文如上；中文：张鹤翻译，朱剑飞校对。

1 关于更加全面的解释，详见：Jianfei Zhu（朱剑飞），"The Thousand Things: Notes on a Construct of Largeness, Multiplicity, and Moral Statehood"，*in Common Frameworks: Rethinking the Developmental City in China*, ed. Christopher C. M. Lee（李志明）(Cambridge, MA: Harvard Graduate School of Design, 2013), 27-41.

2 Gilles Deleuze and Felix Guattari, *A Thousand Plateaus: Capitalism and Schizophrenia*, trans. Brian Massumi (Minneapolis: University of Minnesota Press, 1987) 3-25.

3 关于这个构架的解释，详见：Zhu, "Ten Thousand Things"。

4 《中国大百科全书·中国历史》，第二卷（北京：中国大百科全书出版社，1992 年），936-937 页；第三卷，1618-1619 页。

5 《中国大百科全书》，第二卷，966 页；第三卷，1412-1413 页。

6 蔡罕，《北宋翰林图画院若干问题考述》，刊载于《浙江大学学报》，第 36 卷，第 5 期（2006 年）：176-180 页。

7 梁思成，《梁思成全集》，第七卷（北京：中国建筑工业出版社，2001 年），5-27 页；潘谷西和何建忠，《营造法式解读》（南京：东南大学出版社，2005 年），1-19 页。

8 王其亨主编，《风水理论研究》（天津：天津大学出版社，1992 年），117-137 页。

9 朱剑飞，《中国空间策略：帝都北京 1420—1911》（伦敦：鹿特兰奇出版社，2004 年），61-90 页，222-234 页。

10 《中国大百科全书》，第一卷，155 页，510-511 页；第三卷，1401-1406 页。也请参见：董鉴泓，《中国城市建设史》（北京：中国建筑工业出版社，1989 年），158-188 页。

20

本雅明与郎西埃：
艺术与政治

Benjamin and Rancière:
Aesthetics and Politics

"艺术"与"政治"这两种活动是否互相交叉，互相影响？如果是，它们以何种形式又在何种层面上互动交叉？让我们假设有一个垂直的系谱或区间，上端是"美学化的政治"（现有政治秩序的美的表现，如国旗国徽），下端是"政治化的艺术"（对现有政治秩序挑战或革命的艺术形式，如革命军军旗、第三国际的艺术等）。在此政治艺术互动的两个强大明确的状态之外，还有另外两个状态：让我们假设有一个水平的系谱或区间，左端是"纯粹艺术"（似乎没有或有极少政治内容的艺术，如中国传统花鸟画），右边是"纯粹政治"（似乎没有或有极少审美内容的政治活动，如监狱的建筑与管理）。艺术与政治的所有交叉，应该都在这四种极端状态之间（图1）。

如果说本雅明研究了政治与艺术的垂直互动关系，并把两者对立起来的话，那么朗西埃研讨了水平的关系，尤其聚焦了中部区间，认为两者不可分割，有必然的交错，政治在审美中，而思维和感知构架中的审美本身也是政治的。

为进一步讨论，让我们关注这两个理论家，聚焦他们关于现代艺术的争议，具体对象是采用了技术或"机械复制"的两种现代艺术形式，即摄影和电影。让我们来观察本雅明和朗西埃如何对此研究，讨论它们与政治或政治转化过程的关系，并以这些艺术形式出现的时刻即20世纪初期前后几十年为具体历史背景。

本雅明：机械复制时代的艺术

沃尔特·本雅明（Walter Benjamin，1892—1940），20世纪初期有马克思主义思想的文艺批评家和社会理论家，在当时的30年代写了一篇文章，《机械复制时代的艺术品》（1936年和1955年出版），是当今理论批评界最重要文献之一。[1]

文章的主要论点是，20世纪初期由"机械复制"产生的艺术品，特别是照片和电影，在摧毁传统艺术的氛围和原真性之后，在为社会服务并带来新感觉之时，与两种发展密切相关，即大众的出现与技术的运用；它们（尤其是电影），在法西斯社会中（在表现大众时）成为美学化的政治，又在资本主义社会中（通过对明星和人物的崇拜）成为商品崇拜的形式。本雅明呼吁，我们应该将艺术为革命所用，采用一种艺术的政治，或一种政治化的艺术，比如像当时共产主义的苏联已经开始做的那样。

文章包括以下几个主要观点。一、机械复制而产生的艺术品，如照片和电影，带来了一种全新的东西，这就是具体环境中有独特氛围的具体艺术物品的原真性的大大摧毁。如果说艺术品（比如绘画作品）在古代与宗教仪式相关的话，那么它们此后获得了世俗的欣赏价值，而今天它们与社会政治的使用相关；它们（绘画、印刷品、照片）变得更加

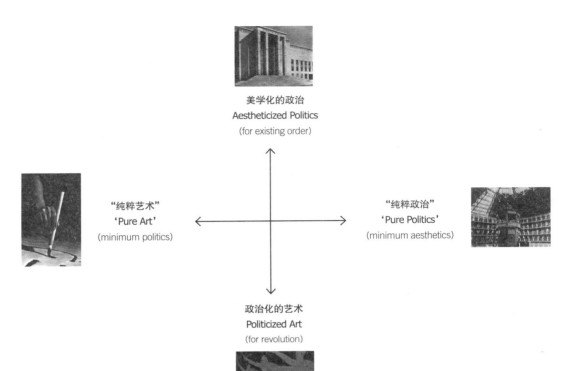

美学化的政治
Aestheticized Politics
(for existing order)

"纯粹艺术'
'Pure Art'
(minimum politics)

"纯粹政治"
'Pure Politics'
(minimum aesthetics)

政治化的艺术
Politicized Art
(for revolution)

图 1
艺术与政治的四种极端状态

可观可看，获得了面对大众的展示价值，由此取代了仪式价值。[2]

二、但是在照片中，仪式价值（cult value）有它的抵抗：即表现容貌的头像照片，成为照片的仪式价值的最后避难所，具有一种"忧伤的、不可比拟的美"（melancholic incomparable beauty）。此后，人在照片中消失，取而代之的是"遗弃的巴黎街道"，这是一个新的舞台（事件或犯罪的现场），作为政治事件和政治意义的证据出现。[3]

三、如果说舞台演员在表演中具有一种完整性的话，那么电影演员只在摄像机前面表达自己，不需要身体的完整统一性：摄像机把各个片段拼接起来。电影演员离开自身，被流放出去，而他／她的形象被转移到他处，这是他／她的劳动的异化（运用马克思的理论）。观众也离开了舞台演员，观众也被"异化"，表现在对人物（明星）的拜物迷恋，而这其实是资本主义利润追逐中的商品崇拜（马克

思观念），电影追求的是虚幻场景和经济回报。[4]

四、电影的观看是大众集体行为，所以具有社会意义，而此意义可以用摄像机预先制作预先决定。电影画面的摄制和观看的轨迹，可以追求视觉的欢愉也可以实现批判的、政治的目的。[5]

五、舞台和戏剧与具体地点联系在一起，而电影摄制没有固定落地点。电影摄像机追求的是对现实的"深度介入"，把"许多碎片"用新的规律组合在一起，表现一种新的现实。[6]

六、电影与绘画戏剧不同，提供了对于现实日趋深入的观察，其微妙性和敏感性可与心理分析（如关于"不小心说错话"的分析）相比拟。以前，我们生活的世界感觉像是一个锁住的监狱。"电影的到来，使监狱般的世界在十分之一秒的爆破性运动中被突然打碎，从此，在四分五裂的碎片残

迹之上，我们缓慢、自信、探险式地前行。把镜头拉近，我们放大了空间；把镜头放缓，我们拉长了运动。一个镜头的放大……流露出了一个全新的主体的结构形态。同样，一个慢镜头……也表现出完全不同的现实，'它不是一个可笑的重复运动，而是一种独特的滑翔、漂浮、超现实的流动的效果'"。[7]

七、电影也带来了一种冲击效果（shock effect），一种对氛围的无情摧毁，由此完成达达派艺术所开启的转化；这种效果要求一种"高强度的头脑"去缓冲这种冲击。电影对于大众也是一种干扰中的欣赏（由于摄像机不停的运动），这种干扰使电影可以被操纵、被引导。[8]

八、最后一个关键点是政治：在资本主义社会里，电影在"商品魔力"下，制造了虚幻场景和人物崇拜，以追求经济利润的回报。[9] 在法西斯社会里，政府组织了群众游行、集会、运动会，等等，在"大众面前表现了大众"，以提倡集体价值和国家认同；这是一种政治的美学化，最后在战争的光荣赞誉，未来主义的艺术，及战争电影和纪录片中，达到顶峰。这一过程的两个主要因素是大众和技术。[10] 在革命的实践中，我们应当提出一种艺术的政治，一种政治化的艺术，去反对资本主义和法西斯主义，如追求共产主义的苏联所做的那样。[11]

总之，本雅明在界定艺术的现代形式时，强调了"机械复制"或"技术"的重要性，并认为这种现代艺术与大众的出现密切相关。这种艺术也与两种政治的使用相关，即法西斯的与共产主义的；前者保守，后者进步；前者是美学化的政治，后者是政治化的艺术。

朗西埃：感知秩序

雅克·朗西埃（Jacques Rancière，1940 年生）是一位近年来国际影响与日俱增的理论家。他提出了关于政治与艺术的一套新理论。按照他的看法，本雅明过高估计了技术（机械复制）的重要性，其"政治"与"艺术"的概念也是常规的，

互相排斥和对立的。按照朗西埃的理论，最关键的突破不是艺术的机械复制的兴起，而是发生在此之前的一种新艺术结构和新视线的崛起。另外，他认为"美学"和"政治"可以在更深刻的层面上去理解，在此层面上，两者实际上共享一个构架。下面我们从六个方面来介绍他的理论。

一、"感知秩序"（distribution of the sensible）：朗西埃的重要贡献是提出了可以把"美学"和"政治"统一起来的概念。他指出，任何一个社会团体（即任何一个政治组织）都有一个接受与排斥的内外分界和一个内部各部分的上下等级秩序，而所有这样的框架结构都建立在判断某事物可否能被接受的一个感知（美学）的系统之上。这样的框架结构就是"感知秩序"。

感知秩序中的潜在律令框定了对共同世界的参与的地位和形式，而其中的第一步是感知模式的建立，有了这个模式，律令才可建立。这种秩序可以生产出一套自明的感知事实的系统，而其基础是一组基本的视野和一系列可看、可听、可说、可思、可制、可做的模式。感知秩序产生接受与排斥的各个形式。[12] 所以，"美学"（感知、感受、视野、模式、形式）存在于"政治"（接受与排斥、上级与下级）的内在核心中。[13]

以康德理论为依据，美学是一组先验形式的体系，在人的观念中已经预设，决定了对空间与时间，可看与不可看，言语与噪音的基本判断；这些先验形式决定了作为经验的政治的位置和重要性。而政治，又是围绕何为可看可见可表达，何人在何时何地可看可说等问题展开的。[14]

二、感知秩序的举例（政治实践）：感知秩序存在于各个领域，包括一般意义的政治活动、艺术活动和其他任何活动。在第一领域，朗西埃区分了两种秩序："警察"（the police）和"政治"（politics 狭义而具体的）。"警察"或"警察秩序"指对某个社区或社会团体中各部分和各角色的分布，以及排斥的各种形式。它是对人体（生存、行为、制造、交流）的一种组织，也是对全部人口的考察记录，手

段是在全部的社会大厦中给每个人一个称号和一个位置。[15]
"政治"是人在转变成主体过程中，以平等的名义，挑战"人体的自然的秩序"（警察秩序）。[16] "平等"是政治的唯一普世公理，目的是提供一个重组警察感知秩序以及社会美学构架的激进纲领，以此来实现政治挑战的唯一普世目标：我们都是平等的。[17]

三、感知秩序的举例（艺术实践）：朗西埃在西方传统的艺术活动范畴内，也提出了三个艺术秩序（每个都是一种感知秩序）。第一个是"图像的伦理秩序"（ethical regime of images）。它由柏拉图首先提出（至今还未完全消失）；它是以起源、目的、使用价值为基础安排的一个图像世界，目的是教育市民，提倡社会的伦理价值；它们被看成是"真实艺术"，而不是被柏拉图批评的艺术模仿或艺术再现。[18] 第二个是"艺术的表现秩序"（representational regime of art）。它源于亚里士多德对柏拉图的批评，在古典时代和文艺复兴时期得以具体发展；它使艺术从道德、宗教、社会规定等伦理结构中解放出来，并把美术区分出来，成为合理的模仿（摹写、再现）的艺术；但它有一套规定和戒律：风格的等级，内容的高下，风格的适用原则，形式与内容的恰当关系，说教高于视觉的等级关系，等等。[19] 第三个是"艺术的美学秩序"（aesthetic regime of art）。作为一种主要的秩序，它在 19 世纪初期出现；它摧毁了艺术表现秩序的感知结构的上下等级关系，并推出了新的价值：平等（被表现的主人），冷漠（在风格形式与内容主题的关系上），以及事物本身的此在性。[20] 另外，它打破了风格的各个系统（风格的内在统一、风格与内容的关联等），确定了艺术的独特唯一性（形式本身），同时又把艺术形式看成为生活的形式（对新生活和新人类的塑造）；[21] 艺术是真实生活的纯粹形式：一个艺术的矛盾状态。

四、"艺术的美学秩序"：朗西埃认为，这个秩序的兴起对于解释现代艺术和现代社会变革有重要意义。他的基本认识是，这个秩序，通过对以前（表现的）秩序的"高下等级"的颠覆和对"平等"的提倡，促成了经验的新的排列组合，在艺术形式领域和社会政治领域都如此，也与先锋艺术和社会革命密切相关。朗西埃列举了新秩序之"平等"的具体表现：纸面、写实主义、无名氏。

纸面或二维平面性表现在：小说（小说的写实主义）的兴起，艺术中主题的以及艺术形式的"平面化"（日常生活、装饰艺术、广告设计）的出现，以及对绘画二维媒介的意识的觉醒（抽象形式）；这些新的艺术活动是政治的、革命的，因为它们为新的社会政治的分布秩序提供了生活的新形式。[22]

写实主义：朗西埃认为，目前关于"现代性"概念的一个问题，是把现代艺术理解成针对以前写实或摹写传统的一种新的抽象。事实上，艺术与政治的现代的关键特征，也就是艺术的美学秩序的特点，是一种新的写实主义，它打破旧的等级秩序，对日常和无名氏投以新的视线，新的目光。[23]

无名氏（普通、平凡、日常）：艺术的美学秩序的"平等"，表现在赋予无名氏的一个视野——普通背景下具有琐碎细节的日常生活中的每个人。这发生在文学中：在巴尔扎克，雨果，福楼拜和托尔斯泰的小说中，一个大时代的到来或大社会的特征，都可以从日常生活中的个人的特征、服饰、举止中读到看到。这也发生在历史的研究中。[24] 它也发生在绘画中（从较早的荷兰画派开始，更多是反映在 19 世纪的写实主义绘画），然后在 20 世纪初发生在摄影和电影中（如本雅明所谈论的）。[25]

问题的关键是，在此新的艺术审美秩序中，出现了表达无名氏的视野，而无名氏在此获得一种特殊的荣誉和美："日常作为真实的痕迹而成为一种美"（the ordinary becomes beautiful as a trace of the true）。[26] 这是一场审美的革命，挑战了何人何事何物可以被表达的旧的等级秩序，提出了一个新的主题、新的视野，关注了此前被排斥在外的日常性。[27] 这一变化，在为现在的或即将到来的开放平等的社会探索新的生活方式和社会政治分布的过程中，也具有了政治性和革命性（在 19 和 20 世纪的各种社会变革中）。[28] 另外，对于日常的政治或激进的关注，早期在文学和历史研究中得以展现，此后则是表现在批判的思想脉络中；从马克思、弗洛伊德、本雅明，到法兰克福学派的各位，他们都关注魔幻的日用物（phantasmagorical things），即商品：资本主义社会关系中作为真实痕迹的日常的美。[29]

五、本雅明的失误：按照朗西埃的看法，本雅明的"机械复制时代的艺术品"，即把大众与技术化的艺术联系起来的看法，是一种误读。关键问题不是历史上后来发生的这个联系；关键的问题是赋予大众或日常无名氏以画面的审美革命，在历史上首先发生（文学与绘画），这才使得关注大众的技术型艺术（照片和电影）作为一种艺术形式的出现成为可能，并在此后得以发生。所以，问题不是大众与技术的关联，而是关注群众和日常的视野及其新的审美逻辑的出现，它打破了金碧辉煌和贵族阶级（优于日常平民）的等级秩序，以及大声说教（优于对日常符号、物品、身体的释义）的重要性：这是一场审美的也是政治的革命。

六、艺术美学秩序的个案，先锋派：艺术审美秩序的一个具体案例是先锋实践，其活动和性质，是审美的也是政治的。先锋的概念包括两个部分：1）军事和地理意义上的先导，具有特定的形式，就是政党；党是先锋，在阅读解释历史发展信号的能力中，获得了领袖的地位；2）关于未来的审美的期待，它关注未来新生活中的物品，感知形态和物的结构：是物质的、形式的、关注生活的。在此理解下，艺术先锋给政治先锋带来的，是把政治转变成一个生活体系的全部（物、形、生活）。最后，这些意义的先锋叠加起来，就只有一个政治的先锋：一个试图改造现实的主体。[30]

本雅明与朗西埃的贡献

比较两位的分析，可以看到，本雅明提供了一个具体的研究，关注了几个方面：机械制作而成的艺术尤其是电影，艺术、技术、大众的关系，它们在资本主义和法西斯主义体系中的政治功能，并把"美学化的政治"（法西斯的）与"政治化的艺术"（革命的）对立起来，在开头图表中的垂直关系上展开。朗西埃提供了更加深入的分析，他认为一个关键的转折在更早更深的层面上发生，在感知和体验的秩

序中"美学"与"政治"具有深层含义，而图表中水平轴线上的"纯粹艺术"与"纯粹政治"，实际上是紧密联系在一起的；非政治的艺术和非艺术的政治并不存在；花鸟画表达了阶级或地位，监狱建筑和管理也表达了形式的先验的完美感觉。

从本雅明那里，我们读到了几个有趣的判断：照片表现了灵气的抵抗（人像）以及最后的失败（遗弃的街道）；电影展现了激进而全新的体验，其运动的摄像机，"缓慢、自信、探险式地……滑翔着"，探寻着视野和世界的潜意识；现代艺术包含大众的出场和技术的使用这两个关键因素，也表达了时空的新体验（在运动的摄像机和新的都市经验的影响下）；面向大众的艺术形式（电影、纪录片、招贴广告）可以把政治功能艺术化，如法西斯电影中的群众游行，而这与革命的政治化的艺术相对立。

在朗西埃那里，我们学到了这样的判断：现代艺术与政治的真正革命，发生在更早的时期；它是对等级的摧毁，对平等的强调，对日常无名氏的新的包容的关注，表现在20世纪初之前的文学与绘画中；这个广泛包容的平等，有对纯形式的关注，也有对历史现实的写实描述；这个写实主义描写或与历史现实的再现关系，包含了对社会现实及其各种民间日常的细微关注，也在先锋艺术中为开放社会的到来提供了物的形式。这个广泛的平等的包容，有对历史现实及其各种民间日常的细微的写实描写，也有对于物体本身的纯形式的关注描写；在先锋艺术中，它的关注和构想，也是包括了具体的生活方式、物的秩序，以及整体的结构。

关于现代建筑

本雅明在文章里简略提到过建筑，但他对建筑的意义应该在我们的解读中去寻找。现代建筑与摄影和电影相似，都与大众社会（使用者）和现代工业技术（生产）密切关联。按照本雅明的研究逻辑，建筑同样具有社会政治的维度，比如大规模住宅建设，城市规划与设计，及国家和公共领域的纪念碑式的宏伟构筑。另外，现代建筑也可以与电影

作具体比较：一个新的漂流的运动，在摄像机和现代主义建筑空间中展开；在此现代主义建筑空间中，我们可以看到长坡道、屋顶花园、横向长窗的视野、自由平面、底层柱网的通透，以及背后滑翔的眼睛或摄像机。

就朗西埃理论的意义而言，如果我们认为建筑中的现代主义，是"艺术的审美秩序"的一部分，那么他的理论有重要的突破：现代主义的基本特征不是"抽象"而是"写实"。我们可以从他的理论中推出四个看法：第一，建筑的现代主义是一种写实主义，表达了一种对于现实、历史、社会的新关系：它具有平等的新视野和对日常（无名氏，即普通建筑）的新目光，在此视野和目光下，古典建筑、工业厂房、民居、普通构筑物（仓库、粮仓）、汽车、轮船、机器、工具、日用物件，都可以看成是同等重要的，都可以被吸收进来，为新建筑的创作所用，如柯布西耶和包豪斯体系所做的那样：现代主义成为一种进步的写实主义。第二，这种写实主义，不仅关心日常（日常构筑和结构），也关心物的本身及其形式，也就是抽象的柱、墙、窗、屋顶、平面、剖面、立面各元素的关系问题；现代主义建筑的抽象性，是在"写实主义"的内容中带出来的。第三，建筑的现代主义，作为一种"先锋"，实际参与了社会政治的革命，因为它为当时社会政治的变革，提供了新的生活方式、物质结构和感知形态，尽管当时社会进步的程度和时间有限（1900 年代—1930 年代）。第四，批判和先锋在后来的转移，在"批判思考"（从马克思到法兰克福学派）中的表现，对"真实的痕迹的美"的日常的关注（比如对商品崇拜的批判），或许可以重新联系到建筑的思考中，而这需要我们再次采取一种写实主义的眼光和态度。

最后，在艺术政治关系的问题上，我们有必要回到开头的那个图表中（见图 1）。在处理这两者的关系时，我们或许可以保持垂直的对立关系和其间的各种位置或状态，同时我们应当接受水平线上的关联整合，聚焦中心地带，把艺术与政治看成是复杂重合的，其结构在深层合二为一，形成某种感知的分布或秩序，如朗西埃所提出的那样。

原英文：2014 年墨尔本大学课程讲稿；中译文：杨路遥、郭一鸣翻译，朱剑飞校对。

1,2　Benjamin, "The Work of Art", pp. 218-25 (I, II, III, IV, V).

3　Benjamin, "The Work of Art", pp. 225-226 (VI).

4　Benjamin, "The Work of Art", pp. 228-232 (VIII, IX, X).

5　Benjamin, "The Work of Art", pp. 234-235 (XII).

6　Benjamin, "The Work of Art", pp. 234-235 (XII).

7　Benjamin, "The Work of Art", pp. 235-237 (XIII).

8　Benjamin, "The Work of Art", pp. 237-241 (XIV, XV).

9　Benjamin, "The Work of Art", pp. 230-232 (X).

10　Benjamin, "The Work of Art", pp. 241-242 (Epilogue).

11　Benjamin, "The Work of Art", pp. 217-218, 241-242 (Preface, Epilogue).

12　请参考：Jacques Rancière, The Politics of Aesthetics, London & New York: Bloomsbury Academic, 2004 (first in French 2000), p. 89.

13　Rancière, The Politics of Aesthetics, p. 8.

14　Rancière, The Politics of Aesthetics, p. 8。也请参考 Immanuel Kant, The Critique of Judgment, trans. James Creed Meredith, Oxford: Clarendon Press, 1952 (first in German in 1790).

15　Rancière, The Politics of Aesthetics, p. 93.

16　Rancière, The Politics of Aesthetics, p. 95.

17　Rancière, The Politics of Aesthetics, p. 90.

18　Rancière, The Politics of Aesthetics, p. 90.

19　Rancière, The Politics of Aesthetics, p. 96.

20　Rancière, The Politics of Aesthetics, p. 84.

21　Rancière, The Politics of Aesthetics, pp. 19, 84.

22　Rancière, The Politics of Aesthetics, p. 12.

23　Rancière, The Politics of Aesthetics, pp. 19-21.

24　Rancière, The Politics of Aesthetics, pp. 20, 29-30.

25　Rancière, The Politics of Aesthetics, pp. 28-29.

26　Rancière, The Politics of Aesthetics, pp. 28, 30.

27　Rancière, The Politics of Aesthetics, p. 29.

28　Rancière, The Politics of Aesthetics, pp. 12, 25.

29　Rancière, The Politics of Aesthetics, pp. 29-30.

30　Rancière, The Politics of Aesthetics, p. 25.

附录
Appendix

朱剑飞主要出版物目录

Author's Main Publications

除非特殊说明，以下出版物凡题目为英文者为英文发表、中文者为中文发表
目录截止到 2014 年底

著作

Jianfei Zhu, *Architecture of Modern China: A Historical Critique*, London & New York: Routledge, 2009.

Jianfei Zhu, *Chinese Spatial Strategies: Imperial Beijing 1420-1911*, London & New York: Routledge Curzon, 2004。（中译：朱剑飞著、诸葛净译，《中国空间策略：帝都北京，1420-1911》，北京：三联书店，2016 年）。

主编文集

朱剑飞、聂建鑫（主编）《筑作 WORKS: Denton Corker Marshall》，上海：同济大学出版社，2013 年。

朱剑飞（主编）《中国建筑 60 年（1949—2009）：历史理论研究》，北京：中国建筑工业出版社，2009 年。

期刊专辑

朱剑飞（客座主编）《时代建筑》（西方学者论中国专辑）总 114 期，2010 年第 4 期。

朱剑飞（客座主编）《时代建筑》（对话／中西建筑跨文化交流专辑）总 91 期，2006 年第 5 期。

展览作品

朱剑飞，"中国设计院宣言"（中英对照图像研究展板，1.4m x 6 m），《西岸 2013：建筑与当代艺术双年展》，上海，2013 年 10 月 19 日—12 月 21 日。

朱剑飞，"二十片高地：现代中国建筑的历史图景"（中英对照图像研究展板及幻灯演示，两块展板，每块 2.52m x 3.57 m），《2005 年首届深圳城市／建筑双年展》，深圳，2005 年 12 月 10 日—2006 年 4 月。

文章

2014

Jianfei Zhu, "Empire of Signs of Empire: Scale and Statehood in Chinese Culture", *Harvard Design Magazine*, no. 38, 2014, pp. 74-9。（中译: 朱剑飞,《帝国的符号帝国》,张鹤翻译,《新美术》,总第 35 卷,2014 年 11 月,3-10 页）。

Jianfei Zhu, "Political and Epistemological Scales in Chinese Urbanism", *Harvard Design Magazine*, no. 37, 2014, pp. 132-41.

2013

Jianfei Zhu, "Ten Thousand Things: Notes on a Construct of Largeness, Multiplicity, and Moral Statehood", in Christopher C. M. Lee (ed) *Common Frameworks: Rethinking the Developmental City in China*, Part 1, Cambridge, Mass.: Harvard University Graduate School of Design, 2013, pp. 27-41.

朱剑飞、周庆华，"设计话语：张永和三年发展路径初探／ Yung Ho Chang: Thirty

Years of Exploring a Design Discourse"，《Abitare 住：Design Architecture Art 设计 建筑 艺术》，32 期（张永和特辑），2013 年 10—12 月，30-39 页（中英文）。

朱剑飞，《加速的现代主义：二十一世纪 DCM 的建筑设计以及中国作为工地和催化剂的作用和意义》（"Modernism Accelerated: Denton Corker Marshall in the 2000s and the Relevance of China as a Site and a Catalyst"），《筑作 WORKS：Denton Corker Marshall》，朱剑飞、聂建鑫主编，上海：同济大学出版社，2013 年，35-89 页（中英文）。

朱剑飞，《设计院宣言》，《西岸 2013：建筑与当代艺术双年展；建筑分册》，秦蕾、孟旭彦主编，上海：同济大学出版社，2013 年，112-113 页。

2012

Jianfei Zhu, "Opening the Concept of Critical Architecture: The Case of Modern China and the Issue of the State", in William S. W. Lim and Jiat-Hwee Chang (eds) *Non West Modernist Past: On Architecture and Modernities*, Singapore: World Scientific, 2012, pp. 105-116。

Jianfei Zhu, "Seeing versus Moving: A Review of Julienne Hanson's 'The Architecture of Justice (1996)'", *Journal of Space Syntax*, vol. 3, issue 1, 2012, pp. 55-61.

2011

Jianfei Zhu, "Robin Evans in 1978: Between Social Space and Visual Projection", *Journal of Architecture*, vol. 12, no. 2, April 2011, pp. 267-90.

朱剑飞，《空间句法、居家生活和建造形式：埃文斯研究方法初探》（"Spatial Syntax, Domestic Life and Built Form: A Preliminary Inquiry into Robin Evans' Methods of Observation"），《建筑研究（01）：词语、建筑物、图》，Mark Cousins、陈薇、李华、葛明主编，北京：中国建筑工业出版社，211 年，181-209 页（中英文，马琴英译中）。

2010

Jianfei Zhu, "A Third Path between State and Society: China, Critical Exchanges with the West", in Luis Fernández-Galiano (ed.) *Atlas: Architecture of the 21st Century: Asia and Pacific*, Bilbao: Fundación BBVA, 2010, pp. 80-93.

Jianfei Zhu, "Una tercera via entre Estado y mercado: China, intercambios criticos con Occidente", trans. Gina Cariño, Spanish, in Luis Fernández-Galiano (ed.) *Atlas: Arquitecturas del siglo XXI: Asia y Pacífico*, Bilbao: Fundación BBVA, 2010, pp. 80-93（西班牙文）。

Jianfei Zhu, "Studies of Social Space in Chinese Architecture: Reflections on Their Rise, Methods and Conceptual Bases", *Fabrication*, vol. 19, no. 2, April 2010, pp. 102-123.

Jianfei Zhu, "Export or Dialogue?", *Architecture Australia*, vol. 99, no. 5, Sept/Oct 2010, pp. 97-8.

朱剑飞，《西方学者论中国：问题的提出与文章的组织》（"Western Scholars on China: Concept and Organization of this Special Issue"），《时代建筑》，总 114 期，2010 年第 4 期，6-9 页（中英文）。

2009

朱剑飞，《导言：现代中国建筑的社会分析史》（"A Social and Analytical History of Modern Chinese Architecture"），《中国建筑 60 年：历史理论研究》，朱剑飞主编，北

京：中国建筑工业出版社，2009 年，1-15 页（中英文）。

朱剑飞，《明清北京政治空间研究：寻找一个分析的、批判的建筑历史学》，《名师论建筑史》，王明贤主编，北京：中国建筑工业出版社，2009 年，226-257 页。

朱剑飞，《现代中国建筑研究的现状和有关方法问题》，《建筑学报》，第 10 期，2009 年，10-12 页。

2008

Jianfei Zhu, "Denton Corker Marshall in China", in Leon van Schaik (ed.) *Non-Fictional: Denton Corker Marshall,* Basel, Boston, Berlin: Birkäuser, 2008, pp. 135-140.

Jianfei Zhu, "Beijing: Future City", in Zhang Hongxing and Lauren Parker (eds) *China Design Now*, London: V&A Publishing, 2008, pp. 138-147.

Jianfei Zhu, "History, Rationality, Interdependence", in William Lim (ed.) *Asian Alterity*, Singapore: World Scientific, 2008, pp. 203-204.

2007

Jianfei Zhu, "China as a Global Site: In a Critical Geography of Design", in Jane Rendell, Jonathan Hill, Murray Fraser, Mark Dorrian (eds) *Critical Architecture*, London: Routledge, 2007, pp. 301-8.

Jianfei Zhu, "A Space of the State: Beijing 1949-1959", in Mark Swenarton, Igea Troiani and Helena Webster (eds) *The Politics of Making*, London: Routledge, 2007, pp. 49-60.

朱剑飞，《二十片高地：现代中国建筑历史图景》（ "Twenty Plateaus: A Historical Landscape of Modern Chinese Architecture"），《城市开门：首届深圳城市／建筑双年展》，上海：上海人民出版社，2007 年，156-159 页（中英文）。

朱剑飞，《关于"二十片高地"：中国大陆现代建筑的系谱描述，1910s—2010s》（ "Twenty plateaus: a genealogy of styles and design positions of modern architecture in mainland China, 1910s-2010s"），《时代建筑》，总 97 期，2007 年第 5 期，16-21 页（中英文）。

2006

Zhu Jianfei, "Beijing: A Dialogue between Imperial Legacy and Hyper-modernism", in Gregor Jansen (ed.) *Totalstadt. Beijing Case: High-Speed Urbanisierung in China*, Koln: Verlag der Buchhandlung Walther Konig, 2006, pp. 330-335.

Zhu Jianfei, "Porous Borders", *Volume* (Special Issue 'Ubiquitous China'), no. 8, 2006, pp. 52-54.

2005

Jianfei Zhu, "Criticality in between China and the West", *Journal of Architecture*, vol. 10, no. 5, November 2005, pp. 479-498。（中译：朱剑飞，"批评的演化：中国与西方的交流"，《时代建筑》，总 91 期，2006 年第 5 期，56-61 页，薛志毅翻译）。

Zhu Jianfei, "Imperiales Peking und Hypermoderne", *StadtBauwelt*, no. 12, 2005, pp. 12-21（德文）。

2004

朱剑飞，《现代化：在历史大关系中寻找张永和及其非常建筑》，《建筑师》，第

108 期，2004 年 4 月，14-17 页。

2003

朱剑飞，《政治的文化：中国固有形式建筑在南京十年（1927—1937）的历史形成的框架》（ "Politics into Culture: Historical Formation of the National Style in the Nanjing Decade (1927-1937)" ），《中国近代建筑学术思想研究》，赵辰、伍江主编，北京：中国建筑工业出版社，2003 年，107-116 页（中英文）。

朱剑飞，《边沁、福柯、韩非：明清北京权力空间的跨文化讨论》（ "Bentham, Foucault, Hanfei, Ming-Qing Beijing: Power and Space in a Cross Cultural Perspective" ），《时代建筑》，总 70 期，2003 年第二期，204-209 页（中英文）。（再版：朱剑飞，《边沁、福柯、韩非：关于明清北京政治空间的跨文化讨论》，《建筑理论的多维视野：同济建筑讲坛》，卢永毅主编，北京：中国建筑工业出版社，2009 年，73-82 页）。

Zhu Jianfei, "Vers un Moderne Chinois: Les grands courants architecturaux dans la Chine contemporaine depuis 1976", trans. Jean-François Allain, in Anne Lemonnier (ed.) Alors, la Chine?, Paris: Editions du Centre Pompidou, 2003, pp. 193-199（法文）.

2002

朱剑飞，《人性空间的出现：崔恺、新一代建筑师以及 20 世纪中国建筑大叙事批判》（ "Human Space, China, 1990s: Cui Kai, a New Generation, and a Critique of a 20th-Century Master Narrative" ），《工程报告：Projects Report》，崔恺主编，北京：中国建筑工业出版社，2002 年，172-185 页（中英文）。

2000

Zhu Jianfei, "Visual Paradigms and Architecture in Post-Song China and Post-Renaissance Europe", Double Frames: Proceedings of the First International Symposium of the Centre for Asian Environments, ed. Maryam Gusheh. Sydney: Faculty of the Built Environment, University of New South Wales, 2000, pp.147-165.

1999

Jianfei Zhu, "Archaeology of Contemporary Chinese Architecture", 2G: International Architecture Review, no. 10, 1999, pp. 90-97.

Jianfei Zhu, "Una Arqueologia de la Arquitectura China Contemporanea", trans. Paul Hammond, 2G: International Architecture Review, no. 10, 1999, pp. 90-97(西班牙文)。

朱剑飞，《当代中国建筑考察杂记》（ "Notes on Contemporary Chinese Architecture" ），《中国建筑五十年：Fifty Years of Chinese Architecture》，邹德侬、窦以德主编，北京：中国建筑工业出版社，1999 年，131-136 页（中英文）。

1998

朱剑飞，《构造一个新现代性：文化中国建筑实践德理论策略》，《城市与设计：Cities and Design: An Academic Journal for Intercity Networking》，第 5-6 期，1998 年 9 月，43-62 页。

Jianfei Zhu, "Constructing a Chinese Modernity: Theoretical Agenda for a New Architectural Practice", Architectural Theory Review, vol. 3, no. 2, November 1998, pp. 69-87.

Jianfei Zhu, "Beyond Revolution: Notes on Contemporary Chinese Architecture", AA *files*, no. 35, Spring 1998, pp. 3-14.

Jianfei Zhu, "Beyond Methods: the Case of Imperial Beijing", *FIRM(ness) commodity DE-light?: Questioning the Canons, papers from the 15th Annual SAHANZ Conference'1998*, eds. Julie Willis, Philip Goad, Andrew Hutson, Melbourne, 1998, pp. 437-442.

1997

Jian Fei Zhu, "A Chinese Mode of Disposition: Notes on the Forbidden City as a Field of Strategy and Representation", *Exedra: Architecture, Art, Design*, vol. 7, no. 1, 1997, pp. 36-46.

Jian Fei Zhu, "Open up the Forbidden City: Enquiring into a Chinese Mode of Disposition", *On What Ground(s)?*, SAHANZ' 97 Conference Proceedings, Adelaide, 1997, pp. 118-124.

1996

J. F. Zhu, "Contemporary Chinese Architecture: A Cultural and Ideological Perspective", *City*, no.5/6, November 1996, pp. 73-85.

朱剑飞, 《当代西方建筑空间研究的几个课题》, 《建筑学报》, 1996 年第 10 期, 42-45 页。

Jian Fei Zhu, "Culture, Ideology, Representation: Notes on Contemporary Chinese Architecture 1911-1990s", *Proceedings of the International Conference on Traditions and Modernity*, Jakarta, December 1996, pp. 543-570.

1995

Jian Fei Zhu, "Japan and the Convergence of Eastern and Post-humanist Paradigms: New Aspects of Contemporary Architecture", *Artifice*, no. 2, May 1995, pp. 106-119.

1994

Jian Fei Zhu, "A Celestial Battlefield: The Forbidden City and Beijing in Late Imperial China", *AA files*, no. 28, Autumn 1994, pp. 48-60。（中译：朱剑飞, 《天朝沙场：清故宫及北京的政治空间构成纲要》, 《建筑师》, 第 74 期, 1997 年, 101-112 页, 邢锡芳译；再版：《文化研究》, 第一期, 2000 年, 284-305 页）。

Jian Fei Zhu, "Between Post-modernism and Buddhism: Kisho Kurokawa's Theory of Symbiosis", *Regenerating Cities*, no. 7, Autumn 1994, pp. 44-49.

1993

Jian Fei Zhu, "The Forbidden City and Beijing (1644-1840): A Spatial Constitution of a Political Culture", *Proceedings of the 10th Inter-school Conference on Development*, London, March, 1993, pp. 27-31.

索引

图书在版编目（CIP）数据

形式与政治：建筑研究的一种方法 = Forms and Politics:
An Approach to Thinking in Architecture:
二十年工作回顾：1994—2014 / 朱剑飞著 . -- 上海：
同济大学出版社，2018.1
　ISBN 978-7-5608-6900-1

　Ⅰ . ①形... Ⅱ . ①朱... Ⅲ . ①建筑学－文集 Ⅳ .
① TU-53

中国版本图书馆 CIP 数据核字（2017）第 085662 号

形式与政治：建筑研究的一种方法
二十年工作回顾 1994—2014

朱剑飞　著

出 版 人：华春荣
策　　划：秦蕾 / 群岛工作室
责任编辑：秦　蕾　李　争
责任校对：徐春莲
平面设计：VV_design
版　　次：2018 年 1 月第 1 版
印　　次：2018 年 1 月第 1 次印刷
印　　刷：北京翔利印刷有限公司
开　　本：787mm×1092mm　1/16
印　　张：17.5
字　　数：437 000
书　　号：ISBN 978-7-5608-6900-1
定　　价：88.00 元
出版发行：同济大学出版社
地　　址：上海市四平路 1239 号
邮政编码：200092
网　　址：http://www.tongjipress.com.cn
经　　销：全国各地新华书店

光明城联系方式：info@luminocity.cn
Contact us: info@luminocity.cn

luminocity.cn

光 明 城

LUMINOCITY

"光明城"是同济大学出
版社城市、建筑、设计专
业出版品牌，由群岛工作
室负责策划及出版，致力
以更新的出版理念、更敏
锐的视角、更积极的态度，
回应今天中国城市、建筑
与设计领域的问题。